Statistische Auswertung von Meß- und Versuchsdaten
mit Taschenrechner und Tischcomputer

Siegfried Noack

Statistische Auswertung von Meß- und Versuchsdaten mit Taschenrechner und Tischcomputer

Anleitungen und Beispiele aus dem Laborbereich

W DE G

Walter de Gruyter · Berlin · New York 1980

Autor
Dr. rer. nat. Siegfried Noack
Hermsdorfer Straße 99
D-1000 Berlin 26

CIP-Kurztitelaufnahme der Deutschen Bibliothek

Noack, Siegfried:
Statistische Auswertung von Meß- und Versuchsdaten mit Taschenrechner und Tischcomputer: Anl. u. Beisp. aus dem Laborbereich.
Siegfried Noack. – Berlin, New York: de Gruyter, 1980.
ISBN 3-11-007263-7

Printed in Germany.
Druck Karl Gerike, Berlin; Bindearbeiten: Buchgewerbe GmbH Lüderitz & Bauer, Berlin.
Einbandentwurf: Thomas Bonnie, Hamburg

Vorwort

Bei der Planung und Auswertung naturwissenschaftlicher Versuche bedient man sich häufig mathematisch-statistischer Methoden.

Die Lösung statistischer Problemstellungen ist jedoch oft mit einem erheblichen Rechenaufwand verbunden. Da aber eine "Statistik" nicht Selbstzweck sein soll, sondern als Entscheidungshilfe dazu dient, bei der Beurteilung von Versuchs- und Meßergebnissen das persönliche Empfinden des Einzelnen durch ein objektives Maß zu ersetzen, erscheint die Forderung vernünftig, den zeitlichen Aufwand bei der Auswertung der Daten so gering wie möglich zu halten.

Hierbei können elektronische Taschen- bzw. Tischrechner eine wertvolle Unterstützung bieten. Vorteilhaft sind insbesondere programmierbare Modelle, bei denen die erstellten Programme auf Datenträgern - z.B. kleinen Magnetkarten oder Bandkassetten - gespeichert werden können. Die einmal aufgezeichneten Programme stehen dann jederzeit zur Verfügung. Dadurch sind Fehler, die bei einem manuellen Eintasten des Programms entstehen können, weitgehend ausgeschlossen. Durch geschickte Programmierung kann man sogar erreichen, daß lediglich die auszuwertenden Daten eingegeben werden müssen, der Rechner aber alle weiteren Operationen selbständig durchführt.

Zu einer optimalen Programmgestaltung gehören jedoch eine gute Kenntnis des entsprechenden Rechners sowie der anzuwenden Algorithmen. Vielfach läßt sich durch eine mathematische Umformung eine kompliziert erscheinende Formel vereinfachen und "computergerecht" umgestalten!

Voraussetzung für eine korrekte statistische Datenauswertung ist aber auch die richtige Interpretation der erhaltenen Ergebnisse, wobei eine Kenntnis des theoretischen Hintergrundes in gewissem Umfang wünschenswert erscheint.

Das vorliegende Buch soll Naturwissenschaftlern und Ingenieuren daher eine Anleitung in zweierlei Hinsicht geben:

1. wie man den Rechengang bei der Auswertung mit Hilfe eines Taschen- bzw. Tischrechners durchführen kann,
2. welche Formeln und statistische Methoden wann anzuwenden sind und welche Aussagen man mit den Ergebnissen treffen kann.

Schließlich werden auch die wichtigsten theoretischen Gesichtspunkte behandelt, soweit dies für das weitere Verständnis notwendig erschien.

Das Buch gibt im Teil A zunächst Hinweise, welche Gesichtspunkte bei der Auswahl eines Rechners für die statistische Datenauswertung maßgeblich sind sowie eine Einführung in die wichtigsten Logik-Systeme. Es folgt eine umfangreiche Darstellung der Rechner-Operationen und der benötigten mathematischen Funktionen. Ausführlich wird das Rechnen mit Konstantenspeichern behandelt.

Im Teil B werden die Berechnung von statistischen Kenngrößen, die Durchführung von Hypothesentests sowie die Korrelations- und Regressionsrechnung besprochen, Formeln, Programme und allgemeine Rechenhinweise gegeben sowie die Ergebnisse diskutiert.

Ein breiter Raum widmet sich der Berechnung von Verteilungsintegralen und Signifikanzschranken, die bei Hypothesentests und der Berechnung von Vertrauensbereichen eine Rolle spielen. Damit ist man praktisch unabhängig von Tabellenwerken.

Sowohl Naturwissenschaftler und Ingenieure, die sich in der Praxis mit der statistischen Behandlung von Versuchsergebnissen beschäftigen müssen, als auch Studenten der genannten Fachrichtungen werden hier sicher wertvolle Hinweise und Anregungen finden.

Die in den Rechen- und Programmbeispielen verwendeten Tastensymbole und Programmbefehle orientieren sich an den Modellen "Compucorp 326 Scientist" sowie "Compucorp 327 Scientist". Das Modell 326 ist ein nicht druckender Tischrechner mit Leuchtziffernanzeige, der über 160 Programmspeicherplätze sowie 12 Konstantenspeicher verfügt. Das Gerät "327" besitzt 416 Programmschritte, 44 direkt und indirekt adressierbare Konstantenspeicher und einen Drucker zur Dokumentation der Daten und Ergebnisse. Bei beiden Geräten können mit Hilfe einer Bandstation sowohl Programme als auch Daten gespeichert werden, die bei Bedarf wieder vom Band abrufbar sind.

Eine Übertragung der Rechenoperationen bzw. Programme auf andere Rechnertypen, die ebenfalls über eine algebraische Logik verfügen, ist unter Beachtung der jeweiligen Besonderheiten des Rechners ohne Schwierigkeiten möglich.

Das Buch erhebt keinen Anspruch auf Vollständigkeit. Dies ist wegen der Vielfalt der auf dem Markt angebotenen Rechner einerseits und der zahlreichen statistischen Problemstellunggen andererseits auch kaum möglich. Das Literaturverzeichnis erlaubt dem interessierten Leser aber ein vertieftes Studium der einzelnen Sachgebiete.

Zum Schluß noch ein Hinweis an alle "Experimentatoren": Ein unbefriedigendes Ergebnis eines Versuchs bzw. einer Messung aufgrund falscher oder ungenügender Planung kann auch durch eine noch so gute "Statistik" nicht besser werden!

Siegfried Noack

Berlin, November 1979

Inhaltsverzeichnis

Hinweise für den Leser

Die für die einzelnen Problemstellungen aufgeführten Rechenprogramme sind für die Modelle Compucorp Scientist 326 und 327 geschrieben. Dies sind Geräte, die eine algebraische Rechenlogik und 12 bzw. 44 Konstantenspeicherplätze besitzen sowie über 160 bzw. 416 Programmschritte verfügen.

Die Modelle wurden - stellvertretend für andere Geräte mit algebraischer Logik - deshalb ausgewählt, weil ihre "Programmiersprache" besonders einfach verständlich ist und die entsprechenden Programm-Befehle für die Berechnung mathematischer Funktionen, das Rechnen mit Speichern, die Speicherarithmetik, bedingte und unbedingte Sprünge sowie die Durchführung von Unterprogrammen in weitestgehend ähnlicher Form auch auf anderen Rechnersystemen vorhanden sind.

Wegen der schnell fortschreitenden Entwicklung von Taschen- und Tischrechnern wurden zum Zeitpunkt der Fertigstellung des Buches die Modelle Compucorp 326 und 327 nicht mehr hergestellt, sind jedoch noch teilweise im Handel erhältlich. Da die für diese Geräte angegebenen Programme aber vor allen Dingen den prinzipiellen Ablauf des jeweiligen Problems auf einem Rechner demonstrieren sollen, wird ihre Anschaulichkeit dadurch nicht gemindert. Vom logischen Aufbau her sind die Programme daher auch auf andere Rechensysteme anwendbar.

Mit Hilfe des am Schluß angegebenen "Rechnerschlüssels" ist es möglich, die entsprechenden Tastenbefehle auf die Modelle TI 59 (Texas Instruments, algebraische Logik) und HP-97 (Hewlett Packard, Umgekehrte Polnische Notation) zu übertragen. Modellbezogene Besonderheiten sind dabei den jeweiligen Handbüchern zu entnehmen.

Um den Aufbau der Programme besser verstehen zu können, empfiehlt es sich, zunächst den Teil A ("Rechnen mit Taschenrechnern und Tischcomputern") durchzuarbeiten, in dem vor allem die einzelnen Rechnerfunktionen sowie das Prinzip der algebraischen und der UPN-Logik erklärt sind.

In dem zu jedem Programm angegebenen Ablaufplan, der teilweise in die Rechenbeispiele eingearbeitet ist, werden die Dateneingabe und die Ausgabe der Ergebnisse an einem Zahlenbeispiel erläutert.

Besonders intensiv sollte man sich im Teil A mit dem Abschnitt 6 "Speicherarithmetik" beschäftigen, da hier die für statistische Auswertungen unerläßliche Bildung von Summen (z.B. $\sum x$, $\sum x^2$, $\sum y$, $\sum y^2$, $\sum yx$ bei der linearen Korrelation) behandelt wird.

Die im Teil B ("Statistische Auswertung von Versuchs- und Analysendaten") angegebenen Formeln zur Lösung von Verteilungsintegralen bzw. der Berechnung von Signifikanzschranken (Integralgrenzen) sollen den Benutzer eines Rechners möglichst unabhängig von statistischen Tabellenwerken machen. Man sollte daher einen einmaligen höheren Programmieraufwand nicht scheuen. Sind nämlich die Programme erst einmal auf einem Datenträger (Kassette oder Magnetkarte) gespeichert, dann bieten sie den Vorteil einer enormen Zeitersparnis.

In den zu den Programmen gehörigen Ablaufplänen ist angedeutet, wie die Zahlen auf der Anzeige des Rechners erscheinen. Der dort angegebene Dezimalpunkt entspricht dem im deutschen Sprachraum üblichen Komma.

Bei einem druckenden Rechner kann man zur Dokumentation der Ergebnisse die STOP-Befehle durch eine PRINT-Anweisung ergänzen (Dateneingabe) bzw. ersetzen (Ausgabe der Ergebnisse).

Teil A
Rechnen mit Taschenrechnern und Tischcomputern

1. Rechnermodelle und ihre Anwendungsbereiche

Bei der statistischen Auswertung von Meßergebnissen unter Zuhilfenahme von elektronischen Taschen- bzw. Tischrechnern erhebt sich die Frage, welche Modelle hier am geeignetsten sind. Es ist klar, daß an die zu verwendenden Rechner bestimmte Forderungen zu stellen sind.

Das Angebot an verschiedenen Typen ist aber so groß, daß es zunächst unüberschaubar scheint. Eine gewisse Übersicht erhält man jedoch, wenn man eine Unterteilung nach dem Zweck vornimmt, den die Geräte erfüllen sollen. Eine Aufteilung in 4 Gruppen schafft hier etwas Klarheit:

Gruppe 1 = Grundmodelle

Hierunter sollen Geräte verstanden werden, mit denen lediglich die 4 Grundrechenarten durchgeführt werden können. Außer den Tasten für Addition, Subtraktion, Multiplikation und Division verfügen Modelle dieser Art noch über eine Taste zum Löschen von falsch eingegebenen Werten bzw. fehlerhaft durchgeführten Rechenoperationen.

Einfache Rechenprobleme, wie z.B. die "Bilanz" vom Einkaufsbummel oder die Berechnung der Mehrwertsteuer sind durchführbar. Für die statistische Auswertung dürften Rechner dieser Kategorie jedoch weniger geeignet sein, da ihnen wichtige Funktionen fehlen.

Gruppe 2 = Erweiterte Grundmodelle

Zusätzlich zu der Möglichkeit, die Grundrechenarten durchführen zu können, haben diese Geräte oft weitere "Funktionen" wie Prozentautomatik, Tasten zur Berechnung von Quadraten und Wurzeln oder Kehrwerten, sowie teilweise einen Konstantenspeicher, der es erlaubt, ein Ergebnis gewissermaßen im Rechner zu "notieren", um es bei Bedarf wieder abrufen zu können. Fehlende wichtige mathematische Funktionen (ln x, e^x usw.) sowie eine meist zu geringe Speicherkapazität bedingen aber, daß auch diese Gruppe für unsere Zwecke ausscheidet.

Gruppe 3 = Kaufmännische Rechner

Die Typen dieser Gruppe sind für die Lösung wirtschafts- bzw. finanzmathematischer Probleme gedacht und kommen daher ebenfalls nicht in Frage.

Gruppe 4 = Technisch-Wissenschaftliche Rechner

Das Angebot innerhalb dieser Geräteklasse ist auch wie bei den anderen Modellen sehr groß. Eine Vielzahl mathematischer Funktionen, mehrere Konstantenspeicher, die Möglichkeit, in den Speichern auch zu rechnen, sowie eventuell die Programmierbarkeit zeichnet diese Art von Rechnern aus. Mit ihnen lassen sich im allgemeinen eine Vielzahl von Aufgaben aus Technik und Naturwissenschaft lösen.

Bei einigen Modellen ist es möglich, die Programme auf kleine Magnetkarten oder Bandkassetten aufzuzeichnen, so daß diese immer abrufbereit sind. Weiterhin verfügen einige Rechner auch über einen Drucker. Damit können sowohl die eingegebenen Daten wie auch die Ergebnisse dokumentiert werden.

Es sei darauf hingewiesen, daß auch speziell für statistische Berechnungen Geräte angeboten werden, wie z.B. "Commodore SR 61".

Eine weitere Möglichkeit der Einteilung der Rechnertypen ist die nach der angewendeten Rechenlogik. Hierbei kann man 2 Hauptgruppen unterscheiden:

1. Rechner mit algebraischer Logik,
2. Rechner mit der "Umgekehrten Polnischen Notation" (UPN).

Beide Systeme werden in den Kapiteln 5.2 und 5.3 ausführlich besprochen.

Speziell bei der Anwendung von Formeln aus dem Bereich der Statistik sind Summen oder Produkte bestimmter Ausdrücke zu bilden. Bei der Durchführung einer Regressionsrechnung z.B. müssen die Summen für die Ausdrücke x, x^2, y, y^2, und xy für alle Meßwertpaare gebildet werden. Hierbei sind "rechnende Speicher" sehr von Vorteil, die es u.a. erlauben, in den Speichern selbst Zahlenwerte zu addieren oder zu multiplizieren. Man spricht in diesem Zusammenhang auch von "Registerarithmetik" bzw. "Speicherarithmetik" (siehe Kap. 6).

Weiterhin sollte die Möglichkeit der Programmierung gegeben sein. Da viele statistische Berechnungen aus immer wiederkehrenden Rechenabläufen bestehen (wie z.B. die Bildung von x, x^2, y, y^2 und xy für mehrere Zahlenpaare x/y), ist nur eine Eingabe des Rechengangs in den Programmspeicher notwendig. Für verschiedene Datenpaare läuft dann die Berechnung automatisch ab.

Die Möglichkeit, die Programme und Daten zu speichern, sowie die Daten und Ergebnisse zu drucken, ist wünschenswert, aber nicht unbedingt eine Voraussetzung für eine schnelle Auswertung.

Rechner für die statistische Auswertung von Versuchsdaten sollten daher folgende Möglichkeiten besitzen:

1. 4 Grundrechenarten
2. Mathematische Funktionen, wie z.B. $1/x$, $\sqrt{x}$, x^2, ln x, log x, e^x, 10^x, y^x, INTEGER x, x-ABSOLUT u.a.m.
3. Mehrere "rechnende Speicher" (etwa 8-12)
4. Programmierbarkeit mit der Möglichkeit, logische Entscheidungen vorzunehmen (Schleifenbildung)
5. Rechnen mit sehr kleinen und sehr großen Zahlen. Dies ist möglich, wenn im Gleitkomma-Format gerechnet werden kann. Die meisten "Technisch-Wissenschaftlichen" verfügen über einen Rechenbereich von 10^{-99} bis 10^{+99}.

6. Eventuell Drucker sowie eine Möglichkeit zum Speichern von Programmen bzw. Daten (Magnetkarte oder Bandkassette).

Es gibt bereits Taschen- bzw. Tischrechner, welche die geforderten Möglichkeiten besitzen. Als Beispiel für einen druckenden Taschenrechner sei das programmierbare Modell HP-19 C genannt (Hewlett-Packard), das allerdings keine Möglichkeit bietet, die Programme extern zu speichern. Ein einmal eingetastetes Programm bleibt aber auch nach Abschalten des Geräts im Programmspeicher erhalten, bis es durch ein neues ersetzt wird.

Als Beispiel eines für statistische Auswertung geeigneten Tischmodelles sei das System Compucorp 327 und die Bandstation 392 angeführt. Dieser programmierbare Rechner verfügt auch über einen Drucker. Weiterhin besteht die Möglichkeit, die Bandstation über den Rechner zu steuern. Falls der Umfang des Programms größer ist, als der interne Programmspeicher (416 Speicherplätze) aufnehmen kann, können somit Programmteile vom Band nachträglich "eingelesen" werden.

Die folgende Zusammenstellung gibt eine Übersicht dreier Rechnermodelle, die für die statistische Datenauswertung geeignet erscheinen:

a) Compucorp Scientist 326/327
(algebraische Logik <u>ohne</u> Hierarchie)

b) Texas Instruments TI 59
(algebraische Logik <u>mit</u> Hierarchie)

c) Hewlett Packard HP 97
(umgekehrte Polnische Notation)

Selbstverständlich sind auch andere Geräte für die Datenauswertung verwendbar, sofern sie über die o.g. Eigenschaften verfügen.

a) <u>Modelle COMPUCORP SCIENTIST 326 und 327</u>

Modell 326

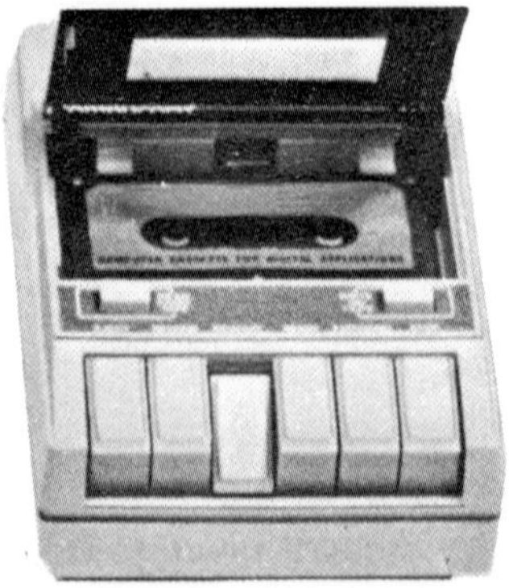

Bandstation
COMPUCORP 392

Bandkassette

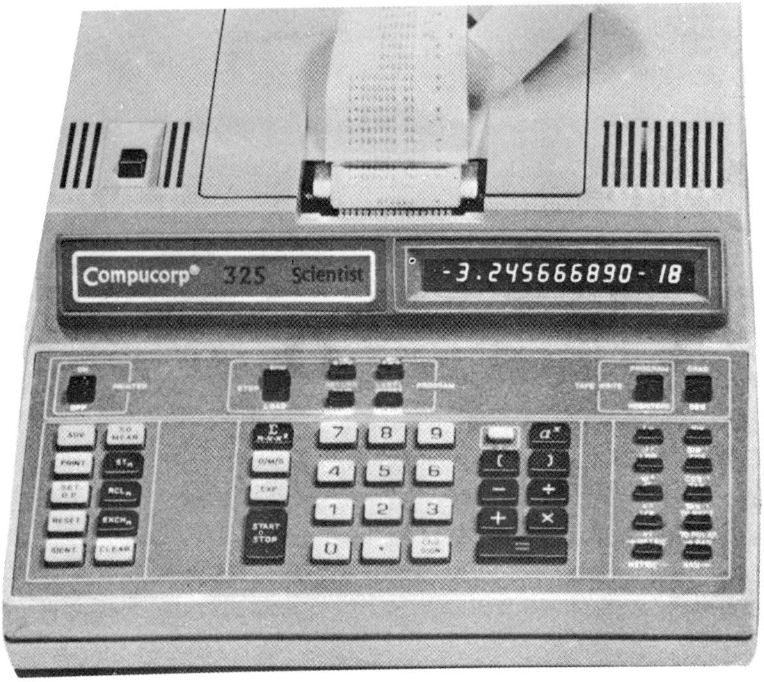

Modell 327

Bei den Systemen Compucorp 326 und 327 handelt es sich um zwei programmierbare Tischrechner mit Magnetbandstation (Compucorp 392) zur Speicherung von Programmen und Daten.

Während das Modell 326 über 12 Konstantenspeicher sowie 160 Programmschritte verfügt, besitzt das Gerät Compucorp 327 44 Konstantenspeicher und 416 Programmspeicherplätze und ist außerdem mit einem Drucker ausgestattet, so daß eine Dokumentation der Daten und Ergebnisse ermöglicht wird.

Rechenlogik

Beide Modelle besitzen eine algebraische Logik ohne Hierarchie. In beiden Geräten wird also durch die [=] - Taste eine Rechengang abgeschlossen. Außerdem verfügen beide Systeme über 4 Klammerebenen, in denen ebenfalls gerechnet werden kann. Die Nummer dieser Klammerebene wird durch eine entsprechende Ziffer links in der Anzeige kenntlich gemacht.

Beispiel: $\frac{4+3}{2} - 1 = ?$ [4] [+] [3] [:] [2] [-] [1] [=]

Die Rechenschritte werden also so, wie sie auf dem Papier stehen, abgearbeitet.

Funktionen

Beide Geräte haben die wichtigsten mathematischen Funktionen festverdrahtet: $\sqrt{x}$, x^2, $1/x$, $x!$, e^x, $\ln x$, 10^x, $\log x$, $\sin x$, $\cos x$, $\tan x$, Arcus-Funktionen und automatische Bildung von $\sum x$, $\sum x^2$ und n aus n Einzelwerten. Weitere Funktionen sind z.B. x-Absolut, Integer x, Fraction x (Vor- und Nachkommateil von x), Mittelwert, Standardabweichung.

Konstantenspeicher, Speicherarithmetik

Sowohl das System Compucorp 326 als auch der Rechner 327 verfügen über Speicher, in denen auch gerechnet werden kann. Man kann z.B. in einem Speicher Zahlen addieren oder multiplizieren. Dies ist für die Bildung von Summen bzw. Produkten von entscheidender Bedeutung. Will man z.B. zu dem Inhalt des Speichers 1 eine 5 addieren, dann geschieht das durch den Befehl

[5] [STO] [+] [1] .

Da der Befehl STO + nur einen Programmschritt belegt, spart man erheblich an Programmschritten ein. Der ausführliche Befehl lautet

[RCL] [1] [+] [5] [=] [STO] [1] .

Selbst wenn man berücksichtigt, daß die Befehle RCL 1 und STO 1 auch nur jeweils 1 Programmspeicherplatz belegen, dann benötigt man dennoch bei der "ausführlichen" Addition im Speicher 5 Programmschritte, also 66% mehr!

Programmierung

Bei beiden Rechnern können die Tastenfolgen zur Lösung eines Problems durch Drücken des LOAD-Schalters in den Programmspeicher "eingelesen" werden. Dürch Drücken der Taste "WRITE ON TAPE" auf der Kasettenstation kann dann das Programm auf Magnetband gespeichert werden.

Ein großer Vorteil der Geräte ist, daß die Bandstation vom Rechner, d.h. also "per Programm" gesteuert werden kann. Damit können theoretisch beliebig große Programme verarbeitet werden.

Zur Programmierung von Schleifen, Verzweigungen und Unterprogrammen sind entsprechende logische Entscheidungen ebenfalls festverdrahtet:

a) Der Inhalt des X-Registers kann gegen Null geprüft werden, d.h. man kann testen, ob eine der Bedingungen $x = 0$, $x < 0$, $x > 0$, $x \leq 0$, $x \geq 0$, $x \lessgtr 0$ erfüllt ist. Wenn ja, kann der Sprung zu einer bestimmten Programm-Marke (Label) erfolgen.

b) Bestimmte Programm-Marken (Labels) können durch den Befehl JUMP n (n = Adresse des Labels) ohne eine Bedingung angesprungen werden.

c) Durch BRANCH n kann ein Unterprogramm erreicht werden. RETURN bewirkt Rücksprung ins Hauptprogramm.

b) Modell TEXAS INSTRUMENTS TI 59

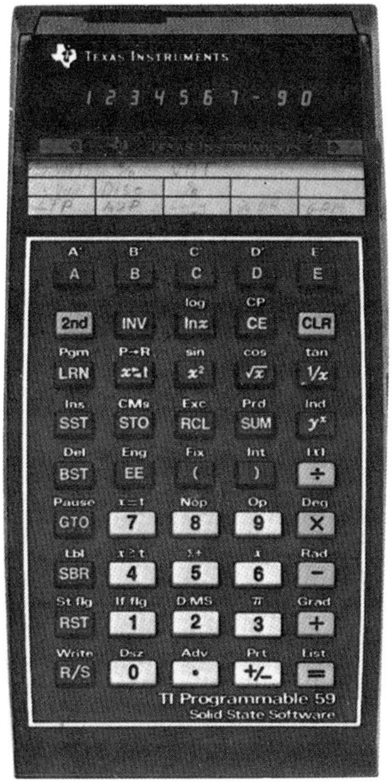

Modell TI 59

Drucker PC-100 A

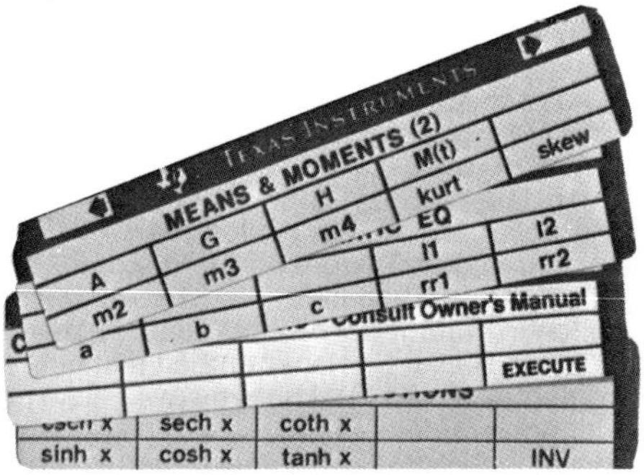

Magnetkarten

Das Modell TI 59 von Texas Instruments ist ein programmierbarer Taschenrechner mit eingebautem Magnetkartenleser zur Aufzeichnung der Programme. Der Rechner verfügt über einen speziellen Programmspeicher, der es erlaubt Programmspeicherplätze und Konstantenspeicherplätze ineinander umzuwandeln. Es stehen maximal 960 Programmschritte bzw. höchstens 100 Konstantenspeicher zur Verfügung.

Zur Aufzeichnung der Daten, Ergebnisse und Programme kann ein Drucker angeschlossen werden (Modell PC-100 A oder PC-100 B/C).

Rechenlogik

Das Gerät besitzt - ebenso wie das System Compucorp - eine algebraische Rechenlogik. Im Gegensatz zu den Modellen von Compucorp und auch anderen Geräten arbeitet der Rechner "TI 59" mit Hierarchie. Dies bedeutet, daß Punkt- vor Strichrechnung ausgeführt wird, so wie nach den Regeln der Mathematik. Damit entfällt teilweise die sonst notwendige Benutzung von Klammern. Nach den Regeln dieser "Algebraischen Hierarchie" wird eine Multiplikation oder Division vor einer Addition bzw. Subtraktion ausgeführt, wenn nicht durch Klammern eine andere Reihenfolge der auszuführenden Schritte festgelegt worden ist.

Beispiel: $4 + \frac{3}{2} - 1 = ?$

Die Tastenfolge lautet: [4] [+] [3] [:] [2] [-] [1] [=]

Dabei wird intern zuerst der Quotient 3/2 berechnet und zur 4 addiert. Anschließend wird vom Gesamtergebnis 1 abgezogen. Um allerdings die Aufgabe $\frac{4 + 3}{2} - 1$ zu lösen, ist das Setzen einer Klammer notwendig:

[(] [4] [+] [3] [)] [:] [2] [-] [1] [=]

Die Klammer wäre dagegen bei dem System ohne Hierarchie nicht erforderlich.

Man erkennt, daß - je nach Problemstellung - sowohl das algebraische System mit als auch das ohne Hierarchie Vorteile bzw. Nachteile aufweist.

Funktionen

Das Gerät ist mit den gleichen mathematischen Funktionen ausgestattet, die auch für das System Compucorp angegeben sind.

Konstantenspeicher, Speicherarithmetik

Auch der Rechner "TI 59" verfügt über Konstantenspeicher, in denen man addieren, subtrahieren, multiplizieren bzw. dividieren kann. Soll z.B. der Inhalt des Speichers 01 um den Wert 4 erhöht werden, so ist dazu die Tastenfolge

[4] [SUM] [0] [1]

erforderlich. Dies entspricht dem Befehl 4 STO + 0 1 bei dem Modell Compucorp 327.

Um eine Multiplikation des Speicherinhalts mit 4 zu erreichen, wäre dagegen die Tastenfolge

[4] [2nd] [Prd] [0] [1]

notwendig.

Weiterhin ist auch eine indirekte Adressierung der Konstantenspeicher möglich, wenn zwischen den Tasten [STO] [RCL] [SUM] bzw. [Prd] und der Adresse die Taste [Ind] betätigt wird. Dabei bedeutet beispielsweise der Befehl

[4] [STO] [Ind] [0] [1] ,

daß die Zahl 4 in demjenigen Speicher abgelegt wird, dessen Adresse im Speicher 01 steht. Befindet sich also darin z.B. die Zahl 10, dann gelangt die "4" durch den obigen Befehl in den Konstantenspeicher 10.

Programmierung

Ebenso wie bei dem System von Compucorp können auch mit dem "TI 59" Schleifen, Verzweigungen und Unterprogramme programmiert werden. Mit einem Sprungbefehl können bis zu 72 Labels (Programm - Marken) angesprungen werden. Dem Befehl JUMP CHS beim System Compucorp (Sprung zum Label CHS) entspricht beim "TI 59" der Befehl GTO CHS (Go To), bzw. SBR CHS, wenn mit Label CHS ein Unterprogramm beginnt.

c) <u>Modell HEWLETT PACKARD HP 97</u>

Modell HP 97

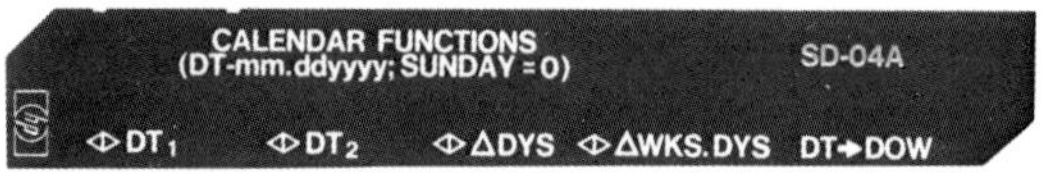

Magnetkarte

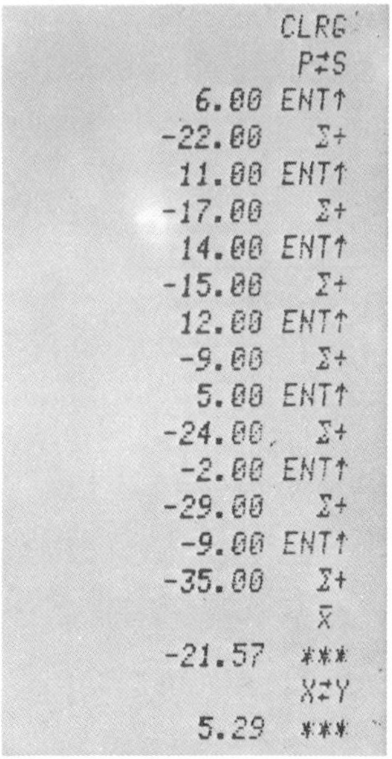

Ausdruck

Der Rechner "HP 97" ist - im Gegensatz zu den Modellen von Compucorp und Texas Instruments - mit einer Rechenlogik ausgestattet, die man als "Umgekehrte Polnische Notation", abgekürzt UPN, bezeichnet.

Im Gegensatz zu der algebraischen Logik fehlt hier die [=]- Taste. Dafür ist hier eine sog. ENTER-Taste vorhanden. Klammern gibt es bei der UPN-Logik auch nicht.

Der Rechner verfügt über 224 Programmspeicherzeilen sowie 26 Konstantenspeicher. Ein eingebauter Magnetkartenleser ermöglicht auch hier das Speichern von Programmen und Daten. Ähnlich wie bei dem Modell Compucorp kann man auch hier mit dem eingebauten Drucker seine Daten, Ergebnisse und Programme dokumentieren.

Rechenlogik

Chrakteristisch ist hier, daß sämtliche Rechengrößen zunächst in dem sog. Stack-Register gespeichert werden. Danach erst wird die Operations-Taste gedrückt, und es erfolgt die entsprechende Berechnung.

Beispiel: 4 x 5 = ?

Die hier anzuwendende Tastenfolge lautet:

[4] [ENTER] [5] [x] .

Die Eingabe der Daten erfolgt hier also nicht "wie auf dem Papier". Dafür besitzt die UPN-Technik aber den Vorteil, daß alle Rechnungen nach dem gleichen Schema ablaufen.

Funktionen

Auch der "HP 97" hat die wichtigsten mathematischen Funktionen wie $\sqrt{x}$, x^2, $1/x$, e^x, ln x, sin x, cos x, tan x usw. festverdrahtet. Darüberhinaus verfügt das Gerät über 10 frei belegbare Funktionstasten, denen selbstgewählte Funktionen bzw. Unterprogramme zugeordnet werden können.

Weiterhin hat auch dieser Rechner für die statistische Auswertung wichtige Funktionen wie Integer x und x-Absolut.

Konstantenspeicher, Speicherarithmetik

Der "HP 97" verfügt über 16 sog. **Primärspeicher** mit den Adressen 0 bis 9 und A,B,C,D,E und I. Das Speichern von Zahlen erfolgt wie bei den Modellen von Compucorp und Texas Instruments durch Drücken der STO-Taste und anschließend der Adresse. Beim Speicher-Rückruf ist entsprechend RCL n zu drücken, wobei n die Speicheradresse darstellt. Weiterhin kann durch die Befehle STO + n , STO - n , STO x n , STO : n in den Speichern gerechnet werden, d.h. man kann in den Speichern Zahlen addieren,multiplizieren usw..

Neben den Primärspeichern verfügt der "HP 97" noch über 10 sog. Sekundär-Speicher, die geschützt sind. Man kann diese Konstantenspeicher nicht direkt über die Befehle STO und RCL erreichen. Durch Betätigen einer entsprechenden Taste lassen sich die Inhalte der Primär- und Sekundärspeicher austauschen.

Programmierung

Ähnlich wie bei dem Modell Compucorp wird beim Eintasten des Programms ein sog. Tastencode angezeigt, der zur späteren Kontrolle dient.

Genauso wie bei den beiden anderen beschriebenen Geräten besteht auch hier die Möglichkeit, Schleifen, Verzweigungen und Unterprogramme in das Programm mit einzuarbeiten. Hierzu können im Programm bis zu 20 Labels (Marken) gesetzt werden, um entsprechende Stellen im Programm erreichen zu können. Dabei hilft die Taste GTO (= Go To) gefolgt von dem Namen des Labels. Der Befehl GTO 2 bedeutet also, daß ein Sprung zum Label 2 erfolgen soll.

Der Fortgang des Programms kann durch Einbau von logischen Entscheidungen in das Programm von bestimmten **Bedingungen** abhängig gemacht werden. Dabei ist einmal der Vergleich des X-Registers mit Null möglich, zum anderen können auch die Inhalte von X- und Y-Register verglichen werden. Ist die entsprechende Bedingung erfüllt (z.B. x = 0), dann wird der auf die Vergleichsoperation folgende Schritt- meist ein Sprungbefehl - ausgeführt. Ansonsten Sprung zum nächsten Schritt.

2. Rechenschieber, Logarithmentafel und Elektronenrechner im Vergleich

Bis vor wenigen Jahren waren die einzigen Hilfsmittel, die praktisch jedermann zur Auswertung von Meßergebnissen zur Verfügung standen Rechenschieber und Logarithmentafel.

Heute, da man bereits Taschenrechner für 50 DM und weniger erstehen kann, ist der Rechenschieber weder vom finanziellen noch vom technischen Standpunkt her eine Konkurrenz für den Elektronenrechner.

Eine Reihe von Gesichtspunkten geben nämlich dem elektronischen Taschen- bzw. Tischrechner sowohl gegenüber dem "klassischen" Rechenschieber als auch gegenüber der Logarithmentafel eindeutig den Vorzug:

1. Selbst mit den einfachsten Geräten können alle 4 Grundrechenarten durchgeführt werden. Man kann also - im Gegensatz zum Rechenschieber - auch addieren und subtrahieren! Dies ist besonders dann von Vorteil, wenn Summen oder Differenzen bestimmter Ausdrücke zu bilden sind.

2. Mit einem Rechner, der über eine Gleitkommadarstellung verfügt (siehe Kap. 4.3), können Zahlen im Bereich zwischen 10^{-99} und 10^{+99} verarbeitet werden, ohne das beim Rechenschieber häufig notwendige Ausklammern von Zehnerpotenzen; die Möglichkeit eines dabei auftretenden Fehlers ist somit ausgeschlossen.

3. Manche Rechenschieber verfügen zwar auch über eine Exponentialskala (e-Funktion) bzw. über trigonometrische Skalen. Die Genauigkeit ist aber überhaupt nicht vergleichbar mit der eines Rechners.

4. Das Argument, man könne ja - wenn die Genauigkeit eines Rechenschiebers nicht ausreicht - eine Logarithmentafel mit entsprechend hoher Stellenzahl verwenden, ist auch nicht haltbar. Auch mit Hilfe einer Logarithmentafel können keine Additionen und Subtraktionen durchgeführt werden! Das Ablesen der Mantissen in den Spalten der Tafeln kann oft zu Ablesefehlern führen. Ferner müssen Aufgaben über die Logarithmengesetze erst umgeformt werden, was u.a. auch einen erhöhten Zeitaufwand bedeutet.

5. Weder beim Rechenschieber noch bei der Logarithmentafel hat man die Möglichkeit, Zwischen- oder Endergebnisse zu speichern, falls diese bei späteren Berechnungen benötigt werden.

6. Die Ablesegenauigkeit beim Rechenschieber ist nur begrenzt. Die 3. bzw. 4. signifikante Stelle kann im allgemeinen nur geschätzt werden. Daher können Differenzen von fast gleich großen Zahlen, wie sie bei statistischen Berechnungen häufig auftreten, nur mit einem relativ großen Fehler ermittelt werden.

Beispiel 1

Zu berechnen sei der Ausdruck $x = \sqrt{2} - 1.41$. Der "wahre" Wert für $\sqrt{2}$ beträgt 1.4142 ..., woraus für die Differenz folgt: $x = \sqrt{2} - 1.41 = 0.0042$. Liest man auf dem Rechenschieber einen Wert von 1.412 für $\sqrt{2}$ ab, dann erhält man für die Differenz: $x = \sqrt{2} - 1.41 = 1.412 - 1.41 = 0.002$. Der Fehler beträgt gegenüber dem korrekten Ergebnis mehr als 50% !

Bei sehr kleinen Differenzen kann der Fehler sogar noch erheblich größer werden, wie das folgende Beispiel aus der Statistik zeigt:

Aus den Einzelwerten

$x_1 = 40.41$

$x_2 = 40.05$

$x_3 = 40.39$

einer Messung soll die Standardabweichung s nach der Formel

$$s = \sqrt{\frac{\sum x^2 - \frac{1}{n}(\sum x)^2}{n - 1}} \tag{1}$$

berechnet werden. Die folgende Tabelle zeigt eine Gegenüberstellung der mit einem Rechner ermittelten "exakten" Werte und den Ergebnissen, die mit einem Rechenschieber erhalten wurden.

Tab.1 Vergleich der Genauigkeit von Rechenschieber und Rechner

$x_1 = 40.41$, $x_2 = 40.05$, $x_3 = 40.39$

Berechneter Ausdruck	Rechen-schieber	Taschen-rechner
x_1^2	1630	1632.9681
x_2^2	1610	1604.0025
x_3^2	1628	1631.3521
$\sum x^2 = S_1$	4868	4868.3227
$(\sum x)^2$	14600	14604.7225
$\frac{1}{3}(\sum x)^2 = S_2$	4865	4868.2408
$S_1 - S_2$	3	0.0818
s	1.225	0.202

Das mit dem Rechenschieber erhaltene Ergebnis ist um ca. 600% größer als der Wert, den man mit einem Rechner ermittelt!

Der große Fehler, den man bei Anwendung des Rechenschiebers meist macht, ist die zu grobe Rundung von Zwischen- bzw. Endergebnissen, wie aus dem obigen Beispiel hervorgeht. Ebenso erhält man aber falsche Ergebnisse, wenn auch der Rechner über eine zu geringe Stellenzahl verfügt. Man sollte bei dem für die statistische Auswertung zu verwendenden Rechner darauf achten, daß er über 8 - 10 oder mehr Dezimalstellen verfügt.

Da es für den Rechner keine Zeitersparnis bedeutet, mit weniger Stellen zu rechnen, sollte man eine gegebene Aufgabe auch stets mit der vollen zur Verfügung stehenden Stellenzahl zu Ende führen und erst am Schluß der Auswertung das Ergebnis - dann allerdings sinnvoll - auf- bzw. abrunden. Eine etwa vorhandene "Rundungsautomatik" sollte daher nur für das Endergebnis einer Berechnung benutzt werden.

Hinweise auf die Rundungsfehler der einzelnen Rechnertypen finden sich in den entsprechenden Handbüchern. Einen allgemeinen Überblick über die Problematik gibt J.M. Smith (1).

3. Mathematische Grundlagen

3.1 Rechnen mit Summen

Gegeben sei eine Menge von Daten $x_1, x_2, x_3, \ldots x_n$. Die Summe dieser Daten wird durch den griechischen Buchstaben Σ = Sigma dargestellt. Man definiert:

$$x_1 + x_2 + x_3 + \ldots + x_n = \sum_{i=1}^{i=n} x_i \tag{2}$$

und spricht: "Summe aller x i von i=1 bis i=n". In verallgemeinerter Form kann man auch schreiben:

$$x_k + x_{k+1} + x_{k+2} + \ldots + x_n = \sum_{i=k}^{i=n} x_i \; , \tag{3}$$

was bedeutet: "Summe aller x i von i=k bis i=n". Dabei kann k jeden beliebigen ganzzahligen Wert annehmen.

Zur Vereinfachung läßt man für den Fall, daß i von 1 bis n läuft, sowohl die Grenzen am Summenzeichen als auch den Index i weg. Es gilt also:

$$\sum_{i=1}^{i=n} x_i \equiv \sum x \; . \tag{4}$$

<u>Multiplikation mit einer Konstanten</u>

Werden alle Glieder einer Summe mit einem konstanten Faktor multipliziert, so gilt:

$$c \cdot x_1 + c \cdot x_2 + c \cdot x_3 + \ldots + c \cdot x_n = \sum c \cdot x = c \sum x \; . \tag{5}$$

> Eine Konstante vor den Gliedern einer Summe darf vor das Summenzeichen gezogen werden, sofern sie als Faktor bei allen Gliedern auftritt.

Addition von Teilsummen

Gegeben seien zwei Datengruppen mit jeweils n Gliedern:

$x_1 + x_2 + x_3 + \dots + x_n + y_1 + y_2 + y_3 + \dots y_n$.

Für die Summe dieser beiden Reihen gilt dann:

$$\sum x + \sum y = (x_1 + y_1) + (x_2 + y_2) + (x_3 + y_3) + \dots + (x_n + y_n) \,. \qquad (6)$$

Somit folgt:

$$\sum x + \sum y = \sum (x + y) \,. \qquad (7)$$

Spezialfälle

Sind die Glieder einer Summe alle identisch, gilt also

$x_1 = x_2 = x_3 = \dots = x_n = a$,

dann folgt:

$$\sum x = x_1 + x_2 + x_3 + \dots + x_n = a + a + a + \dots + a = n \cdot a \qquad (8)$$

Weitere Fälle:

$$c\sum x + c\sum y = \sum c(x + y) = c\sum (x + y) \,. \qquad (9)$$

$$c_1\sum x + c_2\sum y + c_3\sum z = \sum (c_1 x + c_2 y + c_3 z) \,. \qquad (10)$$

Doppelsummen

Den Ausdruck

$$\sum_{j=1}^{j=m} \sum_{i=1}^{i=n} x_{ij}$$

bezeichnet man als Doppelsumme. Seine Bedeutung ist folgende: Zunächst durchläuft der Index i alle Werte von 1 bis n, wobei j=1 ist. Die Summe der entsprechenden Werte ist die 1. Teilsumme. Anschließend durchläuft i für j=2 alle Werte von 1 bis n. Die Addition der entsprechenden Werte ergibt die 2. Teilsumme. Man verfährt so weiter, bis für alle j von j=1 bis j=m alle m Teilsummen gebildet sind. Die Doppelsumme (=Gesamtsumme) ergibt sich dann durch Summieren der einzelnen Teilsummen. Es gilt also:

$$\sum_{j=1}^{j=m} \sum_{i=1}^{i=n} x_{ij} = \sum_{j=1}^{j=m} (x_{1j} + x_{2j} + x_{3j} + \dots + x_{nj}) \quad (11)$$

bzw. bei vollständiger Auflösung

$$\begin{aligned} \sum_{j=1}^{j=m} \sum_{i=1}^{i=n} x_{ij} = \; & x_{11} + x_{21} + x_{31} + \dots + x_{n1} + \\ & x_{12} + x_{22} + x_{32} + \dots + x_{n2} + \\ & x_{13} + x_{23} + x_{33} + \dots + x_{n3} + \\ & \vdots \quad\;\; \vdots \quad\;\; \vdots \quad\quad\quad\;\; \vdots \\ & x_{1m} + x_{2m} + x_{3m} + \dots + x_{nm} . \end{aligned} \quad (12)$$

Produkt zweier Summen

Für das Produkt zweier Summen gilt die Beziehung

$$\sum_{j=1}^{j=m} x_j \cdot \sum_{i=1}^{i=n} y_i = \sum_{j=1}^{j=m} \sum_{i=1}^{i=n} x_j y_i \quad (13)$$

3.2 Rechnen mit Produkten

Ein Produkt mehrerer Einzeldaten x_1, x_2, x_3, ... x_n wird durch den griechischen Buchstaben Pi dargestellt:

$$x_1 \cdot x_2 \cdot x_3 \quad \ldots \cdot x_n = \prod_{i=1}^{i=n} x_i \quad . \tag{14}$$

Man spricht: "Produkt über alle x i von i=1 bis i=n". Wird das Produkt mit einem konstanten Faktor multipliziert, so kann dieser vor das Produktzeichen gezogen werden:

$$c\ (x_1 \cdot x_2 \cdot x_3 \quad \ldots \cdot x_n) = c \prod_{i=1}^{i=n} x_i \quad . \tag{15}$$

Wird dagegen jeder einzelne Faktor des Produkts mit der Konstanten multipliziert, so darf diese Konstante nicht einfach vor das Produktzeichen gezogen werden. Vielmehr gilt dann:

$$c \cdot x_1 \cdot c \cdot x_2 \cdot c \cdot x_3 \quad \ldots \cdot c \cdot x_n = \prod_{i=1}^{i=n} c\ x_i = c^n \prod_{i=1}^{i=n} x_i \tag{16}$$

Zwei Produkte jeweils gleichvieler Faktoren werden miteinander multipliziert, indem man zunächst den 1.Faktor des 1. Produkts mit dem 1.Faktor des 2. Produkts multipliziert; ebenso multipliziert man die zweiten Faktoren der beiden Produkte usw. und multipliziert schließlich die erhaltenen Teilprodukte miteinander. Es folgt also:

$$\prod_{i=1}^{i=n} x_i \cdot \prod_{i=1}^{i=n} y_i = \prod_{i=1}^{i=n} x_i y_i \quad . \tag{17}$$

Nach dem gleichen Schema können auch Produkte aus mehr als 2 Teilprodukten gebildet werden, sofern sie gleichviele Faktoren enthalten.

Haben die Faktoren eines Produkts alle den gleichen Wert, dann ist dieses gleich der n-ten Potenz des konstanten Faktors:

$$x_1 = x_2 = x_3 = \dots = x_n = c$$

$$\prod_{i=1}^{i=n} x_i = \underbrace{c \cdot c \cdot c \quad \dots \cdot c}_{\text{n mal}} = c^n \tag{18}$$

Neben dem Rechnen mit Summen und Produkten sollte man bei der statistischen Auswertung von Meßdaten auch die wichtigsten mathematischen Funktionen kennen. Diese werden ausführlich im Kapitel 8 behandelt.

4. Zahlendarstellung auf dem Rechner

Von entscheidender Bedeutung für einen leistungsstarken Rechner ist die Art der Zahlendarstellung. Man unterscheidet 3 Arten:

a) Festkomma

b) Fließkomma (variables Festkomma)

c) Gleitkomma (Exponentialdarstellung)

4.1 Festkomma

Steht bei dem verwendeten Rechnermodell das Komma an einer fest vorgegebenen Stelle der Anzeige, so spricht man von einem Festkomma. Der Vorteil ist die einfache technische Ausführung. Demgegenüber steht aber der stark begrenzte Zahlenumfang, den der Rechner verarbeiten kann. Bei einem Gerät mit insgesamt 8 Stellen in der Anzeige und einem Festkomma mit 4 Nachkommastellen würde die Ziffernanzeige wie folgt aussehen:

–	1	2	3	4	.	5	6	7	8

Abb. 1 Ziffernanzeige eines Rechners mit Festkomma und 4 Nachkommastellen

Die kleinste darstellbare Zahl beträgt in dem angegebenen Fall 0,0001, die größte Zahl, die sich noch darstellen läßt, ist 9999,9999. Der Rechner kann somit 2 Zahlen nur dann noch unterscheiden, wenn die Differenz größer oder höchstens gleich 0,0001 ist. Bei der Subtraktion von fast gleich großen Zahlen muß daher mit erheblichen Fehlern gerechnet werden.

Beispiel 2

Es sei die Aufgabe $1{,}414 - \sqrt{2}$ zu lösen. Kann der Rechner nur 4 Nachkommastellen verarbeiten, dann wird als Differenz 0,0002 angezeigt, was gegenüber dem korrekten Wert von 0,0002135 ein Fehler von ca. 7% ausmacht!

Der Zahlenbereich für den o.g. Fall umfaßt 8 Dekaden (von 10^{-4} bis $9999{,}9999 \sim 10^{+4}$). Dies reicht für viele Fälle in der statistischen Auswertung nicht aus, so daß ein Rechner mit Festkommadarstellung für unsere Zwecke nicht in Frage kommt.

4.2 Fließkomma

Kann bei einem Rechner das Komma an jeder Stelle der Anzeige stehen,und wird für jede eigegebene Zahl bzw. jedes Ergebnis die Position des Kommas neu festgelegt, dann verfügt das Modell über eine Fließkomma-Zahlendarstellung.

Der zu verarbeitende Zahlenbereich läßt sich gegenüber der Festkommadarstellung erheblich erweitern, ohne daß die insgesamt zur Verfügung stehende Zahl der Stellen erhöht werden muß. Bei einem Gerät mit 8 Stellen für die Ziffern + 1 Stelle für den Dezimalpunkt + 1 Stelle für das Vorzeichen können bei voller Ausnutzung des Fließkommas Zahlen zwischen 0,00000001 ($=10^{-8}$) und 99 999 999 ($\sim 10^{+8}$) verarbeitet werden. Dies bedeutet, daß immerhin bereits doppelt soviel Dekaden überstrichen werden können, als mit dem "Festkomma-Rechner".

Bei einigen Typen läßt sich die Zahl der Nachkommastellen für Ergebnisse von Berechnungen fest vorgeben. Auf die Eingabe hat dies jedoch keinen Einfluß: Es können bei Fließkommadarstellung stets soviel Stellen eingeben werden, wie die Kapazität des Rechners insgesamt zuläßt. Dabei werden überzählige Nachkommastellen meist "abgeschnitten", d.h. bei der Eingabe nicht berücksichtigt.

Die folgenden Beispiele verdeutlichen das Prinzip der Fließkommadarstellung an einem Rechner, der über 8 Stellen für die Ziffern und eine Stelle für den Dezimalpunkt verfügt.

Beispiel 3: Eingabe der Zahl 1487239

Tasten	Anzeige								
C								0	.
1								1	.
4							1	4	.
8						1	4	8	.
7					1	4	8	7	.
2				1	4	8	7	2	.
3			1	4	8	7	2	3	.
9		1	4	8	7	2	3	9	.

Die Ziffern werden von rechts nach links "durchgeschoben".

Beispiel 4: Eingabe der Zahl 456,7891

Tasten	Anzeige								
C								0	.
4								4	.
5							4	5	.
6						4	5	6	.
.						4	5	6	.
7					4	5	6	.	7
8				4	5	6	.	7	8
9			4	5	6	.	7	8	9
1		4	5	6	.	7	8	9	1

Der Dezimalpunkt (entspricht dem Komma) wandert bzw. "fließt" entsprechend der Zahl der eingegebenen Nachkommastellen von rechts nach links. Bei jeder Ziffer, die nach Setzen des Dezimalpunkts gedrückt wird, erfolgt automatisch eine Versetzung des Dezimalpunkts um eine Stelle nach links. Bei der Größe der zu verarbeitenden Zahl ist zu beachten, daß insgesamt nur 8 Stellen für die Ziffern zur Verfügung stehen. Besitzt die Zahl also z.B. bereits 6 Vorkommastellen, so bleiben für die Ziffern nach dem Dezimalpunkt bzw. Komma nur 2 Stellen übrig. Hat andererseits die einzugebende Zahl nur 1 Vorkommastelle, dann können bis maximal 7 Nachkommastellen verarbeitet werden. Entsprechendes gilt auch für das Ergebnis einer Rechnung. Nachkommastellen, die nicht mehr in die Anzeige "passen", werden dabei im allgemeinen einfach abgeschnitten.

Bei manchen Rechnern wird die führende Null bei der Ein- bzw. Ausgabe von Zahlen unterdrückt (z.B. Texas TI 59), wenn durch sie die Stellenkapazität überschritten wird. Die Zahl 0,1234567891 würde also als .1234567891 in der Anzeige des über 10 Ziffernstellen verfügenden Rechners erscheinen. Analoges gilt für andere Modelle.

Beispiel 5: Eingabe der Zahl 0,000035

Tasten	Anzeige
C	0.
0	0.
.	0.
0	0.0
0	0.00
0	0.000
0	0.0000
3	0.00003
5	0.000035

Die Eingabe unterscheidet sich im Prinzip nicht von dem Beispiel 2. Obwohl aber nur 2 "signifikante Ziffern"[1] vorhanden sind, nimmt die Darstellung der Zahl 0,000035 fast alle Stellen der Anzeige ein, da die Nullen nach dem Komma bereits jeweils eine Stelle verbrauchen.

4.3 Gleitkomma

Obwohl Rechner, die eine Fließkommadarstellung der Zahlen besitzen, gegenüber Modellen mit Festkomma bereits eine wesentliche Verbesserung hinsichtlich des möglichen Zahlenumfangs bedeuten, ist die Fließkommadarstellung kleiner Zahlen,wie das Beispiel 3 zeigt, dennoch ziemlich "unrentabel": Da bereits für die Nullen nach dem Komma Anzeigestellen benötigt werden, ist die Zahl der eingebbaren signifikanten Ziffern umso geringer, je kleiner der Zahlenwert überhaupt ist.

Diesen Nachteil umgeht die sog. Gleitkomma- bzw. Exponentialdarstellung von Zahlen, welche das Rechnen mit extrem kleinen bzw. großen Zahlenwerten überhaupt erst ermöglicht. Man spricht auch von der "Wissenschaftlichen Schreibweise" oder "Wissenschaftlichen Notierung" (Scientific Notation) von Zahlen. Sie beruht auf der Darstellung von Zahlen in der Form

$$Z = M \cdot a^b . \qquad (19)$$

Danach wird eine Zahl Z als Produkt aus einer Mantisse M und einer Potenz a^b wiedergegeben. Die Basis der Potenz wird bestimmt durch das verwendete Zahlensystem. Im Dezimalsystem ist a = 10. Somit gilt:

$$Z = M \cdot 10^b . \qquad (20)$$

---

1 Signifikante Ziffern = Bei Zahlen < 1 Ziffernfolge ohne die Null vor dem Komma und der nach dem Komma folgenden Nullen.

Dabei wird der Exponent b so gewählt, daß M zwischen 1 und 9,9999.... liegt.

Für die Gleitkommadarstellung von Zahlen gelten die Potenzgesetze.

Tab. 2 Vergleich der Dezimal- und Gleitkommadarstellung von Zahlen

Dezimaldarstellung	Gleitkommaformat
1	10^0
10	10^1
100	10^2
0,1	10^{-1}
0,01	10^{-2}
0,001	10^{-3}
271,828	$2{,}71828 \cdot 10^2$
27,1828	$2{,}71828 \cdot 10^1$
2,71828	$2{,}71828 \cdot 10^0$
0,271828	$2{,}71828 \cdot 10^{-1}$

Zur Darstellung von Zahlen im Gleitkommaformat sind auf dem Rechner noch zusätzlich Stellen für den Exponenten sowie das Vorzeichen des Exponenten erforderlich. Bei allen Taschen- und Tischrechnern werden 2-stellige Exponenten (-99 bis + 99) verwendet, wodurch ein Zahlenbereich von 200 Dekaden, nämlich von 10^{-99} bis 10^{+99} erfaßt werden kann.

Bei den meisten Rechnern erfolgt die Gleitkomma-Darstellung so, daß nur der Exponent bzw. bei negativen Exponenten zusätzlich das Minuszeichen angezeigt wird.

Beispiel 6

Eingabe	Anzeige										
$7{,}23456 \cdot 10^{25}$		7	.	2	3	4	5	6		2	5
$-5{,}45678 \cdot 10^{-49}$	-	5	.	4	5	6	7	8	-	4	9

Eingabe	Anzeige										
$100{,}0000 = 10^{2}$		1	.	0	0	0	0	0		0	2
$-0{,}0001 = -10^{-4}$	–	1	.	0	0	0	0	0	-	0	4
	Mantisse								Exponent		

Beispiele für extrem große bzw. kleine Zahlen, die ohne Gleitkomma nicht direkt darstellbar sind bzw. mit denen nicht direkt gerechnet werden kann gibt die folgende Zusammenstellung.

Tab. 3 Beispiele für sehr große und sehr kleine Zahlen

Größe	Zahlenwert
Loschmidt-Zahl = Zahl der Atome in einem Grammatom	$\sim 6{,}02 \cdot 10^{23}$
Anzahl der Moleküle in 1 ml Wasser	$\sim 3{,}3 \cdot 10^{22}$
Zahl der roten Blutkörperchen im Blut eines Menschen	$\sim 2{,}5 \cdot 10^{13}$
Anzahl der Atome im gesamten Weltall	$\sim 1{,}0 \cdot 10^{70}$
Zahl der menschlichen Gehirnzellen	$\sim 1{,}4 \cdot 10^{10}$
$69! = 1 \cdot 2 \cdot 3 \cdots 69$	$\sim 1{,}7 \cdot 10^{98}$
Masse eines Elektrons	$\sim 9{,}1 \cdot 10^{-31}$ kg
Elementarladung	$\sim 1{,}6 \cdot 10^{-19}$ As
Anteil der Transurane am Aufbau der Erdkruste	$\sim 1{,}0 \cdot 10^{-20}$ %

Zusammenfassend seien noch einmal für einen Rechner mit 8 Stellen für die Anzeige der Ziffern die 3 Zahlendarstellungsarten Festkomma, Fließkomma und Gleitkomma gegenübergestellt:

Tab.4 Vergleich der Zahlendarstellung bei Elektronenrechnern

Darstellung	Zahlenbereich	Anzahl der Dekaden
Festkomma (4 Stellen nach Komma)	10^{-4} - 10^{+4}	8
Fließkomma	10^{-8} - 10^{+8}	16
Gleitkomma	10^{-99} - 10^{+99}	198

4.4 Rechengenauigkeit

Die Genauigkeit, mit der Rechnungen auf einem elektronischen Rechner durchgeführt werden können, hängt von der insgesamt zur Verfügung stehenden Stellenzahl ab. Bei einem Gerät mit Gleitkommadarstellung sind im allgemeinen 8 - 12 Stellen für die Mantisse vorhanden, was für die Lösung der meisten Probleme ausreicht.

Während die 4 Grundrechenarten praktisch stets die exakten Ergebnisse liefern - bei Multiplikation und Division wird jeweils die letzte Stelle gerundet - werden bei den mathematischen Funktionen für die Ergebnisse Näherungslösungen ausgegeben, die aber meist für die anfallenden Probleme genau genug sind.

Weitere Einzelheiten zu diesem Problem sind im "Taschenrechner-Handbuch" von H.Schumny (1) bzw. in den Anleitungen zu den einzelnen Rechnermodellen zu finden.

5. Logiksysteme

Die beiden wichtigsten Rechensysteme bei Taschen- und Tischrechnern sind

1. die "Algebraische Logik",
2. die "Umgekehrte Polnische Notation" (UPN) .

Im folgenden werden beide Systeme ausführlich besprochen.

5.1 Allgemeines

Unabhängig von der verwendeten Rechenlogik verfügen alle Geräte über ein sog. Anzeige- oder Eingaberegister X und ein Arbeitsregister Y. Die Inhalte dieser beiden Register sollen mit x und y bezeichnet werden.

Die Algebraische Logik und die Umgekehrte Polnische Notation unterscheiden sich dadurch, daß die Verknüpfung der Registerinhalte x und y verschieden ist, wie das folgende Beispiel zeigt.

Es sei die Aufgabe gestellt, zwei Zahlen zu addieren, z.B.

$$4 + 5 = 9 \ .$$

Im Falle der algebraischen Logik wird die Aufgabe folgendermaßen durchgeführt:

[4] [+] [5] [=]   9.000 .

Bei einem Rechner mit UPN- Logik ist dagegen der Rechengang bei der Lösung der Aufgabe:

[4] [ENTER] [5] [+] 9.000 .

Wie die Verknüpfung der Summanden in den beiden Registern X und Y geschieht, zeigt die Gegenüberstellung der Inhalte x und y:

Addition mit algebraischer Logik

Tasten	x	y
[4]	4	-
[+]	4	4 +
[5]	5	4 +
[=]	9	4 +

Addition mit UPN - Logik

Tasten	x	y
[4]	4	-
[ENTER]	4	4
[5]	5	4
[+]	9	0

Während bei dem algebraischen System die Eingabe "wie auf dem Papier" erfolgt - also die beiden Summanden durch das + - Zeichen getrennt sind und das Gleichheitszeichen = die Durchführung der Aufgabe bewirkt - werden beim UPN-System mit Hilfe der ENTER-Taste zuerst beide Zahlen eingegeben und anschließend die Operationstaste betätigt. Dies bewirkt dann auch, daß die Aufgabe gerechnet wird und das Ergebnis in der Anzeige erscheint.

Im Unterschied zu der algebraischen Rechentechnik fehlt bei der UPN - Logik das Gleichheitszeichen. Dafür ist die ENTER - Taste charakteristisch für dieses System.

5.2 Algebraische Logik

5.2.1 Rechenoperationen

Typisch für dieses Rechensystem ist - wie erwähnt - das Gleichheitszeichen. Bei der Verknüpfung zweier Zahlen a und b wird die Aufgabe so eingetastet wie man sie schreibt. Die folgende Zusammenstellung der Tastenfolgen für die 4 Grundrechenarten macht dies deutlich:

Tab. 4 Tastenfolgen für die 4 Grundrechenarten bei algebraischer Logik

Rechenart	Beispiel	Tastenfolge	Ergebnis
Addition	2 + 5 = ?	[2] [+] [5] [=]	7.000
Subtraktion	7 - 4 = ?	[7] [-] [4] [=]	3.000
Multiplikation	3 x 6 = ?	[3] [x] [6] [=]	18.000
Division	8 : 2 = ?	[8] [:] [2] [=]	4.000

Die Verknüpfung der Zahlen a und b erfolgt in den beiden Registern X und Y, wobei der Ablauf folgender ist:

1. Die eingetastete Zahl a gelangt zunächst in das X-Register.
2. Durch Betätigen der Operationstaste +, -, x oder : wird sowohl der Inhalt des X-Registers als auch der Operator in das Y-Register kopiert. Der Inhalt des X-Registers bleibt dabei erhalten. Der Inhalt y des Arbeitsregisters besteht jetzt aus der Zahl a und dem Operator.

3. Gibt man die zweite Zahl (= b) ein, so gelangt diese in das X-Register, wobei der bisherige Inhalt (= a) verlorengeht.
4. Nach Betätigen der Gleich-Taste wird der Inhalt des Y-Registers (= a) über den ebenfalls in Y enthaltenen Operator (+, -, x, :) mit dem jetzigen Inhalt des X-Registers (= b) verknüpft.
5. Das Ergebnis steht nun im X-Register und somit auch in der Anzeige. Der Inhalt des Y-Registers (also a und der Operator!) bleibt dabei erhalten.

Zwei Beispiele verdeutlichen das Schema:

Tab. 5 Registerbelegung bei algebraischer Logik

Tastenfolge	X-Register	Y-Register	Anzeige
[7]	7	-	7.000
[+]	7	7 +	7.000
[5]	5	7 +	5.000
[=]	12	7 +	12.000
Löschen von X und Y	0	-	0.000
[5] [2]	52	-	52.000
[:]	52	52 :	52.000
[1] [3]	13	52 :	13.000
[=]	4	52 :	4.000

5.2.2 Löschen von falsch eingegebenen Zahlen

Hat man sich bei der Eingabe der Zahl a oder b vertippt oder geirrt, so kann man mit Hilfe einer Löschtaste C (Clear) den falschen Wert - also den Inhalt des X-Registers - löschen. Nach Eingabe der richtigen Zahl kann die Rechnung fortgeführt werden.

Tab. 6 Löschen falsch eingegebener Zahlen

Tastenfolge	X-Register	Y-Register	Anzeige
[9]	9	-	9.000
[x]	9	9 x	9.000
[4]	4	9 x	4.000
[C]	0	9 x	0.000
[5]	5	9 x	5.000
[=]	45	9 x	45.000
Löschen von X und Y	0	-	0.000
[3]	3	-	3.000
[C]	0	-	0.000
[5]	5	-	5.000
[+]	5	5 +	5.000
[1]	1	5 +	1.000
[=]	6	5 +	6.000

Das Löschen der gesamten Rechenoperationen geschieht bei einigen Modellen durch eine zusätzliche Gesamt-Löschtaste. Damit wird sowohl der Inhalt des X-Registers als auch der des Y-Registers gleich Null gesetzt. Damit diese Gesamt-Löschung von der Korrektur einzelner Zahlenwerte unterschieden werden kann, wird bei einigen Geräten zum Verbessern falsch eingegebener Zahlen eine Taste CE (Clear Entry) verwendet, während die Gesamtlöschung durch eine C-Taste bewirkt wird. Bei manchen Rechnern kann auch durch ein- oder zweimaliges Drücken einer Löschtaste (C/CE) wahlweise eine Einzel- oder eine Gesamtlöschung vorgenommen werden.

Bei dem System Compucorp dient eine CLEAR-Taste zur Löschung, wenn man sich bei der Eingabe vertippt oder geirrt hat, während mit RESET der gesamte Rechengang (also X- und Y-Register) gelöscht wird. Weitere Einzelheiten sind den Bedienungsanleitungen der einzelnen Rechner, dem Taschenrechner-Handbuch von H.Schummy (1) sowie der weiteren zu Kapitel 1 angegebenen Spezialliteratur zu entnehmen.

5.2.3 Rechnen mit einer Konstanten

Es sei die Aufgabe gegeben, zu einer Konstanten a verschiedene Zahlen b_1, b_2, b_3 usw. zu addieren oder die Konstante a mit verschiedenen Zahlen b_1, b_2, b_3 usw. zu multiplizieren. Nach dem in 5.2.1 dargestellten Rechenprinzip gibt es dafür einen vereinfachten Weg.

Zunächst wird einmal die Aufgabe $a + b_1 =$ bzw. $a \times b_1 =$ in den Rechner eingetippt. Um jetzt die Addition zur Konstanten a bzw. die Multiplikation mit a für andere b-Werte durchzuführen, ist es lediglich notwendig, die jeweiligen b-Werte einzutippen und nach jeder Eingabe das Gleichheitszeichen zu betätigen. Durch Drücken der Gleich-Taste wird dann der Inhalt des Y-Registers (Konstante a und Operator + oder x) mit dem jeweiligen b-Wert verknüpft. Es ist somit nicht notwendig, für die Aufgaben $a + b_1$, $a + b_2$, $a + b_3$ ... bzw. $a \times b_1$, $a \times b_2$, die Konstante a sowie den Operator + bzw. x jeweils erneut einzugeben.

Ein Beispiel für die Problemstellung ist der Aufschlag einer prozentual festgelegten Mehrwertsteuer auf den Kaufpreis einer Ware. Beträgt die Steuer 12%, so kommt dies der Aufgabe gleich, verschiedene Werte von b (= verschiedene Kaufpreise) mit dem Zahlenwert 1,12 (= a) zu multiplizieren.

Das folgende Schema verdeutlicht das Rechenprinzip:

Tab. 7 Multiplikation einer Konstanten a mit verschiedenen Zahlenwerten

Tastenfolge	X-Register	Y-Register	Anzeige
[1] [.] [1] [2]	1.12	-	1.1200
[x]	1.12	1.12 x	1.1200
[6]	6	1.12 x	6.0000
[=]	6.72	1.12 x	6.7200
[3]	3	1.12 x	3.0000
[=]	3.36	1.12 x	3.3600
[2] [3]	23	1.12 x	23.0000
[=]	25.76	1.12 x	25.7600
[2] [5] [9]	259	1.12 x	259.0000
[=]	285.418	1.12 x	285.4180
⋮	⋮	⋮	⋮

In den angegebenen Beispielen ist der erste Operand die Konstante. Dies bedeutet, daß bei Aufgaben des Typs a + b bzw. a x b der Wert a konstant gehalten wird, während b variabel ist. Der Vollständigkeit halber sei darauf hingewiesen, daß es auch Rechnermodelle gibt, bei denen der zweite Operand, also der b-Wert, die Konstante ist. Näheres darüber ist im Taschenrechner-Handbuch von H.Schummy (1) beschrieben.

5.2.4 Kettenrechnungen

Bei der Verknüpfung von mehr als zwei Zahlen mit Hilfe von Punkt- und Strichrechnung muß man bei Rechnern mit algebraischer Logik zwei Verfahrensweisen unterscheiden:

a)

Logik ohne Hierarchie
Alle 4 Grundrechenarten sind gleichberechtigt.

b)

Logik mit Hierarchie
Punktrechnung geht vor Strichrechnung

Summe zweier Produkte

Bei einem Rechner mit Hierarchie sowie einem Gerät mit algebraischer Logik aber ohne Hierarchie werden folgende Tasten betätigt:

[5] [x] [7] [+] [8] [x] [2] [=]

Wie lautet das Ergebnis ?

Lösung ohne Hierarchie
Es wird zunächst das Produkt 5 x 7 berechnet, zu dem Ergebnis 8 addiert und die Summe schließlich mit 2 multipliziert.

Die einzelnen Rechenschritte sind also:

$$5 \times 7 = 35$$
$$35 + 8 = 43$$
$$43 \times 2 = 86 \; .$$

Durch Setzen von Klammern wird der interne Rechenablauf deutlich:

$$((5 \times 7) + 8) \times 2 = 86 \; .$$

Lösung mit Hierarchie

Der 1. Rechenschritt ist die Bildung des Produkts 5 x 7. Durch Drücken der Plus-Taste wird das Ergebnis (= 35) einschließlich des Operators + intern in einem Zwischenspeicher abgelegt (also 35 +). Im 2. Rechenschritt wird das Produkt 8 x 2 gebildet und im 3. Schritt schließlich werden beide Produkte addiert. Schreibt man den Rechengang mit Klammern, so ergibt sich hier:

$$(5 \times 7) + (8 \times 2) = 51 \; .$$

In diesem Fall zerfällt die Aufgabe also in die Teilschritte:

$$5 \times 7 = 35$$
$$8 \times 2 = 16$$
und $$35 + 16 = 51 \; .$$

Will man die Summe zweier Produkte mit einem Rechner ohne Hierarchie bilden, so kann das durch die Tastenfolge

[( ] [5] [x] [7] [ )] [+] [( ] [8] [x] [2] [ )] [=]

erreicht werden. Der Ablauf entspricht also dem "internen" Lösungsweg für ein Gerät mit Hierarchie.

Die Klammern, die bei dem hierarchischen Rechengang nur intern gesetzt werden, müssen also hier mit "eingetastet" werden.

Produkt zweier Summen

Der Lösungsweg ist hier unabhängig davon, ob die 4 Grundrechenarten gleichberechtigt sind (Rechner ohne Hierarchie), oder ob Punkt- vor Strichrechnung geht (Gerät mit Hierarchie). Gegeben sei die folgende Aufgabe:

$$(4 + 3) \times (2 + 7) = 63 \ .$$

Lösung bei einem Rechner ohne Klammern aber mit Speicher:

$\boxed{4}\ \boxed{+}\ \boxed{3}\ \boxed{=}\ \boxed{\text{STO}}$

$\boxed{2}\ \boxed{+}\ \boxed{7}\ \boxed{=}\ \boxed{x}\ \boxed{\text{RCL}}\ \boxed{=}$ 63.0000

$\boxed{\text{STO}}$ = Speichern eines Ergebnisses im Speicher

$\boxed{\text{RCL}}$ = Abrufen eines gespeicherten Wertes

Lösung bei einem Rechner mit Klammern:

$\boxed{(}\ \boxed{4}\ \boxed{+}\ \boxed{3}\ \boxed{)}\ \boxed{x}$

$\boxed{(}\ \boxed{2}\ \boxed{+}\ \boxed{7}\ \boxed{)}\ \boxed{=}$ 63.0000

Tastet man dagegen bei einem Gerät ohne Hierarchie die Aufgabe ohne Klammern ein, so erhält man ein anderes Ergebnis:

$\boxed{4}\ \boxed{+}\ \boxed{3}\ \boxed{x}\ \boxed{2}\ \boxed{+}\ \boxed{7}\ \boxed{=}$ 21.0000 .

Punkt- und Strichrechnung sind hier also gleichberechtigt.

Vergleich von Algebraischer Logik mit und ohne Hierarchie

Die genannten Beispiele zeigen, daß bei einem Rechner mit Hierarchie für die Ermittlung einer Summe zweier Produkte ein anderes Verfahren angewandt werden muß als für das Produkt zweier Summen bzw. Differenzen.

Bei Modellen ohne Hierarchie müssen in beiden Fällen entweder Klammern gesetzt oder - wenn ein Konstantenspeicher vorhanden ist - die Zwischenergebnisse abgespeichert werden.

Verwendet man bei einem Gerät ohne Hierarchie keine Klammern, so werden Aufgaben ohne Prioritäten von links nach rechts abgearbeitet.

Die folgende Aufgabenzusammenstellung verdeutlicht noch einmal das Prinzip beider Systeme:

Tab. 8 Vergleich algebraischer Rechentechnik mit und ohne Hierarchie

Aufgabe	Lsg. o. Hierarchie	Lsg. m. Hierarchie
(3x5)+(9x6)= 69	(3 x 5) + (9 x 6) =	3 x 5 + 9 x 6 =
(5+7)x(8-2)= 72	(5 + 7) x (8 - 2) =	(5 + 7) x (8 - 2) =
((5+7)x8)+2= 98	5 + 7 x 8 + 2 =	((5 + 7)x 8) + 2 =
$\frac{7 + 5}{2} - 4 = 2$	7 + 5 : 2 - 4 =	((7 + 5): 2) - 4 =
$\frac{9 - 1}{4} - 3 = 5$	9 - 1 : 4 - 3 =	((9 - 1): 4) - 3 =
$\frac{8 - 3}{4 + 1} = 1$	(8 - 3) : (4 + 1) =	(8 - 3) : (4 + 1) =

Funktion der Operatortaste

Wie aus dem vorigen Abschnitt hervorgeht, ist es bei Rechnern ohne hierarchische Logik bei Kettenaufgaben nicht notwendig, zwischen den einzelnen Verknüpfungen die Gleich-Taste zu betätigen.

Die Aufgabe 5 + 7 - 3 + 1 + 4 = 14 z.B. kann also in der Reihenfolge

[5] [+] [7] [-] [3] [+] [1] [+] [4] [=] 14.00

eingetastet werden. Das gleiche Ergebnis würde man erhalten, wenn nach den jeweiligen Teilaufgaben das Gleichheitszeichen gesetzt wird. Die obige Tastenfolge hat daher die gleiche Wirkung und führt zum gleichen Ergebnis wie

[5] [+] [7] [=] [-] [3] [=] [+] [1] [=] [+] [4]

[=] 14.00 .

Die Betätigung einer Operatortaste (+, -, x oder :) in einer Kettenrechnung anstelle des Gleichheitszeichens bewirkt folgendes:

1) Die Inhalte von X- und Y-Register werden zunächst über das im Y-Register mit "gespeicherte" Vorzeichen verknüpft.

2) Das Ergebnis wird in das X-Register gebracht, wobei der Inhalt des Y-Registers unverändert bleibt.

3) Der neue Inhalt des X-Registers wird zusammen mit dem eingetasteten Operator in das Y-Register gebracht. Das X-Register bleibt dabei unverändert.

Beträgt z.B. der Inhalt des X-Registers x = 7, und ist der Inhalt des Y-Registers y = 5 + , so hat das Drücken der Minus-Taste folgende Wirkung: Zunächst wird die Addition 5 + 7 = 12 durchgeführt (Schritt 1). Die 12 wird anschließend in das X-Register gebracht und der alte Inhalt x=7 gewissermaßen "überschrieben".

Das Y-Register (y = 5 +) bleibt dabei zunächst unverändert (Schritt 2). Im 3. Schritt wird der neue Inhalt des X-Registers (x = 12) zusammen mit dem eingetasteten Minus-Zeichen in das Y-Register gebracht und der alte Inhalt (y= 5+) überschrieben. Der Inhalt des X-Registers (x = 12) bleibt unverändert und erscheint in der Anzeige. Äußerlich ist das Ergebnis also das gleiche, als wenn man anstelle des Minus-Zeichens die Gleich-Taste betätigt hätte.

Die Belegung von Eingabe- und Arbeitsregister (X- und Y-Register) für das auf S.44 angegebene Beispiel wird durch die folgende Übersicht deutlich:

Tab. 9 Funktion der Operatortaste

Tastenfolge	X-Register	Y-Register	Anzeige
5	5	-	5.0000
+	5	5 +	5.0000
7	7	5 +	7.0000
(=	12	5 +	12.0000)
-	12	12 -	12.0000
3	3	12 -	3.0000
(=	9	12 -	9.0000)
+	9	9 +	9.0000
1	1	9 +	1.0000
(=	10	9 +	10.0000)
+	10	10 +	10.0000
4	4	10 +	4.0000
=	14	10 +	14.0000

Durch diese Art des Rechenablaufs wird bei Rechnern ohne Hierarchie erreicht, daß bei Kettenaufgaben Punkt- und Strichrechnung in der angegebenen Reihenfolge, d.h. also von links nach rechts abgearbeitet werden.

5.2.5 Rechnen mit Klammern

Die Kapazität eines Taschen- bzw. Tischrechners mit algebraischer Rechenlogik steigt enorm, wenn die Möglichkeit gegeben ist, mit Klammern zu rechnen. Im allgemeinen können mit 3 - 4 Klammern, die ineinandergeschachtelt werden, bereits die meisten anfallenden Probleme gelöst werden.

Das Rechnen mit Klammern wird mit zusätzlich zum Eingabe- bzw. Arbeitsregister vorhandenen Klammerregistern möglich. Dabei gelten folgende Prinzipien, wobei angenommen werden soll, daß unser Rechner über 4 Klammerregister verfügt, die mit K1, K2, K3 und K4 bezeichnet werden:

1. Das Öffnen der 1. Klammer bewirkt, daß der Inhalt des Y-Registers in das 1. Klammer-Register (K1) kopiert wird. Die Inhalte von Eingabe- und Arbeitsregister bleiben dabei erhalten.
2. Alle weiteren Operationen innerhalb der Klammer werden nur innerhalb des X- bzw. Y-Registers durchgeführt. Das Klammerregister K1 bleibt davon unberührt.
3. Das Schließen der Klammer führt zunächst dazu, daß die Inhalte von Eingabe- und Arbeitsregister miteinander verknüpft werden. Es hat also primär die gleiche Wirkung wie das Setzen eines Gleichheits-Zeichens. Zusätzlich aber wird hier der Inhalt des Klammerregisters K1 zurück in das Arbeitsregister Y geschoben. Der Inhalt von K1 geht dabei verloren.
4. Alle weiteren Operationen finden nur auf der Ebene von X- und Y-Register statt, es sei denn, man öffnet eine neue Klammer.

Dieses Schema gilt zunächst für den Fall, daß nur 1 Klammer geöffnet wird. Das folgende Beispiel zeigt die Funktionsweise einer gesetzten Klammer:

Tab. 10 Funktion eines Klammer-Registers

Schritt	Taste	X-Register	Y-Register	K 1	Anzeige
1	4	4	-	-	4.0000
2	+	4	4 +	-	4.0000
3	(	4	4 +	4 +	4.0000
4	6	6	4 +	4 +	6.0000
5	x	6	6 x	4 +	6.0000
6	3	3	6 x	4 +	3.0000
7	)	18	4 +	-	18.0000
8	=	22	4 +	-	22.0000

Der Schritt Nr.3 (Öffnen der Klammer) bewirkt, daß der Inhalt des Y-Registers (= 4 +) in das Klammerregister geschoben wird, wobei das Y-Register selbst nicht verändert wird. Im Schritt Nr.7 (Schließen der Klammer) wird der Inhalt des Klammerregisters K 1 wieder zurück in das Arbeitsregister Y gebracht, wobei der Inhalt von K 1 verloren geht.Der Schritt Nr.8 schließlich hat zur Folge, daß der Inhalt des Klammerregisters, der jetzt im Arbeitsregister steht (= 4 +), mit dem innerhalb der Klammer errechneten Ergebnis verknüpft wird. Das Ergebnis gelangt in das Eingabe- bzw. X-Register und steht damit in der Anzeige.

Werden mehrere Klammern geöffnet, so läßt sich das Rechenprinzip am besten verdeutlichen, wenn man sich Eingabe-, Arbeits- und Klammerregister (beim Modell Compucorp sind es die 4 Register K 1, K 2, K 3, K 4) von links nach rechts in einer Reihe angeordnet denkt. Danach gilt folgendes Schema:

Öffnen einer Klammer
Ausgehend vom Arbeitsregister Y werden die Inhalte von Y, K 1, K 2 und K 3 um ein Register nach rechts verschoben. Die Inhalte von Eingabe- und Arbeitsregister bleiben dabei erhalten, d.h. das Öffnen einer Klammer bewirkt, daß die Registerinhalte

in das jeweils rechts davon liegende Register kopiert werden, selbst aber nicht verändert werden.

Schließen einer Klammer
Zunächst werden Eingabe- und Arbeitsregister miteinander verknüpft. Das Ergebnis wird im Eingaberegister X abgelegt. Anschließend werden die Inhalte der Klammerregister um ein Register <u>nach links</u> verschoben, d.h. K1 wird im Arbeitsregister Y kopiert, K2 in K1, K3 in K2 sowie K4 in K3.

In Tab. 11 ist das Berechnungsschema für die Aufgabe

$$5 \times (3 + (7 \times ((\frac{6}{3}) + (3 \times 4)))) = 505$$

wiedergegeben. Die Nummern über den Pfeilen geben die Schritte an, in denen die entsprechenden Register-Verschiebungen stattfinden. Das Schema ist für die Rechner Compucorp 326 bzw. 327 anwendbar, im Prinzip aber auch auf andere Geräte übertragbar.

5.2.6 Kurzwegrechentechnik

Die in 5.2.4 beschriebene algebraische Rechenlogik ermöglicht es, daß zwei gleiche Zahlen durch Addition (Verdoppeln) oder Multiplikation (Quadrieren) miteinander verknüpft werden können, ohne daß die Eingabe der Zahlen zweimal erfolgen muß. Dies wird dadurch möglich, daß beim Betätigen der Gleich-Taste die Inhalte von Eingabe- und Arbeitsregister zueinander addiert bzw. miteinander multipliziert werden, je nachdem, ob die + - Taste oder die x - Taste nach Eingabe der Zahl gedrückt wurde.

Beispiel: 2 x 2 = 4

Tastenfolge: [2] [x] [=] 4.0000

Die nochmalige Eingabe der 2 nach dem Drücken der x - Taste kann eingespart werden, da durch die Eingabe der zweiten 2 die Inhalte von X und Y nicht verändert werden würden.

Tab. 11 Rechengang mit geschachtelten Klammern

Schritt	Taste	X	Y	K1	K2	K3	K4	Anzeige
1	5	5	-	-	-	-	-	5.0000
2	x	5	5 x	-	-	-	-	5.0000
3	(	5	5 x	5 x	-	-	-	5.0000
4	3	3	5 x	5 x	-	-	-	3.0000
5	+	3	3 +	5 x	-	-	-	3.0000
6	(	3	3 +	3 +	5 x	-	-	3.0000
7	7	7	3 +	3 +	5 x	-	-	7.0000
8	x	7	7 x	3 +	5 x	-	-	7.0000
9	(	7	7 x	7 x	3 +	5 x	-	7.0000
10	(	7	7 x	7 x	7 x	3 +	5 x	7.0000
11	6	6	7 x	7 x	7 x	3 +	5 x	6.0000
12	:	6	6 :	7 x	7 x	3 +	5 x	6.0000
13	3	3	6 :	7 x	7 x	3 +	5 x	3.0000
14	)	2	7 x	7 x	3 +	5 x	-	2.0000
15	+	2	2 +	7 x	3 +	5 x	-	2.0000
16	(	2	2 +	2 +	7 x	3 +	5 x	2.0000
17	3	3	2 +	2 +	7 x	3 +	5 x	3.0000
18	x	3	3 x	2 +	7 x	3 +	5 x	3.0000
19	4	4	3 x	2 +	7 x	3 +	5 x	4.0000
20	)	12	2 +	7 x	3 +	5 x	-	12.0000
21	)	14	7 x	3 +	5 x	-	-	14.0000
22	)	98	3 +	5 x	-	-	-	98.0000
23	)	101	5 x	-	-	-	-	101.0000
24	=	505	5 x	-	-	-	-	505.0000

Wie die Registerbelegung im Einzelnen aussieht, zeigt die folgende Tab. 12.

Tab. 12 Quadrieren einer Zahl mit der Kurzwegrechentechnik

Schritt	Taste	X-Register	Y-Register	Anzeige
1	2	2	-	2.0000
2	x	2	2 x	2.0000
(3	2	2	2 x	2.0000)
4	=	4	2 x	4.0000

Der 3. Schritt kann eingespart werden, da durch die Betätigung der Gleich-Taste nach Drücken von x bereits eine Verknüpfung im gewünschten Sinne erreicht wird: Die Zahl 2 wird quadriert. Beim Multiplizieren einer Zahl mit sich selbst kann somit die Anzahl der Schritte eingespart werden, die für die Eingabe der Zahl erforderlich ist. Je mehr Stellen die Zahl also hat, desto größer ist die Einsparung an Tastenschritten. Analog zu dem obigen Beispiel können zwei Zahlen auch über die anderen Grundrechenarten verknüpft werden:

Tab. 13 Kurzwegrechentechnik bei den 4 Grundrechenarten

Aufgabe	Tastenfolge	Ergebnis
$a \times a = a^2$	a x =	Quadrat von a
$a + a = 2\,a$	a + =	Doppelter Wert von a
$a - a = 0$	a - =	Erzeugen einer Null
$a : a = 1$	a : =	Erzeugen einer Eins

Durch diese verkürzte Rechenweise können auch Kettenoperationen mit der gleichen Zahl durchgeführt werden, z.B. die fortgesetzte Addition einer Zahl bzw. Multiplikation mit sich selbst.

Tab. 14 Einmaleins der Zahl a

Tastenfolge	X-Register	Y-Register	Anzeige
a	a	-	a
[+]	a	a +	a
[=]	2a	a +	2a
[=]	3a	a +	3a
[=]	4a	a +	4a
[=]	5a	a +	5a
⋮	⋮	⋮	⋮

Tab. 15 Geometrische Reihe a, a^2, a^3 ...

Tastenfolge	X-Register	Y-Register	Anzeige
a	a	-	a
[x]	a	a x	a
[=]	a^2	a x	a^2
[=]	a^3	a x	a^3
[=]	a^4	a x	a^4
[=]	a^5	a x	a^5
⋮	⋮	⋮	⋮

Diese Tastenfolge ist sehr wichtig bei der Summenbildung für statistische Berechnungen. Sind z.B. die Summen

$$\sum x\ ,\ \sum x^2,\ \sum x^3,\ \sum x^4,\ \sum x^5\ \text{usw.}$$

zu ermitteln, so können für jedes x die Ausdrücke x, x^2, x^3, x^4, x^5 usw. nach dem obigen Schema berechnet werden. Beim Programmieren können auf diese Weise eine große Zahl von Speicherplätzen eingespart werden.

Tab. 16 Erzeugen der Zahlenfolge a, 2a, 4a, 8a usw.

Tastenfolge	X-Register	Y-Register	Anzeige
a	a	-	a
[+]	a	a +	a
[+]	2a	2a +	2a
[+]	4a	4a +	4a
[+]	8a	8a +	8a
⋮	⋮	⋮	⋮

Tab. 17 Erzeugen der Zahlenfolge a, a^2, a^4, a^8 usw.

Tastenfolge	X-Register	Y-Register	Anzeige
a	a	-	a
[x]	a	a x	a
[x]	a^2	a^2 x	a^2
[x]	a^4	a^4 x	a^4
[x]	a^8	a^8 x	a^8
⋮	⋮	⋮	⋮

Tab. 18 Erzeugen der Zahlenfolge a, a^2, $2a^2$, $3a^2$ usw.

Tastenfolge	X-Register	Y-Register	Anzeige
a	a	-	a
[x]	a	a x	a
[+]	a^2	a^2 +	a^2
[=]	$2a^2$	a^2 +	$2a^2$
[=]	$3a^2$	a^2 +	$3a^2$
⋮	⋮	⋮	⋮

Tab. 19 Erzeugen der Zahlenfolge 2a, $4a^2$, $8a^3$ usw.

Tastenfolge	X-Register	Y-Register	Anzeige
a	a	-	a
[+]	a	a +	a
[x]	2a	2a x	2a
[=]	$4a^2$	2a x	$4a^2$
[=]	$8a^3$	2a x	$8a^3$
⋮	⋮	⋮	⋮

Durch die in Tab. 19 angegebene Tastenfolge wird das fortgesetzte Multiplizieren mit dem Faktor 2a erreicht.

Wählt man in Tab. 14 für a den Wert 1, so wird mit der Befehlsfolge 1 [+] [=] [=] [=] usw. die Zahlenfolge 1,2,3, 4,5 usw. erzeugt. Diese Methode kann daher zum Zählen von irgendwelchen Posten angewendet werden, z.B. zur Bestimmung der Anzahl roter Blutkörperchen im Blut durch Auszählen unter dem Mikroskop, zur Ermittlung der Anzahl von Kraftfahrzeugen, die eine Straße innerhalb einer bestimmten Zeit passieren usw.

Die "Kurzwegmethode" bietet somit erhebliche Rechenvorteile; insbesondere werden beim Programmieren Speicherplätze eingespart, die dann für andere Aufgaben zur Verfügung stehen.

Auch über dieses Verfahren findet man im Taschenrechner-Handbuch von H. Schummy weitere Anregungen und ausführliche Hinweise (1).

5.3 Umgekehrte Polnische Notation (UPN)

5.3.1 Allgemeines

Ein wesentliches Kennzeichen der UPN- Rechentechnik ist das fehlende Gleichheitszeichen. Dafür besitzen die entsprechenden Geräte eine "ENTER" - Taste. Mit ihr werden die zu verknüpfenden Zahlen in das Eingabe- bzw. in die Arbeitsregister eingegeben. Bei den auf dem Markt vorhandenen Geräten sind 4 Rechenregister vorhanden, die meist als Stack-Register bezeichnet werden. Dafür fehlen bei den UPN-Rechnern Klammertasten - ein weiterer Unterschied zur algebraischen Logik.

Das Eingabe-Register wird auch hier meist mit X bezeichnet, die restlichen 3 Stack-Register erhalten zur Abkürzung die Symbole Y, Z und T.

Der Rechenablauf bei der Verknüpfung zweier Zahlen a und b ist folgender:

1. Eingabe der Zahl a
2. Drücken der ENTER-Taste
3. Eingabe der zweiten Zahl (= b)
4. Drücken der Operatortaste +, -, x oder : .

Die folgende Tabelle gibt eine Übersicht der Tastenfolgen bei der Verknüpfung von a und b über eine der 4 Grundrechenarten:

Tab. 20 Grundrechenarten bei UPN-Rechenlogik

Aufgabe	Tastenfolge	Ergebnis
2 + 6 = ?	[2] [ENTER] [6] [+]	8.0000
8 - 3 = ?	[8] [ENTER] [3] [-]	5.0000
4 x 3 = ?	[4] [ENTER] [3] [x]	12.0000
8 : 2 = ?	[8] [ENTER] [2] [:]	4.0000

Während die Addition von a und b bzw. die Multiplikation von a mit b eine eindeutige Lösung ergibt, muß bei der Subtraktion beachtet werden, daß die zweite eingegebene Zahl von der ersten abgezogen wird. Bei der Divisionsaufgabe wird die erste Zahl (=a) durch die zweite Zahl (=b) dividiert.

Durch das Betätigen der ENTER-Taste werden 2 Teilschritte ausgelöst:

a) Der Inhalt des X-Registers wird in das Y-Register kopiert, wobei der Inhalt des X-Registers selbst unverändert bleibt.

b) Gleichzeitig wird der bisherige Inhalt des Z-Registers nach T und der Inhalt des Y-Registers nach Z verschoben. Der bisherige Inhalt des T-Registers geht verloren.

Denkt man sich analog zu der algebraischen Logik auch hier die Register von links nach rechts angeordnet, so wird beim Drücken der ENTER-Taste ein Verschieben der Registerinhalte um ein Register nach rechts bewirkt. Somit entspricht das Betätigen der ENTER-Taste in der UPN-Rechentechnik dem Öffnen einer Klammer bei einem Gerät mit algebraischer Logik. Schematisch sieht der Ablauf so aus:

Stack-Register

vor und nach dem ENTER-Befehl

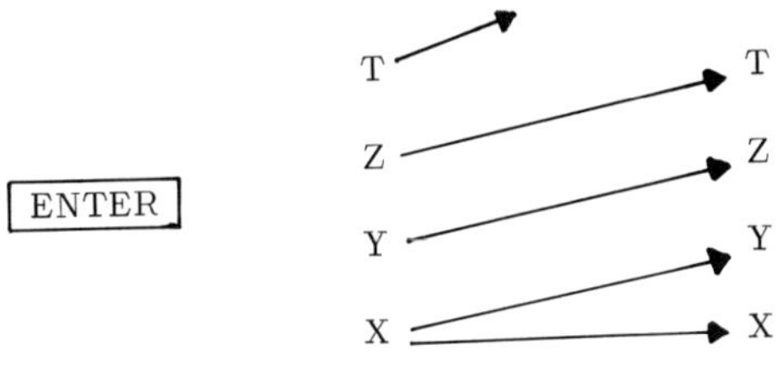

Wurden die Stack-Register einmal gelöscht (Inhalt = 0) und wird danach eine Zahl über die Tastatur eingegeben sowie anschließend die ENTER-Taste gedrückt, dann befindet sich die eingegebene Zahl sowohl im X- als auch im Y-Register.

Bei Eingabe der zweiten Zahl gelangt diese in das X-Register, wobei der bisherige Inhalt - also die zuerst eingetastete Zahl - verlorengeht.

Drückt man jetzt gemäß den 4 Grundrechenarten eine der 4 Operationstasten +, -, x oder :, so werden wiederum 2 Schritte bewirkt:

a) Die Inhalte der Register X und Y werden gemäß dem betätigten Operator verknüpft, wobei der Inhalt des Y-Registers als 1. Zahl und der Inhalt des X-Registers als 2. Zahl aufgefaßt wird. Die Funktionsweise entspricht also hier der algebraischen Logik. Das Ergebnis steht anschließend im X-Register.

b) Der bisherige Inhalt des Z-Registers wird nach Y und der Inhalt des T-Registers nach Z verschoben. Der Inhalt des T-Registers bleibt erhalten.

Was den 1. Teilschritt anbetrifft, entspricht das Drücken der Operationstaste bei der UPN-Logik dem Drücken der Gleich-Taste beim "algebraischen" Rechner. Der 2. Teilschritt entspricht dem Schließen einer Klammer, bei dem ja ebenfalls die Inhalte der Rechenregister von rechts nach links verschoben werden, wenn man sich X, Y, Z und T-Register in einer Reihe angeordnet denkt. Es ergibt sich also folgendes Schema:

Stack-Register

vor und nach dem [+] - Befehl

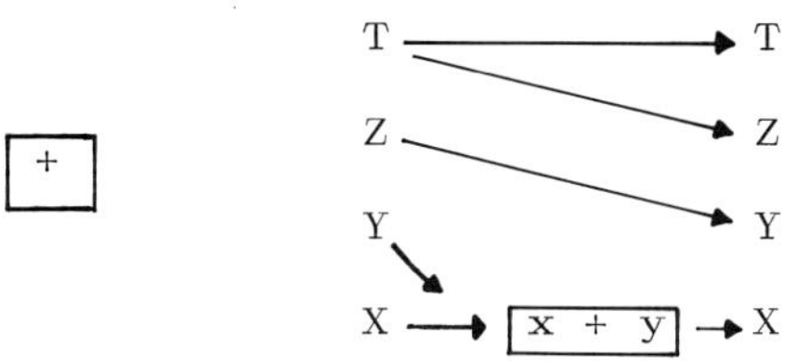

Das Beispiel der Addition zweier Zahlen sowie die anschließende Multiplikation zweier anderer Zahlen verdeutlicht die Verschiebungen in den Stack-Registern:

Tab. 21 Registerbelegung bei der UPN-Logik

Taste	X-Register	Y-Register	Z-Register	T-Register
2	2	-	-	-
ENTER	2	2	-	-
6	6	2	-	-
+	8 (2+6)	-	-	-
4	4	-	-	-
ENTER	4	4	-	-
3	3	4	-	-
x	12 (3x4)	-	-	-

Durch das Drücken einer Operationstaste geht der bisherige Inhalt des Eingaberegisters X verloren. Man kann diesen Wert aber bei den meisten UPN-Geräten mit einer "LAST X"-Taste wieder in die Anzeige zurückrufen.

5.3.2 Kettenrechnungen bei der UPN-Logik

Als Beispiele seien die Summe zweier Produkte sowie das Produkt zweier Summen genannt. Bei "algebraischen" Rechnern mit Hierarchie laufen beide Aufgaben nach verschiedenen Prinzipien ab (siehe S.40 ff.). Besitzt der Rechner keine Hierarchie - geht Punktrechnung also nicht vor Strichrechnung - dann sind beide Aufgaben nur mit Hilfe von Klammern bzw. Konstantenspeichern lösbar, laufen im Prinzip aber nach dem gleichen Schema ab.

Bei Rechnern mit UPN-Logik ist für beide Fälle die Verfahrensweise gleich: Zuerst werden die beiden Teilprodukte bzw. Teilsummen gebildet. Anschließend addiert man die zwei Teilprodukte bzw. multipliziert die beiden Teilsummen miteinander. Unterschiede bestehen also lediglich in der Art der Operationen, wie die beiden folgenden Beispiele zeigen:

Tab.22 Summe von 2 Produkten u. Produkt von 2 Summen

Schritt	Taste	X	Y	Z	T	Anzeige
1	2	2	-	-	-	2.0000
2	↑ [1]	2	2	-	-	2.0000
3	3	3	2	-	-	3.0000
4	x	6	-	-	-	6.0000
5	↑	6	6	-	-	6.0000
6	4	4	6	-	-	4.0000
7	↑	4	4	6	-	4.0000
8	7	7	4	6	-	7.0000
9	x	28	6	-	-	28.0000
10	+	34	-	-	-	34.0000
11	3	3	-	-	-	3.0000
12	↑	3	3	-	-	3.0000
13	5	5	3	-	-	5.0000
14	+	8	-	-	-	8.0000
15	↑	8	8	-	-	8.0000
16	6	6	8	-	-	6.0000
17	↑	6	6	8	-	6.0000
18	1	1	6	8	-	1.0000
19	+	7	8	-	-	7.0000
20	x	56	-	-	-	56.0000

[1] ↑ = ENTER

Die Schritte 1-10 umfassen die Bildung der Summe zweier Produkte, nämlich die Aufgabe (2 x 3)+(4 x 7) = 34. In den Schritten 1-4 wird das erste Produkt berechnet: 2 x 3 = 6. Das Drücken der ENTER-Taste danach (Schritt 5) bewirkt, daß das Zwischenergebnis vom Eingaberegister in das Y-Register kopiert wird. Das zweite Produkt wird in den Schritten 6-9 gebildet, wobei der ENTER-Befehl nach Eingabe der Zahl 4 zur Folge hat, daß die in Y "gespeicherte" 6 (= 2 x 3) in das Z-Register kopiert wird und dafür die 4 in das Y-Register gelangt. Die Betätigung der [x] - Taste hat schließlich zur Folge, daß letztlich im Y-Register das erste und im X-Register das zweite berechnete Produkt steht. Der 10. und letzte Schritt ist die Addition beider Produkte, die durch den [+] - Befehl ausgelöst wird. Dabei wird die Summe der Inhalte von X- und Y-Register gebildet.

Analog dazu wird in den Schritten 11-20 die Multiplikation zweier Summen durchgeführt: (3 + 5)x(6 + 1) = 56. Die Tastenfolge ist von dem prinzipiellen Aufbau her die gleiche wie bei der Summenbildung der Produkte. Lediglich die Befehle für die Addition und Multiplikation sind vertauscht.

Der Vorteil der Umgekehrten Polnischen Notation besteht somit darin, daß die Lösung von Aufgaben immer nach einem einheitlichen Schema erfolgt:

1. Zuerst werden die zu verknüpfenden Zahlen eingegeben, wobei durch den ENTER-Befehl die Werte "gespeichert" werden.
2. Kann eine Operation durchgeführt werden,d.h. stehen die zu verknüpfenden Größen im X- und Y-Register, dann wird durch Drücken der entsprechenden Operationstaste die Berechnung durchgeführt.

Die Schritte 5 bzw. 15 in den in Tab.22 angeführten Beispielen können eingespart werden, da immer dann, wenn im Anschluß an eine Berechnung eine weitere Zahl eingegeben wird, intern automatisch ein ENTER-Befehl ausgelöst wird.

5.3.3 Kurzwegrechentechnik bei UPN-Rechenlogik

Ähnlich wie bei Rechnern mit algebraischer Logik, können auch bei Geräten mit Umgekehrter Polnischer Notation verkürzte Rechenmethoden angewandt werden. Als Beispiele seien die Zahlenfolgen a,2a,3a,4a usw. und a, a^2, a^3, a^4 usw. aufgeführt:

Tab. 23 Tastenfolge für die arithmetische Reihe a,2a,3a,4a usw. bei Modellen mit UPN-Rechenlogik

T	-	-	-	a	a	a	a	a	a
Z	-	-	a	a	a	a	a	a	a
Y	-	a	a	a	a	a	a	a	a
X	a	a	a	a	2a	3a	4a	5a	6a ...
	a	[↑]	[↑]	[↑]	[+]	[+]	[+]	[+]	[+] ...

Tab. 24 Tastenfolge für die Potenzreihe a, a^2, a^3, a^4 usw. bei Rechnern mit UPN-Rechenlogik

T	-	-	-	a	a	a	a	a	a
Z	-	-	a	a	a	a	a	a	a
Y	-	a	a	a	a	a	a	a	a
X	a	a	a	a	a^2	a^3	a^4	a^5	a^6 ...
	a	[↑]	[↑]	[↑]	[x]	[x]	[x]	[x]	[x] ...

Die arithmetische Reihenentwicklung kann zur Darstellung des Einmaleins der Zahl a verwendet werden. Setzt man a gleich 1, dann kann man mit der angegebenen Befehlsfolge die Zahlen 1,2, 3,4,5 usw. erzeugen und damit das Gerät als Postenzähler verwenden. Das zweite Beispiel ist für die Summenbildung bei statistischen Berechnungen wichtig (z.B. Bildung der Summen $\sum x$,

$\sum x^2$, $\sum x^3$, $\sum x^4$ usw.).

5.3.4 Vergleich von UPN mit algebraischer Logik

Wie bereits erwähnt bietet die Umgekehrte Polnische Notation den Vorteil, daß alle Rechenaufgaben nach dem gleichen Prinzip ablaufen. Demgegenüber steht der Nachteil, daß eine gegebene Aufgabe nicht so in den Rechner eingegeben werden kann, wie sie "auf dem Papier steht". Bei der algebraischen Methode kann man so rechnen wie man schreibt, ein Vorteil, der besonders einem mit Taschen- bzw. Tischrechnern nicht vertrauten Anwender zugute kommt. Bei programmierbaren Modellen muß man allerdings bei algebraischen Geräten teilweise mehr Programmspeicherplätze für eine gegebene Aufgabe belegen, als das bei einem UPN-Rechner der Fall ist. Bei nicht programmierbaren Modellen sind daher in gewissen Fällen bei UPN-Geräten weniger Tastendrucke zur Lösung einer Aufgabe erforderlich, als bei einem Rechner mit algebraischer Rechenlogik.

Läßt man diese Gesichtspunkte außer acht, so ist es letztlich nur eine Frage der Übung bzw. Gewöhnung, für welches Logiksystem man sich entscheidet. Beide Systeme besitzen Vor- und Nachteile. Dies betrifft das Prinzip beider Rechenverfahren. Einen geringen Vorteil kann man den algebraischen Geräten mit mehr als 2 ineinanderschachtelbaren Klammern geben, da hier auf mehr als 4 Ebenen (= Rechenregister) gerechnet werden kann, während praktisch sämtliche auf dem Markt befindlichen UPN-Modelle nur die Register X,Y,Z und T besitzen und somit grundsätzlich nur über 4 Rechenebenen verfügen. Als Beispiel seien die Geräte Compucorp 326 und 327 genannt, die beide über ein Eingaberegister, ein Arbeitsregister, sowie über 4 Klammerregister verfügen, wodurch man auf insgesamt 6 verschiedenen Ebenen rechnen kann.

Das Öffnen einer Klammer entspricht dabei dem Betätigen der ENTER-Taste bei UPN-Logik. Entsprechend kann man die Funktion der Operatortaste bei der Umgekehrten Polnischen Notation mit dem Setzen des Gleichheitszeichens bzw. dem Schließen einer Klammer bei der algebraischen Logik vergleichen. Die folgende Zusammenstellung gibt noch einmal eine Übersicht der entsprechenden Registerverschiebungen:

Tab. 25 Vergleich der Registerverschiebungen bei algebraischer und UPN-Rechenlogik

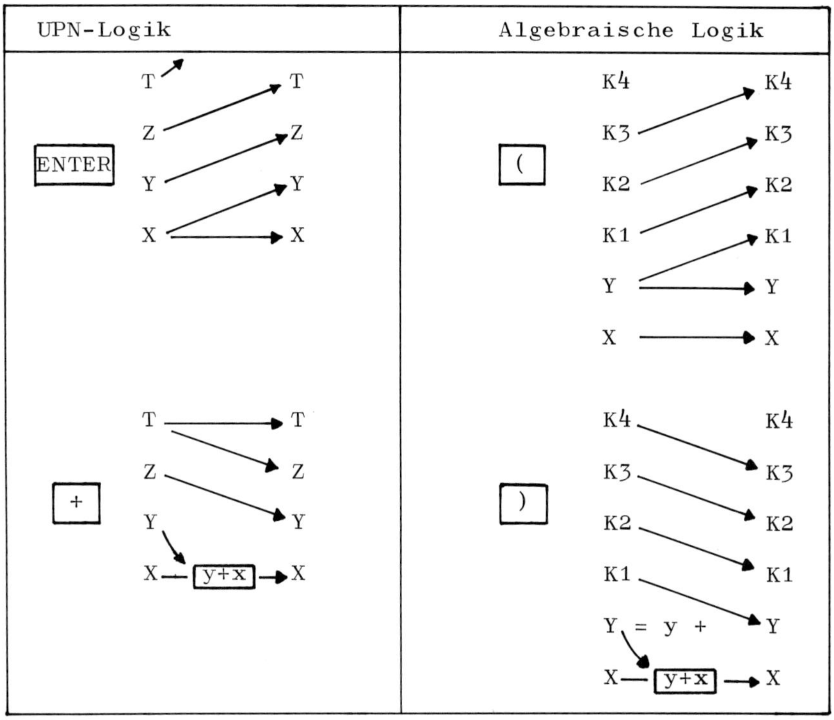

Daß bei der Lösung von Aufgaben mit Hilfe der UPN-Technik teilweise weniger Tastenschritte als mit der algebraischen Methode notwendig sind, ergibt sich u.a. auch daraus, daß die Operatortaste bei den UPN-Rechnern sowohl eine Verknüpfung von X- und Y-Register als auch eine Verschiebung der Registerinhalte bewirkt, bei den algebraischen Modellen die +,-,x oder : - Taste aber nur die Verknüpfung von X- und Y-Register zur Folge hat (in Kettenaufgaben), während zum Verschieben der

Registerinhalte die Klammertasten zu betätigen sind.

Zusammenfassend seien noch einmal die Regeln für die Lösung von Aufgaben mit Hilfe der UPN-Technik genannt:

1. Nach Eingabe einer Zahl muß die ENTER-Taste gedrückt werden, es sei denn, es ist zuvor eine Operation ausgeführt worden. Dann wird der ENTER-Befehl automatisch vollzogen.

2. Kann man eine Berechnung vornehmen, d.h. befinden sich im X- und im Y-Register zwei Zahlen, die miteinander verknüpft werden sollen, so betätigt man die entsprechende Operationstaste.

3. Kann die eingetastete Zahl nicht sofort in die Rechnung einbezogen werden, so wird durch einen ENTER-Befehl die Zahl für eine spätere Verwendung im STACK gespeichert.

Eine ausführliche Beschreibung der UPN-Rechentechniken findet der interessierte Leser in den Bedienungsanleitungen der entsprechenden Rechenmodelle (z.B. HP 97 oder HP 19 C). Eine Zusammenfassung der wichtigsten Punkte ist außerdem im Taschenrechner-Handbuch von H.Schummy (1) gegeben.

6. Rechnen mit Speichern

6.1 Feste und veränderbare Speicher

Bei elektronischen Taschen- bzw. Tischrechnern muß man zwei Arten von Speichern unterscheiden:

1. Speicher mit festem, nicht veränderbarem Inhalt, engl. Read Only Memory, abgekürzt ROM.

2. Speicher mit veränderbarem Inhalt, engl. Random Accees Memory, abgekürzt RAM.

Speicher mit festem Inhalt

In den Speichern mit festem, nicht veränderbarem Inhalt, den ROM's, sind die Algorihmen der mathematischen bzw. statistischen Funktionen "festverdrahtet". Dies bedeutet, daß in diesen Speichern die Algorithmen bestimmter Funktionen bzw. Ausdrücke gewissermaßen vorprogrammiert sind. Für einen gegebenen Zahlenwert x wird also beim Betätigen einer solchen Funktionstaste immer die gleiche mathematische Funktion berechnet bzw. der gleiche Ausdruck ermittelt. Die in den ROM's vorgegebenen Formeln oder Rechenvorschriften bleiben auch nach dem Abschalten des Rechners erhalten. Dies gilt auch für festverdrahtete Konstanten, z.B. die Zahlen π oder e.

Speicher mit veränderbarem Inhalt

Im Gegensatz zu den ROM's kann der Inhalt der Speicher vom Typ RAM vom Benutzer selbst vorgegeben werden. Ferner besteht die Möglichkeit, den Speicherinhalt jederzeit zu ändern.

Nach Abschalten des Rechners geht der Speicherinhalt im allgemeinen verloren. Es existieren allerdings auch schon Geräte, bei denen auch nach dem Abschalten der Inhalt der RAM's nicht verlorengeht (z.B. HP 19 C oder HP 25 C). Die RAM's können einerseits Programmspeicherplätze sein, d.h. sie dienen bei programmierbaren Modellen zur Aufnahme von Programmbefehlen. Zu den veränderbaren Speichern gehören andererseits auch die Konstantenspeicher, in denen vorgegebene Zahlenwerte oder Zwischen- bzw. Endergebnisse von Aufgaben "abgelegt" werden können, um sie erneut bei späteren Berechnungen einzusetzen.

Sowohl die festen wie auch die veränderbaren Speicher werden auch als "intern" bezeichnet, da hier die entsprechende Information direkt im Gerät gespeichert ist. Im Gegensatz dazu stehen die "externen" Speicher wie Magnetkarten oder Bandkassetten. Über diese Möglichkeit der Dokumentation verfügen z.B. die Rechner HP 67 und HP 97 (Hewlett-Packard), die Modelle TI 59 (Texas-Instruments), Compucorp 326 Scientist (Compucorp), Alphatronic (Diehl) u.a. mehr.

Da die Konstantenspeicher für statistische Berechnungen besonders von Bedeutung sind, werden sie in den folgenden Abschnitten ausführlich behandelt.

6.2 Konstantenspeicher

6.2.1 Allgemeines

Um bei Berechnungen Zwischen- oder Endergebnisse nicht notieren und bei Bedarf erneut eingeben zu müssen, sind wissenschaftlich-technische Taschen- bzw. Tischrechner meist mit mehreren Konstantenspeichern ausgestattet.

Man kann - um einen in der EDV üblichen Terminus zu gebrauchen - in die Speicher Zahlen "schreiben" oder die Zahlen aus den Speichern wieder "lesen".

Im Unterschied zu den Registern, die beim Rechnen automatisch verwendet werden, sollte man für die RAM's zum Ablegen von Konstanten nur den Begriff Speicher verwenden, um Verwechslungen zu vermeiden. In den Handbüchern vieler Rechner und in der Literatur werden diese Begriffe meist nicht klar getrennt.

Die Symbole für die Speicher sind meist M (Memory) oder STO (Store = Speichern) und RCL (Recall = Zurückrufen). Bei manchen Geräten werden auch die Bezeichnungen x→M bzw. M→x für das Abspeichern bzw. Rückrufen von Konstanten verwendet. Dies bedeutet, daß der Inhalt des X-Registers in den Speicher geschrieben wird und umgekehrt. Zur Vereinfachung sollen im folgenden nur die Bezeichnungen STO und RCL gebraucht werden.

6.2.2 Direkt adressierbare Speicher

Bei Geräten mit einem oder zwei Konstantenspeichern ist die Zuordnung der Daten einfach:

1 Speicher:	Abspeichern:	STO oder x→M
	Rückrufen:	RCL oder M→x
2 Speicher:	Abspeichern:	STO_1 , STO_2
	Rückrufen:	RCL_1 , RCL_2

Besitzt der Rechner mehr als 2 Konstantenspeicher, dann ist eine sinnvolle Zuordnung der Daten über einzelne Tasten aus Platzgründen nicht mehr sinnvoll. Man geht daher zu den sog. adressierbaren Speichern über. Jedem Konstantenspeicher wird eine Nummer zugeordnet, die man als "**Adresse**" bezeichnet. Die Zuordnung geschieht über die Tasten STO und RCL (Abspeichern und Abrufen) und entsprechend der Anzahl der Speicher, eine oder mehrere Zifferntasten, welche die Adresse darstellen. In einigen Fällen werden auch symbolhafte Adressen verwendet, wie z.B. der Dezimalpunkt [•] oder die Taste für den Vorzeichenwechsel [CHS].

Beispiel 7
Der Rechner Compucorp 326 Scientist verfügt über 12 Konstantenspeicher mit den Adressen 0, 1, 2, 3, 4, 5, 6, 7, 8, 9, [•] und CHS (Vorzeichenwechsel). Will man z.B. die Zahlen 3; 21,37; -4,9 in den Speichern 2, 7 und CHS ablegen, so geschieht dies über folgende Befehle:

Tab. 26 Tastenfolge für das Abspeichern von Zahlen

3					STO	2
2	1	•	3	7	STO	7
CHS	4	•	9		STO	CHS

Entsprechende Befehle gelten für das Abrufen der "Konstanten" aus den Speichern. An dieser Stelle sei übrigens bemerkt, daß der Dezimalpunkt auf dem Tastenfeld der Rechner gleichbedeutend ist mit dem Komma zur Abtrennung von Vor- und Nachkommastellen. Benötigt man die Zahlen 3; 21,37 oder -4,9 bei späteren Rechnungen wieder, so kann man die Werte aus den Speichern 2, 7 bzw. CHS abrufen:

Tab. 27 Tastenfolge für das Abrufen von Konstanten

Tasten	Anzeige
RCL 2	3.0000
RCL 7	21.3700
RCL CHS	-4.9000

Beim Abspeichern bleiben die Zahlen im X-Register erhalten. Andererseits wird beim Abrufen der Konstanten der Speicherinhalt in das X-Register gebracht, wobei der bisherige Inhalt verlorengeht. Der Wert im Speicher bleibt dagegen erhalten.

Das Speichern bewirkt also lediglich, daß eine "Kopie" der Zahl, die im Eingabe- bzw. X-Register steht, in den Speicher geschrieben wird. Löscht man danach die Anzeige (z.B. durch CLEAR oder RESET), so geht zwar der Inhalt des X-Registers verloren. Der Speicherinhalt selbst aber bleibt erhalten, und zwar solange, bis er durch einen neuen Wert ersetzt (überschrieben) wird.

Analog dazu wird beim "Lesen" aus dem Speicher, also dem Abrufen des Speicherinhalts, nur eine Kopie des Inhalts in das Eingaberegister gebracht, das "Original" dagegen bleibt weiterhin im Speicher. Das Löschen der Anzeige hat deshalb hier zur Folge, daß nur das Eingaberegister, der Speicher selbst dagegen nicht verändert wird.

Will man einen Zahlenwert in einen bestimmten Speicher bringen, ohne daß der bisherige Speicherinhalt verlorengeht, so kann man das bei einigen Geräten mit Hilfe einer sog. "EXCHANGE"-Taste tun. Dabei werden die Inhalte von Anzeige und Speicher einfach ausgetauscht.

Das Speichern bzw. Abrufen von Konstanten verändert nur die Inhalte des Eingaberegisters und der Speicher selbst. Das Arbeitsregister Y und ggf. die Klammerregister bleiben in jedem Fall unbeeinflußt.

Die Kapazität eines Speichers ist bei den meisten Rechnern genauso groß wie die der Anzeige. Dies bedeutet, daß jede in der Anzeige darstellbare Zahl auch in einen Konstantenspeicher übernommen werden kann. Dies gilt auch für das Vorzeichen bzw. bei Geräten mit Gleitkommadarstellung auch für den Exponenten.

Schließlich sei noch erwähnt, daß bei Rechnern mit einer größeren Zahl von Konstantenspeichern (mehr als 10) die Adressen meist aus zwei Ziffern bestehen.

Bei dem System Compucorp 327 stehen z.B. insgesamt 44 Konstantenspeicher mit den Adressen 00, 01, 02 ... bis 43 zum "Notieren" von Zahlen zur Verfügung.

Wie sich Eingaberegister und Speicherinhalt beim Abspeichern und Abrufen von Konstanten verändern, zeigt die in der folgenden Tabelle aufgeführte Schrittfolge:

Tab. 28 Veränderung von Eingaberegister (Anzeige) und Speicherinhalt beim Abspeichern und Abrufen von Konstanten

Schritt	Tasten	Anzeige (X)	Speicher	Prozedur
1	0	0	0	Nullsetzen des
1	STO 3	0	0	Speichers 3
2	7	7	0	Speichern der
2	STO 3	7	7	Zahl 7
3	CLEAR	0	7	Löschen der Anzeige
4	RCL 3	7	7	Abrufen des Speichers 3
5	CLEAR	0	~~0~~ 7	Löschen der Anzeige
6	5	5	7	Speichern der
6	STO 3	5	5	Zahl 5
7	9	9	5	Überschreiben
7	STO 3	9	9	des Speichers mit der Zahl 9
8	4	4	9	Austauschen
8	EXCH 3	9	4	der Anzeige mit dem Speicher 3

Im 1. Schritt wird der Inhalt des Speichers 3 gelöscht, d.h. gleich Null gesetzt. Der 2. Schritt zeigt die Tastenfolge für das Speichern der Zahl 7. Man erkennt, daß erst durch den Befehl STO 3 eine "Kopie" der Zahl 7 in den Speicher gebracht wird, während die Anzeige unverändert bleibt. Dies bedeutet, daß man zunächst die Veränderung des Speicherinhalts nicht erkennen kann. Nach Löschen der Anzeige durch CLEAR (Schritt 3) ist äußerlich überhaupt nicht mehr zu erkennen, mit welcher Zahl der Speicher belegt wurde. Erst durch das Abrufen des Speicherinhalts (genauer einer "Kopie") wird die 7 wieder in der Anzeige sichtbar gemacht. Nach dem erneuten Löschen der Anzeige (Schritt 5) wird die Zahl 5 in den Speicher geschrieben (Schritt 6). Der 7. Schritt stellt das Überschreiben des Speicherinhalts dar, d.h. der "alte" Inhalt , nämlich die Zahl 5 wird durch die 9 ersetzt. Die Zahl 5 im Speicher geht also dabei verloren. Will man das verhindern, so kann man das mit Hilfe des Exchange-Befehls tun. Im Schritt 8 wird durch die Tastenfolge 4 EXCH 3 der Inhalt 9 des Speichers in die Anzeige (X-Register) gebracht und gleichzeitig die Zahl 4 in den Speicher geschrieben.

6.2.3 Indirekte Adressierung von Speichern

Folgendes Problem sei gegeben: 9 Meßwerte sollen nacheinander in die Speicher 1, 2, 3 ... bis 9 gebracht werden. Für diese Aufgabe könnte man das entsprechende Programm so schreiben:

STOP Eingabe x_1	STOP Eingabe x_3
STO 1	STO 3
	⋮
STOP Eingabe x_2	STOP Eingabe x_9
STO 2	STO 9

An den STOP-Befehlen hält das Programm zur Eingabe der Konstanten x_1, x_2, x_3 ... bis x_9 an. Startet man das Programm nach jeder Eingabe, so werden die Konstanten in die Speicher 1 bis 9 gebracht. Für jeden x-Wert sind somit 3 Programmschritte erforderlich, insgesamt also 27 . Mit Hilfe des Prinzips der indirekten Adressierung läßt sich die Zahl der Schritte erheblich reduzieren!

Prinzip der indirekten Speicheradressierung

Einer der vorhandenen Konstantenspeicher (meist verwendet man dazu den Speicher 0 bzw. 00) wird als "Indexregister" benutzt. Dies bedeutet, daß der Inhalt dieses Speichers als Adresse für den Aufruf oder für das Abspeichern in einen Speicher aufgefaßt wird. Ruft man daher dieses Indexregister in Verbindung mit einer Taste für die indirekte Adressierung - z.B. [IND] - auf, so wird der Inhalt desjenigen Speichers in die Anzeige gebracht, dessen Adresse im Indexregister steht. Die Tastenfolge für das indirekte Speichern bzw. Abrufen von Konstanten zeigt Tab. 29 :

Tab. 29 Tastenfolge für das indirekte Speichern bzw. Abrufen von Konstanten

Schritt	Tasten	X	Prozedur
1	[2] [5]	25	Adresse 25 nach
1	[STO] [0] [0]	25	Speicher 00
2	[7] [.] [8]	7.8	Indirektes Spei-
2	[STO] [IND] [0] [0]	7.8	chern von 7,8
3	[CLEAR]	0	Löschen von X
4	[RCL] [2] [5]	7.8	Abruf v. Spr. 25
5	[CLEAR]	0	Löschen von X
6	[RCL] [IND] [0] [0]	7.8	Indirekter Aufruf von Speicher 25

Im 1. Schritt wird zunächst die Zahl 25 in den Speicher 00 gebracht, der das Indexregister darstellt. Die Befehlsfolge 7.8 STO IND 00 bewirkt jetzt, daß die Zahl 7,8 in demjenigen Speicher abgelegt wird, dessen Adresse im Indexregister steht. Da der Inhalt von Speicher 00 die Zahl 25 ist, hat demnach der 2. Schritt zur Folge, daß der Wert 7,8 in den Speicher 25 gelangt. Nachdem mit CLEAR die Anzeige gelöscht wird, kann durch RCL 25 (Schritt 4) der Inhalt des Speichers 25 überprüft werden: Die Zahl 7,8 erscheint wieder im Eingaberegister. Der Speicher 25 kann aber auch indirekt aufgerufen werden, nämlich durch die Tastenfolge RCL IND 00. Nachdem durch CLEAR wieder das X-Register gelöscht wird (Schritt 5), erscheint nach dem indirekten Aufruf des Speichers 25 ebenfalls der Wert 7,8 in der Anzeige.

Ein Rechner, der über die Möglichkeit der indirekten Konstantenspeicher-Adressierung verfügt, ist das bereits erwähnte Modell Compucorp 327 Scientist. Die Taste [IND] wird dabei durch die - auch bei anderen Geräten vorhandene - f-Taste zum Aufruf der Zweitfunktion bei Doppelfunktionstasten symbolisiert. Zur Vereinfachung soll aber im folgenden das Symbol IND beibehalten werden.

Ein Beispiel verdeutlicht nochmals die Vorteile der indirekten Adressierung. Es sei die Aufgabe gegeben, die folgenden 9 Zahlen in den Speichern 01 bis 09 abzulegen:

$x_1 = 12$	$x_4 = 5$	$x_7 = 31$
$x_2 = 23$	$x_5 = 7$	$x_8 = 9$
$x_3 = 46$	$x_6 = 58$	$x_9 = 2$

Den Konstantenspeicher 00 belegt man zunächst mit der Zahl 1. Er stellt das Indexregister dar:

[1] [STO] [0] [0]

Die Operation

[1] [2] [STO] [IND] [0] [0]

bewirkt, daß der Wert $x_1 = 12$ indirekt im Speicher 01 gespeichert wird.

Erhöht man jetzt den Inhalt des Indexregisters um den Wert 1, d.h. steht anschließend die Zahl 2 im Speicher 00, dann gelangt durch die Tastenfolge 23 STO IND 00 die Zahl $x_2 = 23$ in den Speicher 02 usw.. Durch dieses "Inkrementieren" des Indexregisters wird die Speicheradresse nach jedem Speichervorgang um 1 erhöht. Somit gelangen die Werte x_1 bis x_9 in die Speicher mit den Adressen 01 bis 09. Die Inkrementierung des Indexregisters kann - wie im Abschn. 6.2.5 noch ausführlich erläutert wird - sehr elegant durch die Befehlsfolge

[1] [STO] [+] [0] [0]

erfolgen.

Ein Programm, das automatisch nach Eingabe der Konstanten das Abspeichern bewirkt, könnte daher etwa so aussehen:

[STOP]	Eingabe von x_i
[STO] [IND] [0] [0]	Indirektes Speichern von x_i
[1] [STO] [+] [0] [0]	Erhöhen des Indexregisters um 1
[JUMP] [START]	Rücksprung zum Programmanfang

Für das "automatische" Programm werden 9 Schritte benötigt, während für das direkte Speichern der 9 Konstanten das entsprechende Eingabeprogramm 9 x 3 = 27 Programmspeicherplätze umfassen müßte.

Man spart also 2/3 an Programmspeicherplätzen ein, wenn man das Speichern der Konstanten mit Hilfe der indirekten Adressierung vornimmt.

Wollte man gar die Speicher 01 bis 43 mit Konstanten belegen, dann wäre der Gewinn an Programmschritten noch günstiger: 9 Programmschritte bei der "indirekten" Methode gegenüber 129 Schritten bei der "direkten" Verfahrensweise. In diesem Fall würde man also mehr als 90% der Plätze im Programmspeicher einsparen. Je größer also die Zahl der zu speichernden Zahlen ist, desto effektiver wird die "indirekte" Methode des Speicherns von Konstanten.

6.2.4 Verknüpfung von Speicher-Inhalten

Das Rechnen mit Konstantenspeichern geschieht so, als ob man mit über die Anzeige eingegebenen Zahlen arbeitet. Die Speicherinhalte sind dabei mit RCL nn (nn = Adresse) in das X-Register zu rufen. Die Speicher selbst bleiben dabei unverändert.

Beispiel 8

Es sei die Aufgabe

$$a = \frac{10 \times 20}{10 - 20 + 30} \qquad \text{und} \qquad b = 10\ a + 20$$

zu lösen. Dazu werden zunächst die Werte 10, 20, 30 in den Speichern 1, 2 und 3 abgelegt. Die Tastenfolge dafür lautet:

10 [STO] [1]

20 [STO] [2]

30 [STO] [3] .

In Tab.30 sind die Befehle zur Lösung der obigen Aufgabe zusammengestellt (Modell Compucorp 326 Scientist).

Tab. 30 Beispiel für die Tastenfolge beim Rechnen mit Konstantenspeichern

Schritt	Tasten	X	Y	K 1	Anzeige
1	[RCL] [1]	10	-	-	10.0000
2	[x]	10	10 x	-	10.0000
3	[RCL] [2]	20	10 x	-	20.0000
4	[:]	200	200 :	-	200.0000
5	[(]	200	200 :	200 :	200.0000
6	[RCL] [1]	10	200 :	200 :	10.0000
7	[-]	10	10 -	200 :	10.0000
8	[RCL] [2]	20	10 -	200 :	10.0000
9	[+]	20	20 +	200 :	-10.0000
10	[RCL] [3]	30	20 +	200 :	30.0000
11	[)]	20	200 :	-	20.0000
12	[=]	10	200 :	-	10.0000
13	[x]	10	10 x	-	10.0000
14	[RCL] [1]	10	10 x	-	10.0000
15	[+]	100	100 +	-	100.0000
16	[RCL] [2]	20	100 +	-	20.0000
17	[=]	120	100 +	-	120.0000

Im 1. Schritt wird der Inhalt des Speichers 1 in das X-Register (Anzeige) gebracht. Das Drücken der [x] -Taste bewirkt, daß der Inhalt des X-Registers (= 10) mit dem Operator [x] in das Y-Register kopiert wird. Die Anzeige selbst bleibt dabei unverändert. Durch die Tastenfolge RCL 2 (Schritt 3) wird eine Kopie von Speicher 2 in das X-Register gebracht. Hierbei wird das Y-Register nicht beeinflußt.

Grundsätzlich ist festzustellen, daß beim Aufruf eines Konstantenspeichers lediglich die Anzeige bzw. das Eingaberegister (X-Register) verändert wird. Weder das Arbeitsregister (Y-Register), noch die Klammerregister, noch der Inhalt des Konstantenspeichers selbst sind von dem Speicheraufruf betroffen. Dies wird bei den Schritten 6, 8, 10, 14 und 16 in der Tabelle deutlich: Die Inhalte von Y und K 1 sind dabei gegenüber den Schritten 5, 7, 9, 13 und 15 unverändert.

Analoges gilt auch für das Abspeichern von Konstanten. Der Befehl STO, gefolgt von einer Adresse, hat keinen Einfluß auf Arbeits- bzw. Klammerregister. Daraus folgt, daß auch innerhalb einer Rechnung ein Zahlenwert in einem Konstantenspeicher abgelegt werden kann, ohne daß der Ablauf der Rechnung irgendwie beeinflußt wird. Ein Beispiel zeigt das:

Tab. 31 Speichern von Zahlen während eines Rechenganges

Schritt	Tasten	X	Y	Anzeige
1	[1] [0]	10	-	10.0000
2	[x]	10	10 x	10.0000
3	[7] [.] [5]	7.5	10 x	7.5000
4	[+]	75	75 +	75.0000
5	[STO] [1]	75	75 +	75.0000
6	[5] [.] [9]	5.9	75 +	5.9000
7	[=]	80.9	75 +	80.9000
8	[x]	80.9	80.9 x	80.9000
9	[RCL] [1]	75	80.9 x	75.0000
10	[=]	6067.5	80.9 x	6067.5000
11	[CLEAR]	0	80.9 x	0.0000
12	[RCL] [1]	75	80.9 x	75.0000

Die in der Tabelle dargestellte Aufgabe lautet :

$$a = ((10 \times 7.5) + 5.9) \times 75 = 6067.5 \quad .$$

Im Schritt 4 der Rechnung wird das Produkt 10 x 7.5 = 75 berechnet und gleichzeitig das Ergebnis mit dem + - Operator in das Y-Register gebracht. Das Speichern des Ergebnisses im Speicher 1 beeinflußt weder das X- noch das Y-Register. Die Addition der Zahl 5.9 kann daher ohne irgendwelche Veränderungen im Rechengang durchgeführt werden. Die Tastenfolge für die Berechnung des Ausdrucks (10 x 7.5) + 5.9 wäre auch ohne den Speichervorgang die gleiche:

[1] [0] [x] [7] [.] [5] [+] [5] [.] [9] [=] 80.9 .

Daß der Inhalt des Speichers 1 durch das Aufrufen im Schritt 9 nicht beeinflußt wird, zeigen die Schritte 11 und 12: Nach Löschen der Anzeige wird durch RCL 1 der Wert 75 wieder in die Anzeige gebracht!

6.2.5 Speicherarithmetik

Bei vielen statistischen Berechnungen sind eingegebene Daten bzw. arithmetische Ausdrücke davon zu summieren. Beispielsweise müssen zur Berechnung des linearen Korrelationskoeffizienten r für n gegebene Datenpaare x/y folgende Summen gebildet werden:

$$\sum x \quad , \quad \sum x^2 \quad , \quad \sum y \quad , \quad \sum y^2 \quad , \quad \sum xy \quad .$$

Man könnte hierbei prinzipiell so vorgehen, daß man zunächst für alle Wertepaare die Ausdrücke x^2, y^2 und xy berechnet und anschließend die entsprechenden Summen durch Addition der zu jedem Wertepaar gehörigen x-, y-, x^2-, y^2- bzw. xy-Werte bildet.

Einfacher läßt sich das Problem mit Hilfe der sog. Speicherarithmetik lösen. Dazu wird zunächst jeder zu bildenden Summe ein Konstantenspeicher zugeordnet, z.B.

n	Speicher	00
x	"	01
x^2	"	02
y	"	03
y^2	"	04
xy	"	05

Die Speicherarithmetik erlaubt es nun, in den Speichern die entsprechenden Ausdrücke zu addieren. Man kann also zu einem vorhandenen Speicherinhalt weitere Ausdrücke addieren, wobei das Ergebnis dann im Speicher steht. Dies bedeutet, daß im Speicher 01 alle x-Werte, im Speicher 02 die Quadrate der x-Werte, im Speicher 03 die y-Werte usw. summiert werden. Der Speicher 00 dient als Zähler für die verarbeiteten Datenpaare. Für jedes x/y - Wertepaar wird der Speicherinhalt dazu um 1 erhöht.

Die Addition in einem Konstantenspeicher wird durch die + - Taste ermöglicht, die zwischen dem Befehl STO und der Adresse stehen muß. Die Tastenfolge

x_3 [STO] [+] [0] [1]

bewirkt, daß der Wert x_3 zum Inhalt des Speichers 01 addiert wird und das Ergebnis dann im Speicher steht. Das Eingaberegister wird dabei nicht verändert, was bedeutet, daß die Addition im Speicher "äußerlich" an der Anzeige nicht zu erkennen ist. Führt man die Operation x_i STO + 01 für alle x-Werte durch, so kann man anschließend durch RCL 01 die Summe aller x-Werte abrufen und in das Eingaberegister bringen. Ein richtiges Ergebnis wird allerdings nur dann erhalten, wenn der Speicher zu Beginn der Summierung den Inhalt 0 hat. Andernfalls werden alle x-Werte zu dem vorhandenen Inhalt addiert.

Ein Programm zur Bildung der o.g. Summen könnte danach so aussehen:

Tab. 32 Bildung der Summen von x, x^2, y, y^2 und xy für beliebig viele Wertepaare x/y

Schritt	Tastenfolge	Durchgeführte Operation
1	STOP	Eingabe x_i
2	STO 6	$x_i \longrightarrow$ Speicher 6
3	STO + 1	$\sum x_i$
4	x^2	x_i^2
5	STO + 2	$\sum x_i^2$
6	STOP	Eingabe y_i
7	STO 7	$y_i \longrightarrow$ Speicher 7
8	STO + 3	$\sum y_i$
9	x^2	y_i^2
10	STO + 4	$\sum y_i^2$
11	RCL 6	x_i
12	x	
13	RCL 7	y_i
14	=	$x_i y_i$
15	STO + 5	$\sum x_i y_i$
16	1	Zählen der
17	STO + 0	x/y - Wertepaare
18	JUMP START	Rücksprung zum Programmstart

Bevor man das Programm startet, müssen die Speicher 0, 1, 2, 3, 4 und 5 gelöscht, d.h. mit dem Inhalt 0 belegt werden. Bei den Speichern 6 und 7 ist dies nicht erforderlich, da diese bei der Eingabe jedes x/y-Wertepaares "überschrieben" werden.

Nach dem Start des Programms hält dieses zunächst zur Eingabe von x_1 beim ersten STOP-Befehl an. Der eingegebene x-Wert wird nach START zunächst im Speicher 6 abgelegt, da er für die Berechnung des Produkts x_1y_1 benötigt wird. Danach wird x_1 zu dem Inhalt von Speicher 1 addiert (Schritt 3). Anschließend wird das Quadrat berechnet und dieses zu dem Inhalt von Speicher 2 dazugezählt (Schritte 4 und 5). Der 6. Programmschritt ist wieder ein STOP-Befehl, und zwar zur Eingabe von y_1. Nach dem Ablegen im Speicher 7 (Schritt 7) werden in den Schritten 8, 9 und 10 die Werte y_1 und y_1^2 in die Speicher 3 bzw. 4 "hineinaddiert". Die Bildung und Summierung des Produkts xy erfolgt in den Schritten 11-15. Die Schritte 16 und 17 schließlich bewirken, daß nach jedem Durchlauf des Programms die Anzahl der x/y-Wertepaare mitgezählt wird: Der Inhalt von Speicher 0 wird dazu um 1 erhöht. Mit JUMP START erfolgt Rücksprung zum Programmanfang (Schritt1) zur Eingabe des Wertepaares x_2/y_2 usw. Nach Eingabe aller n Datenpaare kann durch Abrufen der Speicher 0 - 5 die Anzahl der x/y-Paare bzw. die entsprechende Summe in das X-Register (Anzeige) gebracht werden:

RCL 0	n = Anzahl der Datenpaare
RCL 1	$\sum x$
RCL 2	$\sum x^2$
RCL 3	$\sum y$
RCL 4	$\sum y^2$
RCL 5	$\sum xy$

Will man für eine andere Gruppe von Wertepaaren die Summen bilden, so müssen die Speicher zunächst wieder gelöscht werden.

Ebenso, wie man in einen Speicher "hineinaddieren" kann, lassen sich bei vielen Rechnern auch die anderen 3 Grundrechenarten in den Konstantenspeichern durchführen. Bei einigen Modellen kann der Speicherinhalt auch potenziert werden.

Es sei angenommen, daß der Speicher 1 mit dem Inhalt a belegt ist. Eine Zahl b soll nun mit Hilfe der Speicherarithmetik so mit dem Inhalt a verknüpft werden, daß das Ergebnis im Speicher steht, die Zahl b aber nach wie vor in der Anzeige vorhanden ist. Es ergeben sich folgende Möglichkeiten:

Tab. 33 Operationen bei der Speicherarithmetik (Speicher 1 mit dem Inhalt a)

Aufgabe	Befehlsfolge	Speicher	Anzeige
Addition	b [STO] [+] [1]	a + b	b
Subtraktion	b [STO] [-] [1]	a - b	b
Multiplikation	b [STO] [x] [1]	a x b	b
Division	b [STO] [:] [1]	a : b	b
Potenzieren	b [STO] [a^x] [1]	a^b	b

Durch RCL 1 kann man nun den entsprechend der Befehlsfolge im Speicher berechneten Ausdruck in die Anzeige (X-Register) rufen und damit ggf. weitere Operationen ausführen.

Da die Speicherarithmetik in der angegebenen Form das X-Register nicht verändert und auch keinen Einfluß auf das Y-Register sowie die Klammerregister hat, kann auch während einer über die Rechenregister ablaufenden Berechnung zusätzlich z.B. in einen Speicher "hineinaddiert" oder "hineinmultipliziert" werden. Als Beispiel dazu soll die folgende Aufgabe das Prinzip verdeutlichen:

$$a = \left[\frac{6\ ((3 + 4) - 2)}{6 + 4} \right]^3 - 7 = 20$$

Die Befehlsfolge zur Berechnung von a gibt Tab. 34 wieder:

Tab. 34 Rechenbeispiel zur Speicherarithmetik

Schritt	Tasten	X	Y	Speicher	Kommentar
1	[3]	3	-	-	Eingabe der Zahl 3
2	[STO] [1]	3	-	3	Abspeichern der Zahl 3 in Speicher 1
3	[4]	4	-	3	Addition der
4	[STO] [+] [1]	4	-	7	Zahl 4 zum Inhalt von Speicher 1
5	[RCL] [1]	7	-	7	Abruf von Speicher 1
6	[2]	2	-	7	Die Zahl 2
7	[STO] [-] [1]	2	-	5	wird vom Inhalt des Speichers 1 subtrahiert
8	[RCL] [1]	5	-	5	Abruf des Speichers 1 zur Kontrolle
9	[6]	6	-	5	Speicherinhalt
10	[STO] [x] [1]	6	-	30	wird mit 6 multipliziert

Fortsetzung von Tab. 34
Rechenbeispiel zur Speicherarithmetik

Schritt	Tasten	X	Y	Speicher	Kommentar
11	[+]	6	6 +	30	Addition von 6 und 4 = Verknüpfung von X- und Y-Register
12	[4]	4	6 +	30	
13	[=]	10	6 +	30	
14	[STO] [:] [1]	10	6 +	3	Division des Speicherinhalts durch die Zahl 10
15	[RCL] [1]	3	6 +	3	Abrufen des Speichers 1
16	[=]	9	6 +	3	Verknüpfen von X- und Y-Register (Addition)
17	[RCL] [1]	3	6 +	3	Abrufen des Speichers 1
18	[STO] [a^x] [1]	3	6 +	27	Potenzieren des Inhalts von Speicher 1 mit sich selbst
19	[RCL] [1]	27	6 +	27	Abruf des Speichers 1
20	[-]	27	27 -	27	Subtraktion der Zahl vom Speicher 1
21	[7]	7	27 -	27	
22	[=]	20	27 -	27	

Wie der Rechenablauf zeigt, werden durch die Speicherarithmetik die Vorgänge im X- und Y-Register nicht beeinflußt. Die im Schritt 9 eingegebene 6 wird im 10. Schritt in den Speicher 1 "hineinmultipliziert", bleibt aber im Eingaberegister zur Weiterverarbeitung erhalten. Daher ist die anschließende Addition der Zahl 4 ohne eine erneute Eingabe der 6 möglich. Dieses gleichzeitige Rechnen in den Rechenregistern und den Speichern erlaubt ein sehr "sparsames" Programmieren, was den Bedarf an Programmschritten betrifft. Das durch die Addition erhaltene Ergebnis (6 + 4 = 10) wird im Schritt 14 so verarbeitet, daß der bisherige Inhalt des Speichers (=30) durch den Wert 10 dividiert wird und der Quotient 30/10 = 3 im Speicher steht. Der Abruf des neu errechneten Speicherinhalts durch RCL 1 (Schritt 15) verändert lediglich das X-Register (Anzeige), das Y-Register bleibt aber davon unberührt. Dies kann man durch Drücken der Gleich-Taste zeigen: Der im Schritt 11 erzeugte Inhalt des Y-Registers (= 6 +) wird mit dem in die Anzeige gerufenen Inhalt des Speichers (= 3) verknüpft. Das Ergebnis (6 + 3 = 9) steht im Eingaberegister (Schritt 16). Der 1. Summand des Ausdrucks 6 + 3 wird praktisch bis zum Betätigen des Gleichheitszeichens im Schritt 16 im Y-Register gespeichert, was durch die Rechenlogik ermöglicht wird.

Umgekehrte Speicherarithmetik

Während bei der bisher besprochenen Art der Speicherarithmetik der Inhalt des Eingaberegisters unverändert bleibt und das Ergebnis im Speicher steht, lassen sich bei manchen Geräten Eingabe und Speicher auch so verknüpfen, daß das Ergebnis in der Anzeige steht, der Speicherinhalt dagegen nicht verändert wird. Zur Durchführung dieser "Umgekehrten Speicherarithmetik" dient die Tastenfolge RCL Op n, wobei Op für eine der 4 Tasten +, -, x oder : steht. Die Speicheradresse soll durch n symbolisiert sein.

Es sei wieder angenommen, daß der Speicher 1 mit dem Inhalt a belegt ist. Eine Zahl b soll nun mit Hilfe der "Umgekehrten Speicherarithmetik" so mit a verknüpft werden, daß das Ergebnis in der Anzeige steht, der Inhalt a des Speichers aber nach wie vor - z.B. für spätere Berechnungen - zur Verfügung steht. Im einzelnen bieten sich hier folgende Varianten:

Tab. 35 Operationen bei der "Umgekehrten Speicherarithmetik" (Speicher 1 mit Inhalt a)

Aufgabe	Befehlsfolge	Speicher	Anzeige
Addition	b [RCL] [+] [1]	a	b + a
Subtraktion	b [RCL] [-] [1]	a	b - a
Multiplikation	b [RCL] [x] [1]	a	b x a
Division	b [RCL] [:] [1]	a	b : a
Potenzieren	b [RCL] [a^x] [1]	a	b^a

Durch RCL 1 kann den Speicherinhalt a jederzeit wieder in die Anzeige zurückrufen und damit kontrollieren, daß der Speicher durch die "Umgekehrte Speicherarithmetik" selbst nicht beeinflußt wird.

Zu beachten ist, daß bei der Subtraktion, der Division und dem Potenzieren die Ausdrücke b-a, b:a bzw. b^a gebildet werden, während die "normale" Speicherarihmetik die Ergebnisse a-b, a : b sowie beim Potenzieren a^b liefert. Auch von diesem Standpunkt aus, wird die Bezeichnung "Umgekehrte Speicherarithmetik" verständlich. Bei der Addition sowie der Multiplikation ist in jedem Fall die Verknüpfung der Größen a und b eindeutig. Über die Möglichkeit der "Umgekehrten Speicherarithmetik verfügen z.B. die Modelle HP 45 (Hewlett-Packard) sowie Compucorp 326 und 327.

Als Beispiel für die Anwendung der umgekehrten Methode sei die Berechnung der Gamma-Funktion (siehe Abschnitt 8.2.11, Berechnung von n!) über ein Polynom 5. Grades genannt.

Nach Hastings (1) gilt für $0 \leq x \leq 1$:

$$\Gamma(x+1) = x! = 1 + a_1x + a_2x^2 + a_3x^3 + a_4x^4 + a_5x^5 \quad . \quad (21)$$

$$x! = 1 + x(a_1 + x(a_2 + x(a_3 + x(a_4 + a_5x)))) \ .$$

Die Konstanten lauten:

a_1	$= -0{,}5748646$	STO	1
a_2	$= 0{,}9512363$	STO	2
a_3	$= -0{,}6998588$	STO	3
a_4	$= 0{,}4245549$	STO	4
a_5	$= -0{,}1010678$	STO	5

Obwohl nach Gl.21 die Berechnung der Ausdrücke x, x^2, x^3, x^4 und x^5 erforderlich ist, kann man auf die direkte Berechnung der Potenzen verzichten, wenn man die nach dem Horner-Schema umgeformte Version der Gleichung benutzt. Wie man im folgenden zeigen kann, ist nicht einmal das Vorhandensein von Klammerregistern erforderlich. Die Berechnung einer Potenzreihe nach dem Horner-Schema ist immer dann möglich, wenn die Potenzen ganzzahlige Exponenten haben. Der große Vorteil ist einmal die geringere Zahl von Tastenschritten gegenüber der direkten Methode, zum anderen die kürzere Rechenzeit.

Einige Rechnermodelle verfügen zusätzlich zu den genannten Möglichkeiten der Speicherarithmetik noch über eine Methode, die es erlaubt, Speicherinhalt und Anzeige so zu verknüpfen, daß das Ergebnis sowohl in der Anzeige als auch im Speicher steht. Mit diesem Zusatzverfahren sind z.B. die genannten Compucorp-Rechner 326 und 327 ausgerüstet.

Tab. 36 Beispiel zur "Umgekehrten Speicherarithmetik"(Gammafunktion)

Tastenfolge	Anzeige
x	Eingabe x
STO 0	Abspeichern von x im Speicher 0
RCL x 5	$a_5\ x$
RCL + 4	a_4+a_5x
RCL x 0	$x(a_4+a_5x)$
RCL + 3	$a_3+x(a_4+a_5x)$
RCL x 0	$x(a_3+x(a_4+a_5x))$
RCL + 2	$a_2+x(a_3+x(a_4+a_5x))$
RCL x 0	$x(a_2+x(a_3+x(a_4+a_5x)))$
RCL + 1	$a_1+x(a_2+x(a_3+x(a_4+a_5x)))$
RCL x 0	$x(a_1+x(a_2+x(a_3+x(a_4+a_5x))))$
+	
1	
=	$1 + x(a_1+x(a_2+x(a_3+x(a_4+a_5x)))) = x!$

Die Berechnung der Gamma-Funktion nach dem Horner-Schema geschieht so, daß die umgeformte Gl.21 praktisch von rechts nach links durchgerechnet wird.

Zuerst wird das Produkt $a_5 \cdot x$ berechnet. Zu dem Ergebnis addiert man a_4. Dieses so erhaltene Resultat multipliziert man mit x und addiert zu dem neuen Ergebnis den Wert a_3. Den sich ergebenden Ausdruck multipliziert man wieder mit x usw. Nachdem sämtliche Konstanten verarbeitet sind addiert man zu dem Ergebnis noch den Wert 1 und erhält dann den Ausdruck x!.

Wie der Begriff x! für gebrochene x-Werte definiert ist und welche Bedeutung er hat, ist im Abschnitt 8.2.11 beschrieben.

Zum Abschluß des Kapitels seien noch einmal die beiden wichtigsten Varianten der Speicherarithmetik zusammengefaßt und den "expliziten" Tastenfolgen gegenübergestellt:

Tab. 37 Vergleich der Speicherarithmetik mit der ausführlichen Rechenweise

Speicherarithmetik	K	Ausf. Rechenweise	K
a [STO] [+] [0]	3	a [+] [RCL] [0] [=] [STO] [0]	6
a [RCL] [+] [0]	3	a [+] [RCL] [0] [=]	4
K = Anzahl der Tastenschritte für Compucorp 326,327			

Das Drücken der STO- bzw. RCL-Taste und des entsprechenden Operators wird beim Programmieren des Recheners Compucorp 326 bzw. 327 als 1 Programmschritt aufgefaßt. Dadurch wird eine weitere Einsparung gegenüber der ausführlichen Rechenweise erreicht. Man erkennt, daß prinzipiell eine Addition "im Speicher" auch ohne Speicherarithmetik möglich ist. Das gleiche gilt für die Addition des Speicherinhalts zum Anzeigewert, wenn das Ergebnis in dem Eingaberegister stehen soll.

Der Aufwand an Tastenschritten ist aber bei der "expliziten Methode" relativ gesehen höher als bei der Anwendung der Speicherarithmetik. Dies ist insbesondere bei der Erstellung von Programmen nachteilig, da der Programmspeicher nur über eine begrenzte Zahl von Programmschritten verfügt. Die Speicherarithmetik ist also dann mit Vorteil anzuwenden, wenn die Programme sehr umfangreich sind und ggf. die Grenze der Programmspeicherkapazität erreichen.

Auch das einfache Abspeichern von Konstanten in Konstantenspeichern bringt beim Programmieren Vorteile. Wenn man eine bei Berechnungen immer wieder vorkommende Zahl in das Programm einbauen will, dann gibt es dafür zwei Möglichkeiten:

a) Speichern der Zahl im Programmspeicher als Teil des Rechenprogramms

b) Ablegen der Zahl in einem Konstantenspeicher

Bei der 1. Möglichkeit benötigt jede Ziffer 1 Programmspeicherplatz. Insbesondere bei vielstelligen Zahlen geht dabei wertvoller Programmspeicherplatz verloren. Wählt man die Möglichkeit b), dann werden lediglich 2 bzw. bei manchen Rechnern sogar nur 1 Programmschritt für das Abrufen der Konstanten erforderlich sein. Den "Einbau" von Konstanten in das Programm sollte man daher nur dann vornehmen, wenn die Konstantenspeicher belegt sind und noch genügend Programmschritte zur Verfügung stehen.

7. Programmierbare Rechner

7.1 Allgemeines

Hat man einen programmierbaren Rechner zur Verfügung, so bieten sich gegenüber einem "einfachen" Gerät eine Reihe von Vorteilen:

1. Ein einmal eingetastetes Programm steht zur beliebigen Benutzung so lange zur Verfügung, bis entweder der Rechner abgeschaltet oder das Programm durch ein anderes ersetzt wird. Dadurch ist auch die Möglichkeit eingeschränkt, Fehler durch Betätigen falscher Tasten zu machen.

2. Die Durchführung einer Rechnung mit Hilfe eines eingegebenen Programms ist schneller als die "manuelle" Methode durch Drücken der entsprechenden Tasten. Dies ist insbesondere dann vorteilhaft, wenn ein bestimmter Teil der Rechnung mehrmals durchlaufen werden muß, bis eine bestimmte Bedingung erfüllt ist. Beispiele dafür sind:

Iterative Verfahren,
Numerische Integration,
Reihenentwicklungen,
Berechnung von Fakultäten u.a.m.

In diesem Fall muß das Gerät über die Möglichkeit verfügen, Programmschleifen zu erstellen. Dies wiederum setzt voraus, daß der Rechner logische Entscheidungen treffen können muß:

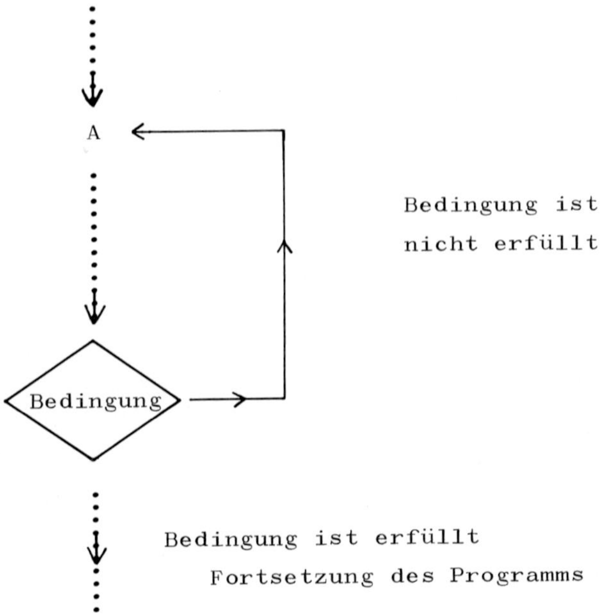

3. Verfügt der Rechner zusätzlich über eine Möglichkeit zur Aufzeichnung von Programmen oder Daten, so lassen sich die Programme oder Daten auch zur späteren Benutzung speichern und gehen beim Abschalten des Geräts nicht verloren. Zur Aufzeichnung werden entweder Magnetkarten (Hewlett-Packard, Texas-Instruments) oder Bandkassetten (Compucorp, Diehl) verwendet.

Bei der Anwendung von Kassetten besteht meist die Möglichkeit der Steuerung über den Rechner, so daß z.B. bei sehr langen Programmen Teile "nachgezogen" werden können oder Daten vom Band abgerufen werden können.

4. Ist der Rechner mit einem Drucker ausgerüstet, so können sowohl die eingegebenen Daten wie auch die Ergebnisse dokumentiert werden. Hierdurch entfällt ein zeitraubendes Abschreiben, und die Möglichkeit des Verschreibens ist weitgehend ausgeschlossen.

Zusätzlich zu den normalen Tasten wie Ziffern, Löschtaste für falsch eingegebene Werte, Funktionstasten, besitzen die programmierbaren Modelle eine Reihe von weiteren Tasten bzw. Schaltern:

Der RUN/LOAD- bzw. RUN/LEARN-Schalter

Soll ein Programm in den Programmspeicher geladen werden, so ist der Schalter in die Position LOAD bzw. LEARN zu bringen. Anschließend wird das Programm eingetastet. Nach dem "Laden" wird wieder die Position RUN eingestellt. Das Programm steht jetzt frei zur Verfügung.

Bei einigen Modellen ist jeder Programmschritt mit einem Zahlen-Code verschlüsselt, so daß kontrolliert werden kann, welche Programmschritte eingegeben worden sind. Außerdem wird die Schrittnummer angezeigt, so daß man stets weiß, wieviel Speicherplätze beim Laden des Programmspeichers noch zur Verfügung stehen.

Die START/STOP- oder RUN/START (R/S)- Taste

Diese Taste hat 2 Funktionen:

1. Starten eines im Speicher geladenen Programms nach Eingabe der Programmschritte bzw. nach einem Stop während des Programmlaufs.

2. Anhalten des Programms an einer vorgegebenen Stelle zur Eingabe von Variablen oder zum Ablesen eines Ergebnisses. Durch Drücken der Taste nach einem STOP kann das Programm fortgeführt werden.

Um lediglich Zwiwchenergebnisse während einer Rechnung kurz ablesen zu können, besitzen manche Geräte eine "PAUSE"-Taste. Das Programm hält an dieser Stelle an - das Zwischenergebnis wird angezeigt - und wird nach einer Pause von ca. 1 Sekunde <u>automatisch</u> fortgeführt.

7.2 Sprungbefehle

7.2.1 Unbedingte Sprünge

Will man von einem bestimmten Programmschritt aus eine andere Stelle des Programms erreichen, oder soll das Programm an einer bestimmten Stelle begonnen bzw. fortgeführt werden, so kann man dies mit Hilfe der Tasten GO TO oder JUMP durchführen. Die Tastenfolge

[GO TO] nn oder [JUMP] nn

bewirkt, daß die Stelle nn im Programm angewählt wird. Dabei sind 2 Möglichkeiten zu unterscheiden:

a) nn ist die Adresse eines bestimmten Programmschrittes im Programmspeicher.

b) nn ist eine an einer bestimmten Stelle des Programms gesetzte Marke (engl. Label)

Im Fall a) bedeutet z.B. die Tastenfolge GO TO 28, daß der Programmschritt 28 aufgesucht werden soll. Die Sprungadresse muß in diesem Fall bereits beim Eintasten des Programms bekannt sein. Das setzt voraus, daß das Programm vorher schriftlich fixiert werden muß und die Programmschritte abgezählt sind.

```
Schritt
   1
   2
   3
GO TO nn  ──┐
   :        │
? nn  <─────┘
   :
```

Im Gegensatz zum Fall a) können bei b) nur bestimmte Marken (LABEL s) im Programm angesprungen werden. Zur Unterscheidung verschiedener Marken im Programm werden die Sprungadressen durch Ziffern oder Symbole dargestellt. Die Tastenfolgen

[JUMP] [1] oder [JUMP] [CHS]

bedeuten bei den Compucorp-Geräten z.B., daß ein Sprung zum LABEL 1 bzw. zum LABEL CHS erfolgen soll. CHS ist dabei der Befehl für den Vorzeichenwechsel.

Wird der Befehl JUMP (LABEL) nn programmiert, und wird an einer beliebigen Stelle im Programm die Marke LABEL nn gesetzt, so wird automatisch bei Erreichen des Sprungbefehls die entsprechende Programm-Marke aufgesucht. Dabei ist es gleich, ob die Sprungadresse vor oder nach dem Sprungbefehl im Programm steht (gilt auch für Fall a)). Der genaue "Standort" der Sprungadresse braucht also beim Programmieren bzw. beim Eingaben des Programms nicht unbedingt bekannt zu sein.

Wichtig ist, daß bei Erreichen eines Befehls der Form GO TO nn oder JUMP nn <u>in jedem Fall</u>, d.h. <u>ohne eine bestimmte Bedingung</u> der entsprechende Sprung ausgeführt wird.

7.2.2 Bedingte Sprünge

Im Gegensatz zu den unbedingten Sprungbefehlen wird hier der Sprung zu einer bestimmten Adresse (Schrittadresse oder LABEL) von einer bestimmten Bedingung abhängig gemacht.

Eine häufig gebrauchte Form der Prüfung ist der Vergleich des Wertes im X-Register (Anzeige) mit Null. Tritt an einer Stelle im Programm eine bedingte Sprunganweisung auf, dann erfolgt der Sprung zu der angegebenen Adresse nur, wenn die getestete Bedingung erfüllt ist. Andernfalls wird das Programm mit dem nächsten Schritt fortgesetzt.

Beim System Compucorp werden die Vergleiche des Eingabe-Registers (Anzeige) mit Null über die JUMP-Taste sowie die Operationstasten [+], [-] und [=] durchgeführt. Es sind folgende Sprungbedingungen möglich:

Tab. 38 Bedingte Sprungbefehle bei dem Rechensystem Compucorp Scientist

Befehl	Sprungbedingung (→ LABEL n)	
[JUMP] [=] [n]	x gleich Null	$x = 0$
[JUMP] [+] [n]	x größer Null	$x > 0$
[JUMP] [-] [n]	x kleiner Null	$x < 0$
[JUMP] [+] [=] [n]	x größer/gleich Null	$x \geqslant 0$
[JUMP] [-] [=] [n]	x kleiner/gleich Null	$x \leqslant 0$
[JUMP] [+] [-] [n]	x größer/kleiner Null (ungleich Null)	$x \gtrless 0$

Will man den Inhalt des X-Registers nicht mit Null sondern mit einer Zahl y vergleichen, also die Bedingungen $x > y$, $x < y$, $x = y$ usw. überprüfen, dann muß zunächst die Differenz $x - y$ gebildet und diese dann mit Null verglichen werden. Soll also z.B. getestet werden, ob die Bedingung $x > y$ erfüllt ist, dann ist dies möglich, indem man die Forderung $x - y > 0$ prüft. In Tab. 39 sind die verschiedenen Möglichkeiten zusammengefaßt.

Tab. 39 Befehlsfolgen für den Vergleich zweier Zahlen x und y (System Compucorp)

Testbedingung [1]	Tastenfolge
$x = y \rightarrow x - y = 0$	x [-] y [=] [JUMP] [=] [n]
$x > y \rightarrow x - y > 0$	x [-] y [=] [JUMP] [+] [n]
$x < y \rightarrow x - y < 0$	x [-] y [=] [JUMP] [-] [n]
$x \geqslant y \rightarrow x - y \geqslant 0$	x [-] y [=] [JUMP] [+] [=] [n]
$x \leqslant y \rightarrow x - y \leqslant 0$	x [-] y [=] [JUMP] [-] [=] [n]
$x \lesseqgtr y \rightarrow x - y \gtreqless 0$	x [-] y [=] [JUMP] [+] [-] [n]

[1] Ist die getestete Bedingung erfüllt, dann erfolgt ein Sprung zum LABEL n.

Bei einigen Geräten (z.B. HP 19 C und HP 97) ist ein Vergleich von x und y direkt möglich, so daß die Bildung der Differenz x - y dann entfallen kann.

Zusätzlich zu den genannten Testbedingungen kann man bei dem System Compucorp prüfen, ob nach einem STOP-Befehl das X-Register belegt worden ist oder nicht. Damit kann festgestellt werden, ob eine Eingabe stattgefunden hat. Der entsprechende Testbefehl lautet [JUMP] [+] [-] [=] [n]. Es wird also mit diesem Test geprüft, ob der Inhalt des Eingaberegisters größer, kleiner oder gleich Null ist.

Ist eine Eingabe erfolgt, so wird ein Sprung zum LABEL n ausgeführt.

7.3 Unterprogramme

Oftmals kommen in einem Programm Teile vor, die sich wiederholen. Ist z.B. eine bestimmte Funktion für verschiedene Variable zu berechnen, so könnte man dabei folgendermaßen vorgehen: Die im Laufe des Programms anfallenden verschiedenen Werte für die Variable werden immer in dem gleichen Konstantenspeicher abgelegt. Die Funktion wird dann jeweils gesondert in einem Unterprogramm berechnet.

Unterprogramme können an einer beliebigen Stelle im Programm aufgerufen werden. Für die Erstellung eines solchen Unterprogramms (engl. Subroutine) gelten folgende Regeln:

a) Das Unterprogramm beginnt mit einer symbolischen Adresse. Diese ist entweder eine Schrittnummer oder eine "Marke" bzw. ein LABEL im Programm.

b) Das Unterprogramm endet meist mit dem Befehl RETURN oder einer entsprechenden Taste.

Dadurch wird der Rücksprung zu der Stelle im Hauptprogramm bewirkt, von wo aus der Sprung in das Unterprogramm erfolgte.

c) Das Unterprogramm kann von einer beliebigen Stelle des Hauptprogramms aus aufgerufen werden. Der Rechner "merkt" sich jeweils die Rücksprungadresse. Dies ist die Stelle, von wo aus der Sprung in das Unterprogramm ausging.

d) Bei einigen Geräten können mehrere Unterprogramme ineinander geschachtelt werden, d.h. ein Unterprogramm kann ein weiteres Unterprogramm aufrufen usw.

e) Der Aufruf der Unterprogramme erfolgt durch spezielle Befehle wie

BRANCH n (engl. to branch = verzweigen, Compucorp Scientist 326 u. 327)

SBR n (engl. subroutine = Unterprogramm, Texas Instruments TI58/59)

GSB n (engl. go to subroutine = gehe zum Unterprogramm, Hewlett Packard HP 97)

u.a.

Beispiel zur Unterprogrammtechnik (Beispiel 9)
Es sei die Funktion

$$F = \frac{(x^3 + 3x^2 + 4)\ (y^3 + 3y^2 + 4)}{(z^3 + 3z^2 + 4)}$$

zu berechnen. Man kann dabei so vorgehen, daß man eine Teilfunktion $u = k^3 + 3k^2 + 4$ definiert und nacheinander für $k = x$, $k = y$ und für $k = z$ in einem Unterprogramm den jeweiligen Wert für u ermittelt. Dazu müssen die verschiedenen Variablen x, y und z vor dem Sprung in das Unterprogramm immer in einem bestimmten Konstantenspeicher abgelegt werden. Die allgemeine Variable k in dem o.g. Ausdruck für u wird dann durch den entsprechenden Inhalt des Konstantenspeichers (x, y oder z) dargestellt. Das Unterprogramm, in dem die Funktion $u = k^3 + 3k^2 + 4$ berechnet wird, enthält gewissermaßen die allgemeine Vorschrift für die Berechnung von u. Das "Schema" zur Berechnung von u ist ja unabhängig von dem Wert, den die Variable k annimmt. Die obige Formel für F kann somit allgemein formuliert werden als

$$F = u(k{=}x) \cdot u(k{=}y)\ /\ u(k{=}z) \quad .$$

Wir wollen annehmen, daß die Variablen x, y und z im Speicher 1 abgelegt werden und das Unterprogramm mit dem LABEL 1 beginnen soll. Ein Programm zur Berechnung von F unter Anwendung der Unterprogrammtechnik könnte für den Rechner Compucorp 326 Scientist z.B. so aussehen:

Tab. 40 Rechenbeispiel zur Unterprogrammtechnik

Tasten	Kommentar	Tasten	Kommentar
STOP	Eingabe x		
STO 1	k = x	Unterprogramm	
BRANCH 1		LABEL 1	
STO 2	u(k = x)	RCL 1	k
STOP	Eingabe y	x	
STO 1	k = y	=	k^2
BRANCH 1		STO 5	$k^2 \longrightarrow$ STO 5
STO 3	u(k = y)	RCL 1	
STOP	Eingabe z	+	
STO 1		3	
BRANCH 1		x	k + 3
STO 4	u(k = z)	RCL 5	
RCL 2	u(k =x)	+	$k^2(k+3) =$
x		4	$k^3 + 3k^2$
RCL 3	u(k = y)	=	$k^3 + 3k^2 + 4$
:		RETURN	Rücksprung
RCL 4	u(k = z)		zum
=	F		Hauptprogramm

Man erkennt, daß in allen 3 Fällen, in denen das Unterprogramm aufgerufen wird, der RETURN-Befehl immer den Rücksprung zu der Stelle im Hauptprogramm bewirkt, von der aus der Sprung in das Unterprogramm erfolgt ist. Die in den 3 Fällen im Unterprogramm berechneten Teilfunktionen u(k=x), u(k=y) und u(k=z) werden nach dem Rücksprung in das Hauptprogramm in den Speichern 2, 3 bzw. 4 abgelegt. Mit diesen abgespeicherten Werten wird dann am Schluß des Programms die Funktion F berechnet.

Mit Hilfe der Unterprogrammtechnik kann man eine große Zahl von Programmspeicherplätzen einsparen. Dies ist insbesondere dann von Vorteil, wenn die Unterprogramme selbst sehr umfangreich sind und mehrmals vom Hauptprogramm aus aufgerufen werden.

Wird dagegen ein Programmteil nur einmal benötigt, so ist es nicht sinnvoll, diesen Programmabschnitt als Unterprogramm zu schreiben, da durch den Sprungbefehl und das RETURN 2 zusätzliche Schritte verbraucht werden gegenüber einer Verarbeitung des Programmteils im Hauptprogramm. Dies gilt auch für den Fall, daß das Unterprogramm nur aus 2 Schritten besteht. In diesem Fall werden durch den Sprungbefehl z.B. beim Modell Compucorp auch 2 Schritte benötigt. Das wiederholte Aufrufen des Unterprogramms erfordert also in diesem speziellen Fall genausoviele Programmspeicherplätze wie die Wiederholung der Schritte im Hauptprogramm.

7.4 Ändern von Programmen

Nur selten ist das erstellte Programm frei von Fehlern. Es gibt 3 Möglichkeiten, die zu einem falschen Programm führen können:

a) Es wurde eine falsche Instruktion "geladen".
b) Es wurde eine Instruktion zuviel geladen.
c) Es wurde eine Instruktion vergessen.

Um die entsprechende Stelle im Programm, die verändert werden muß bzw. eingefügt werden muß, zu erreichen, besitzen einige Rechner die Tasten

FORWARD bzw. BACKSPACE .

Ein einmaliges Betätigen dieser Tasten im LEARN- oder LOAD-Modus hat zur Folge, daß das Programm um einen Schritt vorwärts bzw. rückwärts geht. Dabei wird das Programm zunächst weder verändert noch ausgeführt.

Befinden sich im Programm Sprungadressen (LABELs), so kann man durch JUMP n oder GO TO n (n= Nummer des LABELs bzw. Schrittnummer) im RUN-Modus der fehlerhaften Stelle oft näherkommen. Dieses Vorgehen ist besonders bei umfangreichen Programmen zu empfehlen.

Die 3 möglichen Fehler können folgendermaßen korrigiert werden:

zu a) Man geht mit FORWARD oder BACKSPACE im Programm im LOAD- bzw. LEARN-Modus soweit vor oder zurück, bis die fehlerhafte Stelle erreicht ist. Dann wird der richtige Befehl eingetastet, wobei die fehlerhafte Instruktion automatisch überschrieben wird.

zu b) Man geht mit FORWARD oder BACKSPACE zu dem entsprechenden Programmschritt. Mit REMOVE (bei manchen Rechnern: DELETE) wird der zuviel geladene Programmbefehl entfernt.

zu c) Man geht mit FORWARD oder BACKSPACE bis zu dem Programmschritt, der dem einzufügenden Befehl folgen soll. Mit der Taste INSERT wird ein freier Programmplatz erzeugt. Anschließend wird der fehlende Schritt eingetastet.

8. Mathematische Funktionen

8.1 Allgemeines

Ein Rechner für die statistische Datenauswertung sollte - wie im Abschnitt 1 bereits erwähnt - neben den Grundrechenarten auch eine Reihe von mathematischen Funktionen in "festverdrahteter" Form besitzen. Hierzu gehören insbesondere Funktionen wie $y=\sqrt{x}$, $y=x^2$, $y=1/x$, $y=e^x$, $y=\ln x$ und $y=a^x$ (Potenzfunktion). Für spezielle Problemstellungen, wie z.B. die Lösung von Verteilungsintegralen oder die Simulation von normalverteilten Meßwerten, benötigt man auch die trigonometrischen Funktionen $y=\sin x$, $y=\cos x$, $y=\tan x$ sowie deren Umkehrfunktionen (Arcus-Funktionen). Die wissenschaftlich-technischen Taschen- bzw. Tischrechner sind mit den entsprechenden Tasten ausgerüstet.

Durch Reihenentwicklung oder auf iterativem Wege lassen sich zwar auch die meisten Funktionen nur unter Anwendung der Grundrechenarten darstellen. Die entsprechenden Algorithmen sind aber meist so kompliziert, daß sie mehr oder weniger nur akademisches Interesse haben. Es sei aber darauf hingewiesen, daß intern die Berechnung der Funktionen auf diesem Wege erfolgt. Da die Ergebnisse somit nur Näherungslösungen sind - die Reihentwicklung muß ja bei unendlichen Reihen nach einer bestimmten Anzahl von Gliedern abgebrochen werden - sind die über die Funktionstasten ermittelten Werte stets mit einem geringen Fehler behaftet. Dieser ist aber im allgemeinen so klein, daß er entweder vernachlässigt werden kann oder intern durch Rundung sogar beseitigt wird: Der berechnete Wert $\sqrt{81} = 8,999999...$ wird automatisch auf 9,0000... aufgerundet!

Allerdings ist dieser "Komfort" nicht bei allen Geräten gegeben.

Speziell im Bereich der Statistik und der Wahrscheinlichkeitsrechnung sind weiterhin die Funktionen

y = x-Absolut = $|x|$,

y = x-Fakultät = $x!$,

und y = Integer x

von Bedeutung. Da viele Rechner diese Funktionen noch nicht in festverdrahteter Form besitzen, wird auf deren Berechnung hier besonders eingegangen.

8.2 Berechnung der Funktionen

Die Ermittlung der entsprechenden Funktionswerte geschieht so, daß zunächst das Argument x in das Eingaberegister (Anzeige) gebracht werden muß. Dies kann entweder durch Eingabe von x geschehen, oder aber das Argument x ist das Ergebnis einer Berechnung. Nach dem Drücken der Funktionstaste wird der Funktionswert berechnet und in die Anzeige gebracht. Das Arbeits- bzw. Y-Register wird dabei nicht beeinflußt mit Ausnahme der Potenzfunktion $y=a^x$.

8.2.1 Die Funktion $y = \sqrt{x}$

Drückt man auf einem Rechner die Taste mit dem Symbol $\boxed{\sqrt{x}}$, so bedeutet dies, daß aus dem Wert x, der in der Anzeige bzw. im X-Register steht, die Quadratwurzel gezogen wird.

Da ein Taschen- oder Tischrechner zumindest auf direktem Wege keine imaginären bzw. komplexen Zahlen verarbeiten kann, erfolgt bei dem Versuch, aus einer negativen Zahl eine Wurzel zu ziehen, eine Fehlermeldung.

Besitzt der Rechner keine Taste zur Berechnung von $\sqrt{x}$, so kann man nach Newton auf iterativem Wege die Lösung ermitteln. Es gilt

$$\sqrt{x} = \frac{1}{2}\left(\frac{x}{a_i} + a_i\right) = a_{i+1} \qquad (22)$$

Man beginnt mit a_o, einem Näherungswert, der in der Nähe von x liegen soll. Den erhaltenen Wert für $a_{i+1} = a_{0+1} = a_1$ setzt man wieder in die linke Seite der Gleichung ein und erhält den Wert a_2. Das Verfahren wird solange fortgesetzt, bis sich a_i und a_{i+1} nur noch um einen geringen, vorgegebenen Betrag unterscheiden. Der Wert a_i ist dann eine Näherung für $\sqrt{x}$. Eine ausführliche Darstellung des Verfahrens findet man bei H. Schumny (2).

8.2.2 Die Funktion $y = x^2$

Mit Hilfe der Taste [x^2] kann eine gegebene Zahl x quadriert werden. Das Ergebnis ist immer positiv, gleichgültig, ob x selbst positiv oder negativ war.

Ist die Quadrier-Taste nicht vorhanden, so kann das Quadrat der Zahl x "explizit" durch Multiplikation von x mit sich selbst erhalten werden.

Beispiel $y = (6,43)^2$

Algebraische Logik: [6] [.] [4] [3] [x] [=] 41.3499

UPN-Logik: [6] [.] [4] [3] [ENTER] [x] 41.3499

Bei einem Rechner mit Gleitkomma-Darstellung und einem Zahlenbereich von 10^{-99} bis 10^{+99} können nur x-Werte quadriert werden, die zwischen 10^{-49} und 10^{+49} liegen.

8.2.3 Die Funktion y = 1/x

Die "Reziproktaste" 1/x ist besonders nützlich bei der Berechnung von Brüchen, bei denen im Nenner ein zusammengesetzter Ausdruck steht und dieser zuerst ermittelt werden muß.

Beispiel

Es soll der Ausdruck $a = \frac{1}{\sqrt{3(4,9 + 2,5)}}$ berechnet werden.

Die entsprechende Tastenfolge unter Verwendung der Funktionstaste [1/x] lautet:

Tab. 41 Rechenbeispiel zur Anwendung der Funktionstaste [1/x]

Tastenfolge	X-Register	Y-Register	Operation
[4] [.] [9]	4.9	-	
[+]	4.9	4.9 +	
[2] [.] [5]	2.5	4.9 +	
[x]	7.4	7.4 x	$4,9 + 2,5 = 7,4$
[3]	3	7.4 x	
[=]	22.2	7.4 x	$3 \times 7,4 = 22,2$
[√x]	4.7328	7.4 x	$\sqrt{22,2} = 4,7328$
[1/x]	0.2112	7.4 x	$\frac{1}{4,7328} = 0,2112$

Weitere Möglichkeiten den obigen Ausdruck zu berechnen wären durch Anwendung von Klammertasten bzw. Verwendung eines Konstantenspeichers gegeben. Hierbei sind aber in jedem Fall mehr

Tastenschritte notwendig als unter Verwendung der Reziproktaste.

8.2.4 Die Funktion $y = e^x$

Die e-Funktion hat in vielen Formeln aus dem Bereich der Naturwissenschaften eine grundlegende Bedeutung und ist deshalb praktisch auf jedem wissenschaftlich-technischen Rechner in festverdrahteter Form vorhanden.

Die Funktion $y = e^x$ stellt eine Potenzfunktion dar mit dem Exponenten x und der Basis

$$\boxed{e = 2{,}71828182846....} \qquad (23)$$

Die Zahl e ist bekanntlich eine irrationale Zahl, d.h. der "exakte" Zahlenwert ist nicht explizit angebbar.

Da aber auf dem Rechner naturgemäß nur endlich viele Stellen zur Verfügung stehen, kann jede irrationale Zahl auch nur als "quasi-rationale" Zahl mit endlicher Stellenzahl behandelt werden. Auf praktische Ergebnisse von Berechnungen hat das aber keinen Einfluß.

Der Exponent x kann bei einem Rechner mit einem Zahlenbereich zwischen 10^{-99} und 10^{+99} (Gleitkomma) jeden Wert zwischen -227 und + 229 einschließlich Null annehmen, denn es gilt:

$$e^{-227} = 2{,}6 \cdot 10^{-99} \qquad e^{+229} = 2{,}8 \cdot 10^{+99}$$

Bei einigen Rechnern kann es vorkommen, daß in der Nähe dieser "Grenzwerte" fehlerhafte Ergebnisse zustande kommen. Man sollte daher sicherheitshalber den Bereich zwischen 10^{-98} und 10^{+98} nicht überschreiten (x zwischen -225,6 und + 225,6).

Die e-Funktion kann auch durch eine Reihenentwicklung dargestellt werden:

$$e^x = 1 + x + \frac{x^2}{2!} + \frac{x^3}{3!} + \ldots + \frac{x^n}{n!} \quad . \qquad (24)$$

Mit $x^0 = 1$ und $0! = 1$ sowie $x^1 = x$ und $1! = 1$ folgt:

$$\boxed{e^x = \sum_{n=0}^{n=\infty} \frac{x^n}{n!}} \quad . \qquad (25)$$

Weiterhin kann die Zahl e auch als Grenzwert des Ausdrucks $(1 + 1/n)^n$ für n gegen Unendlich dargestellt werden:

$$\boxed{e = \lim_{n \to \infty} (1 + \frac{1}{n})^n} \quad . \qquad (26)$$

Die genannten Beziehungen haben aber für praktische Berechnungen nur geringe Bedeutung und sind hier nur der Vollständigkeit halber angeführt.

Wer sich genauer informieren will: Im "Handbook of Mathematical Functions" von Abramowitz und Stegun (3) sind ausführliche Abhandlungen nachzulesen!

Zum Schluß noch zwei wichtige Spezialfälle:

$$e^0 = 1 \qquad \text{und} \qquad e^1 = e \quad . \qquad (27)$$

8.2.5 Die Funktion $y = \ln x$

Die Funktion $y = \ln x$ ist die Umkehrfunktion zu der o.g. e-Funktion. Dies bedeutet, daß ln x für ein gegebenes x denjenigen Zahlenwert darstellt, mit dem man e potenzieren muß, um **x** zu erhalten. Die Funktion $y = \ln x$ ist somit eine Logarithmusfunktion und zwar mit der Basis e. Die Logarithmen von

Zahlen zur Basis e bezeichnet man auch als "natürliche Logarithmen". Sie stellen diejenigen Werte dar, mit denen man die Zahl e potenzieren muß, um einen gegebenen Zahlenwert zu erhalten.

Beispiele

$\ln 10 = 2{,}3025 \qquad e^{2{,}3025} = 10$

$\ln 2 = 0{,}6931 \qquad e^{0{,}6931} = 2$

usw.

Entsprechend den bei der e-Funktion genannten Beziehungen $e^0 = 1$ und $e^1 = e$ gilt:

$$\ln 1 = 0 \qquad \text{und} \qquad \ln e = 1 \quad . \tag{28}$$

Versucht man, für den Wert 0 oder einen negativen Zahlenwert durch Drücken der Taste [ln x] den natürlichen Logarithmus zu berechnen, so erfolgt eine Fehlermeldung! Dies rührt daher, daß die Funktion $y = e^x$ nur positive Zahlenwerte annehmen kann und somit Logarithmen nur von positiven Zahlen berechnet werden können. Ähnlich wie die e-Funktion, kann auch zur Berechnung von ln x eine Reihenentwicklung angegeben werden:

$$\ln x = 2 \cdot \sum_{n=0}^{n=\infty} \left\{ \frac{1}{2n+1} \left[\frac{x-1}{x+1} \right]^{2n+1} \right\} . \tag{29}$$

8.2.6 Die Funktionen $y = 10^x$ und $y = \log x$

Diese Funktionen sind ähnlich wie die e-Funktion bzw. die natürliche Logarithmus-Funktion zu behandeln. Nur ist hier die Basis die Zahl 10. Die Funktion y = log x gibt also die Zahlenwerte an, mit der man die Zahl 10 potenzieren muß, um eine vorgegebene Zahl x zu erhalten. Sind die entsprechenden Funktionstasten nicht vorhanden, so kann man die Funktionswerte über die folgenden Beziehungen ermitteln:

$$10^x = e^{x \ln 10}$$

$$\log x = \frac{\ln x}{\ln 10} \qquad (30)$$

$$\ln 10 = 2{,}302585...$$

Ferner gelten ähnlich wie bei $y = e^x$ und $y = \ln x$ die Spezialfälle:

$$10^0 = 1 \qquad 10^1 = 10$$

$$\log 1 = 0 \qquad \log 10 = 1 \qquad (31)$$

8.2.7 Die allgemeine Potenzfunktion $y = a^x$ bzw. $z = x^y$

Mit Hilfe dieser Funktionstaste kann für einen beliebigen Exponenten x und eine beliebige Basis a (bzw. einen Exponenten y und eine Basis x) die Potenz a^x bzw. x^y berechnet werden, sofern die Potenzgesetze eingehalten werden. Der Einfachheit halber soll die Funktion im folgenden als $y = a^x$ bezeichnet werden. Es gelten folgende Regeln:

a positiv ⟶ x positiv, negativ oder Null

a negativ ⟶ x ganzzahlig positiv, ganzzahlig negativ oder Null

a Null ⟶ x positiv

Diese Bedingungen gelten für das System Compucorp. Für andere Rechnersysteme sind weitere Einschränkungen meist dadurch gegeben, daß negative Exponenten bei negativer Basis zu einer

Fehlermeldung führen. Dies ist eigentlich nur dann mathematisch nicht zulässig, wenn der Exponent gebrochen ist. In diesem Fall würde man versuchen, die Wurzel aus einer negativen Zahl zu ziehen, was nicht erlaubt ist.
Die folgende Tabelle gibt den Rechengang für die Berechnung von Potenzen für einen Rechner mit algebraischer Logik (System Compucorp) und ein Gerät mit UPN-Logik (HP 97) wieder:

Tab. 42 Berechnung der allgemeinen Potenzfunktion mit algebraischer und UPN-Logik(a^x bzw. y^x)

Algebraische Logik			UPN Logik		
Tastenfolge	X	Y	Tastenfolge	X	Y
Eingabe a	a	-	Eingabe y	y	-
[a^x]	a	a a^x	[ENTER]	y	y
Eingabe x	x	a a^x	Eingabe x	x	y
[=]	a^x	a a^x	[y^x]	y^x	-

Man erkennt, daß bei beiden Logik-Systemen die Basis in das y-Register und der Exponent x in das Eingaberegister (Anzeige) gelangt. Bei der algebraischen Logik bedeutet dies, daß z.B. mit der Tastenfolge

[3] [a^x] [2] [=] [3] [=] [4] [=] [5] [=] ...

auf einfache Weise die Potenzen 3^2, 3^3, 3^4, 3^5 usw. berechnet werden können. Für einen UPN-Rechner wäre die entsprechende Tastenfolge:

[3] [↑] [↑] [↑] [2] [y^x] [3] [y^x] [4] [y^x] [5] [y^x] ...

Bei der algebraischen Logik wird also nach Eingabe der

Basis a die Potenztaste gedrückt, anschließend der Exponent x eingegeben und zur Berechnung der Potenz a^x die Gleich-Taste betätigt. Bei UPN-Geräten gibt man zunächst - durch ENTER getrennt - Basis und Exponent ein. Anschließend wird durch Drücken der Potenztaste die Berechnung durchgeführt.

Will man die Basis a nicht in die x-te Potenz - bei ganzzahligem x - erheben, sondern die n-te Wurzel ziehen, so kommt dies der Aufgabe gleich, den Ausdruck $a^{1/n}$ zu berechnen. Dies kann man mit Hilfe der Reziproktaste tun. Soll z.B. die 3. Wurzel aus der Zahl 2 gezogen werden, so ist dafür folgende Tastenfolge anzuwenden:

Tab. 43 Berechnung des Ausdrucks $y = \sqrt[n]{a}$ am Beispiel $y = \sqrt[3]{2}$

Algebraische Logik			UPN-Logik		
Tastenfolge	X	Y	Tastenfolge	X	Y
[2]	2	-	[2]	2	-
[a^x]	2	2 a^x	[ENTER]	2	2
[3]	3	2 a^x	[3]	3	2
[1/x]	1/3	2 a^x	[1/x]	1/3	2
[=]	$\sqrt[3]{2}$	2 a^x	[y^x]	$\sqrt[3]{2}$	2

Die Reziproktaste nach Eingabe des Wurzelexponenten bewirkt, daß die n-te Wurzel aus der zuerst eingegebenen Zahl errechnet wird.

Ist der Exponent der Potenz selbst ein zusammengesetzter Ausdruck, so muß dieser bei einem algebraischen Rechner in Klammern gesetzt werden, oder aber der Exponent muß zuerst berechnet und dann in einem Konstantenspeicher abgelegt werden.

Bei der Berechnung von Potenzen sind folgende Sonderfälle zu beachten:

$$a^0 = 1$$
$$a^1 = a$$
$$0^1 = 0$$
$$0^x = 0 \qquad x > 0$$
$$1^0 = 1$$
$$1^1 = 1$$

Die folgenden Beispiele sollen die Möglichkeiten aufzeigen, die bei der Anwendung der Potenziertaste gegeben sind (Beispiel 10).

Tab. 44 Beispiele zur Anwendung der Potenziertaste [a^x] (System Compucorp)

Zu berechnender Ausdruck	Tastenfolge	Ergebnis
3^5	[3] [a^x] [5] [=]	243.0000
$(-3)^5$	[CHS] [3] [a^x] [5] [=]	-243.0000
$3^{0,7}$	[3] [a^x] [0] [.] [7] [=]	2.1577
$(-3)^{-5}$	[CHS] [3] [a^x] [CHS] [5] [=]	-0.0041
$(-3)^{3,5}$	[CHS] [3] [a^x] [3] [.] [5] [=]	ERROR
$(-3)^{-3,5}$	[CHS] [3] [a^x] [CHS] [3] [.] [5] [=]	ERROR

Fortsetzung von Tab. 44 Beispiele zur Anwendung der Potenziertaste [a^x] (System Compucorp)

Zu berechnender Ausdruck	Tastenfolge	Ergebnis
$\sqrt[7]{25}$	[2] [5] [a^x] [7] [1/x] [=]	1.5838
2^{100}	[2] [a^x] [1] [0] [0] [=]	$1.27 \cdot 10^{30}$
2^{-300}	[2] [a^x] [CHS] [3] [0] [0] [=]	$4.91 \cdot 10^{-91}$
$(1{,}01)^{10000}$	[1] [.] [0] [1] [a^x] [1] [0] [0] [0] [0] [=]	$1.64 \cdot 10^{43}$
$(1+\frac{1}{n})^n$, $n = 10^{12}$	[1] [+] [1] [EXP] [1] [2] [1/x] [=] [a^x] [1] [EXP] [1] [2] [=]	2.71828... = e
$1^{(10^{98})}$	[1] [a^x] [1] [EXP] [9] [8] [=]	1.0000
$(10^{50})^{(10^{-20})}$	[1] [EXP] [5] [0] [a^x] [1] [EXP] [CHS] [2] [0] [=]	1.0000
$2^{(2+\ln 3)}$	[2] [a^x] [(] [2] [+] [3] [ln] [)] [=]	8.5659

Man erkennt, daß sowohl die Basis als auch der Exponent praktisch jede Größe annehmen können, sofern die Potenzgesetze eingehalten und keine unerlaubten mathematischen Operationen vorgenommen werden. Ferner darf das Ergebnis die Kapazität des Rechners (10^{-99} bis 10^{+99}) nicht überschreiten. Die Ausdrücke $(-2)^{0,5} = \sqrt{-2}$ und $2^{1000} = 10^{301}$ können daher auf einem Rechner nicht direkt ermittelt werden: Bei einem Versuch würde eine Fehlermeldung erscheinen!

Verfügt der Rechner nicht über eine spezielle Taste a^x oder y^x zur Berechnung einer Potenz, sind jedoch die Funktionstasten [e^x] und [ln x] vorhanden, so ist eine Berechnung von a^x für positive a-Werte nach folgender Beziehung möglich:

$$a^x = e^{x \cdot \ln a} \qquad a > 0 \, , \quad -\infty < x < +\infty \qquad (32)$$

8.2.8 Die trigonometrischen Funktionen und ihre Inversen

Für spezielle Problemstellungen aus dem Bereich der Statistik (z.B. Verteilungsintegrale der t- oder F-Verteilung, normalverteilte Zufallszahlen, Signifikanzschranken der t-Verteilung für beliebige Sicherheiten) werden auch die trigonometrischen Funktionen $y = \sin x$, $y = \cos x$ und $y = \tan x$ sowie deren Umkehrfunktionen $y = \arcsin x$, $y = \arccos x$ und $y = \arctan x$ benötigt. Sie sollen daher hier kurz besprochen werden.

Beim Rechnen mit Funktionen, die Winkel verarbeiten, muß immer festgelegt sein, ob die Winkel in Alt- oder Neugrad oder im Bogenmaß ausgedrückt sind. In Altgrad hat der Vollkreis einen Winkel von 360°, in Neugrad dagegen von 400°. Im Bogenmaß ausgedrückt entspricht dagegen der Vollkreis dem Wert 2π. Zur Festlegung des Winkelmaßes dienen auf dem Rechner meist vorhandene Umschalter.

Ist auf dem Rechner kein Umschalter bzw. keine Taste für die Umrechnung von Winkel- in Bogenmaß und umgekehrt vorhanden, so kann man die Umrechnungen nach folgenden Formeln vornehmen:

$$\text{Bogen} = \frac{\text{Winkel}}{360} \quad 2\pi$$

$$\text{Winkel} = \frac{\text{Bogen}}{2\pi} \quad 360$$

Bei den Funktionen y = sin x, y = cos x und y = tan x kann x im Prinzip jeden beliebigen Wert annehmen. Einzige Ausnahme sind bei der Tangens-Funktion die Werte 90°, 270°, 450° bzw. $\pi/2$, $3/2\,\pi$, $5/2\,\pi$ usw.. Die sich ergebenden Funktionswerte liegen für die Sinus- und Cosinusfunktion zwischen -1 und +1, für die Tangensfunktion zwischen $-\infty$ und $+\infty$. Entsprechend ist bei der Berechnung der Arcus-Funktionen zu beachten, daß für y = arc sinx und y = arc cos x die x-Werte nicht kleiner als -1 bzw. nicht größer als +1 sein dürfen. Andernfalls erfolgt eine Fehlermeldung (ERROR). Bei der Funktion y = arc tan x kann x jeden beliebigen Zahlenwert annehmen.

8.2.9 Die Funktion y = Integer x

Jede Dezimalzahl besteht aus einem Vor- und einem Nachkommateil.

Definition:

Schneidet man von einer Dezimalzahl x den Nachkommateil ab, so bezeichnet man den ganzzahligen Rest als INTEGER x (von engl. integer = ganze Zahl).

Entsprechend wird der Rest, den man erhält, wenn man von einer Zahl x den Vorkommateil abschneidet, als FRACTION x bezeichnet. Mir Hilfe dieser beiden Funktionen kann man also jede beliebige Dezimalzahl in einen Vor- und einen Nachkommateil zerlegen. Im Sinne der Definition für y = Integer x kann man diesen Wert auch als die nächstkleinere, ganze Zahl zu einer gegebenen Zahl x auffassen.

Einige wissenschaftlich-technische Rechner haben die Funktionen Integer x und Fraction x in festverdrahteter Form. Die Berechnung geschieht wie bei jeder anderen mathematischen Funktion:

1. Eingabe x
2. Drücken der Funktionstaste
3. Der Zahlenwert von Integer x bzw. Fraction x steht in der Anzeige (X-Register) und kann für weitere Berechnungen verwendet werden.

Die folgende Tabelle gibt einige Beispiele wieder:

Tab. 45 Zahlenbeispiele zu den Funktionen Integer x und Fraction x

Zahl x	Integer x	Fraction x
4,7	4	0,7
1,999	1	0,999
0,574	0	0,574
-2,638	-2	-0,638
6,000	6	0
$3{,}456 \cdot 10^4$	$3{,}456 \cdot 10^4$	0

Besitzt der Rechner die Funktionen nicht in festverdrahteter Form, und ist n die "Stellenzahl", mit welcher das Gerät intern arbeitet, dann kann man den Wert für Integer x nach folgender Vorschrift berechnen:

$$\text{Integer } x = x + 10^{n-1} - 10^{n-1} \quad .$$

Dabei ist die Stellenzahl n die Anzahl von Stellen, die für die Eingabe bzw. Ausgabe von Ziffern vorhanden ist. Der Dezimalpunkt wird dabei nicht berücksichtigt, ebenso nicht das Vorzeichen, der Exponent sowie das Vorzeichen des Exponenten. Die Stellenzahl n ist somit identisch mit der maximalen Stellenzahl für die Mantisse, wenn man den Inhalt des Eingaberegisters im Gleitkommaformat darstellt. Allerdings bezieht sich n auf die interne Stellenzahl, mit der auch gerechnet wird. Diese muß nicht identisch sein mit der Stellenzahl der Anzeige.

Beispiel 11
Das System Compucorp rechnet intern mit 13 Stellen, während die Mantisse in der Anzeige maximal 12 Stellen besitzt. Es gilt also n = 13. Die Tastenfolge zur Berechnung von y = integer x lautet dann:

[1] [EXP] [1] [2] [STO] [1]

3,45678	[+]	[RCL]	[1]	[-]	[RCL]	[1]	[=]	3.00000
-5,12345	[+]	[RCL]	[1]	[-]	[RCL]	[1]	[=]	-5.00000
0,12345	[+]	[RCL]	[1]	[-]	[RCL]	[1]	[=]	0.00000

usw.

Das Prinzip dieser Berechnungsmethode kann man sich durch folgende Überlegung klar machen: Die Eingabe der Zahl 10^{12} = 1 000 000 000 000 bewirkt, daß alle 13 Stellen im X-Register (Mantisse) mit Ziffern belegt sind. Es können zu dieser Zahl nur weitere ganze Zahlen addiert werden, da für Nachkommastellen kein Platz mehr vorhanden ist. Versucht man daher zu 1 000 000 000 000 eine Dezimalzahl zu addieren, so wird nur der ganzzahlige Anteil addiert, während der Nachkommateil verlorengeht. Zieht man jetzt den Wert 1 000 000 000 000 wieder vom Ergebnis ab, so erhält man als Endresultat Integer x, den

Vorkommateil der Zahl x. Im einzelnen sieht die Belegung des X-Registers so aus:

Tab. 46 Belegung der Ziffernstellen im Eingaberegister bei der Berechnung von Integer x

Tasten	Belegung der Ziffernstellen im X-Register														
	1	2	3	4	5	6	7	8	9	10	11	12	13			
10^{12}	1	0	0	0	0	0	0	0	0	0	0	0	0			
[+]	1	0	0	0	0	0	0	0	0	0	0	0	0			
5,423										5.	4	2	3			
[=]	1	0	0	0	0	0	0	0	0	0	0	0	5	4	2	3
[-]	1	0	0	0	0	0	0	0	0	0	0	0	5	4	2	3
10^{12}	1	0	0	0	0	0	0	0	0	0	0	0	0			
[=]													5.			

Da die gestrichelt eingezeichneten Stellenplätze dem Rechner fehlen, werden die entsprechenden Stellen abgeschnitten, so daß zum Schluß der Wert Integer 5,423 = 5 in der Anzeige erscheint. Bei anderen Rechner-Modellen ist analog zu verfahren.

<u>Anwendungsbeispiele der Funktion y = Integer x</u> (Beispiel 12)

a) Ist eine gegebene Zahl x gerade oder ungerade ?

Bei der Integration von Prüfverteilungen (t-Verteilung, F- und Chi-Quadrat-Verteilung) ist der Rechengang davon abhängig, ob die Zahl der Freiheitsgrade geradzahlig oder ungeradzahlig ist.

Die Entscheidung kann über die Funktionen y = Integer x bzw. y = Fraction x getroffen werden: Eine gerade Zahl ist stets ohne Rest durch 2 teilbar, der Nachkommateil des Ergebnisses ist also gleich Null. Bei einer ungeraden Zahl dagegen beträgt der Rest nach der Teilung durch 2 immer 0,5. Der Nachkommateil ist also hier immer größer als Null. Eine gegebene Zahl x kann somit als geradzahlig oder ungeradzahlig erkannt werden, je nachdem, ob der Ausdruck Fraction(x/2) gleich oder größer als Null ist. Baut man daher diesen Test innerhalb eines Programms in einen bedingten Sprungbefehl ein, so können auf diese Weise verschiedene Programmteile abgearbeitet werden, je nachdem, ob der getestete Zahlenwert gerade oder ungerade ist. Es sei angenommen, daß der Programmteil für den Fall, daß x geradzahlig ist, mit LABEL 1, bei ungeradem x der entsprechende Programmteil mit LABEL 2 beginnen soll. Der Zahlenwert x soll im Konstantenspeicher 1 abgelegt sein. Für das System Compucorp würde die Tastenfolge für den Test dann so aussehen:

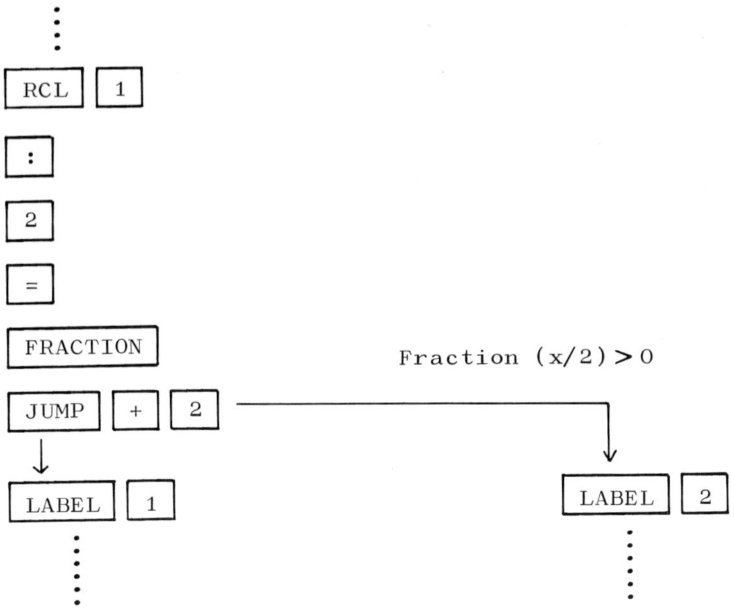

Ist auf dem verwendeten Rechner nur eine Taste zur Bildung von Integer x vorhanden, so kann der Ausdruck Fraction x auch durch die Tastenfolge

[RCL] [1] [-] [INTEGER] [=]

dargestellt werden.

b) Erzeugung von Zufallszahlen

Mit Hilfe von Zufallszahlengeneratoren lassen sich Zahlen zwischen 0 und 1 erzeugen, deren Verteilung zufallsbedingt ist. Dies bedeutet, daß jede Zahl im Prinzip die gleiche Wahrscheinlichkeit besitzt, gezogen zu werden. Ein Beispiel für einen solchen Zahlengenerator ist die Formel

$$u_{i+1} = \text{Fraction}\left[(\pi + u_i)^8\right] \tag{35}$$

Setzt man als Startwert eine Zahl zwischen 0 und 1 für $u_i = u_o$ ein, so ist $u_{i+1} = u_1$ die 1. erzeugte Zufallszahl. Durch Einsetzen von u_1 in die rechte Seite der Gleichung erhält man die 2. Zufallszahl usw.

8.2.10 Die Funktion y = x - Absolut

Der Absolutwert einer Zahl oder eines Ausdrucks wird häufig bei Formeln im Zusammenhang mit statistischen Tests benötigt. Einige Geräte verfügen über eine spezielle Taste mit dem Symbol $|x|$.

Prinzipiell läßt sich aber auch auf jedem anderen Rechner der Absolutwert einer Zahl erzeugen, wenn die Möglichkeit vorhanden ist, eine Wurzel zu ziehen.

Da das Ergebnis der Funktion $\sqrt{x}$ stets eine positive Zahl ist, andererseits aber sowohl positive als auch negative Zahlen beim Quadrieren ein positives Ergebnis liefern, kann $|x|$

durch Quadrieren von x und anschließendes Wurzelziehen erhalten werden. Ist eine Taste zur direkten Ermittlung von |x| nicht vorhanden, so kann man daher durch folgende Tastenfolge den Absolutwert von x berechnen:

Algebraische Logik: [x^2] [$\sqrt{x}$]

oder [x] [=] [$\sqrt{x}$]

UPN-Logik: [x^2] [$\sqrt{x}$]

oder [ENTER] [x] [$\sqrt{x}$]

Beispiele: x = 3 |x| = 3

x = - 4 |x| = 4

8.2.11 Die Funktion y = n! (n-Fakultät)

Bei vielen statistischen Berechnungen wird der Ausdruck n-Fakultät benötigt. Die abgekürzte Schreibweise dafür ist n!.

Definition:

> n! ist das Produkt aller ganzen Zahlen von 1 bis n.
>
> n! = 1 x 2 x 3 x 4 x ... x n

Mit steigendem n nimmt der Wert von n! stark zu, wie die folgenden Beispiele zeigen:

1! = 1	10! = 362880
2! = 2	20! = $2{,}433 \cdot 10^{18}$
3! = 6	u.a.

Auf einem Taschen- bzw. Tischrechner mit einem Kapazitätsbereich bis 10^{+99} darf n nicht größer als 69 sein:

$$69! = 1{,}7112 \cdot 10^{98}$$

Bei größeren n-Werten wird die Kapazität des Geräts überschritten, und es erfolgt eine Fehlermeldung. Unerlaubt ist ebenfalls die Berechnung von n! für negative oder gebrochene n-Werte. Für die Berechnung von n! über die Funktionstaste n! oder x! gilt daher:

$0 \leqslant n \leqslant 69$
n ganzzahlig

Außerdem gilt per definitionem 0! = 1.

Berechnung von n!

a) $n \leqslant 69$, n ganzzahlig

Für diesen Fall besitzen zahlreiche technisch-wissenschaftliche Geräte die Funktion n! in festverdrahteter Form. Wo dies nicht zutrifft, kann n! mit Hilfe des folgenden Programms berechnet werden, das für das System Compucorp geschrieben ist, im Prinzip aber - unter Berücksichtigung der entsprechenden Tastensymbole - auch auf andere Modelle übertragen werden kann.

Programmablauf:

1. [JUMP] [START] [START]

2. Eingabe n, [START]

3. Ausgabe n!

Programm Nr.1 Berechnung von n! für ganzzahlige n mit $n \leqslant 69$

Schritt-Nr.	Befehl	Erläuterung
1	STOP	Eingabe n
2	STO 1	
3	1	Startfaktor = 1
4	STO 2	
5	STO 3	Produktspeicher = 1
6	LABEL 1	
7	1	Erhöhen des Faktors
8	STO + 2	um 1
9	RCL 2	Multiplikation
10	STO x 3	der Faktoren
11	RCL 2	Wenn Faktor = n, Sprung
12	-	nach LABEL 2, sonst
13	RCL 1	zurück nach LABEL 1
14	=	Getestet wird die Diffe-
15	JUMP = 2	renz (Faktor - n) gegen
16	JUMP 1	Null.
17	LABEL 2	
18	RCL 3	Abruf von n!
19	JUMP START	Rücksprung zum Start

Beispiele:

n	n!	Rechenzeit(sec)
2	2	1
5	120	1,5
10	3628800	2,5
20	$2,4329 \cdot 10^{18}$	5,0
69	$1,7112 \cdot 10^{98}$	16,5

Der Produktspeicher im Programm muß vor der Programmschleife zwischen LABEL 1 und LABEL 2 mit dem Inhalt 1 belegt werden. Dies ist notwendig, da sonst der Speicher zu Beginn der Rechnung mit dem Inhalt 0 belegt wäre und der Befehl STO x 3 immer nur erneut eine Null erzeugen würde. Die Bildung von n! wäre damit nicht möglich.

b) $n > 69$, n ganzzahlig

Für große n-Werte gilt für den Ausdruck n! die bekannte

Stirlingsche Näherungsformel

$$n! \approx n^n \cdot e^{-n} \cdot \sqrt{2 \cdot \pi \cdot n} \qquad (36)$$

Durch Logarithmieren erhält man:

$$\log(n!) = Z = \frac{n \ln n - n + \frac{1}{2} \ln n + \frac{1}{2} \ln 2\pi}{\ln 10} \qquad (37)$$

Daraus folgt: $n! = 10^Z$.

Der Exponent Z, der sich hierbei ergibt, ist gebrochen. Um einen Ausdruck der Form $k \cdot 10^{Z'}$ mit ganzzahligem Z' zu erhalten, formt man um:

$$Z' = \text{Integer } Z$$

$$k = 10^{Z-Z'} = \text{Fraction } Z$$

Somit gilt schließlich:

$$n! = 10^{\text{Fraction } Z} \cdot 10^{\text{Integer } Z}$$

Die Stirlingsche Formel kann auch auf gebrochene n-Werte angewandt werden. Im allgemeinen ist aber dann besser die Berechnung von n! über die Gamma-Funktion durchzuführen, weil für gebrochene n-Werte (gültig auch für ganzzahlige n-Werte!) -unabhängig von der Größe von n - eine einzige Formel angewandt werden kann.

Programm Nr.2 Berechnung von n! für $n > 69$
mit der Stirlingschen Formel

Schritt-Nr.	Befehl	Erläuterung
1	STOP	Eingabe n
2	STO 1	n → STO 1
3	x	
4	ln	$n \cdot \ln n$
5	=	
6	STO 2	
7	RCL 1	$n \cdot \ln n - n$ → STO 2
8	STO - 2	
9	ln	
10	:	$\frac{1}{2} \ln n$
11	2	
12	=	
13	STO + 2	$n \cdot \ln n - n + \frac{1}{2} \ln n$
14	2	
15	x	
16	π	
17	=	$\frac{1}{2} \ln 2\pi$
18	ln	
19	:	
20	2	
21	=	
22	STO + 2	$n \cdot \ln n - n + \frac{1}{2} \ln n + \frac{1}{2} \ln 2\pi$
23	10	
24	ln	Division durch ln 10
25	STO : 2	Z
26	RCL 2	
27	INTEGER x	Integer Z = Z'
28	STO 4	
29	RCL 2	
30	FRACTION x	$k = 10^{\text{FRACTION } Z}$
31	10^x	
32	STO 3	
33	RCL 2	Ausgabe Z = log(n!)
34	STOP	
35	RCL 3	Ausgabe k
36	STOP	
37	RCL 4	Ausgabe Z' ($n! = k \cdot 10^{Z'}$)
38	STOP	

Speicherbelegung: RCL 1 : n RCL 3 : k
RCL 2 : log(n!) RCL 4 : Z'

Die Ergebnisse log(n!), k und Z' können nach dem Programmlauf jederzeit aus den Speichern 2,3 und 4 abgerufen werden, z.B. um weitere Berechnungen durchzuführen. Der Ablauf des Programms ist folgender:

1. [0] [STO] [2]
2. [JUMP] [START] [START]
3. Eingabe n [START]
4. Ausgabe log(n!) [START]
5. Ausgabe k [START]
6. Ausgabe Z'

Einige Beispiele demonstrieren die Möglichkeiten der Anwendung:

Tab.47 Werte für n! mit der Stirlingschen Formel

n	log(n!)	k	Z'	n!
2	0,283	1,919	0	$1{,}919 \cdot 10^{0}$
5	2,072	1,180	2	$1{,}180 \cdot 10^{2}$
7	3,697	4,980	3	$4{,}980 \cdot 10^{3}$
10	6,556	3,599	6	$3{,}599 \cdot 10^{6}$
69	98,233	1,709	98	$1{,}709 \cdot 10^{98}$
1000	2567,605	4,024	2567	$4{,}024 \cdot 10^{2567}$
10^{10}	$9{,}566 \cdot 10^{10}$ ~~$1{,}057 \cdot 10^{12}$~~	1,000	$9{,}566 \cdot 10^{10}$ ~~$1{,}057 \cdot 10^{12}$~~	$1{,}000 \cdot 10^{(10^{11})}$
10^{96}	$9{,}557 \cdot 10^{97}$	1,000	$9{,}557 \cdot 10^{97}$	$1{,}000 \cdot 10^{(10^{98})}$

c) n > 0, n ganzzahlig oder gebrochen

Die Frage nach einer Funktion, die für positive ganzzahlige n die Werte der Fakultäten 0!=1, 1!=1, 2!=2, 3!=6 usw. annimmt, konnte Leonhard Euler (1707-1783) durch ein uneigentliches Integral lösen. Die Funktion ist bekannt unter dem Namen "Gammafunktion". Das Besondere an dieser Funktion ist nun, daß sie auch für gebrochene n-Werte Gültigkeit besitzt. Auf diese Weise läßt sich auch für nicht ganzzahlige n-Werte der Ausdruck n! definieren. Die Gammafunktion lautet:

$$\Gamma(n) = \int_0^{\infty} e^{-t} \cdot t^{n-1} \cdot dt \tag{38}$$

$$\Gamma(n+1) = n\,\Gamma(n) = n! \tag{39}$$

Die Funktionswerte der Gammafunktion findet man tabelliert z.B. im "Handbook of Mathematical Functions" von Abramowitz und Stegun (3). Eine Approximationsformel für die Berechnung der Gammafunktion wurde bereits im Abschnitt 6 "Rechnen mit Speichern" genannt. Einen noch genaueren Wert für Fakultäten mit Argumenten zwischen 0 und 1 erhält man nach:

$$\Gamma(a+1) = a! = 1 + c_1 a + c_2 a^2 + c_3 a^3 + c_4 a^4 + c_5 a^5 + c_6 a^6 + c_7 a^7 + c_8 a^8 + \varepsilon(a) \tag{40}$$

$$\varepsilon(a) \leqslant 3 \cdot 10^{-7} \qquad 0 \leqslant a \leqslant 1$$

Unter Anwendung des Horner-Schemas lautet die obige Formel:

$$\Gamma(a+1) = 1+a(c_1+a(c_2+a(c_3+a(c_4+a(c_5+a(c_6+a(c_7+c_8 a))))))) \tag{41}$$

Wie bereits erwähnt bietet die Anwendung des Horner-Schemas gegenüber der "expliziten" Berechnung nach Gl.40 einige wesentliche Vorteile: Es ist nicht nötig, die Potenzfunktion $\boxed{a^x}$ aufzurufen. Falls eine entsprechende Taste gar nicht vorhanden ist, können somit dennoch Polynome berechnet werden. Die in Gl. 41 angegebenen Klammern müssen bei der Rechnung nicht unbedingt gesetzt werden! Die Rechenzeit ist außerdem bei Anwendung des Horner-Schemas erheblich kürzer. Bei Verwendung der Formel 41 in einem Programm können gegenüber der direkten Anwendung von Gl.40 Programmspeicherplätze eingespart werden. Dies gilt in besonderem Maße dann, wenn man die "Umgekehrte Speicherarithmetik" anwendet (z.B. bei Diehl Alphatronic, Compucorp Scientist, Hewlett-Packard HP 45). Die Konstanten legt man zweckmäßig in den Speichern 1 bis 8 ab:

c_1	= -0,577191652	STO 1	c_5	= -0,756704078	STO 5
c_2	= 0,988205891	STO 2	c_6	= 0,482199394	STO 6
c_3	= -0,897056937	STO 3	c_7	= -0,193527818	STO 7
c_4	= 0,918206857	STO 4	c_8	= 0,035868343	STO 8

Programm Nr.3 Approximation der Gammafunktion über ein Polynom 8. Grades

Schritt-Nr.	Tasten	Schritt-Nr.	Tasten
1	STOP	12	RCL + 3
2	STO 0	13	RCL x 0
3	RCL x 8	14	RCL + 2
4	RCL + 7	15	RCL x 0
5	RCL x 0	16	RCL + 1
6	RCL + 6	17	RCL x 0
7	RCL x 0	18	+
8	RCL + 5	19	1
9	RCL x 0	20	=
10	RCL + 4	21	JUMP START
11	RCL x 0		

Nach dem Speichern der Konstanten startet man das Programm mit JUMP START START. Nach Eingabe von a und anschließendem

START wird der Wert für a! berechnet und angezeigt.

Für gebrochene n-Werte kann über die Gleichungen 39 und 41 der Ausdruck n! berechnet werden, solange n kleiner als 69 ist. Dabei ist folgendes Schema anzuwenden:

Schema zur Berechnung von n! für $n < 69$ für nicht-ganzzahlige n-Werte

1. Der Wert n wird als Summe aus einem ganzzahligen Anteil z und einem Nachkommateil a dargestellt:
   $n = z + a$

2. Zur Berechnung von $n! = \Gamma(n + 1)$ kann Gl. 39 rekursiv angewendet werden.
   Als Beispiel soll der Ausdruck 6,3! ermittelt werden. Es gilt dann:

$$6{,}3! = 6{,}3\,\Gamma(6{,}3)$$
$$\Gamma(6{,}3) = 5{,}3\,\Gamma(5{,}3)$$
$$\Gamma(5{,}3) = 4{,}3\,\Gamma(4{,}3)$$
$$\Gamma(4{,}3) = 3{,}3\,\Gamma(3{,}3)$$
$$\Gamma(3{,}3) = 2{,}3\,\Gamma(2{,}3)$$
$$\Gamma(2{,}3) = 1{,}3\,\Gamma(1{,}3)$$
$$\Gamma(1{,}3) = \Gamma(0{,}3 + 1) = (0{,}3)! = 1 + c_1 a + \ldots + c_8 a^8$$

Zusammengefaßt ergibt sich damit:

$$6{,}3! = 6{,}3 \times 5{,}3 \times 4{,}3 \times 3{,}3 \times 2{,}3 \times 1{,}3 \times \Gamma(1{,}3)$$

Allgemein formuliert folgt also:

$$n! = (z+a)! = n\,(n-1)\,(n-2)\ldots(n - [z-1])\;\Gamma(a+1)$$

$$n! = (z + a)! = \Gamma(a + 1) \prod_{k=0}^{k=z-1} (z + a - k) \qquad (42)$$

Sehr häufig tritt der Fall auf, daß a den Wert 0,5 hat. Es sind dann Fakultäten wie 5,5! , 12,5! o.ä. zu berechnen. Für diesen Fall gilt:

= 0,5! =

$$\Gamma(a + 1) = \Gamma(0,5 + 1) = \Pi(0,5) = \frac{1}{2}\sqrt{\pi} \qquad (43)$$

Ist n größer als 69, dann kann Gl.42 zur Berechnung von n! nicht mehr angewendet werden, da die Kapazität des Rechners überschritten werden würde. In diesem Fall wendet man besser eine Approximationsformel an, die für alle $n \geqslant 0$, also für ganzzahlige und gebrochene n-Werte wie auch für auch für n-Werte > 69 den Ausdruck log(n!) zu berechnen gestattet:

$$\log(n!) = \frac{1}{\ln 10} \ln(n!)$$

$$\ln(n!) = \ln\left[\Gamma(n+1)\right] = \ln\left[\Gamma z\right] \qquad (z = n + 1) \qquad (44)$$

$$\ln\left[\Gamma z\right] = (z - \tfrac{1}{2})\ln z - z + \tfrac{1}{2}\ln(2\pi) + R$$

$$R = \frac{1}{12\,z} - \frac{1}{360\,z^3} + \frac{1}{1260\,z^5} - \frac{1}{1680\,z^7}$$

Den entsprechenden Wert für n! selbst erhält man aus dem Ergebnis mit

$$n! = 10^{\log(n!)} \qquad (45)$$

Diese Gleichung kann benutzt werden, wenn n nicht größer als 69 ist. Für größere n-Werte ist dann nur der Logarithmus von n! angebbar. Insgesamt gesehen kann die obige Formel für n-Werte von 0 (0!=1) bis ca. 10^{96} ($10^{96}! \approx 10^c$ mit $c \approx 10^{98}$) mit einer ausgezeichneten Genauigkeit angewandt werden, wie die folgende Zusammenstellung von Rechenbeispielen zeigt. Dabei sind für ganzzahlige n die Werte für n! aus Gl. 37 (Stirlingsche Formel), Gl. 44 bzw. 45 (Universalformel) und aus der

Definitionsgleichung $n! = 1 \times 2 \times 3 \times \ldots \times n$ gegenübergestellt.

Tab.48 Berechnung von n! nach verschiedenen Methoden

n	n!(Defin.)	n!(Stirling)	F %	n!(Universal)	F %
0	1	0,9221	7,8	0,99969254873	0,03
1	1	0,9595	4,1	0,99999889987	10^{-4}
2	2	1,9454	2,7	1,99999993063	$4 \cdot 10^{-6}$
3	6	5,8765	2,1	5,99999998302	$3 \cdot 10^{-7}$
6	720	711,4851	1,2	719,999999985	$2 \cdot 10^{-9}$
10	3628800	3601420,4591	0,8	3628799.99993	$1 \cdot 10^{-9}$
50	$3{,}041 \cdot 10^{64}$	$3{,}036 \cdot 10^{64}$	0,2	$3{,}041 \cdot 10^{64}$	$4 \cdot 10^{-9}$

Man erkennt, daß die Abweichungen der mit Hilfe der "Universalformel" ermittelten Ergebnisse nur um ganz geringe Beträge von den nach der Definitionsgleichung berechneten Werten abweichen. Dies gilt auch für gebrochene n-Werte, wenn man diese mit nach Gl.42 berechneten Werten vergleicht.

Der Ausdruck $\binom{n}{k}$ = n über k

Eng verwandt mit dem Begriff der Fakultät ist der Ausdruck $\binom{n}{k}$, gesprochen "n über k". Es gilt

$$\binom{n}{k} = \frac{n!}{k!\,(n-k)!} \qquad (46)$$

Für die Berechnung von "n über k" gelten folgende Regeln:

$$n = k \qquad \binom{n}{k} = 1$$

$$n < k \qquad \binom{n}{k} = 0$$

$$n > k \qquad \binom{n}{k} > 0$$

$$\binom{n}{n} = 1$$

$$\binom{n}{0} = 1$$

$$\binom{n}{1} = n$$

$$\binom{0}{0} = 1$$

Ist n größer als 69, so führt die direkte Berechnung von $\binom{n}{k}$ nach Gl. 46 zu einer Fehlermeldung, da bereits beim Berechnen von n! im Zähler des Ausdrucks die Kapazität des Geräts überschritten wird. Es gibt aber Fälle, in denen n zwar größer als 69 ist, der Ausdruck $\binom{n}{k}$ selbst aber die Kapazität von 10^{+99} noch nicht überschreitet. In diesem Fall muß $\binom{n}{k}$ auf andere Weise errechnet werden. Nach einer entsprechenden Umformung von Gl. 46 erhält man:

$$\binom{n}{k} = \frac{n(n-1)(n-2)(n-3)\ \ldots (n-k-1)}{k(k-1)(k-2)(k-3)\ \ldots\ 1} \tag{47}$$

$$\binom{n}{k} = \prod_{i=1}^{i=k} \frac{(n-k)+i}{i} \tag{48}$$

Die letzte Formel bietet den Vorteil, daß auch Ausdrücke wie $\binom{1000}{970}$ oder $\binom{100}{30}$ berechnet werden können, was über die Gleichung 46 nicht möglich ist. Allerdings muß man in Kauf nehmen, daß relativ lange Rechenzeiten benötigt werden.

Wie man aus Gl.48 erkennen kann, ist die Rechenzeit für die Bildung des Produkts nur abhängig von k. Wenn man das Produkt in einer Programmschleife bildet, müssen demnach k Durchläufe stattfinden. Das folgende Programm gestattet die Berechnung von $\binom{n}{k}$ für beliebige n- und k-Werte, solange n größer als k ist und $\binom{n}{k}$ die Rechnerkapazität von 10^{+99} nicht überschreitet. Dabei kann der Wert für n! selbst (siehe Gl.46) größer als 10^{+99} sein.

Programm Nr.4 Berechnung von $\binom{n}{k}$

Schritt-Nr.	Befehl	Erläuterung
1	STOP	Eingabe n
2	STO 1	n ⟶ STO 1
3	STOP	Eingabe k
4	STO 2	k ⟶ STO 2
5	RCL 1	n - k
6	RCL - 2	
7	STO 3	(n-k) ⟶ STO 3
8	1	i = 1 ⟶ STO 4
9	STO 4	
10	STO 5	P = 1
11	LABEL 1	
12	RCL 3	$\frac{(n-k)+i}{i}$
13	RCL + 4	
14	RCL : 4	
15	STO x 5	$P := P\,\frac{(n-k)+i}{i}$
16	1	i: = i + 1
17	STO + 4	
18	RCL 4	Prüfung, ob die Bedingung $i \leqslant k$ ($(i-k) \leqslant 0$) erfüllt ist. Wenn ja, Sprung zurück zu LABEL 1. Sonst weiter mit Schritt 21.
19	RCL - 2	
20	JUMP - = 1	
21	RCL 5	Aufruf von $\binom{n}{k}$
22	JUMP START	Rücksprung zum Programmstart

(Schleife von Schritt 20 zurück zu Schritt 11 für $i \leqslant k$)

Danach ergibt sich folgende Speicherbelegung:

RCL 1 = n

RCL 2 = k

RCL 3 = n - k

RCL 4 = i

$$\text{RCL } 5 = \prod_{i=1}^{i=k} \frac{(n-k)+i}{i} = \binom{n}{k}$$

Die Schritte 1 - 4 umfassen die Eingabe der Werte für n und k und das Ablegen in den Speichern 1 und 2. Die Bildung von (n-k) und das Speichern im Konstantenspeicher 3 erfolgt in den Schritten 5 - 7. Die Schritte 1 STO 4 (Nr. 8 + 9) bewirken, daß i gleich 1 gesetzt wird und im Speicher 4 abgelegt wird. Der Inhalt des Speichers 4 soll also dem Wert i = 1 entsprechen. Analoges gilt für den Speicher 5: Durch die Tastenfolge 1 STO 4 STO 5 wird ja auch Speicher 5 mit dem Inhalt 1 belegt. Dies ist notwendig, damit die einzelnen Faktoren $\frac{(n-k)+1}{1}$, $\frac{(n-k)+2}{2}$ usw. im Speicher 5 auch multipliziert werden können. Würde der Inhalt 0 sein, dann würde bei jeder Operation STO x 5 erneut der Wert 0 resultieren,und eine Bildung des Produkts wäre nicht möglich. Zur Markierung des Beginns der Programmschleife für die Berechnung des Produkts P wird in Schritt 11 LABEL 1 gesetzt. Mit Hilfe der "Umgekehrten Speicherarithmetik" erfolgt die Berechnung des Ausdrucks $\frac{(n-k)+i}{i}$ in den Schritten 12 - 14. Der gebildete Faktor wird dann durch STO x 5 (Schritt 15) in den Speicher 5 "hineinmultipliziert". Dies bedeutet,daß das bereits berechnete Teilprodukt mit dem nächsten Faktor $\frac{(n-k)+i}{i}$ multipliziert wird und das Ergebnis im Speicher 5 steht. Anschließend wird i um 1 erhöht (Schritte 16 + 17), und danach erfolgt die Abfrage, ob i bereits den Wert k überschritten hat. Ist dies nicht der Fall - ist also i noch kleiner oder gerade gleich k - dann erfolgt der Rücksprung nach LABEL 1, und der nächste Faktor mit dem um 1 erhöhten Wert i wird berechnet und in den Speicher 5 multipliziert.

Ist i größer als k, dann wird die Programmschleife verlassen und mit RCL 5 das berechnete Produkt P in das X-Register gebracht (Schritt 21). Durch JUMP START erfolgt der Rücksprung zum Programmstart. Da dort ein STOP-Befehl steht, hält das Programm an, und der Wert für $\binom{n}{k}$ wird angezeigt.

Noch ein Hinweis zu den Erläuterungen für das auf S.133 aufgelistete Programm. Bei den Schritten 15 - 17 steht vor dem Gleichheitszeichen der beiden Gleichungen ein Doppelpunkt:

Schritt 15: $$P := P \, \frac{(n-k) + i}{i}$$

Schritte 16 + 17 : $$i := i + 1$$

Die Doppelpunkte bedeuten, daß die angegebenen "Gleichungen" keine Gleichungen im streng mathematischen Sinne sind. Die genannten Beziehungen sind vielmehr Zuweisungen, d.h. die rechte Seite des Ausdrucks wird berechnet und dem links vom Gleichheitszeichen bzw. Doppelpunkt stehenden Symbol zugewiesen. Für den Schritt 15 folgt daher, daß der berechnete Ausdruck $\frac{(n-k) + i}{i}$ mit dem Inhalt P des Speichers (also dem bisher ermittelten Teilprodukt) multipliziert wird. Das Ergebnis stellt dann das "neue" Produkt P dar, das im Speicher 5 abgelegt wird. Beim erneuten Schleifendurchlauf wird dieses "neue" Produkt wieder mit dem Faktor $\frac{(n-k) + i}{i}$ multipliziert, nachdem vorher i um den Wert 1 erhöht wurde usw.. Auch die Erhöhung von i um den Wert 1 kann durch eine Zuweisung beschrieben werden: Die o.g. Beziehung für die Schritte 16 und 17 besagt: Der im Speicher 4 abgelegte Wert für i wird um 1 erhöht und die Summe i + 1 als der neue i-Wert aufgefaßt, der dann auch den "neuen" Inhalt des Speichers 4 darstellt.

Diese Programm-Erläuterung in Form von Zuweisungen wird auch direkt in vielen Programmsprachen (z.B. BASIC oder ALGOL) verwendet, außerdem findet sie vielfache Anwendung bei der Darstellung von Flußdiagrammen, die den Programmablauf in schematischer Form darstellen. Das folgende Flußdiagramm zeigt den Ablauf des Programms "Berechnung von $\binom{n}{k}$":

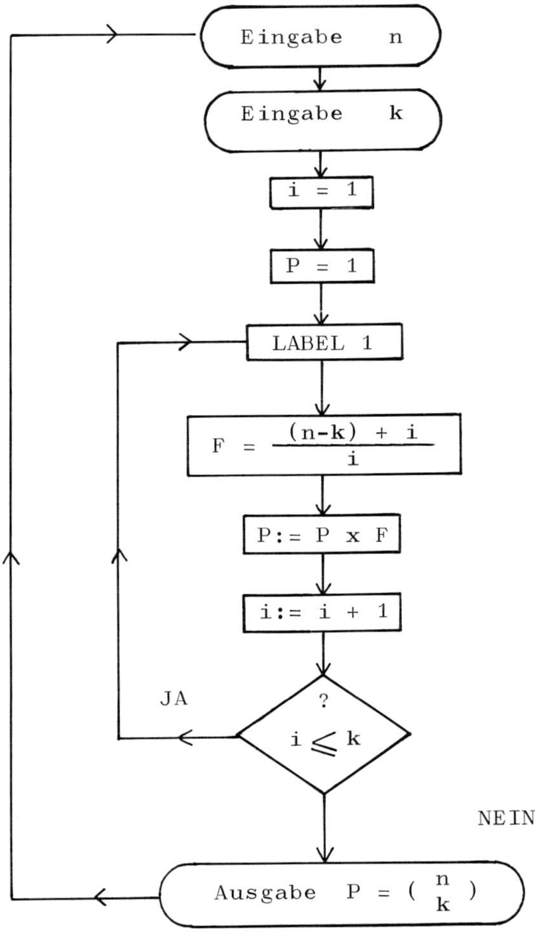

Ein Flußdiagramm sollte stets vor dem Schreiben eines Programms aufgestellt werden, da man auf diese Weise eine Übersicht von dem Rechenablauf erhält. Logische Entscheidungen werden dabei üblicherweise durch eine Raute dargestellt, in welche die zu prüfende Bedingung geschrieben wird.

Die folgende Tab.49 enthält einige Zahlenbeispiele für das Programm "Berechnung von $\binom{n}{k}$" mit den dazugehörigen Rechenzeiten.

Tab.49 Rechenbeispiele für das Programm Nr.4 "Berechnung von $\binom{n}{k}$" (System Compucorp)

n	k	$\binom{n}{k}$	Rechenzeit (s)
6	3	20	1
10	2	45	1
20	10	184756	3
100	95	75 287 520	29
200	3	1 313 400	1,5
1000	950	$9{,}46 \cdot 10^{84}$	293
49	6	13 983 816	2,5

Anwendungen der Funktionen n! und $\binom{n}{k}$

Die Funktionen "n-Fakultät" und "n über k" spielen insbesondere in der Wahrscheinlichkeitsrechnung eine Rolle. Dabei gelten 2 wichtige Lehrsätze:

1. Die Anzahl P(n) der möglichen Vertauschungen = Permutationen von n verschiedenen Elementen, z.B. n verschiedenen Zahlen oder n verschiedenen Buchstaben ist gleich n!

$$P(n) = n! \tag{49}$$

Die Buchstaben A,B,C und D können demnach auf 1 x 2 x 3 x 4 = 24 verschiedene Arten angeordnet werden.

2. Die Anzahl K(n) der möglichen Gruppen von k verschiedenen Elementen aus einer Gesamtzahl von n Elementen ist gleich $\binom{n}{k}$.

$$K(n,k) = \binom{n}{k} \qquad (50)$$

Eine der bekanntesten Anwendungen des 2. Lehrsatzes ist das Lottospiel: Die Anzahl der verschiedenen Möglichkeiten aus insgesamt 49 Zahlen 6 verschiedene Zahlen zu ziehen ist

$$\binom{49}{6} = 13\ 983\ 816 \quad .$$

Man müßte also beim Lotto fast 14 Millionen (!) verschiedene Tipscheine abgeben, um mit Sicherheit einen "Sechser" zu erzielen. Der finanzielle Aufwand wäre hier weit größer als der Gewinn!

Für die statistische Datenauswertung sind als wichtige Anwendungen der Funktion n! vor allem die Verteilungsfunktionen sowie deren Integrale zu nennen: Poisson-, Binomial-,Chi-Quadrat, t- und F-Verteilung. In den entsprechenden Abschnitten wird ausführlich auf diese Fälle eingegangen.

Teil B
Statistische Auswertung von Versuchs- und Analysendaten

9. Der Durchschnittswert

Führt man von einer Analyse oder von einem Versuch mehrere Wiederholungen durch, und liegt das Ergebnis jeweils in Form eines Zahlenwertes x vor, dann werden diese Ergebnisse im allgemeinen nicht identisch sein, obwohl sich die Versuchsbedingungen scheinbar nicht verändert haben.

Beispiele hierfür sind das Auswägen eines Gegenstandes auf einer Waage, die Titration einer Lösung, die Ermittlung der Mortalitätsrate eines Insektenstammes nach Einwirkung eines Insektizids u.a.m.

Die Wiederholungs-Meßwerte bzw. -Ergebnisse streuen jeweils mehr oder weniger stark. Eine zehnmalige Titration einer Salzsäure-Lösung der Konzentration 30 mg/l könnte z.B. zu folgenden Meßwerten führen:

x_1	= 30,1 mg/l	x_6	= 30,0 mg/l
x_2	= 29,8 "	x_7	= 30,2 "
x_3	= 30,3 "	x_8	= 29,9 "
x_4	= 29,9 "	x_9	= 30,3 "
x_5	= 30,4 "	x_{10}	= 29,6 "

Der "wahre" Wert (= tatsächliche Konzentration) taucht nur einmal auf. Wäre die Konzentration der Lösung unbekannt, könnte man daher nicht von vornherein entscheiden, ob überhaupt der richtige Meßwert unter den erhaltenen Ergebnissen vorkommt. Und selbst, wenn man dies wüßte, wäre immer noch unklar, welcher von den Wiederholungswerten das richtige Ergebnis darstellt.

Der Grundgedanke bei der Überlegung ist der, daß bei einem Versuch, der ein zahlenmäßiges Ergebnis liefert (auf die o.g. Beispiele bezogen: Gewicht, Konzentration, Mortalitätsrate), nur ein richtiger Wert existiert. Den angegebenen 10 Wiederholungswerten für die HCl-Titration liegt also nur eine "wahre" Konzentration zugrunde. Es kann aber auch vorkommen, daß dieser "wahre" Wert unter den Wiederholungswerten gar nicht vorkommt.

Aus dem dargestellten Problem ergibt sich jetzt folgende Frage: Wie kann man aus den vorliegenden Wiederholungswerten auf das - meist zunächst noch unbekannte - richtige Ergebnis schließen, und mit welcher Genauigkeit bzw. Sicherheit ist eine solche Aussage möglich ?

Würde man für eine sehr große Zahl von Wiederholungs-Messungen bei der Salzsäure-Titration die Abweichungen der Einzelergebnisse von der tatsächlichen Konzentration überprüfen, so würde sich ergeben, daß geringe Abweichungen häufiger, große Abweichungen seltener auftreten. Man wird die "wahre" Konzentration bei den Zahlenwerten suchen, bei denen eine Häufung auftritt.

Durch die Bestimmung eines "Durchschnittswertes" versucht man nun die Streuungen (=Abweichungen vom "wahren" Wert) zu beseitigen oder zumindest "herauszumitteln". Dieser Wert sollte dann das richtige Versuchsergebnis darstellen oder aber wenigstens mit einer gewissen Sicherheit "repräsentieren". Dabei ist zunächst noch keine Aussage darüber gemacht, wie dieser "Durchschnitt" ermittelt wird und welche Eigenschaften er haben muß, damit er den "wahren" Wert am besten wiedergibt - besser und mit einer größeren Sicherheit als die Einzelwerte.

Hierzu ist eine Betrachtung der Fehlerarten nötig, die zu Abweichungen der Einzelwerte vom richtigen Ergebnis führen.

10. Fehlerarten bei Meßwerten

10.1 Zufallsfehler

Die regellosen Streuungen von Meßergebnissen bei Wiederholungsmessungen werden durch die sog. Zufallsfehler des Versuchs hervorgerufen. Diese sind bedingt durch geringe Schwankungen der Versuchsbedingungen, die nicht ohne weiteres kontrollierbar sind. Die durch den Zufall entstandenen Fehler beeinflussen die Reproduzierbarkeit eines Versuchs oder einer Analyse. Sie können - bezogen auf den "wahren" Wert - positiv oder negativ sein, d.h. der Zufall kann eine Vergrößerung oder Verkleinerung des "wahren" Wertes bewirken.

Würde man unendlich viele Wiederholungsversuche durchführen, dann wäre die Anzahl der positiven und negativen Abweichungen vom richtigen Ergebnis gleich groß. Dies gilt aber nur, wenn positive und negative Abweichungen mit der gleichen Wahrscheinlichkeit auftreten können. Diese Bedingung ist z.B. nicht erfüllt, wenn man Konzentrationsmessungen in einem Bereich vornimmt, der nahe der Konzentration $c = 0$ liegt (Spurenanalytik!). Man erhält eine schiefe Verteilung der Meßwerte, da Konzentrationen, die kleiner als Null sind, nicht vorkommen können. Positive und negative Abweichungen der Einzelwerte von der "wahren" Konzentration sind also nicht gleich wahrscheinlich.

Charakteristisch für zufällige Fehler ist, daß bei einer Messung sowohl positive als auch negative Abweichungen der Einzelwerte vom wahren Wert gleichermaßen möglich sind.

Bei den meisten Meßproblemen werden die Schwankungen durch mehrere Einflußgrößen hervorgerufen, die bei Wiederholung eines Versuchs nicht konstant bleiben, sondern sich geringfügig ändern. Diese Änderungen der Einflußgrößen können das "richtige" Ergebnis im einen Fall nur einseitig beeinflussen, d.h. alle Schwankungen führen dann nur zu einem kleineren oder nur zu einem größeren Meßwert. Dies ist der seltenere Fall, da es unwahrscheinlich ist, daß alle Änderungen der Einflußgrößen in nur eine Richtung erfolgen.

Weitaus häufiger ist es,daß einige Versuchsparameter zu einer Vergrößerung, andere zu einer Verkleinerung des "richtigen" Meßergebnisses führen. Je nachdem, wie sich diese Wirkungen gegenseitig aufheben, kommt es dazu, daß einige Meßwerte bei Wiederholungen desselben Versuchs weiter, andere weniger weit vom "richtigen" Ergebnis entfernt liegen.

10.2 Systematische Fehler

Selbst wenn Zufallsfehler praktisch ausgeschaltet sind, was eine Konstanz der Versuchsbedingungen bedeutet, kann der Versuch dennoch zu einem falschen Resultat führen, nämlich dann, wenn einseitige Abweichungen der Meßwerte vom "wahren" Wert auftreten.

Diese sog. systematischen Fehler sind bedingt durch konstante Einflüsse, welche den Meßwert gegenüber dem richtigen Ergebnis immer vergrößern oder stets verkleinern. Im Gegensatz zu den zufälligen Fehlern unterliegen diese Einflüsse hinsichtlich ihrer Größe keinen Schwankungen.

Man unterscheidet zwei Arten:

a) absolute systematische Fehler

und b) relative systematische Fehler .

Im Gegensatz zu den absoluten systematischen Abweichungen, hängen die relativen systematischen Fehler von der Meßwertgröße ab. Die folgenden Abbildungen zeigen die Wirkung dieser beiden systematischen Fehlerarten hinsichtlich ihres Einflusses auf das richtige Versuchsergebnis. Dabei ist x_i der Meßwert und d_i die Differenz des durch systematische Fehler verfälschten Ergebnisses vom "wahren" Wert. Die systematischen Abweichungen sind dabei durch Zufallsfehler überlagert.

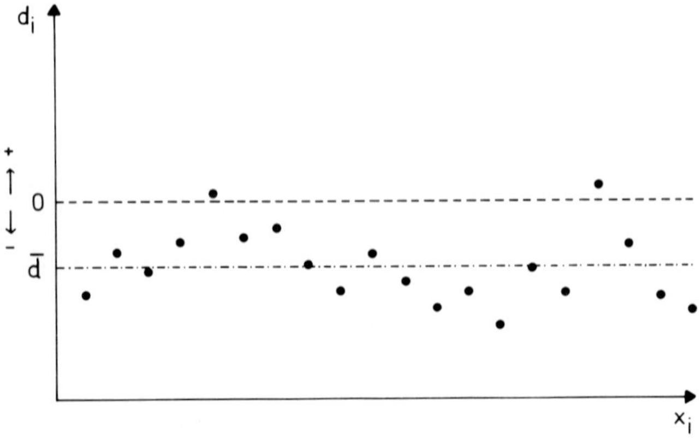

Abb.1 Absolute systematische Fehler

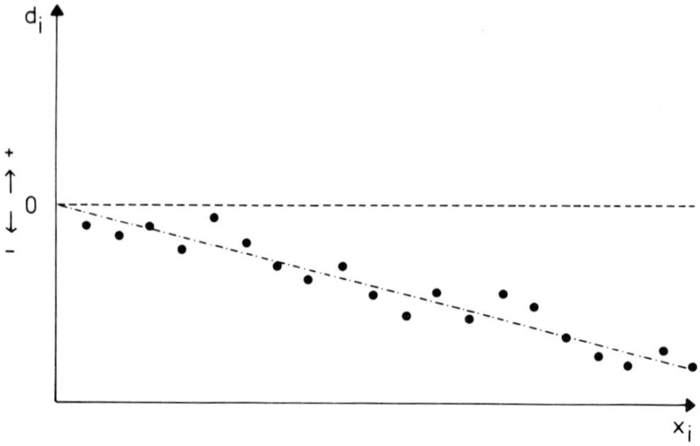

Abb.2 Relative systematische Fehler

Während die zufälligen Fehler die Reproduzierbarkeit beeinflussen, haben die systematischen Fehler eine Wirkung auf die Richtigkeit des Versuchsergebnisses.

Systematische Fehler lassen sich - obwohl es teilweise schwierig ist, sie überhaupt zu erkennen - in vielen Fällen ausschalten. Dies ist bei den Zufallsfehlern nie ganz der Fall.

10.3 Kombination zufälliger und systematischer Fehler

Das Ergebnis eines Versuchs oder einer Analyse wird meist nicht ausschließlich nur durch Zufallsfehler oder nur durch systematische Abweichungen beeinflußt. Im allgemeinen treten beide Fehlerarten gemeinsam auf.

Je größer die zufälligen Fehler sind, desto schlechter ist die Reproduzierbarkeit. Dies bedeutet, daß auch weit vom "richtigen" Ergebnis liegende Meßwerte auftreten können. Gute Reproduzierbarkeit bedeutet, daß die Meßwerte eng um den "wahren" Wert verteilt sind. Durch systematische Fehler wird dagegen nur die Lage der Einzelwerte insgesamt - bezogen auf den "wahren" Wert beeinflußt.

Es kann vorkommen, daß der Zufallsfehler eines Versuchs klein ist, daß aber dennoch das Ergebnis falsch ist, da die Einzelwerte insgesamt stark vom "richtigen" Resultat abweichen. Korrigiert man die Einzelwerte auf systematische Abweichungen hin, dann lassen sich die zufälligen Fehler "herausmitteln", indem aus den korrigierten Werten ein "Durchschnitt" gebildet wird. Die Theorie liefert, daß der arithmetische Mittelwert eine gute Näherung für den "wahren" Wert, also das richtige Versuchsergebnis, darstellt. Dies gilt allerdings nur dann, wenn positive und negative Zufallsschwankungen gleich wahrscheinlich sind. Das arithmetische Mittel ist definiert als die Summe aller Einzelwerte dividiert durch ihre Anzahl.

Unter diesen Voraussetzungen sind 4 grundsätzlich mögliche Kombinationen von systematischen und zufälligen Fehlern denkbar. Am Beispiel der auf S. 141 angeführten Salzsäure-Titration sollen diese 4 Fälle besprochen werden. Dabei ist $\bar{x}$ das arithmetische Mittel der Einzelwerte und μ die tatsächliche Konzentration von 30 mg/l.

Kombination von zufälligen und systematischen Fehlern am Beispiel einer Titration von Salzsäure der Konzentration μ = 30 mg/l

a) <u>Die Ergebnisse sind richtig und gut reproduzierbar</u>

x_1 = 29,65 mg/l	x_6 = 29,89 mg/l
x_2 = 30,13 "	x_7 = 29,88 "
x_3 = 29,64 "	x_8 = 29,88 "
x_4 = 29,60 "	x_9 = 30,18 "
x_5 = 30,19 "	x_{10} = 29,78 "

Arithmetischer Mittelwert = $\overline{x} = \frac{1}{10} \sum x$ = 29,88 mg/l

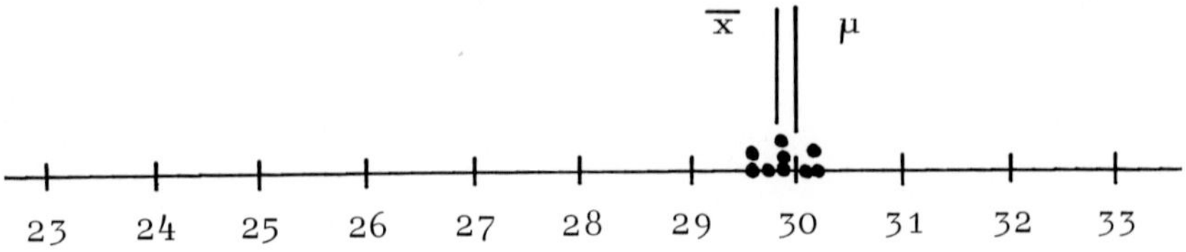

b) <u>Die Ergebnisse sind richtig aber schlecht reproduzierbar</u>

x_1 = 27,92 mg/l	x_6 = 28,97 mg/l
x_2 = 31,90 "	x_7 = 32,27 "
x_3 = 27,81 "	x_8 = 29,77 "
x_4 = 27,43 "	x_9 = 27,98 "
x_5 = 29,89 "	x_{10} = 33,00 "

Arithmetischer Mittelwert $\overline{x} = \frac{1}{10} \sum x$ = 29,69 mg/l

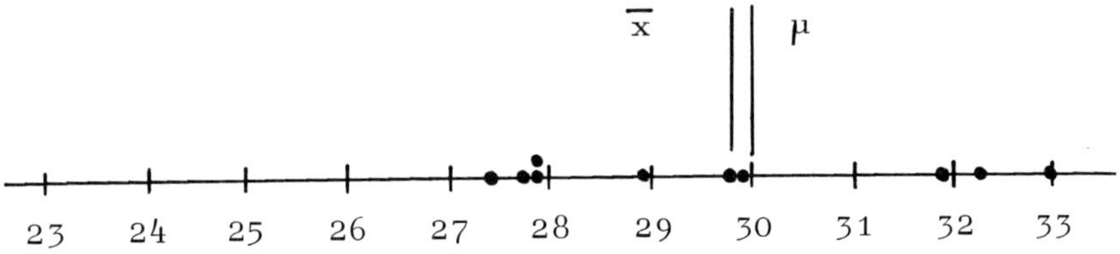

c) <u>Die Ergebnisse sind falsch aber gut reproduzierbar</u>

x_1 = 26,21 mg/l	x_6 = 26,45 mg/l
x_2 = 26,69 "	x_7 = 26,44 "
x_3 = 26,20 "	x_8 = 26,44 "
x_4 = 26,16 "	x_9 = 26,34 "
x_5 = 26,75 "	x_{10} = 26,74 "

Arithmetischer Mittelwert $= \overline{x} = \frac{1}{10} \sum x = 26{,}44$ mg/l

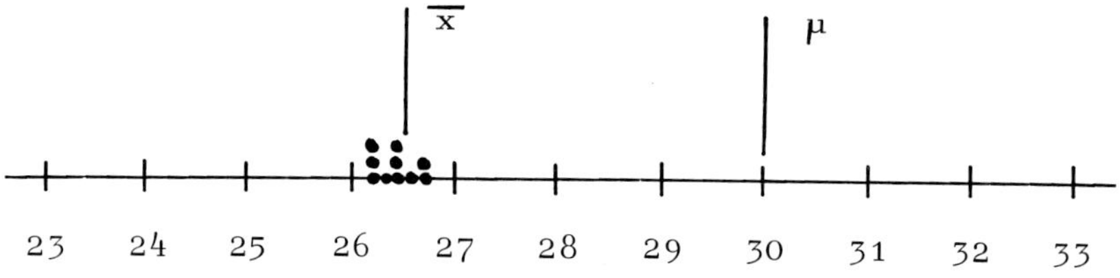

d) <u>Die Ergebnisse sind falsch und schlecht reproduzierbar</u>

x_1 = 23,97 mg/l	x_6 = 25,94 mg/l
x_2 = 27,95 "	x_7 = 25,82 "
x_3 = 23,86 "	x_8 = 25,86 "
x_4 = 23,48 "	x_9 = 28,32 "
x_5 = 28,47 "	x_{10} = 25,02 "

Arithmetischer Mittelwert $= \overline{x} = \frac{1}{10} \sum x = 25{,}87$ mg/l

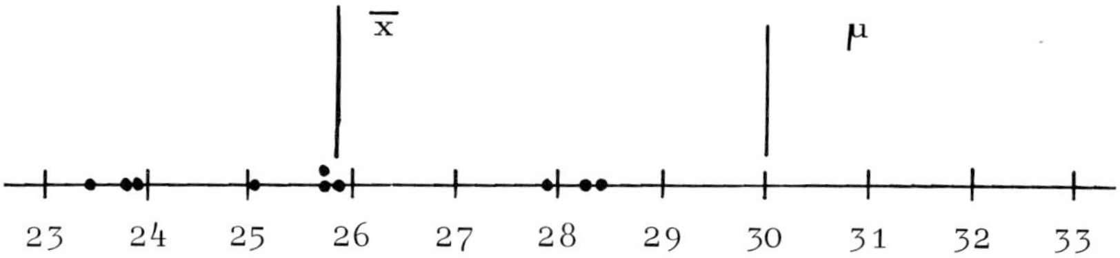

Im Fall a) sind die Einzelwerte sehr eng und etwa symmetrisch um den "richtigen" Konzentrationswert von 30 mg/l verteilt. Die Bildung des arithmetischen Mittelwertes führt zu einem Konzentrationswert, der sehr nahe bei dem "wahren" Wert liegt. Durch Berechnung des arithmetischen Mittelwertes hat man erreicht, daß Einflüsse, die zufällig zu kleineren Konzentrationen als der "richtigen" geführt haben bzw. zu größeren Werten sich etwa aufheben. Die aus den 10 Titrationen ermittelte mittlere Konzentration ist daher sicher zuverlässiger als einer der Einzelwerte.

Die im Fall b) ermittelte mittlere Konzentration (= arithmetischer Mittelwert der 10 Einzelwerte) liegt zwar auch sehr dicht bei der "richtigen" Konzentration von 30 mg/l. Das Ergebnis ist also durchaus als "brauchbar" zu bezeichnen. Da die Reproduzierbarkeit aber sehr schlecht ist, sind die Einzelwerte sehr unzuverlässig. Führt man daher im Fall b), also bei schlechter Reproduzierbarkeit, nur wenige Messungen durch, so ist die Gefahr groß, daß man einen weit ab vom "richtigen" Wert entfernt liegenden Konzentrationswert findet (z.B. den Wert x_4 oder x_{10}). Damit kann das Ergebnis in Form des arithmetischen Mittelwertes zu einer falschen Aussage führen. Bei schlechter Reproduzierbarkeit erhält man durch das arithmetische Mittel nur dann ein "brauchbares" Ergebnis, wenn man viele Einzelwerte hat und diese auch symmetrisch oder nahezu symmetrisch um den "richtigen" Wert herum verteilt sind.

Leider sieht man gut reproduzierbaren Einzelwerten nicht ohne weiteres an, ob diese zu einem "richtigen" Ergebnis führen. Dann nämlich, wenn wie im Fall c) die Einzelwerte alle mit einem systematischen Fehler behaftet sind. Da die "wahre" Konzentration in unserem Beispiel bekannt ist, ist das Vorliegen eines in diesem Fall negativen systematischen Fehlers auch erkennbar. Ist dagegen, wie in den meisten Fällen der Praxis, das "richtige" Ergebnis unbekannt, kann somit ein falsches Ergebnis erhalten werden, selbst wenn die Einzelwerte sehr eng beieinander liegen. Man sollte daher jedes Meßverfahren auf systematische Fehler hin untersuchen. Man kann das, wie in dem

Beispiel der Titration tun, in dem man einen "Modellversuch" bzw. eine "Modellanalyse" durchführt. Darunter wollen wir hier verstehen, daß das "richtige" Ergebnis bereits bekannt ist. Dies kann dadurch geschehen, daß man die zu bestimmende Größe vorgibt oder nach einem anderen Verfahren zusätzlich ermittelt. Das Meßverfahren wird dann so angewandt, als ob das Ergebnis unbekannt ist. Das so erhaltene "Meß-Ergebnis" wird dann mit dem vorgebenen "Sollwert" verglichen, was mit Hilfe statistischer Prüfverfahren möglich ist (siehe Kap. 17.6).

Im Fall d) schließlich sind die Einzelwerte systematisch verfälscht und zusätzlich noch schlecht reproduzierbar. Selbst bei Vorliegen vieler Einzelwerte führt die Bildung des arithmetischen Mittelwertes dennoch zu einem falschen Ergebnis.

Als Ursache für die systematische Verfälschung der Einzelwerte bei dem obigen Beispiel der Titration kommt z.B. ein falscher Titer der verwendeten Natronlauge in Frage. Ist etwa die Konzentration der Lauge höher als angegeben, dann ist die ermittelte Salzsäurekonzentration mit einem negativen systematischen Fehler behaftet, d.h. man findet stets einen zu geringen Konzentrationswert.

Für eine schlechte Reproduzierbarkeit dagegen kann z.B. in dem Fall der Titration eine unterschiedliche Auslaufzeit der verwendeten Pipetten oder eine unsaubere Bürette u.a.m. die Ursache sein.

Bezüglich der möglichen Kombinationen von zufälligen und systematischen Fehlern ergeben sich damit für die Praxis folgende Konsequenzen:

Anzustreben sind Versuchs- bzw. Analysenergebnisse, die richtig und gut reproduzierbar sind, d.h. die keine systematischen und nur geringe Zufallsfehler aufweisen (Fall a).

Ergebnisse, die frei von systematischen Abweichungen sind, aber einen großen Zufallsfehler aufweisen, sind nur dann "brauchbar", wenn viele Einzelwerte vorliegen, die symmetrisch um den "wahren" Wert verteilt sind. Nur dann liefert das arithmetische Mittel einen zuverlässigen Zahlenwert. Im allgemeinen genügt der Fall b) den Anforderungen. Man nimmt also eine gewisse Streuung der Einzelwerte in Kauf, wenn durch Bildung des arithmetischen Mittelwertes dennoch ein richtiges Ergebnis resultiert.

Die Fälle c) und d) führen in jedem Fall zu einem falschen Ergebnis, da die Einzelwerte (und damit auch das arithmetische Mittel) systematisch verfälscht sind. Besonders gefährlich ist der Fall c). Durch die gute Reproduzierbarkeit der Einzelwerte könnte man leicht geneigt sein, das Versuchsergebnis als gut anzusehen, obwohl es falsch ist.

Liegen also die Einzelwerte symmetrisch oder nahezu symmetrisch verteilt um den "wahren" Wert μ (=tatsächliches Versuchs- bzw. Analysenergebnis), dann liegt zumindest der arithmetische Mittelwert stark in der Nähe von μ und stellt somit eine gute Schätzung für das richtige Ergebnis dar.

Bei Vorliegen eines systematischen Fehlers erhält man selbst bei guter Reproduzierbarkeit ein falsches Ergebnis: Die Einzelwerte können zwar im Idealfall auch symmetrisch verteilt sein. Sie schwanken aber nicht um den "wahren" Wert μ, sondern um den Wert $\overline{x}$, der aber gegenüber μ systematisch um einen bestimmten Betrag verschoben ist.

11. Säulendiagramm und Normalverteilung

Um zu verstehen, warum der arithmetische Mittelwert im allgemeinen eine gute Schätzung für das "richtige" Ergebnis eines Versuchs oder einer Analyse ist, stellt man zunächst für eine größere Zahl von Wiederholungswerten eines Versuchs die Ergebnisse in Form eines Säulendiagramms oder Histogramms graphisch dar. Hierzu teilt man die Meßwerte zunächst in Klassen ein.

Bei der Aufteilung in Klassen geht man so vor, daß der gesamte Bereich, innerhalb dessen die Werte liegen (also der Bereich zwischen dem kleinsten und größten Meßwert) in Abschnitte gleicher Breite zerlegt wird, die man als Klassen bezeichnet. Ihre Anzahl sollte etwa gleich der Quadratwurzel aus der Gesamtzahl n aller Einzelwerte sein. Man zählt nun aus, wieviele Einzelwerte in jede Klasse fallen und erhält die entsprechende Häufigkeit. Bei der Zuordnung der einzelnen Meßwerte ist zu beachten, daß die obere Grenze x_o einer Klasse kleiner sein muß als die untere Grenze der folgenden Klasse (= x_u). Für die Werte der i-ten Klasse gilt also:

$$x_{u(i)} \leqslant x_i < x_{o(i)} \quad .$$

Zur Darstellung des Säulendiagramms trägt man nun die Klassen-Häufigkeiten gegen die Klassen-Nummern in einem rechtwinkligen Koordinatensystem gegeneinander auf.

Ein Beispiel soll das Verfahren erläutern.

Beispiel 1

Aus einem Produktionsprozeß von Schrauben wurden 202 Stück herausgegriffen und von allen Exemplaren die Länge bestimmt. Dabei zeigte sich, daß die kürzeste Schraube eine Länge von 48,24 mm, die größte eine Länge von 51,48 mm hatte. Die eingestellte Soll-Länge betrug 50 mm. Da $\sqrt{202} = 14{,}22$ also etwa gleich 14 ist, sollten die 202 Einzelwerte in 14 Klassen eingeteilt werden. Die Differenz zwischen dem kleinsten und dem größten Meßwert beträgt 3,24 mm. Daraus ergibt sich, macht man alle Klassen gleich breit, eine Klassenbreite von 3,24/14 = 0,23 mm. Um das Verfahren übersichtlicher zu gestalten, wird die untere Grenze auf 48,00 mm und die Klassenbreite auf 0,25 mm festgelegt. Daraus ergab sich folgende Zuordnung der Einzelwerte zu den einzelnen Klassen:

Tab. 50 Klasseneinteilung der Meßwerte für die Länge von 202 Schrauben

Klassen-Nummer	Bereich (mm)	Anzahl
1	48,00 bis 48,24999...	2
2	48,25 " 48,49999...	4
3	48,50 " 48,74999...	9
4	48,75 " 48,99999...	20
5	49,00 " 49,24999...	22
6	49,25 " 49,49999...	23
7	49,50 " 49,74999...	27
8	49,75 " 49,99999...	30
9	50,00 " 50,24999...	28
10	50,25 " 50,49999...	19
11	50,50 " 50,74999...	8
12	50,75 " 50,99999...	4
13	51,00 " 51,24999...	2
14	51,25 " 51,49999...	4
		$\sum = 202$

Trägt man jetzt die Häufigkeiten in Form von Säulen (Höhe der Säulen = Häufigkeit der Einzelwerte in der entsprechenden Klasse) über den entsprechenden Klassen auf, so erhält man folgendes Bild:

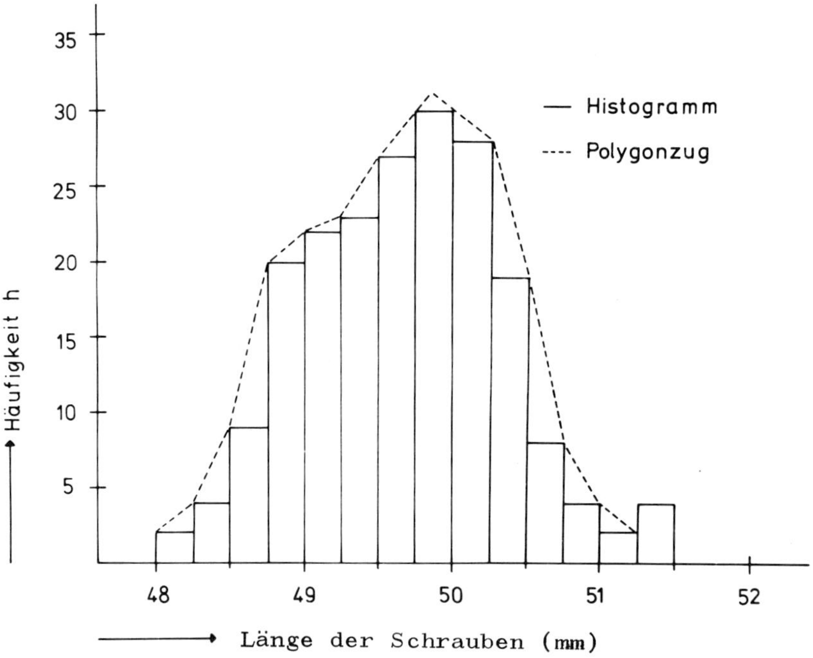

Abb.3 Säulendiagramm für klassierte Meßwerte

Aus dem Diagramm ist ersichtlich, daß die meisten Meßwerte in der Nähe des Sollwertes μ = 50 mm liegen.

Verbindet man jetzt die linken Ecken der Säulen, so erhält man einen sog. Polygonzug. Dieser Kurvenzug gibt ebenfalls die Verteilung der Einzelwerte wieder.

Würde man nun die Anzahl der Meßwerte (= Zahl der untersuchten Schrauben) gegen unendlich und gleichzeitig die Klassenbreite gegen Null gehen lassen, dann würde der Polygonzug in eine Glockenkurve übergehen, die symmetrisch ist und zwar zu dem Sollwert von 50 mm. In Abb.4 ist diese Glockenkurve graphisch dargestellt.

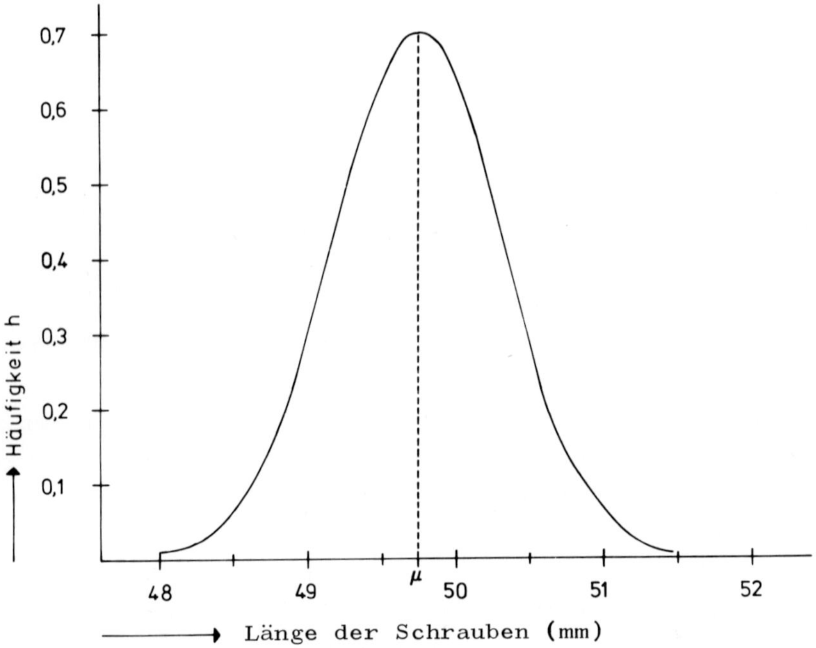

Abb.4 Funktion der Häufigkeit von der Meßgröße bei unendlich vielen Meßwerten

Die Menge aller "möglichen" Meßwerte bezeichnet man auch als <u>Grundgesamtheit</u>. In der Praxis ist selbstverständlich nur eine endliche Zahl von Messungen möglich. In diesem Fall spricht man von einer <u>Stichprobe</u>. Auf das Beispiel bezogen bedeutet dies: Der unendlichen Zahl von "möglichen" Schrauben wird eine Stichprobe des Umfangs 202 entnommen.
Bei der in der Abbildung dargestellten Glockenkurve fällt auf, daß das Maximum mit dem Sollwert μ (entspricht dem "wahren" Wert bei einer Analyse oder einem Versuch mit unbekanntem Ergebnis) zusammenfällt.

Unter der Voraussetzung, daß die Meßwerte, die größer als der "wahre" Wert oder um den gleichen Betrag kleiner sind, mit der gleichen Wahrscheinlichkeit auftreten (Symmetrie der Glockenkurve!), stellt die Glockenkurve die bekannte

Gaußsche Normalverteilung

dar, welche die Grundlage vieler statistischer Problemstellungen ist.

Im Idealfall, also bei unendlich vielen Einzelwerten fällt das Maximum mit dem "wahren" Wert, d.h. dem richtigen Ergebnis des Versuchs oder der Analyse zusammen. Wenn nicht, wie in dem gewählten Beispiel das richtige Ergebnis (Schraubenlänge von 50 mm) bekannt ist und außerdem nur eine endliche Zahl von Meßwerten vorliegt stellt sich folgendes Problem: Wie kann aus den vorliegenden Einzelmessungen (d.h. also Wiederholungen desselben Versuchs oder derselben Analyse) das richtige Ergebnis rechnerisch ermittelt werden? Die Frage ist deshalb von Bedeutung, weil aus nur nur wenigen Einzelwerten eine Glockenkurve schlecht darstellbar ist und somit eine graphische Ermittlung des richtigen Ergebnisses μ praktisch nicht möglich ist. Es muß also irgendwie rechnerisch ein "Durchschnitt" gefunden werden, der den Wert μ entweder exakt oder aber zumindest mit einer angebbaren Sicherheit wiedergibt.

Die mathematisch-statistische Theorie liefert, daß der erwähnte "Durchschnittswert" den "wahren" Wert bzw. das richtige Ergebnis dann am besten repräsentiert, wenn die Summe der Quadrate der Abweichungen der Einzelwerte von diesem Durchschnitt ein Minimum wird.

Bezeichnet man den Durchschnitt mit x_d und die Einzelwerte mit x_i (i von 1 bis n), dann muß gelten:

$$\sum_{i=1}^{i=n} (x_d - x_i)^2 = \text{Minimum !} \qquad (51)$$

Die Theorie sagt weiterhin aus, daß die geforderte Minimumsbedingung für das arithmetische Mittel der Einzelwerte erfüllt ist. Das bedeutet, daß man durch Bildung des arithmetischen Mittelwertes bei Vorliegen von normalverteilten Einzelwerten den besten Schätzwert für das "richtige" Ergebnis erhält. Das arithmetische Mittel der Einzelwerte ist deshalb ein Schätzwert, weil- wie bereits erwähnt - in der Praxis nur eine endliche Zahl von Einzelmessungen vorgenommen werden kann. Und nur bei unendlich vielen Meßwerten fällt der arithmetische Mittelwert exakt mit dem "wahren" Wert μ, dem Maximum der Normalverteilung zusammen. Um so weniger Einzelwerte vorliegen, desto unsicherer wird dann verständlicherweise die Zuverlässigkeit des Mittelwertes. Dies gilt umso mehr, wenn die Einzelwerte stark streuen, die Glockenkurve also sehr breit ist.

Diese Problematik führt dann zu den später behandelten Begriffen Standarabweichung und Vertrauensbereich, auf die im Kap.13 noch ausführlich eingegangen wird.

12. Mittelwerte

12.1 Arithmetischer Mittelwert

Der arithmetische Mittelwert aus n Einzelwerten ist definiert als die durch n dividierte Summe der n Werte:

$$\text{Arithmetischer Mittelwert} = \overline{x} = \frac{1}{n} \sum_{i=1}^{i=n} x_i \qquad (52)$$

12.1.1 Arithmetisches Mittel aus nicht klassifizierten Werten

Die einfachste Methode zur Berechnung des arithmetischen Mittelwertes ist die Addition der Einzelwerte über die [+] - Taste und die anschließende Division der Summe durch die Anzahl n:

x_1 [+] x_2 [+] x_3 [+] ... [+] x_n [=] [:] n [=]

Diese Art der Berechnung ist aber nur bei wenigen Werten angebracht. Bei vielen Werten ist es sinnvoll, wenn die Einzelwerte automatisch mitgezählt werden. Hierdurch besteht - bei bekanntem n - die Möglichkeit einer nachträglichen Kontrolle, ob alle Werte auch wirklich eingegeben wurden. Weiterhin erscheint es zweckmäßig, die Einzelwerte in einem Speicher zu addieren, da dann die Berechnung durch Zwischenoperationen nicht gestört wird. Das Zählen der eingegebenen Werte erfolgt ebenfalls in einem Speicher (Erhöhen des Inhalts um 1 bei jeder Eingabe). Das System Compucorp bietet außerdem noch die Möglichkeit, die laufende Nummer der einzugebenden Werte zu Form einer Kennzahl in die Anzeige bzw. auf den Ausdruck zu bringen. Dazu werden sämtliche Nullen nach dem Komma unterdrückt und nur die Zahl selbst (gewissermaßen als "Integer"-Größe) ganz links in die Anzeige gebracht. Damit ist eine Unterscheidung von eingegebenen Zahlen bzw. von ausgegebenen Ergebnissen möglich.

Weiterhin läßt sich bei dem System Compucorp testen, ob nach einem STOP-Befehl Zahlenwerte eingegeben wurden, oder ob das Programm einfach durch START fortgesetzt wurde. Auf diese Weise kann nach Eingabe aller Einzelwerte allein durch Betätigen der START-Taste der Mittelwert aus x_i und n berechnet werden. Ein entsprechendes Programm könnte so aussehen:

Programm Nr.5 Berechnung des arithmetischen Mittelwertes

Schritt-Nr.	Befehl	Erläuterung
1	0	Löschen der Speicher 1 und 2
2,3	STO 1 STO 2	($\sum x$ und n)
4	LABEL 0	
5-7	1 + RCL 2	Laufende Nummer der einzugebenden Werte als Kennzahl (= i)
8	=	
9	KENNZAHL	
10	STOP	Eingabe x_i
11	JUMP +-= 1	Nach Eingabe ⟶ LABEL 1 ,
12	JUMP 2	sonst ⟶ LABEL 2
13	LABEL 1	
14	STO + 1	$\sum x := x_i + \sum x$
15,16	1 STO + 2	$n := n + 1$
17	JUMP 0	Rücksprung nach LABEL 0
18	LABEL 2	
19,20	RCL 1 RCL : 2	Berechnung von $\bar{x}$
21	STOP	STOP und Ausgabe von $\bar{x}$

Will man auf diese "komfortable" Berechnung verzichten, oder stehen die Befehle für die Kennzahl sowie die Abfrage nach erfolgter Eingabe nicht zur Verfügung, so kann man auch eine vereinfachte Schrittfolge verwenden:

Programm Nr.6 Berechnung des arithmetischen Mittelwertes (vereinfachtes Programm)

Schritt-Nr.	Befehl	Erläuterung
1	STOP	Eingabe x_i
2	STO + 1	$\sum x := x_i + \sum x$
3	1	
4	STO + 2	$n := n + 1$
5	JUMP START	Rücksprung zum Start
6	LABEL 1	
7	RCL 1	Berechnung von $\bar{x}$
8	RCL : 2	
9	JUMP START	Rücksprung zum STOP-Befehl

Vor jedem Programmlauf sind bei dem vereinfachten Programm die Speicher 1 und 2 zu löschen, d.h. mit dem Inhalt 0 zu belegen.

Beispiel zu Programm Nr.5 (Beispiel 2)
Aus folgenden Einzelwerten ist das arithmetische Mittel zu bilden:

$x_1 = 2{,}50$	$x_6 = 2{,}71$
$x_2 = 2{,}70$	$x_7 = 2{,}80$
$x_3 = 2{,}64$	$x_8 = 2{,}55$
$x_4 = 2{,}65$	$x_9 = 2{,}51$
$x_5 = 2{,}77$	$x_{10} = 2{,}69$

Programmablauf:

a) Programm in den Rechner einlesen

b) [JUMP] [START] [START]

c)

	Anzeige
	1.
Eingabe x_1 = 2,50	2.5000
START	
	2.
Eingabe x_2 = 2,70	2.7000
START	
	3.
Eingabe x_3 = 2,64	2.6400
⋮ ⋮	⋮ ⋮
	10.
Eingabe x_{10} = 2,69	2.6900
START	
	11.
START	
Ausgabe $\overline{x}$	2.6520

Für eine weitere Berechnung $\overline{x}$ aus einer anderen Meßreihe muß das Programm wieder mit JUMP START START begonnen werden. Weiterer Ablauf dann wie unter c).

Bei der Berechnung von $\overline{x}$ nach Programm 6 wird das Programm ebenfalls mit JUMP START START begonnen. Zuvor sind die Speicher 1 und 2 zu löschen. Nach jeder Eingabe und dem darauffolgenden START erscheint nicht wie im Progr.5 die jeweilige laufende Nummer des einzugebenden Wertes, sondern lediglich eine 1 (von dem Befehl 1 STO + 2).

12.1.2 Arithmetisches Mittel aus klassifizierten Werten

Liegen die Daten bereits in Klassen eingeteilt vor, so läßt sich das arithmetische Mittel aller Meßwerte nach folgender Gleichung ermitteln:

$$\overline{x} = \frac{1}{\sum f_j} \sum_{j=1}^{j=k} x_{M_j} \cdot f_j = \frac{1}{n} \sum_{j=1}^{j=k} x_{M_j} \cdot f_j \qquad (52)$$

Dabei bedeuten:

x_{M_j} = Klassenmitte der j-ten Klasse

f_j = Häufigkeit der Meßwerte in der j-ten Klasse

$\sum f_j$ = Summe der Häufigkeiten in allen k Klassen = n

n = Gesamtzahl aller Meßwerte

k = Anzahl der Klassen

Die Klassenmitte wird dabei als das arithmetische Mittel aus unterer und oberer Klassengrenze berechnet:

$$x_{M_j} = \frac{x_{u_j} + x_{o_j}}{2} \qquad (53)$$

Das folgende Programm ist so ausgelegt, daß für jede Klasse die Klassenmitte sowie die Häufigkeit einzugeben sind. Die Produkte $x_{M_j} \cdot f_j$ werden automatisch addiert und die Summe nach Eingabe der Daten durch die Anzahl aller Meßwerte ($= n = \sum f_j$) dividiert. Die Klassennummer j wird bei der Eingabe der Werte für die entsprechende Klasse durch eine Kennzahl (links in der Anzeige) angezeigt. Außerdem ist das Programm so geschrieben, daß nach Eingabe aller Daten nur durch einen erneuten START-Befehl der Mittelwert berechnet wird (siehe Programm 4).

Programm Nr.7 Arithmetisches Mittel aus klassifizierten Werten

Speicherbelegung

$\sum x_{M_j} \cdot f_j$	STO	1
$\sum f_j$	STO	2
x_{M_j}	STO	3
j	STO	4

Schritt-Nr.	Befehl	Erläuterung
1	CLEAR	Löschen der
2,3	STO 1 STO 2	Speicher 1,2,3 und 4
4,5	STO 3 STO 4	
6	LABEL 0	
7	1	
8	RCL + 4	Kennzahl j
9	KENNZAHL	
10	STOP	Eingabe x_{M_j}
11	JUMP +-= 1	Bei Eingabe ⟶ LABEL 1,
12	JUMP 2	sonst ⟶ LABEL 2
13	LABEL 1	
14	STO 3	x_{M_j}
15	STOP	Eingabe f_j
16	STO + 2	$\sum f_j$
17	RCL x 3	$x_{M_j} \cdot f_j$
18	STO + 1	$\sum x_{M_j} \cdot f_j$
19	1	$j: = j + 1$
20	STO + 4	
21	JUMP 0	
22	LABEL 2	
23	RCL 1	$(\sum x_{M_j} \cdot f_j) / \sum f_j = \overline{x}$
24	RCL : 2	
25	STOP	Ausgabe $\overline{x}$

In den Schritten 1 bis 5 erfolgt die Löschung der Speicher 1, 2,3 und 4. Die fortlaufende Nummer der Klasse, für die die Werte x_M und f eingegeben werden sollen, wird in den Schritten 7 bis 9 gebildet und als Kennzahl bei dem nachfolgenden STOP-Befehl (Schritt 10) angezeigt. Nach Eingabe der Klassenmitte der j-ten Klasse und anschließendem START erfolgt ein Sprung nach LABEL 1,und der eingegebene Wert wird im Speicher 3 abgelegt. Beim nächsten STOP-Befehl (in der Anzeige erscheint der eingegebene Wert x_{M_j}) erfolgt die Eingabe der Häufigkeit f_j in der j-ten Klasse. Nach erneutem START wird zunächst im Schritt 16 der eingegebene f_j-Wert zu dem bisherigen Inhalt von Speicher 2 addiert.In den Schritten 17 und 18 erfolgt dann die Bildung des Produkts $x_{M_j} \cdot f_j$ und seine Addition zu dem Inhalt des Speichers 1. Schließlich wird in den Schritten 19 und 20 die Klassennummer j um 1 erhöht. Anschließend erfolgt ein Rücksprung zum LABEL 0. Wird nach Eingabe aller Daten nach dem STOP-Befehl bei Schritt 10 einfach "START" gedrückt, ohne daß ein Wert eingegeben wurde, dann ist die Bedingung für den Sprung nach LABEL 1 in Schritt 11 nicht erfüllt, und das Programm wird bei LABEL 2 mit der Berechnung und Anzeige von $\overline{x}$ (Schritte 23 bis 25) fortgeführt.

Beispiel 3

In einem Laborversuch wurde von 2000 roten Blutkörperchen der Durchmesser bestimmt. Die Werte lagen zwischen 5,6 und 9,2 µm. Der Datenvorrat wurde in 10 Klassen eingeteilt, wobei folgende Häufigkeiten resultierten:

Klassennummer j	x_{M_j} (µm)	f_j	Klassennummer j	x_{M_j} (µm)	f_j
1	5,6	5	6	7,6	358
2	6,0	78	7	8,0	279
3	6,4	144	8	8,4	99
4	6,8	479	9	8,8	15
5	7,2	542	10	9,2	1

Programmablauf (System Compucorp 326):

a) Programm eintippen bzw. einlesen (Band o. Kassette)

b) [JUMP] [START] [START]

c)

	Anzeige
	1.
Eingabe x_{M_1}	5.6000
[START]	
	5.6000
Eingabe f_1	5.0000
[START]	
	2.
Eingabe x_{M_2}	6.0000
[START]	
	6.0000
Eingabe f_2	78.0000
[START]	
⋮	⋮
	10.
Eingabe $x_{M_{10}}$	9.2000
[START]	
	9.2000

Eingabe f_{10} — / 1.0000 /

[START]

/ 11. /

[START]

Ausgabe $\bar{x}$ — / 7.2500 /

[RCL] [2] = Ausgabe n — / 2000.0000 /

Durch Abrufen des Speichers 2 nach Ausgabe des Mittelwertes wird der Wert n als die Summe der eingegebenen f_j-Werte in die Anzeige gebracht. Dadurch ist eine zusätzliche Kontrolle der Rechnung möglich.

12.1.3 Spezielle Methoden zur Berechnung von $\bar{x}$

Oftmals unterscheiden sich bei der Ermittlung des arithmetischen Mittels die Einzelwerte nur in den letzten Stellen.

Beispiel: Eichung einer Analysenwaage (Beispiel 4)
Auf einer Analysenwaage wird ein 50g - Gewicht aufgelegt, und es werden 8 wiederholte Ablesungen gemacht. Es ist das arithmetische Mittel der 8 Einzelwerte zu berechnen.

Nr.	x_i (g)	Nr.	x_i (g)
1	49,96898	5	49,96905
2	49,96909	6	49,96912
3	49,96909	7	49,96898
4	49,96908	8	49,96904

Bei der Berechnung von $\bar{x}$ müßten für alle 8 Einzelwerte die ersten Stellen 49,96... jeweils erneut eingegeben werden, wenn man die "direkte" Methode z.B. nach Programm 5 anwendet.

Folgende Überlegung führt hier zu einer Vereinfachung: Subtrahiert man von den Meßwerten x_i eine feste Größe a, so erhält man für das arithmetische Mittel von $y_i = x_i - a$:

$$\overline{y_i} = \overline{x_i - a} = \frac{1}{n} \sum (x_i - a) = \frac{1}{n} \sum x_i - \frac{1}{n} n \cdot a \tag{54}$$

Mit $\overline{x} = \frac{1}{n} \sum x_i$ folgt dann nach Umformung:

$$\overline{x} = a + \frac{1}{n} \sum y_i \tag{55}$$

Für das o.g. Beispiel wählt man zweckmäßig a = 49,96000. Es müssen dann lediglich die Zahlenwerte 0,00898 ; 0,00909 usw. eingetastet werden. Um auch das Eingeben der führenden Nullen zu vermeiden, multipliziert man die y_i-Werte zunächst mit einem entsprechenden Faktor c :

$$c \cdot \overline{x} = c \cdot a + \frac{1}{n} c \sum y_i = c \cdot a + \frac{1}{n} \sum c \cdot y_i \tag{56}$$

Nach Umformung folgt daraus:

$$\overline{x} = a + \frac{1}{c \cdot n} \sum c \cdot y_i \tag{57}$$

Multipliziert man die y_i-Werte im Beispiel mit $c = 10^5$, dann sind lediglich die letzten 3 Ziffern der Meßwerte einzugeben: 898, 909, 909, 908 usw. Die entsprechende Summe wird dann durch den Faktor $c \cdot n$ dividiert; zu dem Ergebnis addiert man den Wert a und erhält den gewünschten Mittelwert $\overline{x}$.

Durch diese Berechnungsweise spart man zahlreiche Tastenschritte. Während mit der "direkten" Methode für die Eingabe jedes Meßwertes 8 Tasten (einschließlich Dezimalpunkt) gedrückt werden müssen, sind mit der vereinfachten Methode nach Gleichung 57 nur 3 Zifferntasten je Meßwert zu betätigen. Dies bedeutet insbesondere bei sehr langen Meßreihen eine erhebliche Zeitersparnis.

Ein entsprechendes Rechenprogramm sollte so aussehen, daß man vor Eingabe der Meßwerte in der vereinfachten Form die

Größen a und c eingibt. Anschließend werden für alle Meßwerte die Produkte $c \cdot y_i$ eingetippt und automatisch summiert. Die Anzahl der Einzeldaten wird mitgezählt. Nach Eingabe aller Einzelwerte erfolgt dann die Berechnung von $\overline{x}$ aus a, c, n und $\sum c \cdot y_i$. Lohnt sich die Vereinfachung der Daten nicht (weil die Werte zu stark streuen), dann gibt man einfach für a und c die Werte Null bzw. Eins ein.

In der Praxis kann man aber auch so vorgehen, daß man zunächst mit den "normalen" Programmen 5 oder 6 den Mittelwert $\overline{c \cdot y_i}$ berechnet und $\overline{x}$ aus dem Ergebnis dann "manuell" ermittelt: Dividieren von $\overline{c \cdot y_i}$ durch c und anschließende Addition von a. Wegen dieser einfachen, aber ebenso zeitsparenden Arbeitsweise wurde auf die Angabe eines speziellen Rechenprogramms hier verzichtet.

12.2 Geometrischer Mittelwert

Zahlreichen Problemen der Naturwissenschaften liegt nicht die bereits erwähnte symmetrische Normalverteilung zugrunde, sondern die schiefe logarithmische Normalverteilung, deren Form in der folgenden Abbildung dargestellt ist:

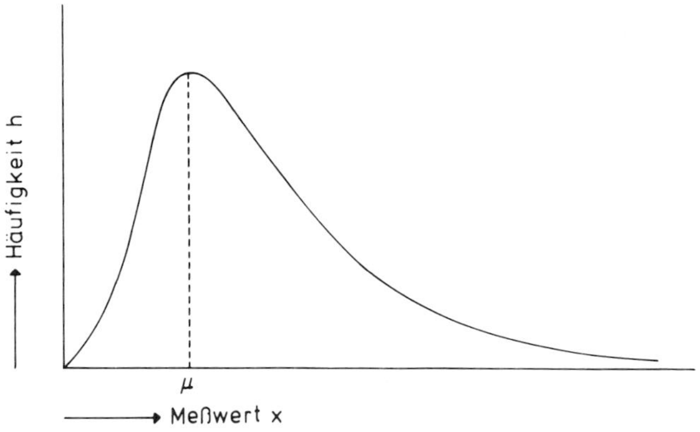

Abb.5 Logarithmische Normalverteilung

Eine logarithmische Normalverteilung kann insbesondere in folgenden Fällen angenommen werden:

1. Die Meßergebnisse erstrecken sich über einen großen Bereich von mehreren Zehnerpotenzen wie z.B. bei der Keimzahlbestimmung in Lebensmitteln oder bei der spektrochemischen Bestimmung von Metallspuren.

2. Die Ergebnisse liegen nahe bei dem Wert Null. Bei einer chemischen Analyse bedeutet dies, daß der "wahre" Wert in der Nähe des Kontroll- bzw. Blindwertes liegt, z.B. bei Konzentrationsmessungen im Spurenbereich.

Der "wahre" Wert bzw. das "richtige" Ergebnis wird hier nicht durch das arithmetische Mittel der Einzelwerte x_i, sondern durch den arithmetischen Mittelwert der Logarithmen wiedergegeben bzw. - bei einer in der Praxis immer nur endlichen Zahl von Messungen - geschätzt. Es gilt daher:

$$\overline{\log \overline{x}} = \frac{1}{n} (\log x_1 + \log x_2 + \dots + \log x_n) \qquad (58)$$

Man definiert weiterhin:

$$\overline{\log x} = \log x_G \qquad (59)$$

Dabei stellt x_G den "Durchschnittswert" aller x_i-Werte dar, d.h. es repräsentiert den "wahren" Wert μ.

Formt man Gl.58 nach den Logarithmengesetzen um, so erhält man die Beziehung

$$\overline{\log x} = \log x_G = \log (x_1 \cdot x_2 \dots x_n)^{1/n} \qquad (60)$$

Entlogarithmieren führt schließlich zu der Gleichung

$$x_G = (x_1 \cdot x_2 \dots x_n)^{1/n} = \sqrt[n]{x_1 \cdot x_2 \dots x_n} \qquad (61)$$

x_G = Geometrischer Mittelwert

Somit gilt folgender Satz:

Der geometrische Mittelwert x_G von n Einzelwerten ist gleich der n-ten Wurzel aus dem Produkt aller n Einzelwerte x_1 bis x_n.

Dabei ist zu beachten, daß keiner der Werte gleich Null sein darf, da dann das gesamte Produkt auch gleich Null wird.

Zwischem dem arithmetischen und dem geometrischen Mittel einer gegebenen Reihe von Einzelwerten besteht die Beziehung

$$x_G \leqslant \bar{x} \quad . \qquad (62)$$

Berechnet man von einer Datenreihe fälschlicherweise den arithmetischen Mittelwert, obwohl das geometrische Mittel wegen der logarithmischen Verteilung der Einzelwerte richtig wäre, so erhält man stets einen zu großen Schätzwert für das "richtige" Ergebnis μ.

Berechnung des geometrischen Mittelwertes

Die Berechnung von x_G durch Addition der Logarithmen der Einzelwerte ist zwar prinzipiell möglich und auch richtig aber unzweckmäßig, da auf dem Rechner noch die [log] - Taste gedrückt werden muß. Einfacher ist das Multiplizieren der n Werte, wobei dann aus dem Produkt die n-te Wurzel zu ziehen ist. Dabei ist - wie erwähnt - zu beachten, daß kein Meßwert gleich Null oder kleiner als Null ist, da dann die n-te Wurzel nicht definiert ist und auf dem Rechner eine Fehlermeldung erscheint. Lediglich in den Fällen, in denen die Einzelwerte sehr große Zahlen darstellen, ist es günstiger, das geometrische Mittel über die Addition der Logarihmen nach Gl.58 zu berechnen. Denkbar wäre nämlich, daß durch bestimmte extrem große Einzelwerte bereits ein so großes Teilprodukt gebildet wird, daß die Rechnerkapazität überschritten wird, obwohl das Produkt aller Einzelwerte ein Ergebnis liefert, das kleiner als 10^{99} (größter möglicher Zahlenwert auf einem Rechner mit Gleitkommadarstellung) ist.

Programm Nr. 8 Geometrischer Mittelwert

Speicherbelegung $\prod x_i$ [STO] [1]

i [STO] [2]

Schritt-Nr.	Befehl	Erläuterung
1,2	1 STO 1	1 ⟶ Produktspeicher
3,4	0 STO 2	$i = 0$
5	LABEL 0	
6	1	Bildung der lfd. Nummer
7	RCL + 2	des einzugebenden Wertes
8	KENNZAHL	als Kennzahl
9	STOP	Eingabe x_i
10	JUMP +-= 1	Bei Eingabe ⟶ LABEL 1,
11	JUMP 2	sonst ⟶ LABEL 2
12	LABEL 1	
13	STO x 1	$\prod x_i := x_i \prod x_i$
14	1	$i: = i + 1$
15	STO + 2	
16	JUMP 0	Sprung nach LABEL 0
17	LABEL 2	
18	RCL 1	$\prod x_i$
19	a^x	
20	RCL 2	$i = n$
21	1/x	$1/n$
22	=	$(\prod x_i)^{1/n}$
23	STOP	Ausgabe x_G
24	JUMP START	Rücksprung zum START

Das Programm ähnelt dem zur Berechnung des arithmetischen Mittelwertes (Nr.5) mit folgenden Ausnahmen:
Im Speicher 1 werden die Meßwerte multipliziert (im Gegensatz zur Addition bei Programm Nr.5). Dazu muß zu Beginn des Programms der Speicher mit dem Inhalt 1 belegt werden. Wäre der Inhalt wie beim Programm Nr.5 gleich Null, dann würde sich bei der Multiplikation immer wieder Null ergeben, so daß die Bildung des Produkts der x_i-Werte nicht möglich wäre.

Die Schritte 17-22 umfassen die Berechnung der n-ten Wurzel aus dem gebildeten Produkt. Dieser Programmteil entspricht damit der Division der Summe durch die Anzahl der Meßwerte bei der Berechnung des arithmetischen Mittels.

Beispiel 5
Gegeben seien 10 Milchproben, von denen die Keimzahlen zu bestimmen sind:

$x_1 = 5095$	$x_6 = 60910$
$x_2 = 26870$	$x_7 = 2570$
$x_3 = 290$	$x_8 = 3940$
$x_4 = 260$	$x_9 = 2130$
$x_5 = 4750$	$x_{10} = 8260$

Eingabe- und Ausgabeschema sind wie bei der Berechnung des arithmetischen Mittels nach Programm Nr.5; deshalb wurde hier auf eine gesonderte Angabe verzichtet (siehe dazu S.161).
Für den geometrischen Mittelwert erhält man $x_G = 3737{,}62$. Das arithmetische Mittel lautet 11507,5 , würde also einen viel zu hohen Schätzwert für den "Durchschnittswert" μ wiedergeben. Das Produkt der 10 Einzelwerte ist gleich $5{,}32 \cdot 10^{35}$. Wäre eine größere Zahl von Meßwerten gegeben, so könnte man sich vorstellen, daß die Rechnerkapazität von 10^{99} überschritten würde, obwohl das geometrische Mittel den o.g. Wert hat. In diesem Fall könnte es daher vorteilhafter sein, die Berechnung über die Addition der Logarithmen vorzunehmen. Aus dem mittle-

ren Logarithmus $\overline{\log x}$ kann x_G dann über die Beziehung

$$x_G = 10^{\overline{\log x}} \tag{63}$$

ermittelt werden.

12.3 Harmonischer Mittelwert

Wenn die Beobachtungen das, was wir mit dem Durchschnitt ausdrücken wollen, in reziproker Form angeben, also z.B. km/h oder Teilchen/cm^3 oder g/ml u.a., dann wird das harmonische Mittel angewendet.

Definition

> Das harmonische Mittel von n Daten x_1, x_2, bis x_n ist gleich dem Kehrwert des arithmetischen Mittels aller reziproken Werte.

$$x_H = \frac{n}{\frac{1}{x_1} + \frac{1}{x_2} + \ldots + \frac{1}{x_n}} = \frac{n}{\sum 1/x} \tag{64}$$

Das "klassische" Beispiel für die Anwendung des harmonischen Mittels ist die Berechnung einer mittleren Geschwindigkeit aus einzelnen Teilgeschwindigkeiten.

Zur Berechnung kann das Programm Nr.5 (Arithmetischer Mittelwert) verwendet werden. Es muß dann lediglich zwischen dem LABEL 1 (Schritt 13) und dem Befehl STO + 1 (Schritt 14) der Befehl 1/x eingefügt werden. Dies kann mit Hilfe der Taste INSERT geschehen (siehe dazu Abschn. 7.4 S.101). Das Ergebnis stellt dann den Kehrwert des harmonischen Mittels dar. Durch anschließendes Drücken der Taste 1/x erhält man dann den Wert für x_H.

Der Harmonische Mittelwert hat die Eigenschaft, daß auch Einzelwerte mit in die Rechnung einbezogen werden können, die selbst den Wert "Unendlich" besitzen. Der Kehrwert 1/x geht ja bekanntlich für x gegen Unendlich gegen Null. Dieser Fall ist von Bedeutung, wenn die Zeit die Meßgröße ist. Soll z.B. die Überlebenszeit einer bestimmten Tierart nach Verabreichung eines toxischen Stoffes getestet werden, dann kann es vorkommen, daß einige Tiere überleben, während bei anderen nach einigen Stunden der Tod eintritt. Bildet man jetzt das harmonische Mittel der Überlebensdauer, dann ist für diejenigen Tiere, bei denen die Gifteinwirkung nicht zum Tod führt für die Zeit der Wert Unendlich einzusetzen. Weiteres hierzu findet man in dem Buch "Biometrie" von Cavalli-Sforza (1).

Beispiel 6
Ein Schnellzug fährt von A nach B. Er hält unterwegs noch dreimal an, so daß die gesamte Strecke in 4 Teilstrecken zerfällt:

A ———— 1.Halt ———— 2.Halt ———— 3.Halt ———— B

Auf den einzelnen Teil-Abschnitten fährt der Zug mit folgenden Geschwindigkeiten:

1.	Abschnitt	:	80 km/h
2.	"	:	100 km/h
3.	"	:	80 km/h
4.	"	:	160 km/h

Die Länge der gesamten Strecke beträgt 400 km, die der einzelnen Teilabschnitte jeweils 100 km.
Frage: Welches ist die Durchschnittsgeschwindigkeit des Zuges?

Wenn das Ergebnis eine durchschnittliche Geschwindigkeit darstellen soll, dann muß sich bei Einhalten dieser Geschwindigkeit auf der gesamten Strecke die gleiche Reisezeit ergeben als wenn der Zug mit den 4 Teilgeschwindigkeiten fährt.

Durch Einsetzen der Teilgeschwindigkeiten in Gl.64 erhält man:

$$x_H = \frac{4}{\frac{1}{80} + \frac{1}{100} + \frac{1}{80} + \frac{1}{160}} = 96{,}97 \text{ km/h}$$

Bei Einhalten der Durchschnittsgeschwindigkeit auf der Gesamtstrecke von 400 km benötigt der Zug eine Reisezeit von 4 Stunden 7 Minuten und 30 Sekunden. Die gleiche Zeit erhält man, wenn man die Reisezeiten für die 4 Teilabschnitte addiert:

100 km	Strecke	mit 80	km/h	=	1 h 15 min
100 km	"	mit 100	"	=	1 h 0 min
100 km	"	mit 80	"	=	1 h 15 min
100 km	"	mit 160	"	=	0 h 37 min 30 sec
400 km				=	4 h 7 min 30 sec

12.4 Der Zentralwert (Median)

12.4.1 Definition

Bei gewissen Fragestellungen - besonders aus dem Bereich der Biologie - spielt der Zentralwert oder Median eine wesentliche Rolle.

Definition

> Aus einer Reihe von n Einzelwerten x_1 bis x_n ist der Zentralwert oder Median x derjenige Wert, welcher die der Größe nach geordneten Einzelwerte mengenmäßig in zwei gleich große Anteile zerlegt.

Ist die Anzahl n der Meßwerte ungerade, dann ist der Median der (n + 1)/2 - te Wert der geordneten Reihe der Einzelwerte.

Bei einer geraden Anzahl von Werten ist der Median als das arithmetische Mittel aus den mittleren Meßwerten der geordneten Datenreihe definiert.

In der Literatur wird der Zentralwert meist mit dem Symbol $\tilde{x}$ bezeichnet.

$$n \text{ ungerade}: \qquad \tilde{x} = x_{\frac{n+1}{2}} \tag{65}$$

$$n \text{ gerade}: \qquad \tilde{x} = \frac{1}{2}\left[x_{n/2} + x_{(n/2)+1}\right] \tag{66}$$

Beispiele:
Gegeben sind die geordneten Meßwerte zweier Meßreihen mit einer ungeraden bzw. geraden Anzahl von Einzelwerten.

n ungerade :

Wert	1	3	9	9	12	19	23	29	35	41	43
lfd. Nr.	1	2	3	4	5	6	7	8	9	10	11

$n = 11 \qquad \frac{n+1}{2} = 6 \qquad \tilde{x} = x_6 = 19$

n gerade :

Wert	2	5	7	10	17	29	30	33	41	43
lfd.Nr.	1	2	3	4	5	6	7	8	9	10

$n = 10 \qquad \frac{n}{2} = 5 \qquad \frac{n}{2} + 1 = 6 \qquad \tilde{x} = \frac{1}{2}(x_5 + x_6) = 23$

Berechnung des Medianwertes

Die Berechnung des Medianwertes aus einer Reihe von n ungeordneten Meßwerten zerfällt in 2 Teilschritte:

a) Ordnen der Werte nach aufsteigender Größe

b) Ermittlung von $\tilde{x}$ nach Gl.65 oder Gl.66

Für das Sortieren der Einzelwerte benötigt man einen Rechner mit indirekter Adressierung. Jeder Einzelwert benötigt einen Speicherplatz. Da zusätzlich 4 Speicher für die Durchführung des Sortierprogramms erforderlich sind, benötigt man

$$n + 4 \quad \text{Speicher,}$$

um n vorhandene Einzelwerte der Größe nach zu ordnen. Bei einem Rechner mit n vorhandenen, auch indirekt adressierbaren, Konstantenspeichern können somit n - 4 Werte sortiert werden. Als Beispiel sei das System Compucorp 327 genannt, das über insgesamt 44 Konstantenspeicher verfügt, so daß 40 Zahlen der Größe nach geordnet werden können.

12.4.2 Sortieren von Daten

Als Rechnermodell wird das System Compucorp 327 zugrunde gelegt, das über 44 Konstantenspeicher 00, 01 ... bis 43 verfügt.

1. Schritt: Zunächst werden die Daten x_1 bis x_n mit Hilfe der indirekten Adressierung in die Speicher 1 bis n gebracht, wobei die Einzelwerte in der Reihenfolge eingegeben werden, in der sie anfallen, also unsortiert. Benutzt man den Speicher 00 als Indexregister, so könnte das Eingabeprogramm so aussehen:

Programm Nr.9 Eingabe von n Einzelwerten in die Speicher 01 bis n mit Hilfe der indirekten Adressierung (System Compucorp 327 Scientist)

Speicherbelegung				
	Indexregister	RCL	0	0
	x_1	RCL	0	1
	x_2	RCL	0	2
	⋮	⋮	⋮	⋮
	x_n	RCL	n	

Schritt-Nr.	Befehl	Erläuterung
1	1	Speicheradresse i
2	STO 00	wird gleich 1 gesetzt.
3	LABEL 1	
4	RCL 00	Anzeige von i = Speicher-
5	KENNZAHL	adresse = lfd.Nummer
6	STOP	Eingabe x_i
7	STO IND 00	$x_i \longrightarrow$ Speicher i
8	1	i: = i + 1
9	STO + 00	
10	JUMP 1	Rücksprung nach LABEL 1

2.Schritt: Der nächste Schritt besteht darin, die Daten in den Konstantenspeichern so umzuordnen, daß nach dem Sortieren im Speicher 01 der kleinste und im Speicher mit der Adresse n (maximal 40) der größte Wert steht. Der Medianwert ist dann bei ungeradem n der x-Wert im Speicher mit der Adresse (n + 1)/2. Liegt eine gerade Anzahl von Meßwerten vor, dann ergibt sich der Median als das arithmetische Mittel aus den Inhalten der Speicher mit den Adressen (n/2) und (n/2)+1.

Beim Sortieren der Daten geht man im einzelnen so vor: Zunächst wird von allen n Daten der kleinste Wert ermittelt und in den Speicher 01 gebracht. Der ürsprünglich im Speicher 01 abgelegte Wert gelangt andererseits in den Speicher, in dem der kleinste Meßwert vorher stand. Die Inhalte des Konstantenspeichers, in dem der kleinste Meßwert steht und des Speichers 01 werden also ausgetauscht. Anschließend prüft man, welcher x-Wert in den Speichern 02 bis n der kleinste ist. Man tauscht die entsprechenden Speicherinhalte wieder aus, so daß jetzt im Speicher 02 der zweitkleinste Meßwert steht. Der drittkleinste Wert wird dann in den Speichern 03 bis n gesucht usw. Zum Schluß vergleicht man den Speicher n-1 mit dem Speicher n. Die zunächst unsortiert vorliegenden Meßwerte befinden sich dann geordnet in den Konstantenspeichern 01 bis n.

Die Ermittlung des kleinsten Wertes bei dem Sortiervorgang geschieht so, daß die Inhalte der Speicher 01, 02, 03 usw. mit den Inhalten der jeweiligen restlichen Speicher verglichen werden. Interessiert z.B. der kleinste Wert der Speicher 01 bis n, so vergleicht man den Inhalt des Speichers 01 mit sämtlichen restlichen Speichern 02 bis n. Bei diesem Vergleich der Speicher mit den Adressen k = 2 bis k = n mit dem Speicher 01 sind 2 Fälle möglich:

a) $x_k < x_1$: Die Inhalte der Speicher 01 und k werden ausgetauscht.

b) $x_k \geq x_1$: Die Inhalte der Speicher 01 und k bleiben unverändert.

Der erste Vergleich findet also zwischen den Speichern 02 (k = 2) und dem Speicher 01 statt. Je nachdem, ob die Bedingung a) oder b) zutrifft, werden die Speicherinhalte ausgetauscht oder bleiben unverändert. Der - im Fall a) veränderte - Inhalt des Speichers 01 wird jetzt mit dem Inhalt von Speicher 03 (k = 3) verglichen. Je nachdem, ob Fall a) oder b) eingetreten ist, werden die Inhalte von Speicher 01 und 03 ausgetauscht oder bleiben unverändert. Man verfährt so weiter, bis zum Schluß der Speicher 01 mit dem Speicher n verglichen wird.

Will man den kleinsten Wert der Speicher 02 bis n ermitteln, dann muß entsprechend Speicher 02 mit den Inhalten der Konstantenspeicher 03 bis n verglichen werden usw..

Beispiel 7

In den Speichern 01 bis 05 seien die folgenden Werte abgelegt, die der Größe nach sortiert werden sollen:

$x_1 = 12$, $x_2 = 5$, $x_3 = 38$, $x_4 = 14$ und $x_5 = 9$.

Die Daten sind so zu ordnen, daß der kleinste Wert $x_2 = 5$ im

Speicher 01 und der größte Wert x_3 = 38 im Speicher 05 steht.

Tab.51 Zu vergleichende Konstantenspeicher und Speicherinhalte beim Sortieren von Daten

Speicherbelegung vor dem Sortieren:

RCL	0	1	= x_1	= 12
RCL	0	2	= x_2	= 5
RCL	0	3	= x_3	= 38
RCL	0	4	= x_4	= 14
RCL	0	5	= x_5	= 9

Vergleich	Entscheid	Speicherbelegung vor Entscheid	Speicherbelegung nach Entscheid
RCL 02 < RCL 01 ? 5 < 12 ?	JA RCL 01 ↕ RCL 02	RCL 01 = 12 RCL 02 = 5 RCL 03 = 38 RCL 04 = 14 RCL 05 = 9	RCL 01 = 5 RCL 02 = 12 RCL 03 = 38 RCL 04 = 14 RCL 05 = 9
RCL 03 < RCL 01 ? 38 < 5 ?	NEIN	RCL 01 = 5 RCL 02 = 12 RCL 03 = 38 RCL 04 = 14 RCL 05 = 9	RCL 01 = 5 RCL 02 = 12 RCL 03 = 38 RCL 04 = 14 RCL 05 = 9
RCL 04 < RCL 01 ? 14 < 5 ?	NEIN	⋮ ⋮	⋮ ⋮
RCL 05 < RCL 01 ? 9 < 5 ?	NEIN	⋮ ⋮	⋮ ⋮
RCL 03 < RCL 02 ? 38 < 12 ?	NEIN	⋮ ⋮	⋮ ⋮
RCL 04 < RCL 02 ? 14 < 12 ?	NEIN	⋮ ⋮	⋮ ⋮

Fortsetzung von Tab.51
Zu vergleichende Konstantenspeicher und
Speicherinhalte beim Sortieren von Daten

Vergleich	Entscheid	Speicherbelegung vor Entscheid	Speicherbelegung nach Entscheid
RCL 05 < RCL 02 ? 9 < 12 ?	JA RCL 02 ↕ RCL 05	RCL 01 = 5 RCL 02 = 12 RCL 03 = 38 RCL 04 = 14 RCL 05 = 9	RCL 01 = 5 RCL 02 = 9 RCL 03 = 38 RCL 04 = 14 RCL 05 = 12
RCL 04 < RCL 03 ? 14 < 38 ?	JA RCL 03 ↕ RCL 04	RCL 01 = 5 RCL 02 = 9 RCL 03 = 38 RCL 04 = 14 RCL 05 = 12	RCL 01 = 5 RCL 02 = 9 RCL 03 = 14 RCL 04 = 38 RCL 05 = 12
RCL 05 < RCL 03 ? 12 < 14 ?	JA RCL 03 ↕ RCL 05	RCL 01 = 5 RCL 02 = 9 RCL 03 = 14 RCL 04 = 38 RCL 05 = 12	RCL 01 = 5 RCL 02 = 9 RCL 03 = 12 RCL 04 = 38 RCL 05 = 14
RCL 05 < RCL 04 ? 14 < 38 ?	JA RCL 04 ↕ RCL 05	RCL 01 = 5 RCL 02 = 9 RCL 03 = 12 RCL 04 = 38 RCL 05 = 14	RCL 01 = 5 RCL 02 = 9 RCL 03 = 12 RCL 04 = 14 RCL 05 = 38

Bei dem angegebenen Sortier-Verfahren sind insgesamt $\frac{n}{2}(n-1)$ Vergleiche der Inhalte von Konstantenspeichern durchzuführen. In einem entsprechenden Sortier-Programm nimmt somit die Zahl der entsprechenden Programmschleifen mit steigendem n stark zu, was gleichzeitig eine steigende Rechenzeit bedeutet.

Für die Anwendung des folgenden Sortier-Programms ist Voraussetzung, daß die zu ordnenden n Einzelwerte bereits in den Speichern 01 bis n abgelegt sind (z.B. mit Hilfe von Programm Nr.9). Die Daten sind also zunächst "ungeordnet" gespeichert.

Programm Nr.10 Sortieren von n Einzelwerten und Ermittlung des Zentralwertes $\tilde{x}$

Speicherbelegung:
System
Compucorp 327

RCL	0	0	=	n
RCL	0	1	=	x_1
RCL	0	2	=	x_2
⋮	⋮	⋮		⋮
RCL	4	0	=	x_{40}
RCL	4	1	=	I
RCL	4	2	=	K
RCL	4	3	=	Indexregister

Schritt-Nr.	Befehl	Erläuterung
1	1	I = 1
2	STO 41	
3	LABEL 2	
4	1	K = I + 1
5	RCL + 41	
6	STO 42	
7	LABEL 3	
8	RCL IND 41	Wenn $x_I \leqslant x_K$, dann Sprung nach LABEL 4, sonst weiter mit Schritt 11
9	RCL - IND 42	
10	JUMP -= 4	
11	RCL IND 41	Austausch der Inhalte der Speicher I und K (I,K = Adresse)
12	EXCH IND 42	
13	STO IND 41	
14	LABEL 4	
15	1	K: = K + 1
16	STO + 42	
17	RCL 42	Wenn K $\leqslant$ n, dann Sprung nach LABEL 3, sonst → Schritt 20
18	RCL - 00	
19	JUMP -= 3	
20	1	I: = I + 1
21	STO + 41	

Fortsetzung von Programm Nr. 10
Sortieren von n Einzelwerten und
Ermittlung des Zentralwertes $\tilde{x}$

Schritt-Nr.	Befehl	Erläuterung
22	RCL 41	Wenn I < n, dann Sprung nach LABEL 2, sonst ⟶ Schritt 25
23	RCL - 00	
24	JUMP – 2	
25	1	Indexregister = 1 ≡ i
26	STO 43	
27	LABEL 5	
28	RCL IND 43	Abrufen des Speichers i und Ausdrucken
29	PRINT	
30	1	i: = i + 1
31	STO + 43	
32	RCL 43	Wenn i ≤ n, dann zurück nach LABEL 5, sonst zu Schritt 35 (LABEL 6)
33	RCL - 00	
34	JUMP -= 5	
35	LABEL 6	
36	RCL 00	Prüfung, ob n gerade oder ungerade. Wenn n geradzahlig ist, Sprung nach LABEL 7
37	: 2 =	
38	FRACTION	
39	JUMP = 7	
40	1	Bildung von $\frac{n}{2}$
41	RCL + 00	
42	: 2 =	
43	STO 41	
44	RCL IND 41	Abruf des Speichers $\frac{n}{2}$
45	PRINT DOT LINE	....
46	PRINT	Ausdruck $\tilde{x} = x_{n/2}$
47	STOP	Ende (Programm hält an)
48	LABEL 7	
49	RCL 00	Bildung von $\frac{n}{2}$
50	: 2 =	
51	STO 41	

Fortsetzung von Programm Nr.10
Sortieren von n Einzeldaten und
Ermittlung des Zentralwertes $\tilde{x}$

Schritt-Nr.	Befehl	Erläuterung
52	RCL IND 41	$x_{(n/2)} = U \rightarrow$ STO 42
53	STO 42	
54	1	$\frac{n}{2} + 1$
55	STO + 41	
56	RCL IND 41	$x_{(n/2)+1} = V$
57	STO + 42	U + V
58	RCL 42	$\tilde{x} = \frac{1}{2}(U + V)$
59	: 2 =	
60	PRINT DOT LINE	....
61	PRINT	Ausdruck von $\tilde{x}$
62	STOP	Ende (Programm hält an)

Programmablauf:

a) Eingabe der ungeordneten n Einzelwerte in die Speicher 01 bis n mit Programm 9
b) Eintippen bzw. Einlesen von Programm 10
c) Eingabe von n in den Speicher 00
d) START
e) Nachdem die Daten sortiert sind, werden diese in der geordneten Reihenfolge ausgedruckt.
f) Anschließend wird eine Punktreihe gedruckt und danach der Medianwert ausgegeben.

Für das Beispiel von Tab.51 würde der Ausdruck so aussehen:

```
     5
     9
    12
    14
    38
.........
    12    = x̃
```

Das folgende Fließdiagramm verdeutlicht noch einmal den prinzipiellen Ablauf beim Sortieren der Werte und der anschliessenden Ermittlung des Medians:

Abb.6 Fließdiagramm zu Programm Nr.10 "Sortieren von n Einzeldaten und Ermittlung des Zentralwertes $\tilde{x}$ "

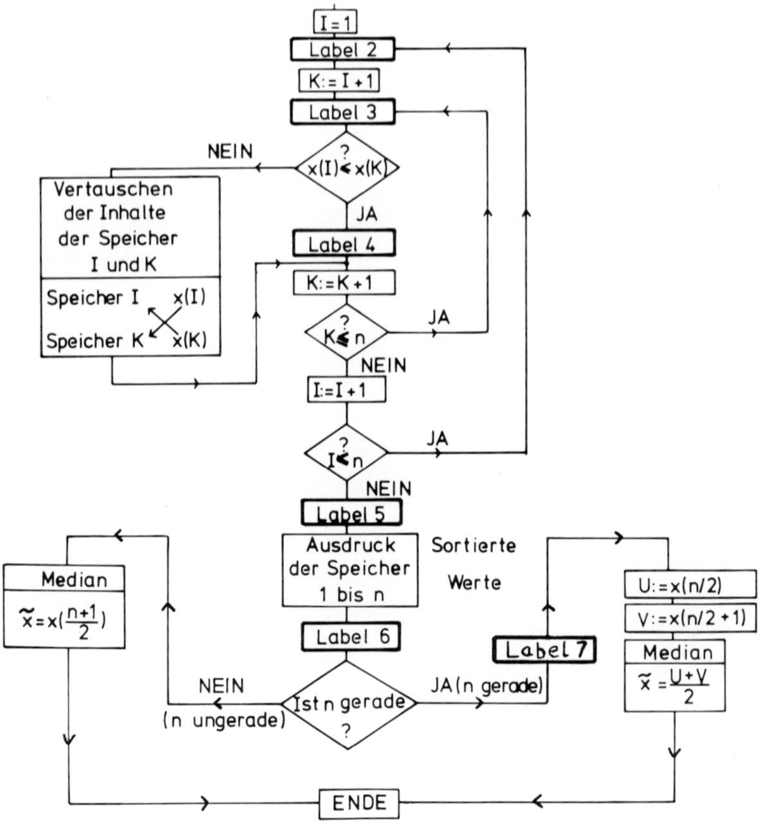

Bei Anwendung des Programms ergeben sich in Abhängigkeit von n für das System Compucorp 327 Scientist folgende Rechenzeiten:

n	5	10	20	40
Rechenzeit (sec)	5	17	64	258

12.4.3 Eigenschaften und Anwendungen des Medians

Ist die Verteilung der Meßwerte symmetrisch bezogen auf den "wahren" Wert μ der Grundgesamtheit, dann fällt der arithmetische Mittelwert mit dem Medianwert zusammen (theoretisch allerdings nur bei unendlich vielen Meßwerten).
Da andererseits der Median - im Gegensatz zum arithmetischen Mittelwert $\bar{x}$ - unempfindlich gegen abseits liegende Meßwerte ist, kann man den Median bei Serien geringen Umfangs ($n < 10$) als eine gute Schätzung für den Wert μ verwenden. Eine Anwendung ist z.B. in der chemischen Analytik bei Verfahren wie der Emissionsspektralanalyse bzw. Infrarotspektroskopie gegeben.

Besonders in der Toxikologie und Pharmakologie sind die Begriffe der "mittleren tödlichen Dosis" bzw. der "mittleren wirksamen Dosis" von Bedeutung. Bei der Behandlung von pflanzlichen oder tierischen Objekten mit entsprechenden Präparaten interessiert z.B., bei welcher Dosis genau 50 % der untersuchten Individuen die gewünschte Wirkung zeigen. Sterben etwa bei einem Versuch 50% der behandelten Tiere, dann bezeichnet man die zugehörige Dosis des Präparats als Letale Dosis 50 oder abgekürzt LD 50. Sie ist gleich dem Median $\tilde{x}$ der "tödlichen Dosiswerte", die bei der Aufnahme einer Dosis-Wirkungs-Kurve zwischen 0% und 100% Sterblichkeit untersucht werden.

Nähere Ausführungen zu dieser Problematik (Probitanalyse) findet man bei L.Cavalli-Sforza "Biometrie" (1).

13. Streuungsmaße

13.1 Allgemeines

Die im vorigen Abschnitt behandelten Durchschnittswerte sind ein Maß für die Lage des "wahren" Wertes μ der Grundgesamtheit. Aus der Angabe eines Mittelwertes ist aber noch keine Aussage über die Streuung der Einzelwerte möglich. Mittelwerte sagen noch nichts über die Güte eines Meßverfahrens aus, wie das folgende Beispiel zeigt:

Meßreihe a	Meßreihe b
x_1 = 60	x_1 = 99,99
x_2 = 80	x_2 = 100,02
x_3 = 140	x_3 = 99,98
x_4 = 120	x_4 = 100,00
x_5 = 50	x_5 = 100,01
x_6 = 150	x_6 = 100,00
$\bar{x}$ = 100,00	$\bar{x}$ = 100,00

In beiden Fällen erhält man den gleichen arithmetischen Mittelwert $\bar{x}$ = 100,00. Im Fall a) sind aber die Streuungen wesentlich größer als im Fall b), d.h. die Abweichungen der Einzelwerte vom Mittelwert $\bar{x}$ sind erheblich größer als im Fall b). Zur Beurteilung der "Qualität" des Meßverfahrens ist somit auch ein Maß für die Streuung notwendig, da der Mittelwert alleine noch nicht aussagekräftig ist: Der Mittelwert ist bei starker Streuung der Einzelwerte wesentlich unsicherer als bei geringer Abweichung der einzelnen Werte vom Mittelwert!

13.2 Die Spannweite

Die Spannweite R einer Meßreihe von n Einzeldaten ist die Differenz zwischen dem kleinsten (x_{min}) und größten (x_{max}) Wert.

$$\text{Spannweite } R = x_{max} - x_{min} \qquad (67)$$

Prinzipiell kann zur Berechnung von R das Programm Nr.10 "Sortieren von Meßwerten und Ermittlung des Zentralwertes" verwendet werden. Durch Abrufen der Speicher mit den Adressen 01 und n können nach dem Ordnen der Werte x_{min} und x_{max} ermittelt werden. Die nach Gl.67 berechnete Differenz ist dann die Spannweite R.

Da bei n vorhandenen Datenspeichern im Rechner aber nur n - 4 Einzelwerte sortiert werden können, ist somit bei den meisten Geräten nur eine sehr eng begrenzte Zahl von Daten zu verarbeiten. Um aus einer beliebigen Anzahl von Meßwerten die Spannweite bzw. x_{min} und x_{max} zu ermitteln, wählt man ein anderes Prinzip, das es gestattet, mit Hilfe von nur 6 Speichern die Rechnung durchzuführen:

Zunächst werden 2 Konstantenspeicher mit den Werten $x_{max} = 0$ und $x_{min} = 10^{98}$ belegt. Wir wollen annehmen, daß der Speicher 1 für x_{min} und der Speicher 2 für x_{max} reserviert ist. Für jeden eingegebenen Meßwert wird nun ein Vergleich mit den Inhalten der Speicher 1 und 2 durchgeführt. Ist der Meßwert kleiner als der Inhalt von Speicher 1, dann wird dieser Wert als neuer "x_{min}-Wert" definiert und in den Speicher 1 gebracht. Ist der Meßwert dagegen größer als der Inhalt von Speicher 2, dann wird er als neuer "x_{max}-Wert" definiert und in den Konstantenspeicher 2 geschrieben. Trifft die dritte Möglichkeit zu - liegt nämlich der Meßwert zwischen den bisherigen "x_{min}"-

und "x_{max}"-Werten - dann bleiben die Inhalte der Speicher 1 und 2 unverändert. In diesem Fall stellen die Speicherinhalte nämlich bereits den kleinsten bzw. größten Wert der überprüften Daten dar.

Die Belegung der Speicher mit den "Startwerten" $x_{max} = 0$ und $x_{min} = 10^{98}$ hat folgende Bedeutung: Beim Beginn des Programms, d.h. vor der Eingabe der Daten, sind ja naturgemäß die Speicher 1 und 2 noch nicht mit Meßwerten belegt. Die Inhalte könnten theoretisch beliebig gewählt werden. Damit aber einer der Meßwerte als möglicher "x_{min}"- bzw. "x_{max}"-Wert erkannt wird, muß er in jedem Fall größer als der Inhalt von Speicher 2 (reserviert für x_{max}) oder kleiner als der Inhalt von Speicher 1(reserviert für x_{min}) sein. Würde man nämlich z.B. den Speicher 1 mit dem Wert x = 10 belegen, und wären die Meßwerte aber <u>alle</u> größer als 10, dann würde der Fall $x <$ Speicher 1 nie eintreten, und aus dem Datenvorrat könnte x_{min} nie ermittelt werden. Entsprechendes gilt für den größten Meßwert. Aus diesem Grund erfolgt die Wahl der o.g. "Startwerte".

Programm Nr.11 Spannweite und kleinster und größter Wert einer Meßreihe

Speicherbelegung: [RCL] [1] = x_{min} [RCL] [0] = i
[RCL] [2] = x_{max}
[RCL] [3] = x_i

Schritt-Nr.	Befehl	Erläuterung
1	0	Startwert für
2	STO 2	$x_{max} = 0$
3	EXP 98	Startwert für
4	STO 1	$x_{min} = 10^{98}$
5	LABEL 1	
6	1	lfd. Nummer des
7	RCL + 0	Meßwertes als
8	KENNZIFFER	Kennzahl i
9	STOP	Eingabe x_i

Schritt-Nr.	Befehl	Erläuterung
10	STO 3	Wenn $x_i < x_{min}$, dann
11	RCL - 1	Sprung nach LABEL 2,
12	JUMP - 2	sonst $\longrightarrow$ Schritt 13
13	RCL 3	Wenn $x_i > x_{max}$, dann
14	RCL - 2	Sprung nach LABEL 3,
15	JUMP + 3	sonst $\longrightarrow$ Schritt 16
16	1	i: = i + 1 und zurück
17	STO + 0	nach LABEL 1, wenn
18	JUMP 1	$x_{min} \leqslant x_i \leqslant x_{max}$.
19	LABEL 2	
20	RCL 3	$x_i \longrightarrow x_{min}$
21	STO 1	
22	1	i: = i + 1
23	STO + 0	
24	JUMP 1	Rücksprung nach LABEL 1
25	LABEL 3	
26	RCL 3	$x_i \longrightarrow x_{max}$
27	STO 2	
28	1	i: = i + 1
29	STO + 0	
30	JUMP 1	Rücksprung nach LABEL 1
31	LABEL 4	
32	RCL 1	
33	STOP	Ausgabe x_{min}
34	RCL 2	
35	STOP	Ausgabe x_{max}
36	RCL 2	
37	RCL - 1	
38	STOP	Ausgabe $R = x_{max} - x_{min}$

Nachdem alle Meßwerte eingegeben sind und der letzte Wert mit START auch mit den Speicherinhalten von RCL 1 und RCL 2 verglichen ist, wird mit JUMP 4 START zunächst x_{min} in die Anzeige gebracht. Nach einem erneuten START-Befehl erscheint der größte Wert x_{max} in der Anzeige, und nach einem weiteren START wird die Spannweite R berechnet und ebenfalls angezeigt.

Beispiel 8

Gegeben sei die Datenreihe 4,9,2,17,38,13,9,29,3,18,5,27, von der die Spannweite sowie der kleinste und größte Meßwert zu ermitteln sind.

Programmablauf (System Compucorp 326):

a) Programm eintippen bzw. einlesen (Band o. Kassette)

b) [0] [STO] [0] [JUMP] [START] [START]

c)

	Anzeige
	1.
Eingabe x_1	4.0000
[START]	
	2.
Eingabe x_2	9.0000
[START]	
⋮	⋮ ⋮
	12.
Eingabe x_{12}	27.0000
[START]	
	13.
[JUMP] [4] [START]	
Ausgabe x_{min}	2.0000

[START]

Ausgabe x_{max} 38.0000

[START]

Ausgabe R (Spannweite) 36.0000

Der kleinste Meßwert der Reihe ist also 2, der größte 38, und die Spannweite beträgt 36.

Die Spannweite ist ein Streuungsmaß, das nur von 2 Meßwerten (nämlich x_{min} und x_{max}) abhängt. Die Aussagekraft ist daher bei einer größeren Anzahl von Meßwerten hinsichtlich der Streuung der Einzelwerte nur gering. Als Streuungsmaß sollte die Spannweite daher nur bis zu einem Meßwertumfang von n = 10 angewendet werden.

13.3 Die Standardabweichung

13.3.1 Definition und Bedeutung der Standardabweichung

Führt man von einem Versuch oder einer Analyse eine große Zahl von Wiederholungen unter den gleichen Bedingungen durch, und trägt man die Meßwerte gegen ihre Häufigkeit in einem Koordinatensystem auf (nach Einteilung in Klassen), dann ergibt sich für den Fall, daß die Werte symmetrisch zum "wahren" Wert μ verteilt sind, eine Glockenkurve, wie in Abschn. 11 gezeigt wurde. Für unendlich viele Werte bzw. in guter Näherung auch für eine große, endliche Zahl von Meßwerten stellt die Glockenkurve die Gaußsche Normalverteilung dar.
Die Glockenkurve kann allgemein durch die Funktion

$$h = a \cdot e^{-bx^2} = f(x) \qquad (68)$$

beschrieben werden, wobei h die Häufigkeit und x den Meßwert darstellt. Die Werte a und b sind zunächst irgendwelche Konstanten.

Bedeutung der Konstanten a und b

Nach der Theorie liegt das Maximum der Gaußkurve an der Stelle $x = \mu$, wobei μ der "wahre" Wert der Grundgesamtheit ist. Das Maximum der Funktion $h = f(x)$ nach Gl.68 liegt an der Stelle $x = 0$. Da andererseits der Wert μ meist ungleich Null ist, führt man folgende Transformation durch:

$$x' = x - \mu \qquad (69)$$

Damit erhält Gl.68 die Form:

$$h = f(x') = a \cdot e^{-b(x-\mu)^2} , \qquad (70)$$

d.h. die Funktion $f(x')$ ist gegenüber $h = f(x)$ um den Betrag μ parallel zur Ordinatenachse verschoben. Das Maximum der transformierten Funktion liegt damit bei $x = \mu$.

Die Fläche unter der Glockenkurve zwischen $x = x_1$ und $x = x_2$ ist nun ein Maß für die Wahrscheinlichkeit, einen x-Wert innerhalb dieser Grenzen anzutreffen. Führt man beispielsweise bei einer chemischen Analyse mehrere Wiederholungen durch, dann stellen die Einzelergebnisse einen Teil der dieser Analyse zugrunde liegenden Grundgesamtheit von Meßwerten dar. Die Fläche unter der Glockenkurve zwischen $x = x_1$ und $x = x_2$ gibt dann den prozentualen Anteil der Grundgesamtheit an, der zwischen diesen Grenzen liegt. Da die Fläche unter einer Funktion durch das entsprechende Integral beschrieben wird, erhält man die Beziehung

Fläche unter der Gaußkurve zwischen x_1 und x_2:

$$W = \int_{x_1}^{x_2} f(x')\, dx' \qquad (71)$$

Im folgenden Diagramm wird die Verschiebung der Glockenkurve um den Betrag μ parallel zur Ordinatenachse und die Wahrscheinlichkeit W noch einmal graphisch verdeutlicht:

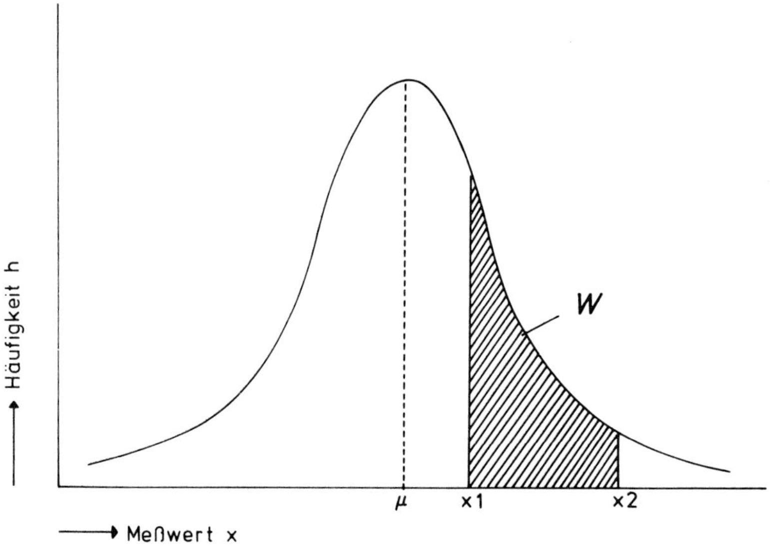

Abb.7 Wahrscheinlichkeit W als Fläche unter der Gaußschen Normalverteilung

Aus G.71 ergibt sich, daß die Gesamtfläche unter der Glockenkurve ein Maß für die Wahrscheinlichkeit ist, überhaupt einen Meßwert anzutreffen, d.h. einen Wert x, für den die Bedingung

$$-\infty \leqslant x \leqslant +\infty \qquad (72)$$

gilt. Da die Wahrscheinlichkeit hierfür 100% beträgt, setzt man definitionsgemäß die Gesamtfläche unter der Normalverteilung gleich 1 bzw. gleich 100%:

$$W(-\infty \leqslant x \leqslant +\infty) = \int_{-\infty}^{+\infty} a \cdot e^{-b(x-\mu)^2}\, dx = 1 \qquad (73)$$

Da die mathematische Theorie (4) weiterhin liefert:

$$\int_{-\infty}^{+\infty} a \cdot e^{-b(x-\mu)^2}\, dx = a\sqrt{\frac{\pi}{b}} , \qquad (74)$$

folgt für die Konstante a:

$$a = \sqrt{\frac{b}{\pi}} . \qquad (75)$$

Die Streuung der Einzelwerte der Grundgesamtheit ist offensichtlich durch die "Breite" der Glockenkurve gegeben:

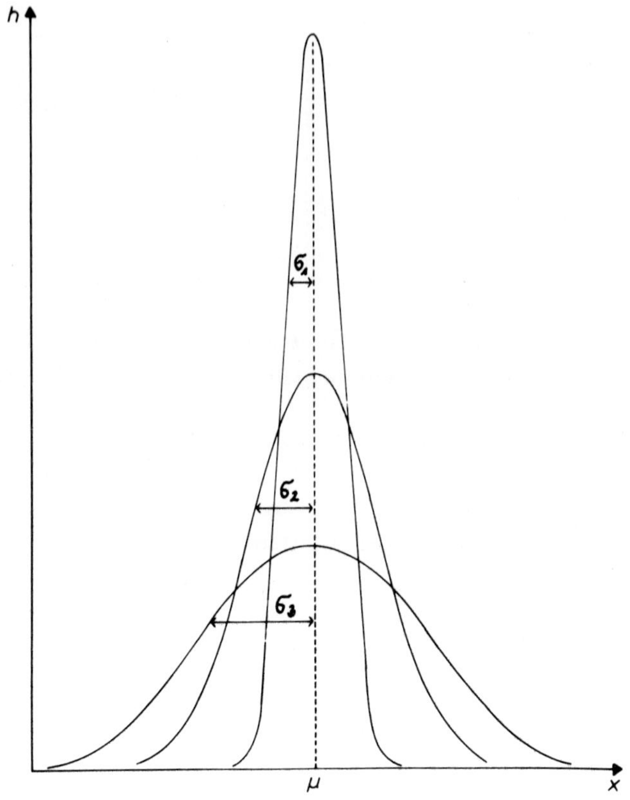

Abb.8 "Breite" der Glockenkurve als Maß für die Streuung der Einzelwerte

Um die "Breite" der Normalverteilung quantitativ zu beschreiben, hat man als Maß für die Streuung der Einzelwerte definitionsgemäß den halben Abstand zwischen den Wendepunkten der Gaußkurve gewählt. Man bezeichnet ihn als Standardabweichung.

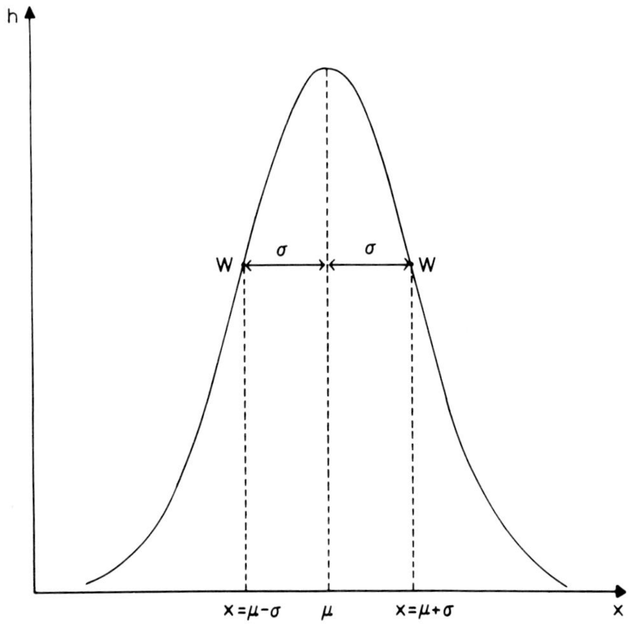

Abb.9 Definition der Standardabweichung an der Normalverteilung

Definition:

Standardabweichung = Halber Abstand zwischen den Wendepunkten der Gaußkurve

Die Standardabweichung der Grundgesamtheit wird mit dem Symbol σ bezeichnet, während man für den Schätzwert das Symbol s verwendet. Die Größe σ erhält man, wenn - theoretisch - aus unendlich vielen Meßwerten die Normalverteilung konstruiert wird und man den halben Abstand der Wendepunkte ermittelt. Entsprechend ergibt sich ein geschätzter Wert s für σ , wenn nur eine endliche Zahl von Meßwerten zugrunde gelegt wird.

Aus der Abb.8 erkennt man: Je "schlanker" die Normalverteilung ist, desto kleiner ist die Standardabweichung, d.h. um so weniger weichen die Einzelwerte vom Mittelwert μ ab.

Wenn die Standardabweichung σ definitionsgemäß gleich dem halben Abstand der Wendepunkte der Glockenkurve ist, dann läßt sich mathematisch zeigen, daß für die Konstante b in Gl.70 gilt:

$$b = \frac{1}{2 \cdot \sigma^2} \qquad (76)$$

Somit folgt mit den Gleichungen 75 und 76 für die Funktion der Normalverteilung

$$h = a \cdot e^{-b(x - \mu)^2} = \frac{1}{\sigma\sqrt{2\pi}} e^{-\frac{1}{2}\left(\frac{x - \mu}{\sigma}\right)^2} , \qquad (77)$$

wie man sich durch Einsetzen leicht überzeugen kann.

Die Gl.77 für die Normalverteilung bezeichnet man auch als Gaußsche Fehlerfunktion. Sie hat ihr Maximum bei $x = \mu$ und die Wendepunkte bei $x = \mu + \sigma$ und $x = \mu - \sigma$. Man erkennt, daß die Gestalt der Gauß-Kurve durch die Parameter μ und σ eindeutig festgelegt ist. Der Mittelwert μ bestimmt die Lage der Verteilung auf der Abszisse, während es von der Standardabweichung σ abhängt, ob die Glockenkurve flach oder steil verläuft. Da μ und σ theoretisch beliebige Werte annehmen können, sind somit unendlich viele Normalverteilungen möglich. Um eine Normierung vornehmen zu können, setzt man

$$\frac{x - \mu}{\sigma} = z \quad , \qquad (78)$$

d.h. man drückt den Abstand $x - \mu$ in Vielfachen der Standardabweichung σ aus. Aus der obigen Beziehung folgt dann:

$$z = \frac{x - \mu}{\sigma} \qquad (79)$$

$$h = f(z) \quad . \tag{80}$$

Die Funktion f(z) ergibt sich dabei aus folgender Überlegung:

$$\int f(x) \cdot dx = \int f(z) \cdot dz \tag{81}$$

Aus $z = \frac{x - \mu}{\sigma}$ folgt

$$\frac{dz}{dx} = \frac{1}{\sigma} \tag{82}$$

$$dx = \sigma \cdot dz \tag{83}$$

Für das Integral der Normalverteilung erhält man damit:

$$\int \frac{1}{\sigma\sqrt{2\pi}} e^{-\frac{1}{2}\left(\frac{x-\mu}{\sigma}\right)^2} dx = \int \frac{1}{\sqrt{2\pi}} e^{-\frac{1}{2} \cdot z^2} dz \tag{84}$$

Die Funktion für die sog. <u>Standard-Normalverteilung</u> lautet:

$$h = \frac{1}{\sqrt{2\pi}} e^{-\frac{1}{2} z^2} \quad . \tag{85}$$

Diese Funktion hat ihr Maximum bei z=0 und die Wendepunkte bei z = 1 und z = -1.

Die Standard-Normalverteilung ist nun für die Beantwortung der folgenden Fragen von Bedeutung:

1. Wieviel % der "möglichen" Meßwerte der Grundgesamtheit liegen zwischen den Werten $\mu + z_1\sigma$ und $\mu + z_2\sigma$?

Die Werte z_1 und z_2 können positiv, negativ, gleich aber auch verschieden sein. Das Problem kann durch Integration der Standard-Normalverteilung gelöst werden.

2. Zwischen welchen Grenzen $\mu \pm z\,\sigma$ liegen P% aller "möglichen" Meßwerte der Grundgesamtheit? Eine Lösung ist hier durch Berechnen der Inversen Funktion des Gaußschen Integrals (Gl.84) möglich.

Für die Praxis ergibt sich aus dem oben Gesagten folgender wichtiger Satz:

Für ein gegebenes Meßverfahren, das eine durch μ und σ beschriebene Grundgesamtheit von "möglichen" Meßwerten besitzt, stellt die Fläche unter der Standardnormalverteilung zwischen z_1 und z_2 die Wahrscheinlichkeit dar, einen Wert innerhalb dieser Grenzen anzutreffen.

Ermittelt man daher für eine bestimmtes Analysenverfahren oder für einen physikalischen oder biologischen Versuch die Parameter μ und σ der Grundgesamtheit (durch eine möglichst große Zahl von Wiederholungsmessungen), dann kann man damit vorhersagen, welche Meßwerte mit welcher Wahrscheinlichkeit bei weiteren Wiederholungen auftreten werden. Dies ist insbesondere auch für die Herstellung von Produkten von Bedeutung. Soll z.B. ein bestimmtes Produkt bei der Herstellung ein vorgegebenes Gewicht um nicht mehr als 1% über- oder unterschreiten, dann läßt sich - bei Kenntnis von μ und σ des Herstellungsprozesses - eine Aussage über den zu erwartenden Ausschuß machen.

Bei der Ermittlung der Fläche unter der Normalverteilung zwischen z_1 und z_2 sind mehrere Fälle zu unterscheiden. Der einfachste Fall ist der, daß die Fläche symmetrisch zur Ordinatenachse liegt. Die Größe z_1 ist dann gleich $-z_2$, d.h. die Absolutwerte von z_1 und z_2 sind gleich. Weitere Fälle sind in den Abbildungen 10 bis 14 dargestellt.

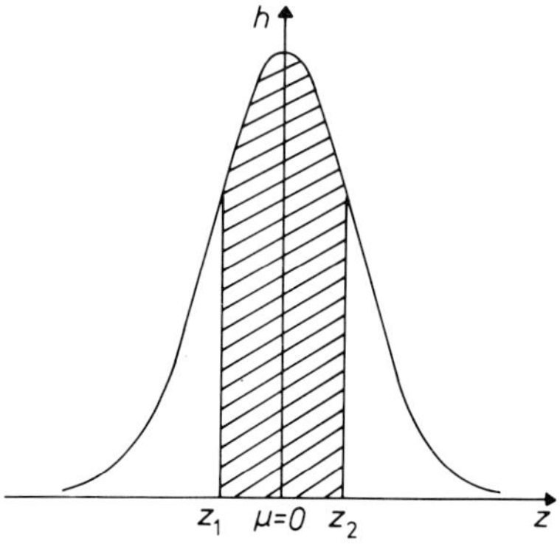

Abb.10 Wahrscheinlichkeit W als Fläche unter der Normalverteilung

$z_1 = -z_2$ $h = f(z)$

Meßwerte x zwischen $\mu + z_2\sigma$ und $\mu - z_2\sigma$.

$$W = \int_{z_1}^{z_2} f(z)\cdot dz$$

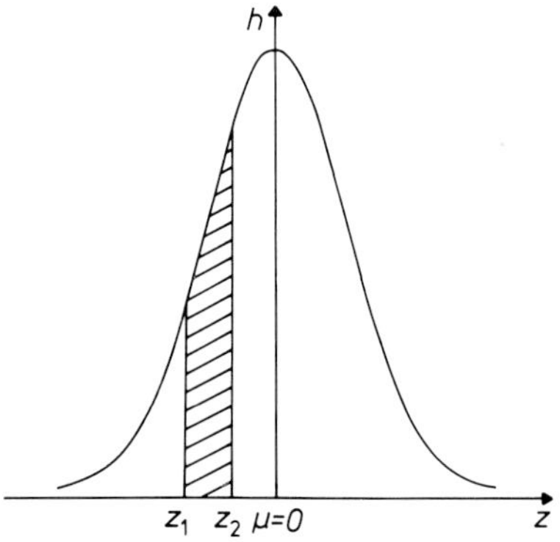

Abb.11 Wahrscheinlichkeit W als Fläche unter der Normalverteilung

$z_1 \neq z_2$ $h = f(z)$

Meßwerte x zwischen $\mu + z_1\sigma$ und $\mu + z_2\sigma$. z_1 und z_2 beliebig

$$W = \int_{z_1}^{z_2} f(z)\cdot dz$$

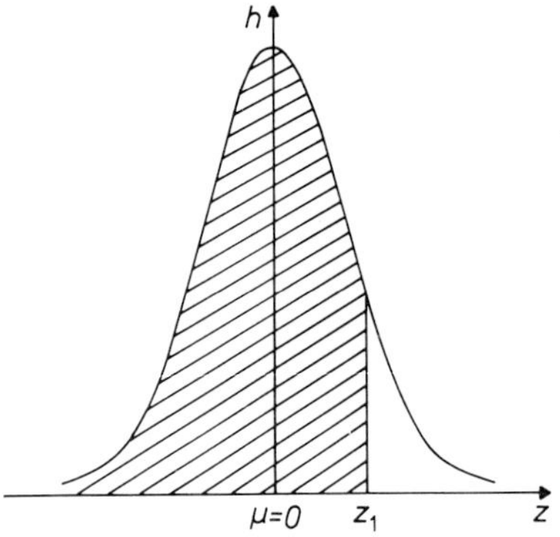

Abb.12 Wahrscheinlichkeit W als Fläche unter der Normalverteilung

$h = f(z)$

Meßwerte x kleiner als $\mu + z_1\sigma$.

$$W = \int_{-\infty}^{z_1} f(z)\cdot dz$$

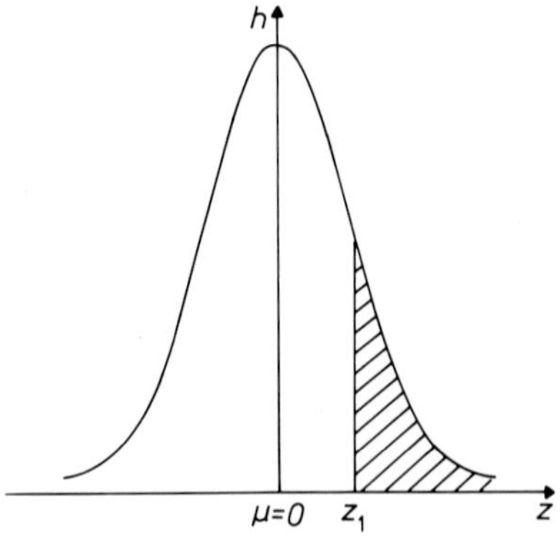

Abb.13 Wahrscheinlichkeit W als Fläche unter der Normalverteilung

$h = f(z)$

Meßwerte x größer als $\mu + z_1\sigma$.

$$W = \int_{z_1}^{+\infty} f(z)\cdot dz$$

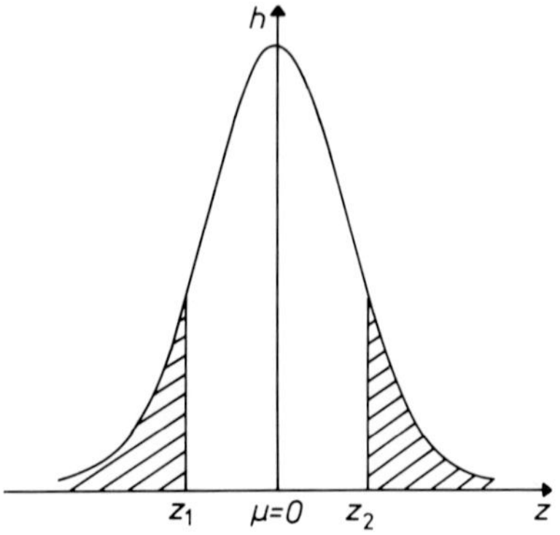

Abb.14 Wahrscheinlichkeit W als Fläche unter der Normalverteilung

$z_1 = - z_2$ $h = f(z)$

Meßwerte x kleiner als $\mu - z_2\sigma$ und größer als $\mu + z_2\sigma$.

$$W = \int_{-\infty}^{z_1} f(z)\cdot dz + \int_{z_2}^{+\infty} f(z)\cdot dz$$

Da die Normalverteilung symmetrisch zur Ordinatenachse ist, folgt damit, daß die Fläche zwischen $-\infty$ und $z = 0$ 50% der Gesamtfläche ausmacht. In Tabellen findet man daher meist nur die Flächen in Abhängigkeit von z-Werten größer als Null. Ausführliche Tabellen für die Flächen unter der Standard-Normalverteilung in Abhängigkeit von z finden sich bei (5) und (6).

13.3.2 Integration der Normalverteilung

Einfacher, genauer und ohne Verwendung von Tabellen lassen sich die Flächen unter der Normalverteilung berechnen, wenn man ein Rechenprogramm zur Integration der Gauß-Verteilung zur Verfügung hat. Da das Integral nicht explizit lösbar ist, müssen in jedem Fall Näherungsverfahren angewandt werden.

Berechnet werden soll der wichtigste Fall: Die Fläche zwischen den Grenzen +z und -z. Dies entspricht dem in Abb.10 dargestellten Problem. Alle anderen Fälle können - wie noch gezeigt wird - darauf zurückgeführt werden.

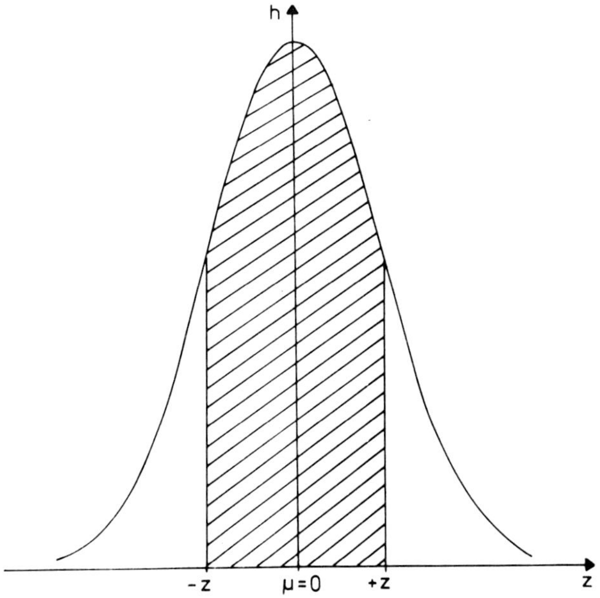

Abb.15 Fläche unter der Gauß-Kurve zwischen +z und -z.

Definition: $$\int_{-z}^{+z} f(z) \cdot dz \equiv S \qquad (86)$$

$$S^{*} = 100 \cdot S \quad (\%) \qquad (87)$$

a) Integration durch Reihenentwicklung

Nach Abramowitz und Stegun (7) gilt für die Fläche S^* unter der Normalverteilung zwischen -z und +z :

$$S^*(\%) = 200 \cdot f(z) \sum_{n=0}^{n=\infty} \frac{z^{(2n+1)}}{1 \cdot 3 \cdot 5 \ldots (2n+1)} \qquad (88)$$

$$f(z) = \frac{1}{\sqrt{2\pi}} e^{-z^2/2}$$

Die einzelnen Glieder der Summe in Gl. 88 lauten:

$$\frac{z^1}{1}, \frac{z^3}{1 \cdot 3}, \frac{z^5}{1 \cdot 3 \cdot 5}, \ldots \frac{z^{(2n+1)}}{1 \cdot 3 \cdot 5 \ldots (2n+1)}$$

Um die einzelnen Reihenglieder zu berechnen, kann folgende Rekursivformel angewandt werden:

$$G_{k+1} = \frac{z^2}{2k+1} G_k \qquad \text{mit } G_1 = z \qquad (89)$$

Es folgt also:

$$G_1 = z$$

$$G_2 = \frac{z^2}{2 \cdot 1 + 1} G_1 = \frac{z^3}{1 \cdot 3}$$

$$G_3 = \frac{z^2}{2 \cdot 2 + 1} G_2 = \frac{z^5}{1 \cdot 3 \cdot 5}$$

$$G_4 = \frac{z^2}{2 \cdot 3 + 1} G_3 = \frac{z^7}{1 \cdot 3 \cdot 5 \cdot 7} \qquad \text{usw.}$$

Die Reihenentwicklung wird abgebrochen, wenn G_k kleiner als eine vorgegebene Schwelle ε ist.

Das folgende Fließdiagramm gibt einen schematischen Überblick des Berechnungsprinzips. Dabei werden die Einzelglieder der Reihe mit G, die Summe der Reihenglieder mit R sowie die laufende Nummer der Reihenglieder mit K bezeichnet.

Abb.16 Fließdiagramm zur Integration der Normalverteilung durch Reihenentwicklung

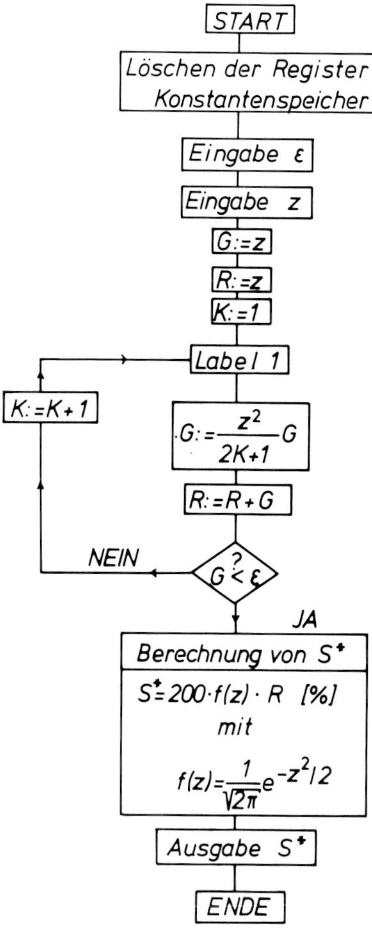

Ein Rechenprogramm zur Ermittlung der Fläche S bzw. S* könnte demnach wie folgt aussehen:

Programm Nr.12 Integration der Normalverteilung in den Grenzen -z und +z durch Reihenentwicklung

Schritt-Nr.	Befehl	Erläuterung
1	1	Kennzahl 1.
2	KENNZAHL	
3	STOP	Eingabe ε
4	STO 1	
5	2	Kennzahl 2.
6	KENNZAHL	
7	STOP	Eingabe z
8	STO 2	z
9	STO 3	$G_1 := z$
10	STO 4	$R := z$
11	x^2	$z^2 \longrightarrow$ STO 5
12	STO 5	
13	1	$K := 1$
14	STO 0	
15	LABEL 1	
16	RCL 5	
17	:	
18	(	
19	2	$\frac{z^2}{2K+1}$
20	RCL x 0	
21	+	
22	1	
23	)	
24	=	
25	STO x 3	$G_{K+1} = \frac{z^2}{2K+1} G_K$
26	1	$K := K + 1$
27	STO + 0	

Fortsetzung von Programm Nr.12
Integration der Normalverteilung
in den Grenzen -z und +z durch
Reihenentwicklung

Schritt-Nr.	Befehl	Erläuterung
28	RCL 3	R: = R + G
29	STO + 4	
30	RCL 3	Wenn G $< \varepsilon$, dann
31	RCL - 1	weiter mit Schritt 33,
32	JUMP += 1	sonst ⟶ LABEL 1
33	RCL 2	z^2
34	x^2	
35	:	
36	2	$-\frac{z^2}{2}$
37	=	
38	CHS	
39	e^x	$e^{-\frac{z^2}{2}}$
40	:	
41	(	
42	2	
43	x	2π
44	π	
45	=	$f(z) = \frac{1}{\sqrt{2\pi}} e^{-\frac{z^2}{2}}$
46	$\sqrt{\ }$	
47	)	
48	x	
49	RCL 4	$f(z) \cdot R$
50	x	
51	200	
52	=	$S^* = 200 \cdot f(z) \cdot R$
53	STOP	Ausgabe S^*
54	JUMP START	Rücksprung zum START

Speicherbelegung:

RCL	0	= K
RCL	1	= ε
RCL	2	= z
RCL	3	= G
RCL	4	= R
RCL	5	= z^2

Beispiel 9

Von 250 Männern zwischen 40 und 50 Jahren ist experimentell der Blutdruck bestimmt worden. Es zeigte sich, daß die Verteilung der Werte sehr gut einer Normalverteilung gehorcht mit dem mittleren Wert μ = 140 Torr und der Standardabweichung 15 Torr (Zur Prüfung einer Reihe von Meßwerten auf Normalverteilung siehe Abschn. 18.6). Gefragt ist der Anteil der Männer, deren Blutdruck zwischen 110 und 170 mm Hg liegt, d.h. der Anteil der Werte, die um die 2-fache Standardabweichung nach oben und unten vom Mittelwert μ abweichen.

Programmablauf: Für ε soll 10^{-5} eingesetzt werden, d.h. die Reihenentwicklung nach Gl. 88 bzw. Gl. 89 soll abgebrochen werden, wenn G kleiner als 10^{-5} wird.

a) Programm eintippen bzw. einlesen.

b) JUMP START START

c)

	1.
Eingabe ε	0.00001
START	
	2.
Eingabe z = 2	2.0000
START	
Ausgabe S^* (%)	95.4500

Das Ergebnis zeigt, daß 95,45 % aller Männer zwischen 40 und 50 Jahren einen Blutdruck besitzen, der zwischen 110 und 170 mm Hg liegt. Dies bedeutet andererseits, daß "statistisch" jeder zwanzigste Mann einen Blutdruck hat, der kleiner als 110 oder größer als 170 mm Hg ist.

b) Integration durch Polynomapproximation

Abramowitz und Stegun (7) geben eine Näherungslösung über eine Polynomentwicklung an, die auf einer Approximation von C.Hastings (8) beruht:

$$S^{*} (\%) = 100 (1 - 2P) \tag{90}$$

$$P = f(z) \left[a_1 t + a_2 t^2 + a_3 t^3 + a_4 t^4 + a_5 t^5 \right] \tag{91}$$

Eine Umformung mit Hilfe des Horner-Schemas (siehe S.86) ergibt dann:

$$P = f(z) \cdot t(a_1 + t(a_2 + t(a_3 + t(a_4 + a_5 t)))) \tag{92}$$

$$t = \frac{1}{1 + r z} \tag{93}$$

$$f(z) = \frac{1}{\sqrt{2\pi}} e^{-z^2/2}$$

$r = 0{,}2316419$ $\qquad a_3 = 1{,}781477937$

$a_1 = 0{,}31938153$ $\qquad a_4 = -1{,}821255978$

$a_2 = -0{,}356563782$ $\qquad a_5 = 1{,}330274429$

Der Wert für P entspricht der Fläche unter der Normalverteilung zwischen +z und + ∞. Bei Angabe von P in Prozent beträgt der Fehler der Polynomapproximation gegenüber der "exakten" Lösung weniger als $7,5 \cdot 10^{-6}$%!

Bei der Erstellung eines entsprechenden Rechenprogramms muß beachtet werden, daß die Konstanten r und a_1 bis a_5 vor Programmlauf abgespeichert werden müssen. Besitzt man einen Rechner, der über einen Magnetkartenleser oder eine Bandstation verfügt, dann werden die Konstanten einmal in den entsprechenden Konstantenspeichern abgelegt und auf Band oder Magnetkarte "geschrieben", von wo sie dann bei Bedarf abgerufen werden können. Hierzu sind die speziellen Anleitungen der Rechner heranzuziehen. Für die Systeme Compucorp 326 und 327 sei das Prinzip des "Schreibens" auf Magnetband und des "Lesens" von Band kurz beschrieben:

Die Bandkassetten sind in "Segmente" aufgeteilt, von denen jedes 14 Datensätze oder 14 Programme aufnehmen kann. Der Umfang der Datensätze bzw. Programme entspricht dabei der Zahl der auf dem Rechner zur Verfügung stehenden Konstantenspeicher bzw. Programmspeicherplätze (12 Konstanten oder 160 Programmschritte beim System Compucorp 326 bzw. 44 Konstanten oder 416 Programmschritte beim System Compucorp 327).
Zum Schreiben von Konstanten auf Band dient der Befehl n WRITE ON TAPE m. Dabei ist n die Nummer des Datensatzes und m die höchste Adresse des Konstantenspeichers, der auf das Band geschrieben werden soll. Bei dem System Compucorp 327 mit 44 Konstantenspeichern (Adressen 00 bis 43) bedeutet danach z.B. der Befehl 3 WRITE ON TAPE 5, daß die Inhalte der Speicher 00 bis 05 auf den 3. Datensatz des Segments, das angesteuert ist, geschrieben werden. Entsprechend bewirkt dann der Befehl 3 READ FROM TAPE, daß die Inhalte der Speicher 00 bis 05 vom Band in die Konstantenspeicher 00 bis 05 im Rechner übertragen werden. Sollen also z.B. die Konstanten r und a_1 bis a_5, die in den Speichern 0 bis 5 abgelegt sind, auf den Block 1 (1.Datensatz) des Bandanfangs geschrieben werden, dann sind dazu folgende Befehle notwendig:

r	STO	0	a_3	STO	3	
a_1	STO	1	a_4	STO	4	1 WRITE ON TAPE 5.
a_2	STO	2	a_5	STO	5	

Programm Nr. 13 Integration der Normalverteilung in den Grenzen -z und +z durch Polynomapproximation

Speicherbelegung:

RCL 0	= r	RCL 5	= a_5
RCL 1	= a_1	RCL 6	= z
RCL 2	= a_2	RCL 7	= f(z)
RCL 3	= a_3	RCL 8	= t
RCL 4	= a_4		

Schritt-Nr.	Befehl	Erläuterung
1	1	
2	KENNZAHL	KENNZAHL 1.
3	STOP	Eingabe z
4	STO 6	
5	RCL x 0	r·z
6	+	
7	1	1 + r z
8	=	
9	1/x	
10	STO 8	t = 1/(1 + rz)
11	π	
12	+	
13	=	
14	$\sqrt{\ }$	
15	1/x	$1/\sqrt{2\pi}$
16	STO 7	
17	RCL 6	
18	x^2	
19	:	$e^{-z^2/2}$
20	2	
21	=	
22	CHS	
23	e^x	

Fortsetzung von Programm Nr.13
Integration der Normalverteilung
in den Grenzen -z und +z durch
Polynomapproximation

Schritt-Nr.	Befehl	Erläuterung
24	STO x 7	f(z)
25	RCL 8	t
26	RCL x 5	$a_5 t$
27	RCL + 4	$a_4 + a_5 t$
28	RCL x 8	$t(a_4 + a_5 t)$
29	RCL + 3	$a_3 + t(a_4 + a_5 t)$
30	RCL x 8	$t(a_3 + t(a_4 + a_5 t)$
31	RCL + 2	$a_2 + t(a_3 + t(a_4 + a_5 t))$
32	RCL x 8	$t(a_2 + t(a_3 + t(a_4 + a_5 t)))$
33	RCL + 1	$a_1 + t(a_2 + t(a_3 + t(a_4 + a_5 t)))$
34	RCL x 8	$t(a_1+t(a_2+t(a_3+t(a_4+a_5 t))))$
35	RCL x 7	P
36	x	
37	2	2 P
38	=	
39	CHS	- 2 P
40	+	
41	1	
42	x	1 - 2 P
43	100	
44	=	$S^* = 100\ (1 - 2P)$ (%)
45	STOP	Ausgabe S^* (%)
46	JUMP START	Rücksprung zum START

Beispiel

Zum Vergleich soll das auf S.207 angeführte Beispiel zum Programm Nr.12 (Integration durch Reihenentwicklung) durchgerechnet werden.

Programmablauf:

a) Belegung der Speicher 0,1,2,3,4 und 5 mit den Konstanten r, a_1, a_2, a_3, a_4 und a_5 manuell oder über Band bzw. Magnetkarte
b) Einlesen des Programms
c) [JUMP] [START] [START]

	1.
Eingabe z = 2	2.0000
[START]	
Ausgabe S^* (%)	95.4500

Das Ergebnis ist identisch mit dem, was mit Programm Nr.12 erhalten wurde.

Die Berechnung nach Programm Nr.13 kann - im Gegensatz zu der Methode über die Reihenentwicklung - auch mit einem Rechner vorgenommen werden, der nur über eine lineare Programmiermöglichkeit verfügt, d.h. dem die Möglichkeit fehlt, Programmschleifen zu durchlaufen. Ansonsten sind beide Rechenverfahren gleichwertig, wie die Gegenüberstellung in Tab.52 zeigt.

In der Literatur findet man zahlreiche weitere Beispiele zur näherungsweisen Integration der Normalverteilung. Erwähnt seien insbesondere die Zusammenstellungen im "Handbook of Mathematical Functions" von Abramowitz und Stegun (7) sowie im Band 2 der Reihe "Distributions in Statistics" von Johnson und Kotz (9). Weitere Approximationen werden angegeben von Burr (10), Hart (11), Raab und Green (12), Gray (13) und Hoyt (14).

Tab.52 Vergleich der Genauigkeit bei der Integration der Normalverteilung durch Reihenentwicklung und Polynom-Approximation

z	S (%) Theorie	S (%) Reihenentwicklg.	S (%) Polynom-Approxim.
0,674490	50,00	50,000015876	50,000030213
1,036433	70,00	69,999981837	69,999977951
1,644854	90,00	90,000007695	90,000010826
1,959964	95,00	95,000000181	95,000014179
2,575829	99,00	98,999999122	98,999993240
3,290527	99,90	99,900000095	99,899988296
3,890592	99,99	99,990000004	99,989996079

Die in den Abbildungen 11 bis 14 schraffierten Flächen W lassen sich wie folgt alle auf die Berechnung der Fläche S^*(%) zwischen $-z$ und $+z$ zurückführen (siehe Abb. 10 bzw. 15):

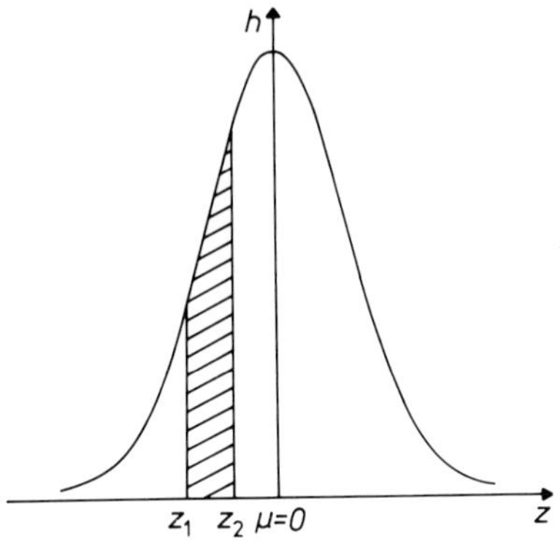

Abb.17 Berechnung von Flächen unter der Normalverteilung

W = Fläche zwischen z_1 und z_2

a) $z_1 < 0,\ z_2 < 0,\ z_1 < z_2$

$$W = \frac{1}{2}\left[\overset{*}{S}(|z_1|) - \overset{*}{S}(|z_2|)\right] \quad (\%) \quad (94)$$

b) $z_1 > 0,\ z_2 > 0,\ z_1 < z_2$

$$W = \frac{1}{2}\left[\overset{*}{S}(|z_1|) + \overset{*}{S}(|z_2|)\right] \quad (\%) \quad (95)$$

c) $z_1 < 0,\ z_2 > 0,\ z_1 \neq -z_2$

$$W = \frac{1}{2}\left[\overset{*}{S}(|z_1|) + \overset{*}{S}(|z_2|)\right] \quad (\%) \quad (96)$$

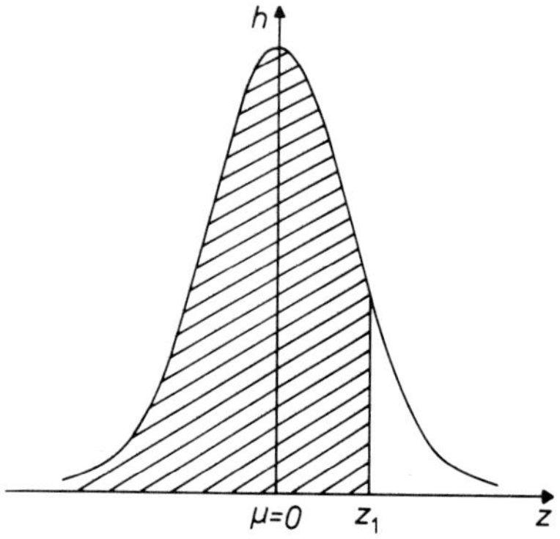

Abb.18 Berechnung von Flächen unter der Normalverteilung

W = Fläche zwischen $-\infty$ und z_1

a) $z_1 > 0$ (siehe Abbildung)

$$W = 50 + \frac{1}{2} S^*(z_1) \quad (\%) \tag{97}$$

b) $z_1 < 0$

$$W = 50 - \frac{1}{2} S^*(|z_1|) \quad (\%) \tag{98}$$

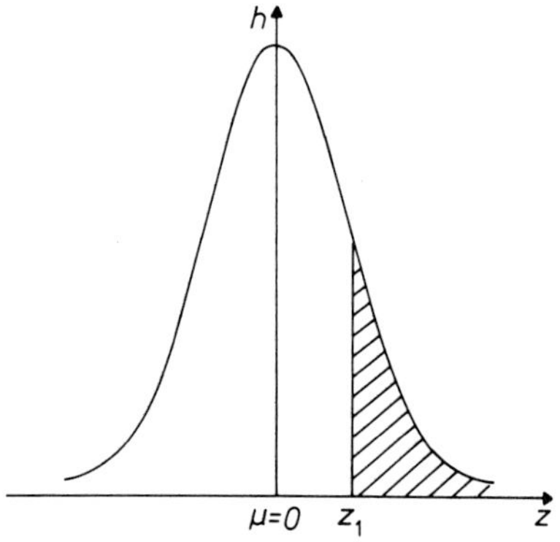

Abb.19 Berechnung von Flächen unter der Normalverteilung

W = Fläche zwischen z_1 und $+\infty$

a) $z_1 > 0$ (siehe Abbildung)

$$W = 50 - \frac{1}{2} S^*(z_1) \quad (\%) \tag{99}$$

b) $z_1 < 0$

$$W = 50 - \frac{1}{2} S^*(|z_1|) \quad (\%) \tag{100}$$

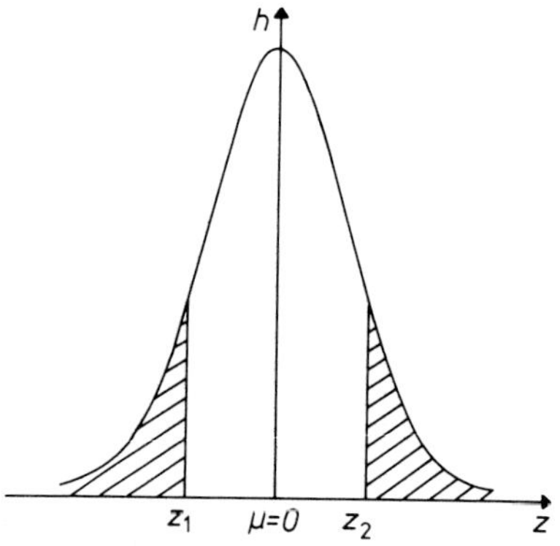

Abb.20 Berechnung von Flächen unter der Normalverteilung

W = Summe der Flächen zwischen $-\infty$ und z_1 und z_2 und $+\infty$

$z_1 = -z_2 \qquad z_2 > 0,\ z_1 < 0$

$$W = 100 - S^*(z_2) \quad (\%) \tag{101}$$

Beispiel 10

a) Für das auf S.153 beschriebene Beispiel der Längenmessung von in einem Produktionsprozeß hergestellten Schrauben ergab sich die in Abb.4 auf S.155 dargestellte Normalverteilung. Der Mittelwert μ betrug dabei 49,75 mm. Aus der genannten graphischen Darstellung läßt sich eine Standardabweichung von etwa 0,5 mm ablesen. Alle Schrauben, die den mittleren Wert μ um mehr **als** 2% nach oben oder unten überschreiten, werden als Ausschuß angesehen und aussortiert. Wie groß ist ihr Anteil an der Gesamtproduktion?

Antwort: 2% von 49,75 = 0,995 mm . Dividiert man diesen Wert durch die Standardabweichung σ = 0,5 mm, dann ergibt sich z = 1,990. Das Problem entspricht dem in Abb.20 abgebildeten Fall. Mit $z_2 \equiv z$ ergibt das Programm Nr.12 $S^* = 95{,}34$ %. Somit folgt aus Gl.101: W = 100 - 95,34 = 4,65 %. Der Ausschuß beträgt also 4,65% der Gesamtproduktion, d.h. etwas weniger als jede 20. Schraube ist im Sinne der oben gemachten Annahme fehlerhaft und unbrauchbar. Dies gilt allerdings nur, solange der Herstellungsprozeß immer unter den gleichen Bedingungen abläuft.

Beispiel 11

b) Ein Analysenverfahren zur Bestimmung eines Pestizids in Lebensmitteln hat eine Standardabweichung von ± 5 µg/kg bei einem tatsächlichen Gehalt von 50 µg/kg (Wiederfindungsversuch). Wie groß ist der Anteil aller "möglichen" - der Grundgesamtheit des Verfahrens entsprechenden - Meßwerte, die den tatsächlichen Gehalt von 50 µg/kg um nicht mehr als 30% überschreiten?

Antwort: 30% von 50 µg/kg = 15 µg/kg = 3-fache Standardabweichung (5 µg/kg). Das Problem entspricht hier dem in Abb.18 dargestellten Fall. Mit $z_1 = 3 \equiv z$ liefert das Programm 12 S = 99,73%. Mit Gl.97 folgt dann $W = 50 + \frac{1}{2}(99{,}73) = 99{,}87\%$. 99,87% aller Werte liegen also innerhalb des geforderten Bereichs, und nur ca. 1 Wert von 770 überschreitet das Limit.

13.3.3 Schranken der Normalverteilung

Bei den bisherigen Fragestellungen waren bestimmte Grenzen für die Meßwerte gegeben, und zu ermitteln war die Wahrscheinlichkeit, Meßwerte innerhalb der gegebenen Grenzen anzutreffen. Dabei war die entsprechende Fläche unter der Normalverteilung zu berechnen.

Fragt man nun umgekehrt, innerhalb welcher Grenzen die Werte einer Verteilung liegen, die einen bestimmten prozentualen Anteil der Grundgesamtheit ausmachen, dann muß dazu die Gleichung für die Flächenberechnung nach z aufgelöst werden:

$$S^{*}(-z \text{ bis } +z) = \frac{100}{\sqrt{2\pi}} \int_{-z}^{+z} e^{-z^2/2}\, dz \quad (\%) \tag{102}$$

$$z = f(S^{*}) = \; ? \tag{103}$$

Da man die Gleichung für S^{*} nicht explizit nach z auflösen kann, muß eine Näherungslösung herangezogen werden. Nach Hastings (15) gilt für den Wert z bei gegebener Fläche unter der Normalverteilung zwischen -z und +z (in %):

$$z = \eta - \frac{a_o + a_1\eta + a_2\eta^2}{1 + b_1\eta + b_2\eta^2 + b_3\eta^3} \tag{104}$$

$$z = \eta - \frac{a_o + \eta(a_1 + a_2\eta)}{1 + \eta(b_1 + \eta(b_2 + b_3\eta))} \tag{105}$$

$$\eta = \sqrt{\ln \frac{1}{P^2}} \tag{106}$$

$$P = \frac{1 - (S^{*}/100)}{2} \tag{107}$$

Die Konstanten haben dabei die Werte:

$a_o = 2{,}515517$ $b_1 = 1{,}432788$

$a_1 = 0{,}802853$ $b_2 = 0{,}189269$

$a_2 = 0{,}010328$ $b_3 = 0{,}001308$

Der nach dieser Methode berechnete z-Wert bei gegebenem S^* beträgt ca. $4 \cdot 10^{-4}$!

Löst man die Gleichungen 97 bis 101 nach S^* auf, dann lassen sich auch aus den gegebenen Flächen W (= Wahrscheinlichkeiten) die entsprechenden z-Werte ermitteln. Bei den in den Gleichungen 94 bis 96 dargestellten Fällen (siehe Abb.17) ist eine Lösung nur möglich, wenn eine der beiden Grenzen z_1 oder z_2 vorgegeben ist.

Programm Nr.14 Berechnung der Schranken z der Normalverteilung bei gegebener Fläche

Speicherbelegung:

RCL	0	$= a_o = 2{,}515517$
RCL	1	$= a_1 = 0{,}802853$
RCL	2	$= a_2 = 0{,}010328$
RCL	3	$= b_1 = 1{,}432788$
RCL	4	$= b_2 = 0{,}189269$
RCL	5	$= b_3 = 0{,}001308$
RCL	6	$= 1$
RCL	7	$= \eta$
RCL	8	$= 1 + \eta(b_1 + \eta(b_2 + b_3\eta))$
RCL	9	$= P$

Einlesen der Konstanten $a_0, a_1, a_2, b_1, b_2, b_3$ und 1 entweder "manuell" oder über Band bzw. Kassette.

Fortsetzung Programm Nr.14 Berechnung der Schranken z der Normalverteilung bei gegebener Fläche

Schritt-Nr.	Befehl	Erläuterung
1	1	
2	KENNZAHL	KENNZAHL 1.
3	STOP	Eingabe S^*
4	:	
5	100	
6	=	$P = \frac{1 - (S^*/100)}{2}$
7	CHS	
8	+ 1	
9	:	
10	2	
11	=	
12	STO 9	
13	x^2	$\eta = \sqrt{\ln \frac{1}{P^2}}$
14	1/x	
15	ln	
16	$\sqrt{\ }$	
17	STO 7	
18	RCL x 5	ηb_3
19	RCL + 4	$b_2 + \eta b_3$
20	RCL x 7	$\eta(b_2 + b_3\eta)$
21	RCL + 3	$b_1 + \eta(b_2 + b_3\eta)$
22	RCL x 7	$\eta(b_1 + \eta(b_2 + b_3\eta)$
23	RCL + 6	$1 + \eta(b_1 + \eta(b_2 + b_3\eta))$
24	STO 8	
25	RCL 7	η
26	RCL x 2	ηa_2
27	RCL + 1	$a_1 + \eta a_2$
28	RCL x 7	$\eta(a_1 + a_2\eta)$

Fortsetzung Programm Nr.14 Berechnung der Schranken z der Normalverteilung bei gegebener Fläche

Schritt-Nr.	Befehl	Erläuterung
29	RCL + 0	$a_o + \eta(a_1 + a_2\eta)$
30	RCL : 8	
31	STO - 7	z
32	RCL 7	
33	STOP	Ausgabe z
34	JUMP START	Rücksprung zum START

Beispiel 12

Im Rahmen eines Groß-Versuchs wurden aus insgesamt 5000 Laboruntersuchungen zur Bestimmung des Eiweiß-Gehaltes im Blutserum die Ergebnisse statistisch ausgewertet. Es ergab sich eine Normalverteilung mit den gerundeten Werten μ = 75g/l und σ = 5g/l. Zwischen welchen Werten liegen im Sinne der Abb.15 90% der Versuchsergebnisse? Die gesuchten Werte sollen symmetrisch zum Mittelwert liegen.

Programmablauf:

a) Programm einlesen.

b) Konstanten a_0, a_1, a_2, b_1, b_2 und b_3 in die Speicher 0 bis 5 eingeben.

c) [JUMP] [START] [START]

1.

Eingabe S (%) — 90.0000

[START]

Ausgabe z — 1.6452

Damit ergibt sich, daß 90% der Werte zwischen $\mu - z\sigma$ und $\mu + z\sigma$, also zwischen 66,8 und 83,2 g/l liegen.

Durch Einsetzen der mit Programm 14 gefundenen z-Werte in das Programm Nr.12 kann man sich von der "Güte" der Näherungslösung überzeugen. Der so ermittelte S^*-Wert müßte theoretisch mit dem vorgegebenen S^*-Wert in Programm Nr.14 übereinstimmen.

Wenn die Lösung von Hastings in der Genauigkeit nicht ausreicht, dann kann man ein erweitertes Verfahren anwenden, bei dem der Fehler kleiner als 10^{-9} % ist! Die Rechenschritte sind dabei in der Reihenfolge abzuarbeiten, in der sie angegeben sind.

a) $$S = S^* / 100 \qquad (108)$$

b) $$q = \frac{1 - S}{2} \qquad (109)$$

c) $$p = 1 - q \qquad (110)$$

d) $$\eta = \sqrt{\ln \frac{1}{q^2}} \qquad (111)$$

e) $$z_o = \eta - \frac{a_o + \eta(a_1 + a_2\eta)}{1 + \eta(b_1 + \eta(b_2 + b_3\eta))} \qquad (112)$$

f) $$f_o = \frac{1}{\sqrt{2\pi}} e^{-z_o^2/2} \qquad (113)$$

g) $$R_o = \sum_{n=0}^{n=\infty} \frac{z_o^{2n+1}}{1 \cdot 3 \cdot 5 \dots (2n + 1)} \qquad (114)$$

h) $$p_o = \frac{1}{2} + f_o R_o \qquad (115)$$

i) $$t = \frac{p - p_o}{f_o} \qquad (116)$$

j) $$z = z_o + t + \frac{z_o t^2}{2} + \frac{2z_o^2 + 1}{6} t^3 \qquad (117)$$

Tab.53 Vergleich der Methode nach Hastings und der erweiterten Methode zur Berechnung der Schranken der Normalverteilung für die Fläche zwischen -z und +z

z_o = Schranke nach der Methode von Hastings

z_k = Schranke nach dem erweiterten Verfahren

$S^*(z_o)$ = Fläche zwischen $-z_o$ und $+z_o$

$S^*(z_k)$ = Fläche zwischen $-z_k$ und $+z_k$

S^*_s = vorgegebene Soll-Fläche

S^*_s(%)	z_o	$S^*(z_o)$ %	z_k	$S^*(z_k)$ %
0,001	0,000012394879	0,000988968	0,000012533141	0,001000000
0,100	0,001249498226	0,099695508	0,001253314466	0,100000000
1,000	0,012497137793	0,997101375	0,012533469508	1,000000000
2,000	0,024998347219	1,994371807	0,025068908259	2,000000000
5,000	0,062544836351	4,987104244	0,062706777943	5,000000000
10,000	0,125380993103	9,977806533	0,125661346855	9,999999999
20,000	0,252933267827	19,96802189	0,253347103136	19,99999999
50,000	0,674189140045	49,98089269	0,674489750196	49,99999999
70,000	1,03643148519	69,99991120	1,03643338949	69,99999999
90,000	1,64521144014	90,00737849	1,64485362696	90,00000000
95,000	1,96039491692	95,00503505	1,95996398454	94,99999999
98,000	2,32678533256	98,00233065	2,32634787412	97,99999999
99,000	2,57623608131	99,00117576	2,57582930365	98,99999999
99,900	3,29076049249	99,90008306	3,29052673253	99,89999999
99,999	4,41708769755	99,99899960	4,4171736145	99,99899999

Man erkennt, daß die nach dem erweiterten Verfahren berechneten Schranken praktisch den exakten theoretischen Flächenwerten entsprechen (vergl. Spalten 1 und 5). Für die Praxis dürfte aber das einfache Verfahren nach Hastings ausreichend sein.

Die Summe R_o (Gl.114 auf S.220) wird wie in dem Programm Nr.12 "Integration der Normalverteilung durch Reihenentwicklung" berechnet. Zur Ermittlung von z_k in Tab.53 wurde dabei für ε ein Wert von 10^{-12} eingesetzt. Die Konstanten a_o, a_1, a_2, b_1, b_2 und b_3 in Gl.112 entsprechen denen aus dem Programm Nr.14 und müssen in die entsprechenden Konstantenspeicher eingegeben werden.

13.3.4 Berechnung der Standardabweichung

Die Standardabweichung der Normalverteilung ist für eine endliche aber sehr große Zahl von Einzelwerten gegeben durch

$$\sigma = \sqrt{\frac{\sum_{i=1}^{i=n} (x_i - \mu)^2}{n}} \qquad (118)$$

σ ist also gleich dem arithmetischen Mittel der quadrierten Abweichungen $x_i - \mu$. Die angegebene Formel gilt streng genommen aber nur für unendlich viele Meßwerte. Für den in der Praxis vorkommenden Fall - eine begrenzte Zahl von Meßwerten - muß die Zahl n durch die Anzahl f der sog. Freiheitsgrade und der Mittelwert μ der Grundgesamtheit durch den Schätzwert $\bar{x}$ ersetzt werden. Die Zahl f hat bei der Berechnung der Standardabweichung den Wert n -1. Damit ergibt sich für die Schätzung s der Standardabweichung

$$s = \sqrt{\frac{\sum_{i=1}^{i=n} (x_i - \bar{x})^2}{n - 1}} \qquad (119)$$

Für den Begriff der Freiheitsgrade gilt allgemein:

> Die Anzahl f der Freiheitsgrade einer Zufallsgröße ist gegeben durch die Zahl der "frei" verfügbaren Meßwerte. Sie ist gleich der Differenz aus der Stichprobengröße n und der Anzahl a der Parameter, die zur Bestimmung der Zufallsgröße notwendig sind.
>
> f = n - a = n - Zahl der geschätzten Parameter

Beispiel
Zur Bestimmung der Standardabweichung nach Gl.119 muß zunächst aus den gleichen Meßwerten (n Meßwerte x_i bis x_n) der arithmetische Mittelwert $\overline{x}$ berechnet werden. Zur Ermittlung von s ist also die Berechnung eines weiteren Parameters erforderlich. Der Wert a ist also gleich 1, die Zahl der Freiheitsgrade f beträgt demnach f = n - 1. Weitere Ausführungen zu dieser Problematik findet man bei G.Retzlaff "Statistische Versuchsplanung" (16).

Der mathematische Beweis für den Ersatz von n in Gl.118 durch den Freiheitsgrad f = n - 1 kann hier nicht gebracht werden (siehe dazu (17)). Man kann sich aber anschaulich klarmachen, warum bei der Berechnung von s der Wert n-1 im Nenner des unter der Wurzel stehenden Bruchs sinnvoll ist: Angenommen, von einem Versuch oder einer Analyse sei nur ein einziger Meßwert vorhanden. Würde im Nenner der Formel nur n stehen, erhielte man

$$s = \sqrt{\frac{\sum(x_1 - x)^2}{1}} = \sqrt{\frac{(x_1 - x_1)^2}{1}} = \frac{0}{1} = 0 \quad .$$

Diese Aussage ist jedoch falsch! Aus einem einzigen Meßwert kann man keine Aussage über die Streuung machen! Die Standardabweichung s = 0 würde sich nur dann ergeben, wenn alle Meßwerte gleich groß wären, also überhaupt keine Streuung vorhanden sein würde.

Benutzt man dagegen die obige Formel 119 mit dem Freiheitsgrad n-1, dann gilt:

$$s = \sqrt{\frac{(x_1 - x_1)^2}{1 - 1}} = \frac{0}{0} \quad .$$

Dieser Ausdruck ist mathematisch unbestimmt, was mit der Aussage übereinstimmt, daß aus einer einzigen Messung keine Berechnung der Streuung bzw. Standardabeichung möglich ist.

Die Berechnung der Standardabweichung nach Gl.119 vollzieht sich in 4 Schritten:

1. Addition aller Meßwerte x_i und anschließende Division durch die Anzahl n der Werte = Arithmetischer Mittelwert $\overline{x}$.

2. Bildung der Differenz $x_i - \overline{x}$ für jeden Einzelwert.

3. Addition der Quadrate der Differenzen.

4. Die Quadratsumme dividiert man durch n-1 und zieht aus dem Ergebnis die Wurzel. Man erhält den Wert s.

Bei dieser Art der Berechnung müssen die Meßwerte <u>zweimal</u> in die Rechnung eingegeben werden:

a) Zur Berechnung von $\overline{x}$

b) Zur Berechnung der Differenzen $x_i - \overline{x}$.

Neben der aufwendigen zweimaligen Eingabe ist diese Art der Berechnung auch sehr anfällig gegen Rundungsfehler, da in jede berechnete Differenz $x_i - \overline{x}$ der Fehler bei der Mittelwertbildung eingeht. Man kann die Gl.119 aber so umgestalten, daß nur noch eine einmalige Eingabe der Einzelwerte notwendig ist:

Durch Ausmultiplizieren der Klammer hinter dem Summenzeichen in Gl.119 erhält man:

$$\sum(x_i - \bar{x})^2 = \sum x_i^2 - 2\sum x_i \cdot \bar{x} + \sum \bar{x}^2 \qquad (120)$$

$$= \sum x_i^2 - 2\,\bar{x}\sum x_i + n\cdot\bar{x}^2 \qquad (121)$$

$$= \sum x_i^2 - \frac{2}{n}(\sum x_i)^2 + \frac{1}{n}(\sum x_i)^2 \qquad (122)$$

$$= \sum x_i^2 - \frac{1}{n}(\sum x_i)^2 . \qquad (123)$$

Damit folgt für die Standardabweichung s:

$$s = \sqrt{\frac{\sum x_i^2 - \frac{1}{n}(\sum x_i)^2}{n - 1}} \qquad (124)$$

Diese Formel bietet gegenüber der "klassischen" Berechnungsweise entscheidende Vorteile. Hat man auf dem Rechner 2 Speicher zur Verfügung, in denen man Additionen durchführen kann (Speicherarithmetik), dann ist zur Berechnung von Mittelwert und Standardabweichung nur einmal die Dateneingabe notwendig. In einem Speicher werden die x-Werte, in dem zweiten Speicher die Quadrate summiert. Hat man noch einen dritten Speicher zur Verfügung, dann kann man automatisch die Anzahl der eingegebenen Werte mitzählen (siehe dazu Programm Nr.5 S.159).

Bei der Anwendung von Gl.124 ist zu beachten, daß hierbei zwei Zahlen voneinander zu subtrahieren sind, die nur eine kleine Differenz aufweisen - nämlich $\sum x_i^2$ und $\frac{1}{n}(\sum x_i)^2$. Wenn daher mit Rundung beim Rechnen gearbeitet wird, kann ein falsches Ergebnis resultieren (siehe Abschn.2 S.17 f.). Man sollte daher die gesamte Rechnung zunächst mit der vollen zur Verfügung stehenden Stellenzahl durchführen und erst zum Schluß runden.

Programm Nr. 15 Standardabweichung und arithmetischer Mittelwert

Speicherbelegung: RCL 1 = n

RCL 2 = $\sum x_i$

RCL 3 = $\sum x_i^2$

Schritt-Nr.	Befehl	Erläuterung
1	0	Löschen der Speicher 1,2 und 3
2	STO 1	$n = 0$, $\sum x_i = 0$, $\sum x_i^2 = 0$
3	STO 2	
4	STO 3	
5	LABEL 1	
6	1	Kennzahl i.
7	RCL + 1	
8	KENNZAHL	
9	STOP	Eingabe x_i
10	STO + 2	Addition der x_i-Werte
11	x^2	x_i^2
12	STO + 3	Addition der x_i^2 - Werte
13	1	$n: = n + 1$
14	STO + 1	
15	JUMP 1	Rücksprung nach LABEL 1
16	LABEL 2	
17	RCL 3	$\sum x_i^2$
18	-	
19	RCL 2	$(\sum x_i)^2$
20	x^2	
21	RCL : 1	$\frac{1}{n} (\sum x_i)^2$
22	=	$\sum x_i^2 - \frac{1}{n} (\sum x_i)^2$

Fortsetzung von Programm Nr.15 Standardabweichung und arithmetischer Mittelwert

Schritt-Nr.	Befehl	Erläuterung
23	:	
24	(	
25	RCL 1	⎤
26	-	⎥ n - 1
27	1	⎦
28	)	
29	=	s^2
30	$\sqrt{\ }$	s
31	STOP	Ausgabe s
32	RCL 2	
33	RCL : 1	
34	STOP	Ausgabe $\overline{x}$
35	RCL 1	
36	STOP	Ausgabe n

Beispiel 13

Ein polarographisches Verfahren zur Bestimmung des Wassergehalts organischer Lösungsmittel liefert für die 10-fache Bestimmung an einer Cyclohexan-Probe die folgenden Werte:

x_1 = 22,6 mg H_2O/l	x_6 = 21,3 mg H_2O/l
x_2 = 23,0 "	x_7 = 22,9 "
x_3 = 22,1 "	x_8 = 23,8 "
x_4 = 24,2 "	x_9 = 21,1 "
x_5 = 23,4 "	x_{10} = 24,0 "

Zu berechnen sind die Standardabweichung und der arithmetische Mittelwert $\overline{x}$.

Programmablauf:

a) Programm eintippen bzw. einlesen

b) [JUMP] [START] [START]

c)

	1.
Eingabe $x_1 = 22{,}6$	22.6000
[START]	
	2.
Eingabe $x_2 = 23{,}0$	23.0000
[START]	
⋮	⋮ ⋮
	10.
Eingabe $x_{10} = 24{,}0$	24.0000
[START]	
	11.
[JUMP] [2] [START]	
Ausgabe s	1.0783
[START]	
Ausgabe $\overline{x}$	22.8400
[START]	
Ausgabe n	10.0000

Es ergibt sich somit als mittlerer Wert eine Konzentration von 22,84 mg H_2O/l Cyclohexan. Die Standardabweichung beträgt 1,08 mg H_2O/l. Berechnet man mit Hilfe von Programm 12 oder 13 die Fläche unter der Normalverteilung zwischen $\mu + z$ und $\mu - z$, dann ergibt sich ein Wert von 68,27%. Das bedeutet, daß rund 2/3 aller Meßwerte der entsprechenden Grundgesamtheit für die Wasserbestimmung zwischen 22,84 + 1,08 = 23,92 und 22,84 - 1,08 = 21,76 mg H_2O/l liegen. Dies gilt strenggenommen aber nur unter der Annahme, daß die berechnete Standardabweichung s identisch ist mit der Standardabweichung σ der Grundgesamtheit. Da s aber nur aus 10 Einzelwerten ermittelt wurde, während der Streuung σ theoretisch unendlich viele Meßwerte zugrunde liegen, kann der Wert s nur als Schätzwert betrachtet werden. Demzufolge kann der o.g. Bereich - 2/3 aller Meßwerte zwischen 23,92 und 21,76 mg H_2O/l - auch nur als Richtwert angesehen werden. Will man eine exakte Angabe haben, dann muß man einen "Korrekturfaktor" einführen. Dieses Problem führt dann zu den Begriffen Vertrauensbereich, Toleranz- und Prognoseintervall, auf die in den nächsten Abschnitten eingegangen wird.

Wollte man für das auf S.166 angegebene Beispiel "Eichung einer Analysenwaage" aus den Einzelwerten die Standardabweichung s berechnen, dann müßten pro Wert 7 Zifferntasten gedrückt werden. Dabei sind die ersten 4 Ziffern bei allen Werten gleich (49,96...). Ähnlich wie bei der Mittelwertbildung läßt sich nun auch bei der Berechnung von s durch Subtraktion einer Konstanten a von allen Meßwerten eine Vereinfachung erreichen. Es gilt nämlich:

$$\sum x_i^2 - \frac{1}{n}\left(\sum x_i\right)^2 = \sum (x_i + a)^2 - \frac{1}{n}\left[\sum (x_i + a)\right]^2 \qquad (125)$$

Damit ändert sich also die Standardabweichung einer Meßreihe nicht, wenn man zu allen Einzelwerten eine Konstante addiert (oder davon subtrahiert). Dies ist leicht einzusehen, da durch die Addition bzw. Subtraktion einer Konstanten lediglich die Lage der Verteilung auf der Abszisse, nicht aber die Verteilung selbst verändert wird. Die folgende Abbildung verdeutlicht diesen Sachverhalt:

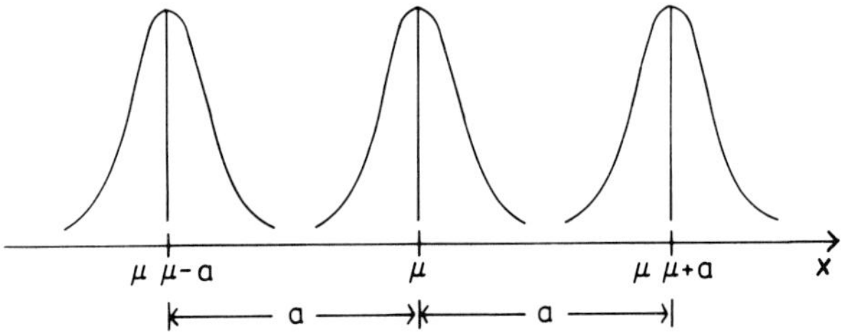

Abb.21 Einfluß der Addition bzw. Subtraktion einer Konstanten zu den Meßwerten auf die Lage der Verteilung

Um führende Nullen, die durch die Bildung der Differenz $x_i - a$ entstehen, nicht bei jeder Dateneingabe mit eintippen zu müssen, multipliziert man die Differenzen - wie bei der Mittelwertberechnung auf S.166 angegeben - mit einem Faktor c. Für die Berechnung der Standardabweichung s gilt dann:

$$s = \sqrt{\frac{\sum x_i^2 - \frac{1}{n}(\sum x_i)^2}{n-1}} = \frac{1}{c}\sqrt{\frac{\sum[c(x_i-a)]^2 - \frac{1}{n}[\sum c(x_i-a)]^2}{n-1}}$$

(125)

Sind $\overline{x}'$ und s' die Kenndaten für die reduzierten Daten $c(x_i-a)$, dann gilt für die Kenndaten der Einzelwerte x_i selbst:

$$s = \frac{1}{c}s' \qquad \overline{x} = a + \frac{1}{c}\overline{x}' \qquad (126,127)$$

An Hand einer Tabelle seien am Beispiel "Eichung einer Waage" die Rechenabläufe für $\overline{x}$ und s noch einmal erläutert:

Tab.54 Verkürzter Rechenablauf zur Berechnung von $\bar{x}$ und s am Beispiel "Eichung der Waage"

$a = 49{,}96 \qquad c = 10^5$

i	Meßwert x_i (g)	$x_i - a$	$c(x_i - a)$ = Eingabe
1	49,96898	0,00898	898
2	49,96909	0,00909	909
3	49,96909	0,00909	909
4	49,96908	0,00908	908
5	49,96905	0,00905	905
6	49,96912	0,00912	912
7	49,96898	0,00898	898
8	49,96904	0,00904	904

$\bar{x}' = 905{,}375 \qquad s' = 5{,}1807$

$$\bar{x} = \frac{1}{10^5}\,905{,}375 + 49{,}96 = 49{,}96905_4$$

$$s = \frac{1}{10^5}\,5{,}1807 = 0{,}000051807 = 5{,}1807 \cdot 10^{-5}$$

Die verkürzte Rechenweise ist außerdem exakter als die Berechnung über die Originaldaten: Die Meßwerte haben insgesamt 7 Stellen. Davon sind 2 Stellen vor und 5 Stellen nach dem Komma vorhanden. Zur Bildung von $\sum x_i^2$ müssen die Meßwerte quadriert werden. Das exakte Ergebnis hätte dabei insgesamt 14 Stellen (für $x_i = 49{,}96904$ ist $x_i^2 = 2496{,}9049584216$). Auf dem Rechner, auf dem die Daten von Tab.54 ermittelt wurden (Modell Compucorp 326), sind aber insgesamt nur 13 Stellen vorhanden. Der damit berechnete Wert für $49{,}96904^2$ beträgt z.B. 2496,904958522. Dieser Unterschied bedingt, daß die Berechnung von s aus den "Urdaten" zu dem Ergebnis $s = 3{,}78 \cdot 10^{-5}$ führt. Der Unterschied zu dem "exakten" Wert beträgt 28% !!

13.3.5 Der Variationskoeffizient

Ohne Angabe des Mittelwertes sagt die Standardabweichung einer Meßreihe noch nichts über die "Güte" einer Messung aus. Eine Streuung von z.B. 0,1 Einheiten kann sowohl eine "gute" wie auch eine "schlechte" Reproduzierbarkeit bedeuten:

a) $\bar{x} = 0{,}3$ Einheiten $s = 0{,}1 = 33\%$ bezogen auf $\bar{x}$

b) $\bar{x} = 100$ " $s = 0{,}1 = 0{,}1\%$ bezogen auf $\bar{x}$

Im Fall b) ist also die Reproduzierbarkeit der Einzelwerte wesentlich besser als im Fall a). Dies bedeutet, daß im Fall b) die Wiederholungsmessungen wesentlich dichter am Mittelwert $\bar{x}$ liegen als im Fall a). Aus dem Wert der Standardabweichung s, der ja in beiden Fällen gleich groß ist, kann diese Feststellung nicht abgeleitet werden. Aus diesem Grunde verwendet man zur Charakterisierung einer Streuung häufig ein <u>relatives Streuungsmaß</u> an, den <u>Variationskoeffizienten.</u>

$$\text{Variationskoeffizient } V_k = 100 \frac{s}{\bar{x}} \quad (\%) \qquad (128)$$

Für die o.g. Beispiele erhält man also:

$\bar{x} = 0{,}3$ $s = 0{,}1$ $V_k = 33\%$

$\bar{x} = 100$ $s = 0{,}1$ $V_k = 0{,}1\%$

Damit ist die Meßreihe b) eindeutig als reproduzierbarer anzusehen.

Es kann sogar der Fall eintreten, daß von zwei Meßreihen mit verschiedenen Standardabweichungen diejenige mit dem größeren s-Wert die bessere Reproduzierbarkeit aufweist. Ein weiteres Beispiel verdeutlicht dies:

a) $\bar{x} = 5{,}00$ $s = 0{,}500$ $V_k = 10\%$

b) $\bar{x} = 500{,}00 \quad s = 5{,}00 \quad V_k = 1\%$

Man erkennt, daß zur Beurteilung bzw. zum Vergleich zweier Meßreihen der Variationskoeffizient das geeignete Maß ist.

13.3.6 Streubereiche

Sind von einem Meßverfahren die Kenndaten μ und σ bekannt, so läßt sich der Anteil der "möglichen" Meßwerte, die im Abstand $\pm z\sigma$ vom Mittelwert μ liegen, angeben. Insbesondere interessieren die prozentualen Anteile in den Bereichen $\mu \pm 1\sigma$, $\mu \pm 2\sigma$ und $\mu \pm 3\sigma$. Die folgende Tabelle gibt eine Zusammenstellung wieder:

Tab.55 Flächenanteile der Normalverteilung im Abstand $\pm z\sigma$ vom Mittelwert μ

z	Bereich	Prozentualer Anteil der Grundgesamtheit
0,5	$\mu-0{,}5\sigma \leq x_i \leq \mu+0{,}5\sigma$	38,292%
1,0	$\mu-1\cdot\sigma \leq x_i \leq \mu+1\cdot\sigma$	68,269%
1,5	$\mu-1{,}5\sigma \leq x_i \leq \mu+1{,}5\sigma$	86,639%
2,0	$\mu-2\cdot\sigma \leq x_i \leq \mu+2\cdot\sigma$	95,450%
3,0	$\mu-3\cdot\sigma \leq x_i \leq \mu+3\cdot\sigma$	99,730%
4,0	$\mu-4\cdot\sigma \leq x_i \leq \mu+4\cdot\sigma$	99,994%

Die angegebenen Bereiche gelten streng nur für unendlich viele Meßwerte. Für eine geringe Zahl von Einzelmessungen ist der prozentuale Anteil der Meßwerte an der Grundgesamtheit geringer als bei unendlich vielen Werten. Näheres dazu findet man im Abschnitt 13.4.

13.3.7 Standardabweichung des Mittelwertes

Bei der Berechnung der Standardabweichung s wurde vorausgesetzt, daß die n Werte, aus denen s ermittelt wird, Einzelwerte darstellen und nicht bereits durch Mittelwertbildung entstanden sind.

Entnimmt man jedoch der Grundgesamtheit mehrere Stichproben des jeweils gleichen Umfangs n und berechnet daraus jeweils das arithmetische Mittel $\bar{x}$, so erhält man eine weitere Grundgesamtheit, nämlich die der Mittelwerte. Ist die Anzahl der Stichproben unendlich groß, dann ergibt sich als Streuung der Mittelwerte die Standardabweichung $\sigma_{\bar{x}}$. Entsprechend erhält man bei einer endlichen Anzahl von Stichproben (nicht zu verwechseln mit dem Umfang n) den Schätzwert $s_{\bar{x}}$, der ein Maß für den Fehler des arithmetischen Mittels $\bar{x}$ ist, ebenso wie s ein Schätzwert für die Streuung der Einzelwerte darstellt.

Für den Zusammenhang zwischen der Streuung des Mittelwertes und der Standardabweichung der Einzelwerte gilt nun:

$$\sigma_{\bar{x}} = \frac{\sigma}{\sqrt{n}} \tag{129}$$

bzw. als Schätzwert

$$s_{\bar{x}} = \frac{s}{\sqrt{n}} \tag{130}$$

Dabei ist s die Standardabweichung von n Einzelwerten bzw. σ die Streuung der Grundgesamtheit der Einzelwerte.

Man erkennt, daß die Standardabweichung der Mittelwerte umso geringer ist

a) je kleiner die Streuung σ bzw. s der Einzelwerte

und b) je größer die Zahl der Wiederholungen ist (= n), aus denen die Mittelwerte $\bar{x}$ bzw. die Streuung s berechnet wurden.

Geht die Anzahl n der Einzelwerte, aus denen die verschiedenen Mittelwerte $\overline{x}$ ermittelt werden, gegen Unendlich, dann nähert sich gleichzeitig die Streuung $\sigma_{\overline{x}}$ bzw. $s_{\overline{x}}$ dem Wert Null.

Bemerkenswert ist nun, daß die aus den einzelnen Stichproben gebildeten Mittelwerte auch dann noch normalverteilt sind, wenn die Einzelwerte keiner Gauß-Verteilung folgen.

Aus den Gleichungen für $\sigma_{\overline{x}}$ und $s_{\overline{x}}$ geht hervor, daß der Fehler des Mittelwertes geringer ist als der eines Einzelwertes. Dies zeigt auch, warum die Angabe eines Mittelwertes aus mehreren Wiederholungen eines Versuchs oder einer Analyse ein "sichereres" Ergebnis als nur ein einzelner Meßwert darstellt.

Bei gegebener Standardabweichung der Einzelwerte sollte sich nun die Streuung des Mittelwertes durch Erhöhung von n beliebig verkleinern lassen. Dies ist theoretisch auch richtig. Eine beliebige Erhöhung von n ist aber nicht sinnvoll, da der Wert $s/\sqrt{n}$ sich ab einer gewissen Größe von n nur unwesentlich ändert, wenn man die Zahl der Wiederholungen weiter erhöht. Das folgende Diagramm verdeutlicht dies, indem es den Zusammenhang zwischen $\sigma_{\overline{x}}$ und der Anzahl der Wiederholungsmessungen wiedergibt.

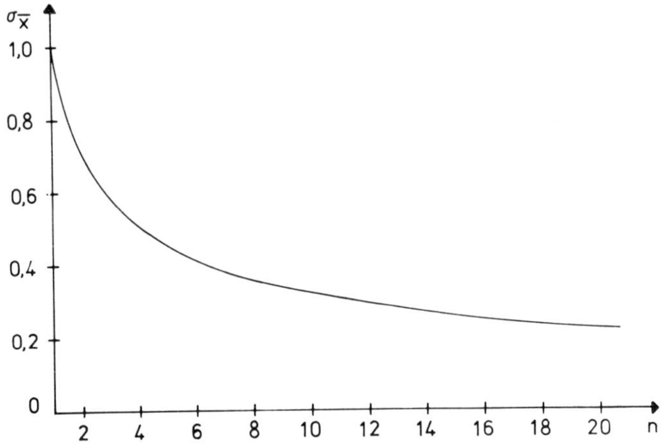

Abb. 22 Zusammenhang zwischen $\sigma_{\overline{x}}$ und $\sqrt{n}$

Danach erreicht man eine erhebliche Verringerung der Standardabweichung des Mittelwertes, wenn man z.B. die Anzahl n der Wiederholungen von 2 auf 3 oder 4 erhöht. Eine weitere Heraufsetzung von z.B. n = 10 auf n = 11 oder n = 12 bringt dagegen kaum einen zusätzlichen Gewinn. Eine vernünftige Zahl von Wiederholungsmessungen ist etwa 6 -8. Eine weitere Erhöhung bringt meist keine nennenswerte Verbesserung, es sei denn man vergrößert n von z.B. 10 auf n = 100 oder mehr. In diesem Fall würde sich beispielsweise die Standardabweichung $\sigma_{\bar{x}}$ auf rund 30% senken lassen, aber der Aufwand dürfte im allgemeinen in keinem Verhältnis zum Gewinn stehen.

13.4 Vertrauensbereiche

13.4.1 Allgemeines

Der weitaus häufigste Fall bei der Durchführung von naturwissenschaftlichen Versuchen jeder Art - physikalische Messungen, chemische Analysen, biologische Experimente - ist der, daß nur eine sehr begrenzte Zahl von Wiederholungen durchgeführt werden kann. Dies liegt zum Teil an dem zeitlichen Aufwand wie aber auch an den Kosten, die natürlich steigen würden, wollte man die Zahl der Messungen erhöhen.

Führt man n Wiederholungsmessungen durch, dann sind die berechneten Kenngrößen $\bar{x}$, s und $s_{\bar{x}}$ nur Schätzwerte für die "wahren" Parameter μ, σ und $\sigma_{\bar{x}}$ der Grundgesamtheit. Dies bedeutet, daß bei verschiedenen Stichproben des Umfangs n die zugehörigen Werte $\bar{x}$ und s immer etwas verschieden sein werden. Man erhält somit immer geringfügig voneinander abweichende Schätzungen für μ und σ. Aus dieser Betrachtung heraus ergeben sich folgende Problemstellungen:

Die Parameter μ und σ der Grundgesamtheit sind unbekannt

a) Was läßt sich über die Kenngrößen μ und σ aussagen, wenn man aus einer Stichprobe des Umfangs n die Kenngrößen $\bar{x}$ und s erhält? Die Frage führt zu dem Begriff des Vertrauensbereichs von Mittelwert bzw. Standardabweichung.

b) Welche Aussage kann man über den Mittelwert $\bar{y}$ einer weiteren Stichprobe des Umfangs m aussagen, wenn bereits eine Stichprobe des Umfangs n mit $\bar{x}$ und s bekannt ist?

c) In welchem Bereich ist eine zukünftige Beobachtung zu erwarten, wenn eine Stichprobe von n Einzelwerten mit $\bar{x}$ und s bereits gegeben ist?

Die Fragestellungen b) und c) führen zu dem Begriff des Prognoseintervalls.

d) In welchem Bereich liegt - mit vorgegebener Wahrscheinlichkeit ein bestimmter Mindest-Anteil aller die Grundgesamtheit umfassenden Werte, wenn von einer Stichprobe die Kenndaten $\bar{x}$, s und n bekannt sind? Diese Problemstellung führt zu dem Begriff des Toleranzintervalls.

Die Kenngrößen μ und σ der Grundgesamtheit sind bekannt

a) Welche Kennwerte $\bar{x}$ und s hat man zu erwarten, wenn man aus der Grundgesamtheit eine Stichprobe des Umfangs n zieht? Dieses Problem läßt sich auch über den Begriff des Vertrauensbereichs lösen.

b) In welchem Abstand "rechts" und "links" vom Mittelwert liegt ein bestimmter Anteil aller Meßwerte bzw. welches ist die obere (untere) Grenze unterhalb (oberhalb) derer ein bestimmter Prozentsatz aller Meßwerte liegt? Dieses Problem kann durch Anwendung der Inversen Funktion der Normalverteilung (Abschn. 13.3.3) gelöst werden.

13.4.2 Vertrauensbereich des Mittelwertes

Nach Gl.130 galt für die Standardabweichung des Mittelwertes:

$$s_{\bar{x}} = \frac{s}{\sqrt{n}} \quad .$$

Für sehr kleine n ist aber $s_{\bar{x}}$ mit einem sehr großen Unsicherheitsfaktor behaftet. Dies kommt daher, daß auch der zugehörige s-Wert nur sehr unsicher ist, da auch er nur aus n Einzelwerten ermittelt wurde. Bezeichnet man nun den bereits erwähnten Korrekturfaktor mit t, dann gilt für die Streuung des Mittelwertes bei Berechnung von $\bar{x}$ und s aus n Einzelwerten:

$$s'_{\bar{x}} = \frac{t \cdot s}{\sqrt{n}} \tag{131}$$

Den Wert $s'_{\bar{x}}$ bezeichnet man als <u>Vertrauensintervall</u> des Mittelwertes $\bar{x}$. Der Korrekturfaktor t ist abhängig von der Anzahl n der Einzelwerte und von der statistischen Sicherheit, mit der das Vertrauensintervall berechnet werden soll. Er entspricht dem z-Wert der Normalverteilung. Den Bereich $x \pm s'_{\bar{x}}$ bezeichnet man als <u>Vertrauensbereich des Mittelwertes $\bar{x}$.</u>
Es gilt nun folgender wichtiger Satz:

> Entnimmt man einer Grundgesamtheit von "möglichen" Meßwerten eine Stichprobe von n Einzelwerten mit den Kenndaten $\bar{x}$ und s, dann liegt der "wahre" Wert, also der Mittelwert μ der Grundgesamtheit im Bereich
>
> $$\bar{x} - \frac{t \cdot s}{\sqrt{n}} \leqslant \mu \leqslant \bar{x} + \frac{t \cdot s}{\sqrt{n}} \quad . \tag{132}$$
>
> Dies gilt mit der Sicherheit S%, wobei der t-Wert für S% und n Einzelwerte einer Tabelle entnommen wird.

Die t-Werte sind identisch mit den Schranken der t-Verteilung, die an die Stelle der Normalverteilung tritt, wenn die Anzahl n der Meßwerte (Wiederholungswerte) nur klein ist.

Die t-Verteilung hat wie die Normalverteilung auch eine Glockenform. Höhe und Breite der Verteilung sind aber abhängig von der Zahl der Freiheitsgrade, die für die Berechnung des Vertrauensbereichs den Wert $f = n - 1$ hat. Je kleiner f ist, desto flacher verläuft die Kurve der t-Verteilung. Für $f \rightarrow \infty$ nähert sich die t-Verteilung der Normalverteilung an. Die folgende Abbildung verdeutlicht dies:

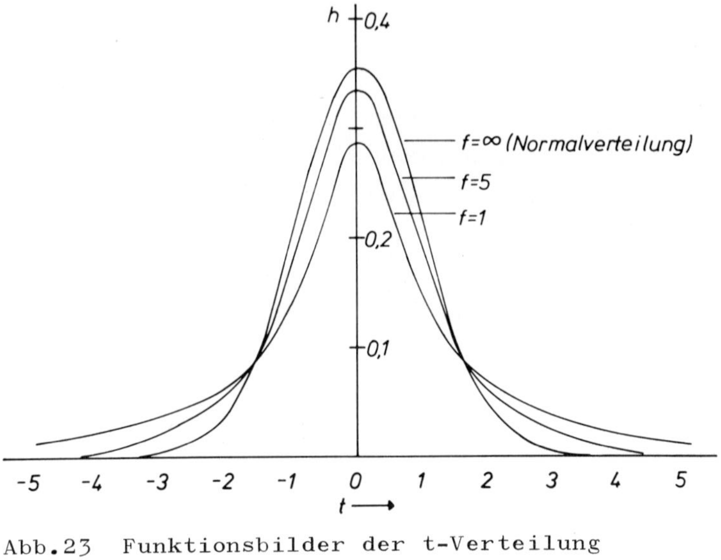

Abb.23 Funktionsbilder der t-Verteilung für verschiedene Freiheitsgrade f

Für die Normalverteilung galt, daß 68,27% aller Werte der Grundgesamtheit im Bereich $\mu \pm 1\sigma$ liegen, im Bereich $\mu \pm 2\sigma$ 95,45% aller Werte und zwischen $\mu + 3\sigma$ und $\mu - 3\sigma$ 99,73% aller Einzelwerte. Entsprechendes gilt für andere Bereiche (siehe Tab.55). Bei der t-Verteilung wird nun auf Grund der wachsenden Unsicherheit von $\bar{x}$ und s mit kleiner werdendem n für die Einzelwerte, aus denen $\bar{x}$ und s berechnet wurde, jener Anteil dieser Werte, der zwischen $\bar{x} \pm 1s$, $\bar{x} \pm 2s$ usw. liegt, umso geringer, je kleiner n ist. Die entsprechenden prozentualen Anteile entsprechen dabei den Flächen unter der t-Verteilung zwischen $t = \pm 1$, $t = \pm 2$ usw., wie die folgende Tab.56 zeigt.

Tab.56 Flächen unter der t-Verteilung für verschiedene Freiheitsgrade f

n	f=n-1	Fläche unter der t-Verteilung zwischen		
		$\bar{x} \pm 1$ s	$\bar{x} \pm 2$ s	$\bar{x} \pm 3$ s
2	1	50,0000	70,4833	79,5167
3	2	57,7350	81,6497	90,4534
4	3	60,8998	86,0674	94,2331
5	4	62,6009	88,3883	96,0058
6	5	63,6783	89,8061	96,9901
10	9	65,6564	92,3447	98,5044
20	19	67,0123	93,9998	99,2638
50	49	67,7777	94,8941	99,5764
100	99	68,0252	95,1760	99,6584
500	499	68,2205	95,3958	99,7165
5000	4999	68,2641	95,4446	99,7287
∞	∞	68,2689	95,4500	99,7300

Aus der Tabelle folgt nun andererseits, daß für eine gegebene Fläche (=Wahrscheinlichkeit) unter der t-Verteilung die Schranken t umso weiter auseinander liegen, je kleiner die Anzahl n der Meßwerte bzw. die Zahl der Freiheitsgrade f ist. Die t-Werte werden also für eine gegebene Sicherheit S% = Fläche unter der t-Verteilung mit fallendem n immer größer. Für f bzw. $n \to \infty$ nähern sich die Schranken dagegen den z-Werten der Normalverteilung asymptotisch an. Die folgende Tabelle 57 und die Abbildung 24 verdeutlichen diesen Sachverhalt.

Tab.57 Abhängigkeit der t-Werte vom Freiheitsgrad f für verschiedene Sicherheiten S(%)

f	t(S=95%)	t(S=99%)	t(S=99,9%)
1	12,706	63,657	636,619
2	4,303	9,925	31,598
3	3,182	5,841	12,924
4	2,776	4,604	8,610
5	2,571	4,032	6,869
6	2,447	3,707	5,959
7	2,365	3,499	5,408
8	2,306	3,355	5,041
9	2,262	3,250	4,781
10	2,228	3,169	4,587
20	2,086	2,845	3,850
30	2,042	2,750	3,646
50	2,009	2,678	3,496
100	1,984	2,626	3,390
500	1,965	2,586	3,310
1000	1,962	2,581	3,300
∞	1,960	2,576	3,290

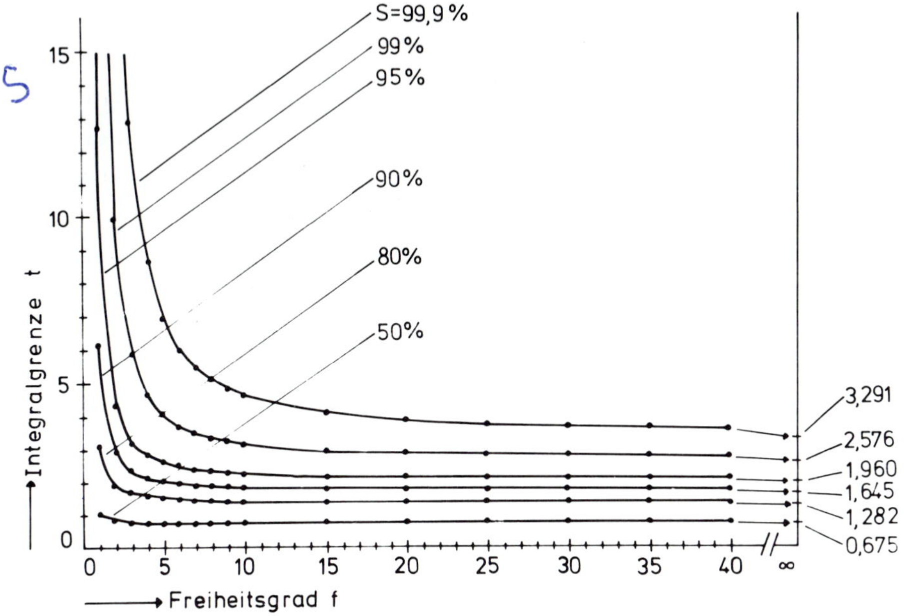

Abb.24 Abhängigkeit der t-Werte vom Freiheitsgrad f für verschiedene Sicherheiten S(%)

Nicht nur bei der Berechnung des Vertrauensbereiches sondern auch bei zahlreichen anderen statistischen Problemstellungen werden t-Werte in Abhängigkeit von der Zahl f der Freiheitsgrade und der statistischen Sicherheit S(%) benötigt. Man findet daher in praktisch allen statistischen Lehrbüchern entsprechende tabellarische Zusammenstellungen. In den "Signifikanztabellen statistischer Testverteilungen" von Reinfeldt und Tränkle sind die t-Werte von f=1 bis f=200 für verschiedene Sicherheiten bis auf 6 Dezimalstellen angegeben (5).

Vertrauensbereich bei einseitiger Fragestellung

Fragt man z.B. danach, in welchen Grenzen mit 95% Sicherheit der Wert μ einer Grundgesamtheit liegt, wenn $\bar{x}$ und s aus n Einzelwerten bestimmt wurde, dann werden die Grenzen "rechts" und "links" vom Mittelwert $\bar{x}$ umso weiter von $\bar{x}$ entfernt liegen, je kleiner n gewählt wurde. Damit wird der wachsenden Unsicherheit von $\bar{x}$ und s bei kleiner werdendem n Rechnung getragen.

Manchmal interessiert man sich aber nicht für den Bereich "rechts" und "links" vom Mittelwert $\bar{x}$, innerhalb dessen der "wahre" Mittelwert μ liegt, sondern man fragt danach, oberhalb bzw. unterhalb welcher Schwelle der Wert μ mit gegebener Sicherheit anzutreffen ist. Die statistische Sicherheit ist dann nicht durch die Fläche unter der t-Verteilung zwischen -t und +t gegeben (ensprechend der Fläche zwischen -z und +z bei der Normalverteilung). Es gelten vielmehr folgende Sätze:

> Wahrscheinlichkeit, den "wahren" Wert μ unterhalb einer gewissen Schwelle anzutreffen = Fläche unter der t-Verteilung zwischen $-\infty$ und +t. Sind Mittelwert $\bar{x}$ und Standardabweichung s aus n Einzelwerten ermittelt worden, und bezeichnet man die Schwelle mit x_o, dann folgt t durch Auflösen der Beziehung
>
> $$x_o = \bar{x} + \frac{t \cdot s}{\sqrt{n}} \quad .$$

Wahrscheinlichkeit, den "wahren" Wert μ oberhalb einer gewissen Schwelle anzutreffen = Fläche unter der t-Verteilung zwischen $-t$ und $+\infty$. Bezeichnet man die Schwelle hier mit x_u, dann folgt der t-Wert durch Auflösen der Beziehung

$$x_u = \bar{x} + \frac{t\ s}{\sqrt{n}} \quad .$$

Je nachdem, ob die Schwellwerte kleiner oder größer als die entsprechenden Mittelwerte $\bar{x}$ sind, können auch die t-Werte kleiner oder größer als Null sein. In der graphischen Darstellung der t-Verteilung (Abb.23) wird dies deutlich.

Die dargestellte Problematik kann durch Integration der t-Verteilung gelöst werden (Abschn. 13.4.5).

Ist nun andererseits eine bestimmte Sicherheit vorgegeben, und fragt man nach den oberen bzw. unteren Schwellwerten, dann dürfen die t-Werte nicht den Tabellen für <u>zweiseitige Fragestellung</u> entnommen werden, sondern es müssen die Werte bei <u>einseitiger Fragestellung</u> verwendet werden. Für den Zusammenhang der Flächen unter der t-Verteilung gilt:

$$S\%,\text{einseitig} = \frac{1}{2}\ (100 + S\%,\text{zweiseitig}) \quad . \qquad (133)$$

Beispiel

Gegeben sei eine Grundgesamtheit mit dem "wahren" Wert μ, aus der eine Stichprobe von 6 Einzelwerten (Wiederholungswerten) gezogen wird, welche die Ergebnisse $\bar{x}$ und s liefert. Zwischen welchen Grenzen liegt μ bei 95% Sicherheit? Der entsprechende t-Wert wird Tab.57 für f=n-1=6-1=5 zu 2,571 entnommen. Der Wert μ liegt damit nach Gl. 132 in den Grenzen

$$\bar{x} - \frac{2{,}571 \cdot s}{\sqrt{6}} \quad \text{und} \quad \bar{x} + \frac{2{,}571\ s}{\sqrt{6}} \quad .$$

Fragt man jetzt, mit welcher Sicherheit der Wert μ unterhalb der oberen Schwelle liegt, dann ergibt sich nach Gl.133 S%,einseitig = 1/2 (100 + 95%) = 97,5%.

Will man also z.B. die obere Grenze mit 97,5% absichern, dann muß aus der Tabelle der t-Wert für 95% Sicherheit bei zweiseitiger Fragestellung entnommen werden.

Beispiele zur Anwendung des Vertrauensbereiches

Um die etwas komplizierte Problematik des Vertrauensbebereiches verständlicher zu machen, zunächst zwei Beispiele:

Beispiel 14

a) Physiologische Kochsalzlösung wird bei Bluttransfusionen als Blutersatz verwendet. Sie hat einen Gehalt von 0,9% NaCl, was einer Konzentration von 9g NaCl/l entspricht (die Dichte wird hier näherungsweise mit 1g/l angenommen). Ist die Lösung konzentrierter, dann platzen die roten Blutkörperchen, ist die Lösung verdünnter, dann schrumpfen sie. Die Konzentration muß also möglichst genau eingehalten werden.

In einem medizinischen Labor wird eine physiologische Kochsalzlösung verwendet, von der man nicht sicher ist, daß sie die Soll-Konzentration von 9g/l besitzt. Es werden 8 Wiederholungsbestimmungen durchgeführt. Der Bereich, in dem die "wahre" Konzentration liegt, soll mit 99,9% Sicherheit angegeben werden.

Meßwerte	x_1 = 9,3 g/l	x_5 = 9,4 g/l
	x_2 = 9,1 "	x_6 = 9,1 g/l
	x_3 = 9,2 "	x_7 = 9,3 "
	x_4 = 9,1 "	x_8 = 9,2 "

$\bar{x} = 9{,}21$ g/l $s = 0{,}113$ g/l

Für die Berechnung des Vertrauensbereichs ist der t-Wert bei zweiseitiger Fragestellung für $f=n-1=8-1=7$ Freiheitsgrade und 99,9% Sicherheit zu verwenden. Nach Tab.57 ist $t=5{,}408$. Somit ergibt sich für den Vertrauensbereich der NaCl-Lösung:

$$\text{Vertrauensbereich (99,9\%)} = \bar{x} \pm \frac{5{,}408 \cdot s}{\sqrt{8}}$$

$$= 9{,}21 \pm \frac{5{,}408 \cdot 0{,}113}{\sqrt{8}}$$

$$= 9{,}21 \pm 0{,}216 \quad g/l$$

$$\text{Untere Vertrauensgrenze} = 9{,}21 - 0{,}216 = 8{,}994 \; g/l$$

$$\text{Obere Vertrauensgrenze} = 9{,}21 + 0{,}216 = 9{,}426 \; g/l$$

Die "wahre" Konzentration der Kochsalzlösung liegt somit bei 99,9% Sicherheit zwischen 8,99 und 9,43 g NaCl/l. Das mögliche "Risiko", daß die tatsächliche Konzentration außerhalb des genannten Bereichs liegt, beträgt nur 0,1% !

Ob die ermittelte Toleranz ausreicht, muß jetzt vom medizinischen Gesichtspunkt aus beurteilt werden. Eine weitere Beurteilung von der Seite der Statisitk her ist nicht möglich.

Beispiel 15

b) Im Rahmen einer Qualitätskontrolle soll Salzsäure auf Spuren von Eisen untersucht werden. Die Analyse soll zeigen, ob eine obere Schwelle von 0,005% überschritten wird. Diese Fragestellung läuft auf das Problem hinaus, ob die obere Grenze von 0,005% Eisen noch innerhalb des Vertrauensbereichs liegt oder nicht. Hierbei soll eine statistische Sicherheit von 99% genügen. Ein prozentualer Gehalt von 0,005% Eisen bedeutet eine Konzentration von ca. 50 mg/l. Es werden 6 Wiederholungsbestimmungen durchgeführt.

Meßwerte $x_1 = 48{,}3$ mg/l $x_4 = 50{,}1$ mg/l
$x_2 = 49{,}7$ mg/l $x_5 = 48{,}9$ mg/l
$x_3 = 49{,}2$ mg/l $x_6 = 49{,}7$ mg/l

$\bar{x} = 49{,}32$ mg/l $s = 0{,}65$ mg/l

Da es sich hier um ein Problem mit einseitiger Fragestellung handelt, muß nach Gl.133 der t-Wert für S = (2·99% - 100)=98% bei zweiseitiger Sicherheit eingesetzt werden. Aus Tabellen findet man für f=n-1=6-1=5 t = 3,365.

Somit folgt für die obere Vertrauensgrenze:

Einseitige Vertrauensgrenze ($\mu \leq 50$ mg Fe/l) = x_o

$$x_o = \bar{x} + \frac{t \cdot s}{\sqrt{n}} = 49{,}32 + \frac{3{,}365 \quad 0{,}65}{\sqrt{6}} = 50{,}21 \text{ mg Fe/l}$$

Bei 99% Sicherheit kann man daher nur garantieren, daß die Fe-Konzentration 50,21 mg Fe/l ist (also 50 mg Fe/l sein kann).

Gibt man sich mit 95% Sicherheit zufrieden, dann ist der t-Wert für 90% Sicherheit bei zweiseitiger Fragestellung einzusetzen. In Tabellen findet man für f=n-1=6-1=5 und S=90% t = 2,015. In diesem Fall folgt für die obere Vertrauensgrenze

$$x_o(95\%) = \bar{x} + \frac{t \cdot s}{\sqrt{n}} = 49{,}32 + \frac{2{,}015 \quad 0{,}65}{\sqrt{6}} = 49{,}85 \text{ mg/l}$$

Bei nur 95% Sicherheit kann man also garantieren, daß die Fe-Konzentration in der Salzsäure unterhalb des oberen Grenwertes von 50 mg Fe/l liegt.

Man erkennt, daß das Ergebnis davon abhängt, mit welcher Sicherheit der Vertrauensbereich berechnet wurde.

13.4.3 Berechnung der t-Werte

Um unabhängig von Tabellenwerken zu sein, erscheint es sinnvoll, die t-Werte zu berechnen. Man bezeichnet diese übrigens auch als Signifikanzschranken der t-Verteilung.

Da es - wie bei der Normalverteilung - keine Möglichkeit gibt, die t-Werte explizit als Funktion der Fläche unter der t-Verteilung anzugeben, muß man sich auch hier mit Näherungslösungen begnügen. In der Literatur sind zahlreiche Approximationen für die Berechnung der t-Werte beschrieben. Insbesondere genannt seien hier die Arbeiten von Dawson (18), Gardiner u. Bombay (19), Goldberg (20), Moss (21), Veselá (22) sowie Noack u. Reichmuth (23) genannt. Noack u. Reichmuth geben eine Formel an, mit der man für praktisch alle statistischen Sicherheiten und alle Freiheitgrade ($f = 1$ bis $f = \infty$) die Schranken der t-Verteilung ermitteln kann.

$$t = e^{ax^3 + bx^2 + cx + d} \quad \text{mit} \quad x = 1/f \tag{134}$$

Mit Hilfe des Horner-Schemas läßt sich die Gleichung vereinfachen und die Berechnung der Potenzen x^2 und x^3 in direkter Form umgehen. Es gilt nämlich

$$t = \exp\left[d + x(c + x(b + ax))\right]. \tag{135}$$

Je nach der gewählten statistischen Sicherheit sind entsprechende Werte für die Konstanten a,b,c und d einzusetzen. Mit Hilfe einer nicht linearen Regressionsrechnung (siehe dazu Abschn. 18.7.2) sind die Konstanten für verschiedene zweiseitige Sicherheiten berechnet worden. Sie sind zusammen mit den maximalen Fehlern, die man bei Anwendung der Näherungsfunktion gegenüber den exakten Tabellenwerten für t macht, in der folgenden Tab.58 aufgeführt.

Man erkennt daraus, daß mit steigender statistischer Sicherheit der Fehler der Approximation größer wird, aber praktisch innerhalb des für die Auswertung von Ergebnissen interessierenden Bereichs bis 99,99% nicht größer als ca.1% ist. Da mit Sicherheiten unter 50% im allgemeinen nicht gearbeitet wird, wurde hier auf die Berechnung von Schranken für kleinere Sicherheiten als 50% verzichtet.

Gegenüber dem angegebenen Algorithmus zur Berechnung der t-Werte haben die von anderen Autoren angegebenen Formeln einige Nachteile. Entweder sind sie nur für eine begrenzte Zahl von Freiheitsgraden anwendbar, wobei meist für die interessierenden kleinen f-Werte die Fehler am größten sind. Oder aber die entsprechenden Formeln sind zwar für einen größeren Bereich von Freiheitsgraden anwendbar dann aber nur für einige wenige statistische Sicherheiten. Teilweise ist der Rechengang auch komplizierter , z.B. bei dem Algorithmus von Dawson (18).

Tab.58 Konstanten a,b,c und d zur Berechnung der t-Werte über die Formel $t = \exp(ax^3+bx^2+cx+d)$ mit $x = 1/f$ für verschiedene Sicherheiten

S (%)	a	b	c	d	F(%)*
50	-0,011179	0,040512	0,364396	-0,393766	0,00
80	-0,019830	0,236570	0,659474	0,248065	0,08
90	-0,056610	0,480730	0,920875	0,497789	0,06
95	-0,151507	0,822983	1,197423	0,673214	0,05
98	-0,376444	1,414000	1,577842	0,844779	0,08
99	-0,614998	1,946116	1,875614	0,946832	0,09
99,8	-1,333460	3,357723	2,610177	1,128556	0,15
99,9	-1,691680	4,011123	2,945744	1,190872	0,32
99,99	-2,970338	6,223448	4,149884	1,355158	1,20

* F(%) = Maximaler relativer Fehler der berechneten t-Werte

$$F(\%) = 100 \cdot \frac{|t(\text{berechnet}) - t(\text{tabelliert})|}{t(\text{tabelliert})}$$

Programm Nr.16 Berechnung von t-Werten für vorgegebene statistische Sicherheiten

Das Programm (Compucorp 326) erlaubt die Berechnung von t-Werten bei vorgegebener statistischer Sicherheit.

Speicherbelegung: RCL 0 = x = 1/f

RCL 1 = a

RCL 2 = b

RCL 3 = c

RCL 4 = d

Schritt-Nr.	Befehle	Erläuterungen
1	STOP	Eingabe f
2	1/x	1/f = x
3	STO 0	x ⟶ STO 0
4	RCL x 1	ax
5	RCL + 2	b + ax
6	RCL x 0	x(b + ax)
7	RCL + 3	c + x(b + ax)
8	RCL x 0	x(c + x(b + ax))
9	RCL + 4	d + x(c + x(b + ax))
10	e^x	exp[d + x(c + x(b + ax)))]
11	STOP	Ausgabe t
12	JUMP START	Rücksprung zum Start

Programmablauf:
Gemäß Tab.58 werden zunächst die Konstanten a,b,c,d für diejenige statistische Sicherheit (= S%) in die Speicher 1 bis 4 eingegeben, für welche der t-Wert berechnet werden soll. Als Beispiel seien einige t-Werte für die zweiseitige statistische Sicherheit S = 95% zu ermitteln. Dazu sind zunächst die entsprechenden Konstanten einzugeben:

-0,151507	STO	1
0,822983	STO	2
1,197423	STO	3
0,673214	STO	4

Durch JUMP START START wird das Programm zum Laufen gebracht. Da der erste Befehl ein STOP ist, hält das Programm hier zur Eingabe von f an. Ist der Wert für den Freiheitsgrad f eingetippt, und drückt man anschließend erneut die START-Taste, dann wird gemäß den Schritten 2 bis 10 der t-Wert berechnet und bei dem STOP im Schritt 11 ausgegeben. Für eine weitere Berechnung von t für S% Sicherheit ist wieder START zu drücken.
Um die Leistungsfähigkeit des Programms zu zeigen, sind in der folgenden Tabelle einige berechnete t-Werte den entsprechenden Tabellenwerten (24) gegenübergestellt.

Tab.59 Vergleich tabellierter und nach Programm 16 berechneter t-Werte (zweiseitige Sicherheit)

Sicherheit S (%)	Freiheitsgrad f	$t_{ber.}$	$t_{tabell.}$
90	1	6,314	6,314
	2	2,919	2,920
	5	2,015	2,015
	10	1,812	1,812
	50	1,676	1,676
	500	1,648	1,648
95	1	12,706	12,706
	2	4,301	4,303
	5	2,571	2,571
	10	2,228	2,228
	50	2,009	2,009
	500	1,965	1,965
99	1	63,660	63,657
	2	9,917	9,925
	5	4,034	4,032
	10	3,168	3,169
	50	2,678	2,678
	500	2,587	2,586

Man erkennt, daß für gleiche Freiheitsgrade die t-Werte mit steigender statistischer Sicherheit immer mehr von den Tabellenwerten abweichen. Für eine bestimmte statistische Sicherheit liegt der größte Fehler etwa bei f = 2. Mit steigenden Freiheitsgraden nähert sich der berechnete Wert immer exakter den Tabellenwerten an. In allen Fällen reicht aber die Genauigkeit der berechneten t-Werte für die Praxis aus.

Berechnung der t-Werte für beliebige statistische Sicherheiten und Freiheitsgrade

Will man bei der Ermittlung der t-Werte die Eingabe der in Tab.58 zusammengestellten Konstanten umgehen und direkt für eine gegebene zweiseitige Sicherheit sowie einen gegebenen Freiheitsgrad den entsprechenden t-Wert berechnen, dann ist dafür der folgende vom Autor entwickelte Rechengang anzuwenden:

Gegeben: Sicherheit S^* in Prozent

Freiheitsgrad f

Gesucht: t-Wert

Die folgenden Schritte sind in der angegebenen Reihenfolge abzuarbeiten.

1. $$S = S^*/100 \tag{136}$$

2. $$q = \frac{1 - S}{2} \tag{137}$$

3. $$\eta = \sqrt{\ln \frac{1}{q^2}} \tag{138}$$

4. $$z = \eta - \frac{a_o + \eta(a_1 + a_2\eta)}{1 + \eta(b_1 + \eta(b_2 + b_3\eta))} \qquad (139)$$

$a_o = 2{,}515517$ $b_1 = 1{,}432788$
$a_1 = 0{,}802853$ $b_2 = 0{,}189269$
$a_2 = 0{,}010328$ $b_3 = 0{,}001308$

5. $d = \ln z \longrightarrow$ STO 04 (140)

6. $t_1 = \tan\left(\frac{\pi \cdot s}{2}\right)$ (141)

7. $t_2 = \sqrt{2\left[\frac{1}{1 - s^2} - 1\right]}$ (142)

8. $$t_4 = 2\sqrt{\frac{1}{2\cos\left[\frac{\mathrm{arc}\cos(1 - 2s^2)}{3}\right] - 1} - 1} \qquad (143)$$

9. $$a = \frac{\ln t_1 - 6\ln t_2 + 8\ln t_4 - 3d}{0{,}375} \longrightarrow \text{STO } 01 \qquad (144)$$

10. $b = 2\ln t_1 - 4\ln t_2 + 2d - \frac{3}{2}a \longrightarrow$ STO 02 (145)

11. $c = \ln t_1 - d - a - b \longrightarrow$ STO 03 (146)

12. $x = 1/f$ (147)

13. $t = \exp\left[d + x(c + x(b + ax))\right]$ (148)

Dieser "Universal-Rechengang" ist unter Zuhilfenahme der Formeln zur Integration der t-Verteilung entwickelt worden. Eine kurze Herleitung wird im Abschn. 13.4.5 gegeben.

Tab.60 Vergleich von tabellierten und mit dem "Universalrechengang" berechneten t-Werten

f \ S%	50%		90%		95%		99%		99,9%	
	tab.	ber.	tab.	ber.	tab.	ber.	tab.	ber.	tab.	ber.
1	1,000	1,000	6,314	6,314	12,706	12,706	63,657	63,657	636,619	636,619
2	0,816	0,816	2,920	2,920	4,303	4,303	9,925	9,925	31,598	31,599
3	0,765	0,765	2,353	2,354	3,182	3,183	5,841	5,842	12,924	12,888
4	0,741	0,741	2,132	2,132	2,776	2,776	4,604	4,604	8,610	8,610
5	0,727	0,727	2,015	2,015	2,571	2,570	4,032	4,031	6,869	6,880
6	0,718	0,718	1,943	1,943	2,447	2,446	3,707	3,705	5,959	5,973
10	0,700	0,700	1,812	1,812	2,228	2,227	3,169	3,165	4,587	4,597
15	0,691	0,691	1,753	1,753	2,131	2,130	2,947	2,943	4,073	4,079
20	0,687	0,687	1,725	1,725	2,086	2,085	2,845	2,842	3,850	3,854
30	0,683	0,683	1,697	1,697	2,042	2,042	2,750	2,748	3,646	3,648
50	0,679	0,679	1,676	1,676	2,009	2,008	2,678	2,676	3,496	3,497
100	0,677	0,677	1,660	1,660	1,984	1,984	2,626	2,625	3,390	3,391
200	0,676	0,675	1,653	1,653	1,972	1,972	2,601	2,601	3,340	3,340
500	0,675	0,675	1,648	1,648	1,965	1,965	2,586	2,586	3,310	3,310
∞	0,675	0,674	1,645	1,645	1,960	1,960	2,576	2,576	3,290	3,290

Der Vergleich der berechneten und der tabellierten t-Werte zeigt, daß die Abweichungen wesentlich kleiner als 1% sind. Für die Praxis kann daher der in den Gl.136 bis 148 angegebene Algorithmus als hervorragend angesehen werden.

13.4.4 Rechenprogramm zur Ermittlung des Vertrauensbereiches für beliebige statistische Sicherheiten

Das folgende Programm ermöglicht für eine beliebige Anzahl von Einzelwerten die Berechnung folgender Kenngrößen:

a) Anzahl der Meßwerte = n

b) Arithmetischer Mittelwert = $\bar{x}$

c) Standardabweichung der Einzelwerte = s

d) Standardabweichung des Mittelwertes $\bar{x}$ = $s_{\bar{x}}$

e) Vertrauensbereich des "wahren" Wertes μ für eine beliebige statistische Sicherheit S%

$$= \bar{x} \pm \frac{s \cdot t(S\%, f=n-1)}{\sqrt{n}}$$

Speicherbelegung für den Rechner Compucorp 327 (Bedeutung der Größen siehe auch Gl.136-148):

RCL 0 1	= a		RCL 0 8	= a_o
RCL 0 2	= b		RCL 0 9	= a_1
RCL 0 3	= c		RCL 1 0	= a_2
RCL 0 4	= d		RCL 1 1	= b_1
RCL 0 5	= n		RCL 1 2	= b_2
RCL 0 6	= $\sum x_i$		RCL 1 3	= b_3
RCL 0 7	= $\sum x_i^2$		RCL 1 4	= $S^*\%$

RCL 1 5	= S	RCL 2 3	= f
RCL 1 6	= q	RCL 2 4	= $\bar{x}$
RCL 1 7	= η	RCL 2 5	= s
RCL 1 8	= t_1	RCL 2 6	= x=1/f
RCL 1 9	= t_2	RCL 2 7	= t(S%,f)
RCL 2 0	= t_4	RCL 2 8	= t s / n
RCL 2 1	= ln t_1	RCL 2 9	= $\bar{x}$ - $(ts/\sqrt{n})$
RCL 2 2	= ln t_2	RCL 3 0	= $\bar{x}$ + $(ts/\sqrt{n})$

Programm Nr.17 Vertrauensbereich des Mittelwertes

Schritt-Nr.	Befehle	Erläuterungen
1	2.515517	
	STO 08	Eingabe der Konstanten
2	.802853	a_o, a_1, a_2, b_1, b_2 und b_3
	STO 09	in die Speicher 08 bis 13
3	.010328	zur Berechnung von z
	STO 10	(siehe Gl.138 und 139)
4	1.432788	
	STO 11	
5	.189269	
	STO 12	
6	.001308	
	STO 13	
7	LABEL 0	
8	0	Löschen der Speicher 06
9	STO 06	und 07 zur Berechnung von
10	STO 07	$\sum x_i$ und $\sum x_i^2$ sowie des
11	STO 05	Speichers 05 zum Zählen
		der Meßwerte

Fortsetzung von Programm Nr.17 Vertrauensbereich des Mittelwertes

Schritt-Nr.	Befehle	Erläuterungen
12	LABEL 1	
13	1	lfd. Nummer des einzu-
14	RCL + 05	gebenden Meßwertes = i
15	KENNZAHL	als Kennzahl
16	STOP	Eingabe x_i
17	STO + 06	$\sum x_i$
18	x^2	
19	STO + 07	$\sum x_i^2$
20	1	n: = n + 1
21	STO + 05	
22	JUMP 1	Rücksprung nach LABEL 1
23	LABEL 2	
24	RCL 06	$\bar{x} = \frac{1}{n} \quad x_i$
25	RCL : 05	
26	STO 24	$\bar{x} \longrightarrow$ STO 24
27	RCL 07	$\sum x_i^2$
28	-	
29	RCL 06	
30	x^2	$\frac{1}{n} (\sum x_i)^2$
31	RCL : 05	
32	:	
33	(	
34	RCL 05	n - 1
35	-	
36	1	
37	)	
38	=	
39	$\sqrt{}$	s
40	STO 25	s $\longrightarrow$ STO 25

Fortsetzung von Programm Nr.17 Vertrauensbereich des Mittelwertes

Schritt-Nr.	Befehle	Erläuterungen
41	RCL 05	
42	STOP	Ausgabe n
43	RCL 06	
44	STOP	Ausgabe $\bar{x}$
45	RCL 07	
46	STOP	Ausgabe s
47	:	
48	RCL 05	
49	$\sqrt{\ }$	
50	=	
51	STOP	Ausgabe $s_{\bar{x}}$
52	LABEL 3	
53	CHS 1	
54	KENNZAHL	
55	STOP	Eingabe S in %
56	STO 14	$S^{*}\% \rightarrow$ STO 14
57	:	
58	100	
59	=	$S = S^{*}/100$
60	STO 15	$S \longrightarrow$ STO 15
61	CHS	
62	+	
63	1	$q = \frac{1 - S}{2}$
64	:	
65	2	
66	=	
67	STO 16	$q \longrightarrow$ STO 16
68	x^2	
69	1/x	$\ln \frac{1}{q^2}$
70	ln	

Fortsetzung von Programm Nr.17 Vertrauensbereich des Mittelwertes

Schritt-Nr.	Befehle	Erläuterungen
71	$\sqrt{\ }$	η
72	STO 17	$\eta \longrightarrow$ STO 17
73	RCL x 10	$a_2\eta$
74	RCL + 09	$a_1 + a_2\eta$
75	RCL x 17	$\eta(a_1 + a_2\eta)$
76	RCL + 08	$a_o + \eta(a_1 + a_2\eta)$
77	:	
78	(	
79	RCL 17	η
80	RCL x 13	$b_3\eta$
81	RCL + 12	$b_2 + b_3\eta$
82	RCL x 17	$\eta(b_2 + b_3\eta)$
83	RCL + 11	$b_1 + \eta(b_2 + b_3\eta)$
84	RCL x 17	$\eta(b_1 + \eta(b_2 + b_3\eta)$
85	+	
86	1	
87	)	$1 + \eta(b_1 + \eta(b_2 + b_3\eta))$
88	=	
89	CHS	
90	RCL + 17	z
91	ln	ln z
92	STO 04	d = ln z $\longrightarrow$ STO 04
93	RCL 15	
94	:	
95	2	$\frac{\pi s}{2}$
96	x	
97	π	
98	=	

Fortsetzung von Programm Nr.17 Vertrauensbereich des Mittelwertes

Schritt-Nr.	Befehle	Erläuterungen
99	RAD → ∡	Bogen → Winkel
100	tan	$t_1 = \tan\left(\frac{\pi s}{2}\right)$
101	STO 18	$t_1 \rightarrow$ STO 18
102	1	$1 - s^2$
103	-	
104	RCL 15	
105	x^2	
106	=	
107	1/x	$1/(1-s^2)$
108	-	
109	1	
110	x	
111	2	
112	=	
113	$\sqrt{\ }$	t_2
114	STO 19	$t_2 \rightarrow$ STO 19
115	RCL 15	$2\ s^2$
116	x^2	
117	x	
118	2	
119	=	
120	CHS	$1 - 2\ s^2$
121	+	
122	1	
123	=	
124	arc cos	$\arccos(1 - 2\ s^2)$
125	:	$\cos \frac{\arccos(1 - 2\ s^2)}{3}$
126	3	
127	=	
128	cos	

Fortsetzung von Programm Nr.17 Vertrauensbereich des Mittelwertes

Schritt-Nr.	Befehle	Erläuterungen
129	x	$\dfrac{1}{2\cos\dfrac{\text{arc}\cos(1-2S^2)}{3}-1}$
130	2	
131	-	
132	1	
133	=	
134	1/x	
135	-	
136	1	
137	=	
138	$\sqrt{\ }$	
139	x	
140	2	
141	=	t_4
142	STO 20	$t_4 \longrightarrow$ STO 20
143	RCL 18	
144	ln	$\ln t_1 \longrightarrow$ STO 21
145	STO 21	
146	RCL 19	
147	ln	$\ln t_2 \longrightarrow$ STO 22
148	STO 22	
149	RCL 20	$8 \ln t_4$
150	ln	
151	x	
152	8	
153	+	
154	RCL 21	$\ln t_1 + 8 \ln t_4$
155	-	
156	6	$6 \ln t_2$
157	RCL x 22	
158	-	
159	3	

Fortsetzung von Programm Nr.17 Vertrauensbereich des Mittelwertes

Schritt-Nr.	Befehle	Erläuterungen
160	RCL x 04	
161	:	
162	.375	
163	=	a
164	STO 01	a $\longrightarrow$ STO 01
165	2	] $2 \ln t_1$
166	RCL x 21	
167	-	
168	4	] $4 \ln t_2$
169	RCL x 22	
170	+	
171	2	] 2 d
172	RCL x 04	
173	-	
174	1.5	] $\frac{3}{2}$ a
175	RCL x 01	
176	=	b
177	STO 02	b $\longrightarrow$ STO 02
178	RCL 21	
179	RCL - 04	$\ln t_1 - d$
180	RCL - 01	$\ln t_1 - d - a$
181	RCL - 02	$\ln t_1 - d - a - b$
182	STO 03	c $\longrightarrow$ STO 03
183	RCL 05	] f = n - 1
184	-	
185	1	
186	=	
187	STO 23	f $\longrightarrow$ STO 23
188	1/x	] x = 1/f
189	STO 26	x $\longrightarrow$ STO 26

Fortsetzung von Programm Nr. 17 Vertrauensbereich des Mittelwertes

Schritt-Nr.	Befehle	Erläuterungen
190	RCL x 01	a x
191	RCL + 02	b + ax
192	RCL x 26	x (b + ax)
193	RCL + 03	c + x(b + ax)
194	RCL x 26	x (c + x(b + ax))
195	RCL + 04	d + x (c + x (b + ax))
196	e^x	t
197	STO 27	t → STO 27
198	RCL x 25	$t \cdot s$
199	:	
200	RCL 05	n
201	$\sqrt{\ }$	
202	=	$t \cdot s / \sqrt{n}$
203	STO 28	$t \cdot s / \sqrt{n}$ — STO 28
204	STOP	Ausgabe $t \cdot s / \sqrt{n}$
205	RCL + 24	$\mu_o = \bar{x} + \frac{t \cdot s}{\sqrt{n}}$
206	STOP	Ausgabe u_o
207	STO 30	μ_o → STO 30
208	RCL 24	$\mu_u = \bar{x} - \frac{t \cdot s}{\sqrt{n}}$
209	RCL - 28	
210	STO 29	μ_u → STO 29
211	STOP	Ausgabe μ_u
212	JUMP 3	Rücksprung nach LABEL 3

Man startet das Programm mit JUMP START START. Die lfd. Nummer der einzugebenden Meßwerte wird durch eine "Kennzahl" angezeigt. Dies bedeutet, daß die entsprechende Zahl auf der linken Seite der Anzeige aufleuchtet, im Gegensatz zu eingegebenen oder ausgegebenen Werten, die auf der rechten Seite angezeigt werden.

Nach Eingabe der Meßwerte wird jeweils durch START die Addition von x_i und x_i^2 in den entsprechenden Speichern (Adressen 06 und 07) zur Bildung von $\sum x_i$ und $\sum x_i^2$ durchgeführt. Außerdem wird durch den Befehl 1 STO + 05 die Anzahl der bereits eingegebenen Meßwerte laufend ermittelt. Das vor Eingabe der Meßwerte notwendige Löschen der Speicher 05, 06 und 07 erfolgt in den Schritten 7-11.

Sind alle Meßwerte eingegeben worden und ist nach Eingabe des letzten Wertes auch der Befehl START erfolgt, dann wird durch die Befehlsfolge JUMP 2 START die Berechnung von $\bar{x}$,s und $s_{\bar{x}}$ durchgeführt. Das Programm hält dann zunächst mit der Ausgabe von n = Anzahl der Meßwerte an. Jeweils durch START getrennt werden dann auch die Werte für $\bar{x}$, s und $s_{\bar{x}}$ ausgegeben.

Um den Vertrauensbereich zu berechnen, ist die statistische Sicherheit einzugeben, mit der diese Berechnung erfolgen soll. Dazu wird nach einem START-Befehl nach Ausgabe von $s_{\bar{x}}$ eine -1 als Kennzahl angezeigt. Die statistische Sicherheit ist jetzt in Prozent einzugeben. Nach einem erneuten START werden jetzt die Konstanten a,b,c und d zur Ermittlung von t nach Gl. 148 berechnet. Das Programm hält dann an zur Ausgabe von $t \cdot s / \sqrt{n}$, dem Vertrauensintervall. Nach einem weiteren START erfolgt die Berechnung und die Ausgabe der oberen und nach einem erneuten START-Befehl auch die Ausgabe der unteren Vertrauensgrenze. Die Berechnung des Vertrauensbereichs für eine andere statistische Sicherheit wird durch einen Rücksprung zum LABEL 3 möglich (-1 als Kennzahl). Durch einen START nach Ausgabe von μ_u, der unteren Vertrauensgrenze, wird dieser Sprung bewirkt.

Die Ausgabe der Vertrauensgrenzen gibt den Bereich an, in dem mit S% Sicherheit der "wahre" Wert der Grundgesamtheit liegt, aus welcher die Stichprobe der n Einzelwerte genommen wurde.

Durch das erläutere Programm ist man in der Lage, die Berechnung des Vertrauensbereichs ohne Zuhilfenahme von Tabellen der t-Werte durchführen zu können. Will man die - rechnerisch immerhin recht aufwendige - automatische Ermittlung der t-Werte für S% Sicherheit umgehen, und interessieren nur Vertrauensbereiche für bestimmte Sicherheiten (z.B. 95% oder 99%), dann kann man die Schritte 52 bis 182 einsparen und nach Ausgabe von $s_{\bar{x}}$ direkt mit der Berechnung von t fortfahren (ab Schritt 183), wenn vor Programmlauf die Konstanten a,b,c und d (siehe Gl.148) in die Speicher 01 bis 04 eingegeben werden.

Beispiel 16

Für ein pharmazeutisches Präparat sei angenommen, daß ein bestimmter Wirkstoff einen vorgegebenen Gehalt um nicht mehr als 2% nach oben bzw. unten überschreiten darf. Durch mehrere analytische Bestimmungen erfolgt eine Qualitätsüberwachung. Es ist zu bestimmen, mit welcher Sicherheit man die Aussage machen kann, daß die angegebenen Grenzen nicht überschritten werden. Es werden 8 Wiederholungs-Bestimmungen mit jeweils 1 g des Präparats durchgeführt, wobei der Soll-Gehalt des Wirkstoffs 100 mg/g beträgt. Die Meßwerte lauten:

x_1 = 98,6 mg/g
x_2 = 102,9 "
x_3 = 99,2 "
x_4 = 100,4 "
x_5 = 104,3 mg/g
x_6 = 100,7 "
x_7 = 97,7 "
x_8 = 102,4 "

Programmlauf:

a) [JUMP] [START] [START]

b) — Anzeige: 1.

Eingabe x_1 = 98,6 — Anzeige: 98.6000

[START]

	2.
Eingabe x_2 = 102,9	102.9000
START	
	3.
Eingabe x_3 = 99,2	99.2000
START	
⋮	⋮
	8.
Eingabe x_8 = 102,4	102.4000
START	
	9.
JUMP 2 START	
Ausgabe n	8.0000
START	
Ausgabe $\overline{x}$	100.7750
START	
Ausgabe s	2.2802

START

Ausgabe $s_{\bar{x}}$ 0.8062

START

-1.

Es ist jetzt die statistische Sicherheit in Prozent einzugeben, für die der Vertrauensbereich berechnet werden soll. Da die Abweichung des Gehalts nicht mehr als 2% vom Sollwert 100 mg/g betragen darf, folgt daraus, daß die untere Vertrauensgrenze nicht unter 98 mg/g und die obere Vertrauensgrenze nicht über 102,0 mg/g Präparat liegen darf. Es interessiert die Sicherheit, mit der diese Grenzen gerade nicht überschritten werden. Um diese abzuschätzen, wird das Vertrauensintervall bzw. werden die Vertrauensgrenzen für die Sicherheiten 80%, 90% und 95% ermittelt.

Eingabe S = 80% 80.0000

START

Ausgabe $\frac{t \cdot s}{\sqrt{n}}$ 1.1407

START

Ausgabe $\mu_o = \bar{x} + \frac{t \cdot s}{\sqrt{n}}$ 101.9157

START

Ausgabe $\mu_u = \bar{x} - \frac{t \cdot s}{\sqrt{n}}$ 99.6343

Vertrauensgrenze

START

-1.

Eingabe S = 90% — 90.0000

START

Ausgabe $\frac{t \cdot s}{\sqrt{n}}$ — 1.5270

START

Ausgabe $\mu_o = \bar{x} + \frac{t \cdot s}{\sqrt{n}}$ — 102.3020

START

Ausgabe $\mu_u = \bar{x} - \frac{t \cdot s}{\sqrt{n}}$ — 99.2480

START

-1.

Eingabe S = 95% — 95.0000

START

Ausgabe $\frac{t \cdot s}{\sqrt{n}}$ — 1.9052

START

Ausgabe $\mu_o = \bar{x} + \frac{t \cdot s}{\sqrt{n}}$ 102.6802

START

Ausgabe $\mu_u = \bar{x} - \frac{t \cdot s}{\sqrt{n}}$ 98.8698

Man erkennt, daß für 80% Sicherheit die Schwellwerte noch nicht überschritten werden. Bei 90% Sicherheit ist aber die obere Vertrauensgrenze bereits größer als 102 mg/g. Daraus folgt, daß die Wahrscheinlichkeit, daß der wahre Gehalt des Präparats - nach den Ergebnissen der 8 Analysen zu urteilen - zwischen 98 und 102 mg/g liegt, nur ca. 80 bis 90% beträgt.

13.4.5 Integration der t-Verteilung

Ist die Größe des Vertrauenbereiches wie im obigen Beispiel vorgegeben, und interessiert einen die zugehörige statistische Sicherheit, mit welcher der Wert μ in diesem Bereich liegt, dann kann man dieses Problem durch Integration der t-Verteilung in den Grenzen -t und +t lösen.

Die Funktion der t-Verteilung lautet:

$$h(t) = \frac{1}{\sqrt{\pi \cdot f}} \frac{\left(\frac{f-1}{2}\right)!}{\left(\frac{f-2}{2}\right)!} \left(1 + \frac{t^2}{f}\right)^{-\frac{f+1}{2}} \qquad (149)$$

Gesucht ist jetzt ein Algorithmus zur Integration der obigen

Funktion, also für

$$S\,\% = 100 \int_{-t}^{+t} h(t)\,dt = ? \qquad (150)$$

Das Integral kann - ähnlich wie bei der Normalverteilung - nur unter Zuhilfenahme von Reihenentwicklungen gelöst werden. Nach Dudewitz und Dalal (25) sind, je nach der Größe des Freiheitsgrades f, drei verschiedene Lösungswege zu unterscheiden:

<u>$f = 1$</u>

$$S = 100 \frac{2}{\pi} z \quad (\%) \qquad (151)$$

<u>$f > 1$, ungerade</u>

$$S = 100 \frac{2}{\pi} (z + R \sin z) \quad (\%) \qquad (152)$$

mit

$$R = \cos z + \frac{2}{3} \cos^3 z + \ldots + \frac{2 \cdot 4 \cdot 6 \cdot (f-3)}{1 \cdot 3 \cdot 5 \cdot (f-2)} \cos^{f-2} z \qquad (153)$$

<u>$f > 1$, gerade</u>

$$S = 100\, R' \sin z \quad (\%) \qquad (154)$$

mit

$$R' = 1 + \frac{1}{2} \cos^2 z + \frac{1 \cdot 3}{2 \cdot 4} \cos^4 z + \ldots +$$

$$\frac{1 \cdot 3 \cdot 5 \ldots (f-3)}{2 \cdot 4 \cdot 6 \ldots (f-2)} \cos^{f-2} z \qquad (155)$$

Dabei gilt

$$z = \arc \tan x \qquad x = \frac{t}{\sqrt{f}} \tag{156}$$

$$\cos^3 z = (\cos z)^3 \qquad \cos^{f-2} z = (\cos z)^{f-2} \text{ usw.} \tag{157}$$

Man kann nun die o.g. Formeln wesentlich vereinfachen, wenn man folgende Beziehungen anwendet:

$$\cos^2 z = \frac{1}{1 + \tan^2 z} \tag{158}$$

$$\tan z = \tan(\arc \tan x) = x \tag{159}$$

Die Kombination von Gl.158 und Gl.159 führt schließlich zu

$$\cos z = \left(\frac{1}{1 + x^2}\right)^{1/2} . \tag{160}$$

Da weiterhin gilt

$$\sin^2 z = 1 - \cos^2 z , \tag{161}$$

folgt außerdem

$$\sin z = \sqrt{1 - \frac{1}{1 + x^2}} . \tag{162}$$

Setzt man die Ausdrücke für cos z bzw. sin z in die Gleichungen von Dudewitz und Dalal ein, so erhält man Formeln, in denen die Funktionen cos und sin nicht mehr vorkommen. Da für die Berechnung von trigonometrischen Funktionen relativ lange Rechenzeiten benötigt werden (26) sowie außerdem bei großen f-Werten eine hohe Zahl von Reihengliedern zu berechnen ist, wird sehr viel Rechenzeit gespart, wenn man die folgenden Beziehungen anwendet:

Gleichungen zur Integration der t-Verteilung

$$x = \frac{t}{\sqrt{f}} \qquad \frac{1}{1+x^2} \equiv v \qquad \sqrt{\frac{1}{1+x^2}} \equiv w$$

f = 1

$$S^* = 100 \frac{2}{\pi} \arctan x \quad (\%) \tag{163}$$

f > 1, ungerade

$$S^* = 100 \frac{2}{\pi} (\arctan x + R\sqrt{1-v}) \quad (\%) \tag{164}$$

mit

$$R = w + \frac{2}{3} v^1 w + \frac{2 \cdot 4}{3 \cdot 5} v^2 w + \dots$$

$$+ \frac{2 \cdot 4 \cdot 6 \dots (f-3)}{3 \cdot 5 \cdot 7 \dots (f-2)} v^{(\frac{f-2}{2})} w \tag{165}$$

f > 1, gerade

$$S^* = 100 R' \sqrt{1-v} \quad (\%) \tag{166}$$

mit

$$R' = 1 + \frac{1}{2} v + \frac{1 \cdot 3}{2 \cdot 4} v^2 + \dots$$

$$+ \frac{1 \cdot 3 \cdot 5 \dots (f-3)}{2 \cdot 4 \cdot 6 \dots (f-2)} v^{(\frac{f-2}{2})} \tag{167}$$

Berechnung der Reihenglieder

Die Berechnung von R bzw. R' erfolgt zweckmäßigerweise so, daß die einzelnen Reihenglieder jeweils in einem Konstantenspeicher addiert werden. Wir wollen in der folgenden Betrachtung zur Vereinfachung von "Summenspeichern" sprechen.

Da die einzelnen Reihenglieder rekursiv ermittelt werden können, ist der Rechengang relativ übersichtlich.

Zur Berechnung von R wird zunächst im "Summenspeicher" die Größe w abgelegt. Bei der rekursiven Berechnung der Summanden beginnt man mit dem zweiten Reihenglied $\frac{2}{3}\, v^1 w$. Entsprechend wird zur Ermittlung von R' im "Summenspeicher" zunächst eine 1 abgelegt und die rekursive Berechnung der Reihenglieder mit dem zweiten Reihenglied $\frac{1}{2}\, v$ begonnen. Die Rekursionsformel, die zur Berechnung der Reihenglieder sowohl von R als auch von R' angewandt werden kann, lautet

$$G_K = G_{K-1} \cdot v \cdot \frac{K}{K+1} \qquad (168)$$

für f ungerade (Berechnung von R):

$K = 2,4,6, \ldots (f-3) \qquad G_{K-1} = G_1 = w = R_{Start}$

für f gerade (Berechnung von R'):

$K = 1,3,5, \ldots (f-3) \qquad G_{K-1} = G_0 = 1 = R'_{Start}$

Die Reihenentwicklung wird in beiden Fällen abgebrochen, wenn K den Wert f-3 erreicht hat. Die Reihenglieder selbst berechnet man auch in einem Speicher, in den dann jeweils der Faktor $v \frac{K}{K+1}$ "hineinmultipliziert" wird. Dazu ist zu Beginn der Berechnung von R dieser "Produktspeicher" mit $G_1 = w$ und bei der Berechnung von R' mit $G_0 = 1$ zu belegen.

Das folgende Fließschema verdeutlicht den prinzipiellen Rechenablauf. Die Prüfung, ob f gerade oder ungerade ist, er-

Abb.25
Fließdiagramm
zum Integral
der t-Verteilung

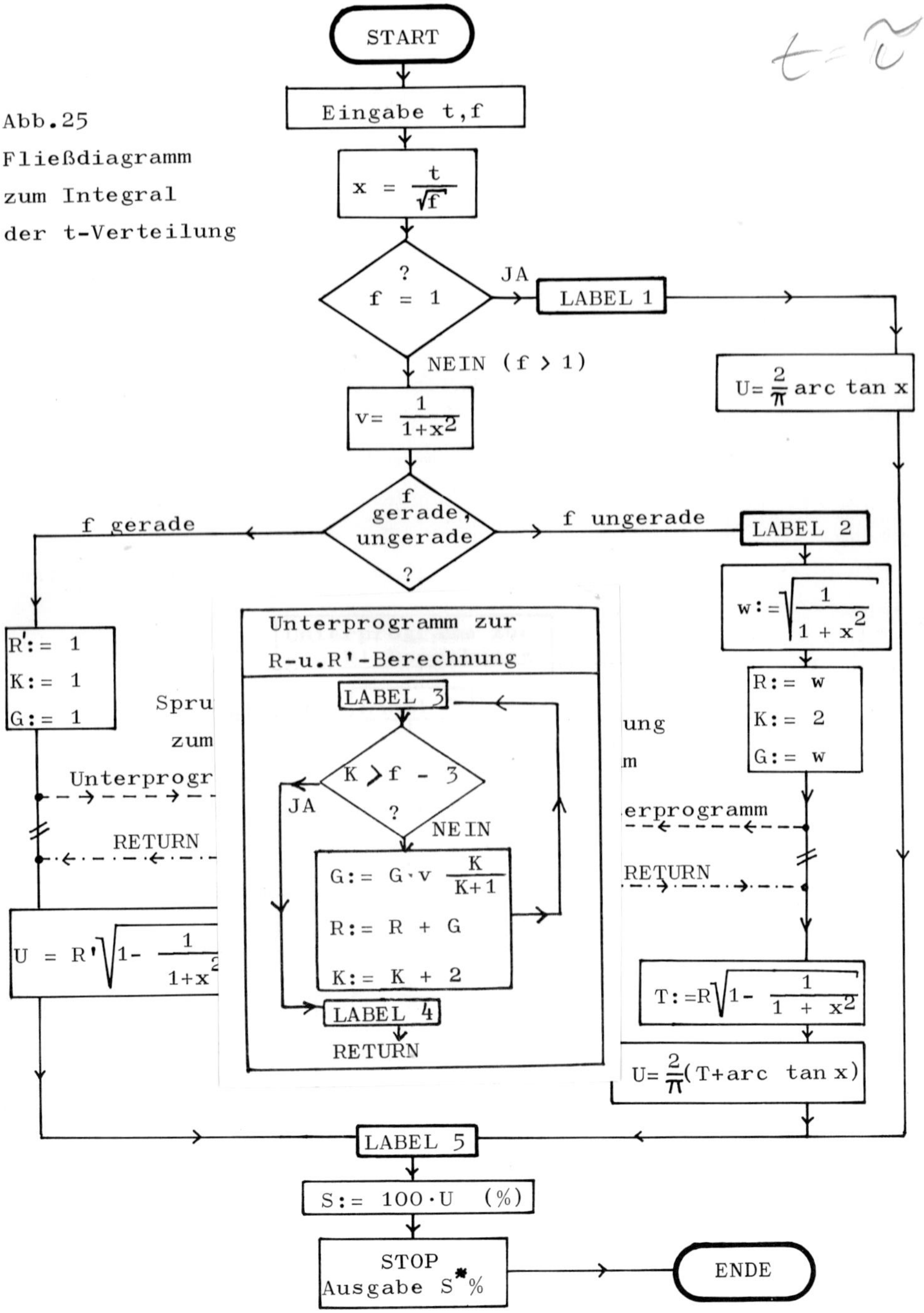

folgt durch Vergleich des Nachkommateils (Fraction) von f/2 mit Null. Ist dieser Nachkommateil gleich Null, dann ist f gerade (gerade Zahlen sind ohne Rest durch 2 teilbar !). Ist der Nachkommateil ungleich Null (bei ganzzahligen ungeraden f-Werten gleich 0.5), dann ist der Freiheitsgrad f ungeradzahlig. Die Prüfung, ob f = 1 ist, erfolgt durch Vergleich von f-1 mit Null. Je nach Ausgang dieser "Tests" werden die auf S.271 angegebenen, unterschiedlichen Lösungswege eingeschlagen.

Wie das Fließschema zeigt, muß der Rechner die Möglichkeit zur Programmierung logischer Entscheidungen haben. Ist das der Fall, dann kann man die Integration der t-Verteilung so durchführen, daß lediglich der t-Wert und die Anzahl f der Freiheitsgrade eingegeben werden müssen. Der Rechner entscheidet dann automatisch, ob f gerade, ungerade oder gleich 1 ist und wendet dann ebenfalls automatisch die richtige Formel an. Das folgende Programm ist für den Rechner Compucorp 326 geschrieben.

Programm Nr.18 Integral der t-Verteilung

Speicherbelegung:	RCL	1	= t
	RCL	2	= f
	RCL	3	= $x = \frac{t}{\sqrt{f}}$
	RCL	4	= $v = 1/(1+x^2)$
	RCL	5	= $w = \sqrt{1/(1+x^2)}$
	RCL	6	= G
	RCL	7	= R bzw. R'
	RCL	8	= K
	RCL	9	= U
	RCL	0	= S %

Schritt-Nr.	Befehle	Erläuterungen
1	0	Löschen der
2	STO 7	Speicher für
3	STO 8	R bzw. R' und K
4	1	
5	KENNZAHL	1.
6	STOP	Eingabe t
7	STO 1	$t \longrightarrow$ STO 1
8	2	
9	KENNZAHL	2.
10	STOP	Eingabe f
11	STO 2	$f \longrightarrow$ STO 2
12	RCL 1	
13	:	
14	RCL 2	$x = \frac{t}{\sqrt{f}}$
15	$\sqrt{}$	
16	=	
17	STO 3	$x \longrightarrow$ STO 3
18	RCL 2	Prüfung, ob f = 1 ist.
19	-	Wenn ja (f-1 = 0), dann
20	1	Sprung nach LABEL 1.
21	=	Sonst weiter mit
22	JUMP = 1	Schritt 23.
23	RCL 3	
24	x^2	
25	+	$v = \frac{1}{1 + x^2}$
26	1	
27	=	
28	1/x	
29	STO 4	$v \longrightarrow$ STO 4
30	RCL 2	
31	:	Berechnung von f/2
32	2	
33	=	

Schritt-Nr.	Befehle	Erläuterungen
34	FRACTION	Prüfung, ob f gerade oder ungerade ist. Ist f ungerade (Fraction=Nachkommateil von f/2=0.5 > 0), dann Sprung nach LABEL 2, sonst Schr.36
35	JUMP + 2	
36	1	
37	STO 6	G:= 1
38	STO 7	R:= 1
39	STO 8	K:= 1
40	BRANCH 3	Sprung zum Unterprogramm: Berechnung von R'für gerade Freiheitsgrade
41	1	$U = R'\sqrt{1 - \frac{1}{1 + x^2}}$
42	RCL - 4	
43	$\sqrt{\ }$	
44	RCL x 7	
45	STO 9	
46	JUMP 5	Sprung nach LABEL 5
47	LABEL 1	
48	RCL 3	$U = \frac{2}{\pi}$ arc tan x für den Fall f = 1
49	arc tan	
50	∢→RAD	
51	x	
52	2	
53	:	
54	π	
55	=	
56	STO 9	U⟶ STO 9
57	JUMP 5	
58	LABEL 2	
59	RCL 4	$w = \sqrt{\frac{1}{1+x^2}} = \sqrt{v} \rightarrow$ STO 5
60	$\sqrt{\ }$	
61	STO 5	
62	STO 6	G:= w ⟶ STO 6
63	STO 7	R:= w ⟶ STO 7

Schritt-Nr.	Befehle	Erläuterungen
64	2	K:= 2 ⟶ STO 8
65	STO 8	
66	BRANCH 3	Sprung zum Unterprogramm: Berechnung von R für ungerade Freiheitsgrade
67	1	$1 - \frac{1}{1 + x^2} = 1 - v$
68	RCL - 4	
69	$\sqrt{}$	$\sqrt{1 - v}$
70	RCL x 7	$R \sqrt{1 - v}$ (handschriftlich: T)
71	+	
72	RCL 3	x
73	arc tan	arc tan x
74	∢ ⟶ RAD	
75	x	
76	2	
77	:	
78	π	
79	=	$U = \frac{2}{\pi}(R \cdot \sqrt{1-v} + \text{arc tan } x)$
80	STO 9	U ⟶ STO 9
81	JUMP 5	Rücksprung nach LABEL 5
82	LABEL 3	
83	RCL 8	$\frac{K}{K + 1}$
84	:	
85	1	
86	RCL + 8	
87	=	
88	RCL x 4	$v \cdot G \frac{K}{K+1} \longrightarrow G$
89	STO x 6	
90	RCL 6	R:= R + G
91	STO + 7	
92	2	K:= K + 2
93	STO + 8	

Programmschritte 83-93 und 94-102 in der Reihenfolge vertauschen!

Schritt-Nr.	Befehle	Erläuterungen
94	RCL 8	Prüfung, ob K f-3 ist.
95	-	Wenn K f-3 (dies ist der
96	(	Fall, wenn K-(f-3) 0 ist),
97	RCL 2	dann erfolgt Sprung nach
98	-	LABEL 4. Sonst Rücksprung
99	3	nach LABEL 3.
100	)	Die Bedingung K f-3 ist
101	=	dann erfüllt, wenn alle
102	JUMP + 4	Reihenglieder G berechnet
103	JUMP 3	sind.
104	LABEL 4	
105	RETURN	Rücksprung aus dem
		Unterprogramm in das
		Hauptprogramm
106	LABEL 5	
107	100	$S^* = 100 \cdot U$
108	RCL x 9	
109	STO 0	$S \longrightarrow$ STO 0
110	STOP	Ausgabe S^*%
111	JUMP START	Rücksprung zum Programm-
		anfang zur erneuten
		Integration

Das angegebene Programm ist im mathematischen Sinne keine Näherungslösung, wie etwa die Lösung des Integrals der Normalverteilung durch ein Polynom. Die in Tab.61 angegebenen Rechenbeispiele zeigen, daß die berechneten Flächenwerte um einen geringen Betrag von den Werten abweichen, die den aus einer Tabelle (5) entnommenen t-Werten zugrunde liegen. Dies rührt daher, daß diese t-Werte in der letzten Stelle gerundet sind und somit auch nur "Näherungen" darstellen. Für die praktische Brauchbarkeit des Integrations-Programms hat dies aber keine Auswirkung.

Welche Sicherheit kann man grantieren, wenn man annimmt, daß der Gehalt μ der Probe um nicht mehr als 20% nach oben oder unten vom Mittelwert $\bar{x}$ abweicht ? In diesem Fall gilt:

$$t = 0{,}2 \cdot \bar{x} \frac{\sqrt{8}}{s} = 1{,}232 \quad .$$

Das Programm liefert jetzt mit t=1,232 und f= 7 $S^* = 74{,}2\%$. Fragt man schließlich nach der Sicherheit für eine Abweichung des Mangangehalts von $\pm$ 50% vom Mittelwert $\bar{x}$, dann erhält man mit t= 3,08 unf f= 7 $S^* = 98{,}2\%$.

Ergebnis: Um so größer man den Vertrauensbereich wählt, d.h. umso unschärfer die Angabe des Mittelwertes μ wird, desto höher ist die Sicherheit, mit der man diese Angabe garantieren kann. Entsprechend hat ein enger Vertrauensbereich eine geringere Sicherheit zur Folge.

Welche Sicherheit kann man nun garantieren, wenn die Kenndaten $\bar{x}$ = 0,685% und s = 0,314 % Mn nicht aus 8 sondern aus 80 Wiederholungsmessungen erhalten worden wären ?
Für eine maximal 1% ige Abweichung des "wahren" Gehalts μ vom Mittelwert $\bar{x}$ nach oben oder unten würde dann gelten

$$t = 0{,}01 \cdot \bar{x} \frac{\sqrt{80}}{s} = 0{,}1951 \quad .$$

Das Programm würde dann mit t=0,1951 und f=80-1=79 liefern

$$S^* = 15{,}4\% \; .$$

Dieser Wert ist zwar bereits erheblich höher als die Sicherheit bei 8 Einzelwerten. Um allerdings eine für statistische Probleme übliche Sicherheit von 95% oder gar 99% für eine maximale Abweichung des Gehalts μ vom Mittelwert von 1% garantieren zu können, müßten ca. 8000 bzw. mehr als 12000 Wiederholungsmessungen durchgeführt werden.

Die Einengung des Vertrauensbereichs bzw. die Erhöhung der statistischen Sicherheit durch eine Heraufsetzung der Zahl der

Meßwerte erweist sich zwar als prinzipiell möglich, für die Praxis allerdings ist dieses Verfahren sehr uneffektiv. Besser ist hier, die Streuung zu senken, d.h. die Standardabweichung kleiner zu machen.

Beispiel 18
b) Es sei angenommen, daß der untersuchte Stahl einen Mindestgehalt an Mangan von 0,6% aufweisen muß. Mit welcher statistischen Sicherheit kann man dies garantieren, wenn die in a) angegebenen 8 Meßwerte vorliegen ?
Da der arithmetische Mittelwert 0,685% beträgt, läuft die Lösung des Problems auf die Ermittlung der Sicherheit dafür hinaus, daß der tatsächliche Mangangehalt der Probe um nicht mehr als 0,085% vom Mittelwert $\bar{x}$ nach unten hin abweicht. Es handelt sich hier also um ein Problem mit einseitiger Fragestellung. Zu berechnen ist daher die Fläche unter der t-Verteilung zwischen -t und + ∞. Der t-Wert folgt aus

$$\bar{x} - \frac{t \cdot s}{\sqrt{n}} = 0{,}600 \quad \text{zu} \quad t = (\bar{x} - 0{,}600)\,\frac{\sqrt{8}}{0{,}314} = 0{,}766$$

Da die t-Verteilung - genau wie die Normalverteilung - symmetrisch ist, ergibt sich die gesuchte Fläche aus der über das Programm Nr.18 ermittelte Integral zwischen -t und +t :

$$S^*(-t \text{ bis } +\infty) = 50 + \frac{S(-t \text{ bis } +t)}{2} \quad (\%) \qquad (169)$$

Das Programm liefert S(-t bis +t, f=7) = 53,1%. Daraus folgt:

$$S^*(-t \text{ bis } +\infty) = 5o + \frac{53{,}1}{2} = 76{,}6\%.$$

Die Wahrscheinlichkeit, daß der vorgeschriebene Mindestgehalt von 0,6% Mn nicht unterschritten wird, beträgt somit 76,6%.

Herleitung der Gleichungssysteme zur Berechnung der t-Wert für beliebige statistische Sicherheiten

Nach Noack und Reichmuth (23) lassen sich t-Werte aus der Beziehung

$$t = e^{ax^3 + bx^2 + cx + d} \qquad \text{mit } x = 1/f \tag{134}$$

berechnen.
Weiterhin lassen sich die entsprechenden Formeln zur Integration der t-Verteilung für die Fälle f=1, f=2 und f=4 nach t auflösen:

f = 1

Aus Gl.163 folgt mit $x = \frac{t}{\sqrt{f}}$

$$t(f=1) = t_1 = \tan\left(\frac{\pi \cdot s^*}{200}\right)$$

f = 2

Der nach Gl.167 zu berechnende Wert für R' ist für den Fall f =2 gleich 1. Daraus ergibt sich

$$S^* = 100 \cdot 1 \sqrt{1 - v} = 100 \cdot \sqrt{1 - \frac{1}{1 + (t/\sqrt{2})^2}}$$

Löst man diese Beziehung nach t auf, ergibt sich

$$t(f=2) = t_2 = \sqrt{2\left[\frac{1}{1 - \left(\frac{S^*}{100}\right)^2} - 1\right]}$$

f = 4

In diesem Fall ergibt sich für R' nach Gl.167

$$R' = 1 + \frac{1}{2} v$$

Die Beziehung für das Integral lautet dann

$$S^*(f=2) = 100\left(1 + \frac{1}{2}v\right)\sqrt{1 - v} \qquad (170)$$

Durch Umformen ergibt sich daraus eine kubische Gleichung für v:

$$v^3 + 3v^2 - 4\left[1 - 4\left(\frac{S^*}{100}\right)^2\right] = 0 \qquad (171)$$

Man kann zeigen, daß zur Lösung dieser Gleichung der sog. Casus irreducibilis (27) angewandt werden muß. Die Lösung lautet:

$$v = 2\cos\left\{\frac{\arccos\left[1 - 2\left(\frac{S^*}{100}\right)^2\right]}{3}\right\} - 1 \qquad (172)$$

Mit Hilfe der Beziehung $v = \dfrac{1}{1 + x^2}$ mit $x = \dfrac{t}{\sqrt{4}} = t/2$

erhält man schließlich

$$t(f=4) = t_4 = 2\sqrt{\frac{1}{2\cos\left[\frac{\arccos\left[1 - 2\left(\frac{S}{100}\right)^2\right]}{3}\right] - 1} - 1}$$

Geht man davon aus, daß die Gl.134 keine Approximation ist, sondern eine "exakte" Beziehung für die Berechnung von t darstellt - und dies stimmt praktisch, wie Tab.58 zeigt - dann erhält man für f gegen Unendlich

$$t(f \to \infty) = e^d ,$$

da die Ausdrücke ax^3, bx^2 und cx für $f \to \infty$ gegen Null gehen. Für den Fall $f = \infty$ entspricht aber der t-Wert dem z -Wert der Normalverteilung für die Sicherheit S %. Es gilt dann:

$z = e^d$ und somit

$$d = \ln z \tag{140}$$

Der z-Wert wird dabei aus den Beziehungen 136-139 ermittelt.

Setzt man nun die für f=1, f=2 und f=4 gefundenen Beziehungen für t in die Gl.134 ein, ergibt sich nach Logarithmieren:

$$\ln t_1 = a + b + c + d$$

$$\ln t_2 = \frac{a}{8} + \frac{b}{4} + \frac{c}{2} + d$$

$$\ln t_4 = \frac{a}{64} + \frac{b}{16} + \frac{c}{4} + d$$

Da sowohl t_1, t_2, t_4 als auch d (Gl.140) bekannt sind, stellen die o.g. 3 Gleichungen ein System mit 3 Unbekannten dar, das nach einem der üblichen Verfahren (28) nach a, b und c aufgelöst werden kann. Die Lösungen lauten:

$$a = \frac{\ln t_1 - 6 \ln t_2 + 8 \ln t_4 - 3d}{0{,}375} \tag{144}$$

$$b = 2 \ln t_1 - 4 \ln t_2 + 2d - \frac{3}{2} a \tag{145}$$

$$c = \ln t_1 - d - a - b \tag{146}$$

Es sei hier noch einmal darauf hingewiesen, daß die automatische Berechnung der Konstanten a,b,c und d zur Ermittlung von t sicher relativ aufwendig ist. Hat man aber einen Rechner zur Verfügung, der programmierbar ist und außerdem über die Möglichkeit der Speicherung von Programmen verfügt, dann ist der Programmieraufwand nur einmal notwendig. Für die weiteren Berechnungen bietet das Programm Nr.17 dann den Vorteil der Zeitersparnis und der Unabhängigkeit von einer Tabelle der t-Werte.

Wie auch für die Normalverteilung existieren auch zur Berechnung des Integrals der t-Verteilung Näherungslösungen. Es seien die Arbeiten von Gentleman und Jenkins (29), Kramer (30), Fisher (31) und Hendricks (32) genannt.

13.4.6 Vertrauensbereich der Standardabweichung

Ähnlich wie für den Mittelwert μ einer Grundgesamtheit läßt sich auch für die Standardabweichung σ ein Vertrauensbereich angeben, d.h. man kann angeben, innerhalb welcher Grenzen die "wahre" Streuung σ liegt, wenn aus einer Stichprobe von n Einzelwerten die geschätzte Standardabweichung s bekannt ist.

Wenn s^2 das Quadrat der Streuung einer Stichprobe des Umfangs n und σ die Standardabweichung der zugehörigen Grundgesamtheit ist, dann ist die Größe

$$\chi^2 = \frac{s^2(n-1)}{\sigma^2} \qquad (173)$$

Chi-Quadrat-verteilt mit dem Parameter f=n-1 Freiheitsgrade. Die Chi-Quadrat-Verteilung ist asymmetrisch und reicht von Null bis unendlich. Mit wachsendem n nähert sich die Chi-Quadrat-Verteilung der Normalverteilung an. Die Form der Verteilung ist - wie bei der t-Verteilung - nur vom Freiheitsgrad f abhängig. Die Abb.25 gibt für verschiedene Freiheitsgrade f den Verlauf für die Funktion der Chi-Quadrat-Verteilung wieder. Die Verteilungs-Funktion lautet:

$$\varphi(\chi^2) = \frac{1}{\sqrt{2^f}} \frac{(\chi^2)^{\frac{f-2}{2}}}{(\frac{f-2}{2})!} e^{-\frac{1}{2}\chi^2} \qquad (174)$$

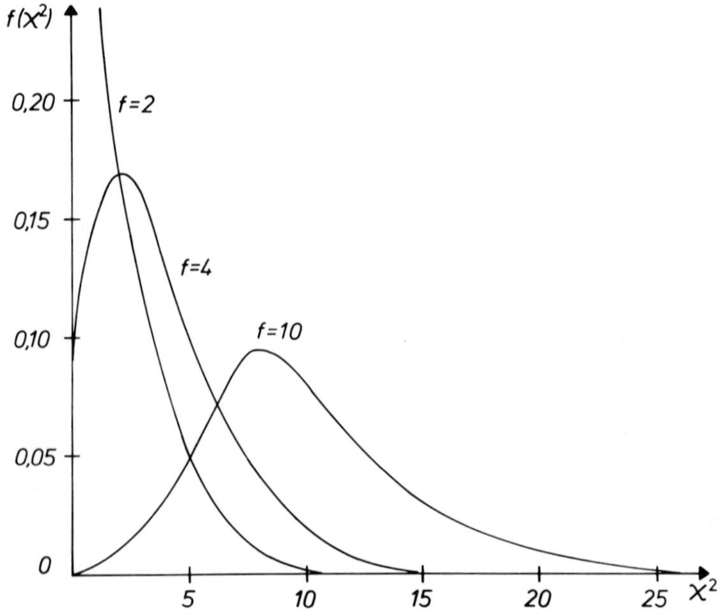

Abb.25 Funktionsbilder der χ^2-Verteilung

Da die Chi-Quadrat-Verteilung nicht symmetrisch ist, liegen auch die untere und die obere Vertrauensgrenze σ_u und σ_o nicht symmetrisch zur Streuung s. Für σ_u und σ_o gelten nach Gl.173 folgende Beziehungen:

$$\sigma_u = \sqrt{\frac{s^2 (n - 1)}{\chi_u^2}} \qquad \sigma_o = \sqrt{\frac{s^2 (n - 1)}{\chi_o^2}} \tag{175}$$

Hierbei sind χ_u^2 und χ_o^2 die Schranken (Integralgrenzen) der Chi-Quadrat-Verteilung. Sollen die Vertrauensgrenzen mit einer statistischen Sicherheit von S% bestimmt werden, dann sind zunächst die Schranken χ_u^2 und χ_o^2 entweder einer Tabelle zu entnehmen oder aber zu berechnen. Hierbei ist zu beachten, daß die Zahl der Freiheitsgrade f = n - 1 beträgt, wenn n die Anzahl der Meßwerte ist, aus denen die Standardabweichung s berechnet wurde.

Weiter ist zu beachten, daß die Flächen unter der Chi-Quadrat-Verteilung von Null bis χ^2_u bzw. von Null bis χ^2_o nicht identisch sind mit der Sicherheit S%, für welche die Grenzen berechnet werden sollen. Dies ist bei der Verwendung einer χ^2-Tabelle bzw. bei der Berechnung der χ^2-Werte zu berücksichtigen. Die Fläche unter der Chi-Quadrat-Verteilung sei daher im folgenden - um Verwechslungen zu vermeiden - mit P% bezeichnet. Für die Schranken χ^2_u und χ^2_o gilt:

	Zahl der Freiheitsgrade	Fläche P%	
χ^2_u	f=n - 1	$\frac{100 + S\%}{2}$	(176)
χ^2_o	f=n - 1	$\frac{100 - S\%}{2}$	(177)

13.4.7 Berechnung der χ^2-Werte

Auch für die Chi-Quadrat-Verteilung gilt wie für die t- bzw. die Normalverteilung, daß die Verteilungsfunktion nicht explizit nach der Integralgrenze - in diesem Fall χ^2 - aufgelöst werden kann. Es müssen daher auch hier Näherungslösungen herangezogen werden. Neben einer Approximation von R.A. Fisher (33) erscheint die Gleichung von Wilson und Hilferty (34) zur Berechnung von χ^2 am geeignetsten.

$$\chi^2_{n-1,P\%} = f\left[1 - \frac{2}{9f} + z'\sqrt{\frac{2}{9f}}\right]^3 \quad \text{mit } f=n-1 \qquad (178)$$

Dabei entspricht P% der Fläche unter der Chi-Quadrat-Verteilung zwischen Null und χ^2, wenn die Gesamtfläche zwischen Null und Unendlich gleich 100% gesetzt wird. Der Wert z' ist dabei gleich der Schranke der Normalverteilung für den Fall, daß die Fläche zwischen $-\infty$ und z' P% beträgt. Der z'-Wert kann mit Hilfe der Gl. 104 ermittelt werden. Hierbei muß wiederum berücksichtigt werden, daß dem dort angegebenen z-Wert eine

Fläche unter der Normalverteilung zwischen -z und +z entspricht. Da P% für χ_u^2 größer als 50% ist, muß der zugehörige z'-Wert größer als Null sein. Andererseits ist für χ_o^2 die Fläche P% kleiner als 50% (Gl.177), woraus folgt, daß der zugehörige z'-Wert in diesem Fall kleiner als Null ist. Da weiterhin die Flächen P% für χ_u^2 und χ_o^2 symmetrisch zu dem 50%-Wert liegen, genügt es den z'-Wert für χ_u^2 zu berechnen ($=z_u$). Bezeichnet man den z'-Wert für χ_o^2 mit z_o', dann gilt

$$z_o'(z' \text{ für } \chi_o^2) = - z_u' = - z' \text{ für } \chi_u^2 \qquad (179)$$

Zwischen der Fläche $S^*\%$, die dem nach Gl.104 berechneten z-Wert zugrunde liegt und der Fläche P% zwischen $-\infty$ und z besteht der Zusammenhang

$$S^*\% = 2 \; (P\% - 50\%) \; . \qquad (180)$$

Mit Gl.176 folgt daraus:

$$S^*\% = 2 \; (\frac{100 + S\%}{2} - 50\%) = S\% \; . \qquad (181)$$

Dieser relativ komplizierte Zusammenhang führt zu folgendem System von Gleichungen zur Ermittlung der Vertrauensgrenzen der Standardabweichung :

<u>Gleichungen zur Berechnung der Schranken der Chi-Quadrat-Verteilung und der Vertrauensgrenzen der Standardabweichung</u>

Gegeben: Standardabweichung s aus n Einzelwerten

Gesucht: Vertrauensgrenzen der Streuung σ für eine Sicherheit von S%

1) $f = n - 1$

2) $$q = \frac{1 - S\%/100}{2} \qquad (183)$$

3) $$\eta = \sqrt{\ln \frac{1}{q^2}} \qquad (184)$$

4) $$z = \eta - \frac{a_o + \eta(a_1 + a_2\eta)}{1 + \eta(b_1 + \eta(b_2 + b_3\eta))} \qquad (185)$$

$a_o = 2{,}515517 \qquad b_1 = 1{,}432788$

$a_1 = 0{,}802853 \qquad b_2 = 0{,}189269$

$a_2 = 0{,}010318 \qquad b_3 = 0{,}001308$

5) $$z'_u = z \qquad (186)$$

6) $$z'_o = - z \qquad (187)$$

7) $$\chi^2_u = f \left[1 - \frac{2}{9f} + z'_u \sqrt{\frac{2}{9f}} \right]^3 \qquad (188)$$

8) $$\chi^2_o = f \left[1 - \frac{2}{9f} + z'_o \sqrt{\frac{2}{9f}} \right]^3 \qquad (189)$$

9) $$\sigma_u = \sqrt{\frac{s^2 (n - 1)}{\chi^2_u}} \qquad (190)$$

10) $$\sigma_o = \sqrt{\frac{s^2 (n - 1)}{\chi^2_o}} \qquad (191)$$

Die folgende Tab.62 zeigt einen Vergleich tabellierter mit den nach Gl.178 bzw. 188 u.189 berechneten χ^2-Werten.

Tab.62 Vergleich tabellierter und berechneter χ^2-Werte

f \ P%	1% tab.	1% ber.	2,5% tab.	2,5% ber.	5% tab.	5% ber.	95% tab.	95% ber.	97,5% tab.	97,5% ber.	99% tab.	99% ber.
1	-	-	-	-	0,004	0,00	3,84	3,75	5,02	4,93	6,63	6,59
2	0,02	0,003	0,05	0,03	0,10	0,08	5,99	5,94	7,38	7,34	9,21	9,22
3	0,12	0,08	0,22	0,18	0,35	0,33	7,81	7,78	9,35	9,33	11,34	11,37
4	0,30	0,25	0,48	0,45	0,71	0,69	9,49	9,46	11,14	11,13	13,28	13,31
5	0,55	0,50	0,83	0,80	1,15	1,13	11,07	11,05	12,83	12,82	15,09	15,12
6	0,87	0,82	1,24	1,21	1,64	1,62	12,59	12,57	14,45	14,44	16,81	16,85
7	1,24	1,19	1,69	1,66	2,17	2,15	14,07	14,05	16,01	16,01	18,48	18,51
8	1,65	1,60	2,18	2,15	2,73	2,72	15,51	15,49	17,53	17,53	20,09	20,13
9	2,09	2,04	2,70	2,67	3,33	3,31	16,92	16,90	19,02	19,02	21,67	21,70
10	2,56	2,51	3,25	3,22	3,94	3,93	18,31	18,29	20,48	20,49	23,21	23,24
20	8,26	8,22	9,59	9,57	10,85	10,85	31,41	31,41	34,17	34,18	37,57	37,60
50	29,71	29,68	32,36	32,35	34,76	34,76	67,50	67,51	71,42	71,43	76,15	76,18
100	70,06	70,05	74,22	74,21	77,93	77,93	124,34	124,35	129,56	129,57	135,81	135,83
200	156,43	156,41	162,73	162,72	168,28	168,27	233,99	234,00	241,06	241,07	249,45	249,47

Die Gegenüberstellung zeigt, daß für hohe Wahrscheinlichkeiten (P= 95% und mehr) die Abweichungen der berechneten von den tabellierten Werten (24) auch für kleine Freiheitsgrade nicht mehr als 1 bis 2% betragen. Bei kleinen P-Werten sind für Freiheitsgrade <5 die Abweichungen zwar größer. Da aber die χ^2-Werte nur mit $\sqrt{\frac{1}{\chi^2}}$ in die Formeln zur Berechnung von σ_u bzw. σ_o eingehen, wird der Einfluß der Abweichung tabellierter von berechneten χ^2-Werten noch gemindert. Will man für σ_u und σ_o die "exakten" Werte haben und sich nicht mit einer Näherung begnügen, dann müssen eventuell tabellierte χ^2-Werte herangezogen werden.

13.4.8 Rechenprogramm zur Ermittlung des Vertrauensbereichs der Standardabweichung für beliebige Sicherheiten

Das folgende Programm ermöglicht die Berechnung der unteren und oberen Vertrauensgrenze σ_u und σ_o der Standardabweichung σ einer Grundgesamtheit, wenn die geschätzte Streuung s aus n Einzelwerten (Stichprobe) bekannt ist. Die Vertrauensgrenzen können für eine beliebige statistische Sicherheit ermittelt werden.

Speicherbelegung für Programm Nr.19 (Compucorp 326)

RCL	1	=	s	RCL	7	=	b_1
RCL	2	=	f = n - 1	RCL	8	=	b_2
RCL	3	=	η, z	RCL	9	=	b_3
RCL	4	=	a_o	RCL	0	=	2/9f
RCL	5	=	a_1	RCL	•	=	χ^2_u
RCL	6	=	a_2				
				RCL	CHS	=	χ^2_o

Schritt-Nr.	Befehle	Erläuterungen
1	2.51551	
	STO 4	Abspeichern der Konstanten
2	0.802853	a_o, a_1, a_2, b_1, b_2 und b_3 zur
	STO 5	Berechnung von z (Gl.185)
3	0.010318	
	STO 6	in die Speicher 4 bis 9
4	1.432788	
	STO 7	
5	0.189269	
	STO 8	
6	0.001308	
	STO 9	
7	LABEL 0	
8	1	
9	KENNZAHL	1.
10	STOP	Eingabe s
11	STO 1	s ⟶ STO 1
12	2	
13	KENNZAHL	2.
14	STOP	Eingabe n
15	-	
16	1	f = n - 1
17	=	
18	STO 2	f ⟶ STO 2
19	3	
20	KENNZAHL	3.
21	STOP	Eingabe S%
22	:	
23	100	
24	=	S% /100
25	CHS	- S% /100
26	+	
27	1	
28	=	1 - (S%/100)

Schritt-Nr.	Befehle	Erläuterungen
29	:	$q = \frac{1 - \frac{S\%}{100}}{2}$
30	2	
31	=	
32	x^2	q^2
33	1/x	$1/q^2$
34	ln	$\ln(1/q^2)$
35	$\sqrt{\ }$	η
36	STO 3	$\eta \longrightarrow$ STO 3
37	RCL x 6	$a_2\eta$
38	RCL + 5	$a_1 + a_2\eta$
39	RCL x 3	$\eta(a_1 + a_2\eta)$
40	RCL + 4	$a_o + \eta(a_1 + a_2\eta)$
41	:	
42	(	
43	RCL 3	
44	RCL x 9	$b_3\eta$
45	RCL + 8	$b_2 + b_3\eta$
46	RCL x 3	$\eta(b_2 + b_3\eta)$
47	RCL + 7	$b_1 + \eta(b_2 + b_3\eta)$
48	RCL x 3	$\eta(b_1 + \eta(b_2 + b_3\eta)$
49	+	
50	1	
51	)	$1 + \eta(b_1 + \eta(b_2 + b_3\eta))$
52	=	
53	STO - 3	$z = \eta - \frac{a_o + \eta(a_1 + a_2\eta)}{1 + \eta(b_1 + \eta(b_2 + b_3\eta))}$
54	2	
55	:	
56	9	9 f
57	RCL x 2	

Schritt-Nr.	Befehle	Erläuterungen
58	=	$2/9f$
59	STO 0	$2/9f \longrightarrow$ STO 0
60	$\sqrt{}$	
61	RCL x 3	$z\sqrt{\frac{2}{9f}}$
62	RCL - 0	$-\frac{2}{9f} + z\sqrt{\frac{2}{9f}}$
63	+	
64	1	
65	=	$1 - \frac{2}{9f} + z\sqrt{\frac{2}{9f}}$
66	a^x	
67	3	
68	=	$\left[1 - \frac{2}{9f} + z\sqrt{\frac{2}{9f}}\right]^3$
69	RCL x 2	$f[\ldots]^3$
70	STO ·	$\chi_u^2 \longrightarrow$ STO $\boxed{\cdot}$
71	1/x	$1/\chi_u^2$
72	x	
73	RCL 1	s^2
74	x^2	
75	=	s^2/χ_u^2
76	RCL x 2	$\sqrt{\frac{s^2\,(n-1)}{\chi_u^2}}$
77	$\sqrt{}$	
78	STOP	Ausgabe σ_u
79	RCL 0	
80	$\sqrt{}$	
81	RCL x 3	$z\sqrt{\frac{2}{9f}}$
82	CHS	
83	RCL - 0	$-\frac{2}{9f} - z\sqrt{\frac{2}{9f}}$

Schritt-Nr.	Befehle	Erläuterungen
84	+	
85	1	
86	=	$1 - \frac{2}{9f} - z\sqrt{\frac{2}{9f}}$
87	a^x	
88	3	$\left[1 - \frac{2}{9f} - z\sqrt{\frac{2}{9f}}\right]^3$
89	=	
90	RCL x 2	$f[\ldots]^3$
91	STO CHS	$\chi_o^2 \rightarrow$ STO CHS
92	1/x	$1/\chi_o^2$
93	x	
94	RCL 1	s^2
95	x^2	
96	=	s^2/χ_o^2
97	RCL x 2	
98	$\sqrt{\ }$	$\sqrt{\frac{s^2(n-1)}{\chi_o^2}}$
99	STOP	Ausgabe σ_o
100	JUMP 0	Rücksprung nach LABEL 0

Beispiel 19

Bei der Herstellung von Aluminium-Folien soll ermittelt werden, welche Schwankungen in der Folien-Dicke zu erwarten sind, da für die Anwendung der Folien eine Konstanz der Dicke notwendig ist. Dem Produktionsprozeß werden dazu 10 Stichproben entnommen und die Folien-Dicke mit Hilfe einer Mikrometerschraube bestimmt. Es sind die Vertrauensgrenzen der Standardabweichung zu bestimmen. Dabei ist eine statistische Sicherheit von 95% zugrunde zu legen. Die Ergebnisse sind mit denen zu vergleichen, die man bei Anwendung von χ^2-Tabellen erhält.

Die Meßwerte lauten:

x_1 = 0,105 mm	x_6 = 0,110 mm
x_2 = 0,096 "	x_7 = 0,099 "
x_3 = 0,119 "	x_8 = 0,101 "
x_4 = 0,101 "	x_9 = 0,107 "
x_5 = 0,097 "	x_{10} = 0,095 "

Die mit Hilfe von Programm Nr.15 ermittelten Kenndaten lauten:

Arithmetischer Mittelwert $\overline{x}$ = 0,103 mm

Standardabweichung s = 0,0074 mm

Ablauf für Programm Nr.19 "Vertrauensgrenzen von σ "

a) [JUMP] [START] [START]

b)

	Anzeige
	1.
Eingabe s = 0,0074	0.0074
[START]	
	2.
Eingabe n = 10	10.0000
[START]	
	3.
Eingabe S%= 95	95.0000
[START]	
Ausgabe σ_u	0.0051
[START]	
Ausgabe σ_o	0.0136

Die Standardabweichung σ , die zu der Grundgesamtheit gehört, aus der die Stichprobe von 10 Einzelwerten entnommen wurde, liegt somit zwischen 0,0051 und 0,0136 mm. Der Vertrauensbereich beträgt also 0,0136 - 0,0051 = 0,0085 mm.

Berechnet man jetzt mit Programm Nr. 17 den Vertrauensbereich des Mittelwertes μ, dann ergibt sich, daß dieser mit 95% Sicherheit zwischen 0,0977 und 0,1083 mm liegt, also 0,0106 mm beträgt. Der Vertrauensbereich des Mittelwertes μ ist also - bei gleicher statistischer Sicherheit - wesentlich kleiner als der Vertrauensbereich der Streuung σ. Daraus folgt, daß mit der Stichprobe von 10 Einzelwerten der Mittelwert μ wesentlich zuverlässiger geschätzt werden kann als die Standardabweichung σ. Aus der Angabe der Vertrauensgrenzen für σ kann man entnehmen, daß die Streuung der Dicken der Aluminiumfolien den Wert 0,0051 mm mit 95% Sicherheit nicht unterschreitet bzw. den Wert 0,0136 mm nicht überschreitet. Hierbei ist zu beachten, daß die statistische Sicherheit von 95% für ein zweiseitiges Problem gilt. Mit 95% Wahrscheinlichkeit liegt danach σ weder unterhalb von 0,0051 mm noch oberhalb von 0,0136 mm.

Fragt man dagegen nach der Sicherheit für eine einseitige Überschreitung eines bestimmten Wertes von σ , dann ist der χ^2-Wert in Gl. 191 nicht für P% = (100-S%)/2 sondern für P% = 100 - S% einzusetzen. Für S = 95% Sicherheit ist dann P= 100 -95 = 5%. Einer Tabelle entnimmt man: χ^2 für P=5% und f=n-1 =10-1=9 ist gleich 3,33. Dies bedeutet, daß die Fläche unter der Chi-Quadrat-Verteilung zwischen 0 und χ^2 = 3,33 5% der Gesamtfläche ausmacht. Setzt man diesen Wert in Gl. 191 ein, dann erhält man für die obere Grenze der Streuung σ bei 95% Sicherheit:

$$\sigma_o = 0{,}0122 \text{ mm} .$$

Damit liegt mit 95% Wahrscheinlichkeit die obere Grenze der Standardabweichung σ nicht über 0,0122 mm. Diese Schranke liegt unter der oberen Grenze bei der zweiseitigen Fragestellung. Der Grund dafür ist, daß bei dem einseitigen Problem die Wahrscheinlichkeit nur für eine Bedingung gilt (σ liegt unterhalb einer bestimmten Grenze). Bei der zweiseitigen Fragestellung hingegen gilt die Wahrscheinlichkeit von S% für zwei Bedingungen (σ ist weder höher als σ_o noch kleiner als σ_u oder: Die Streuung σ liegt sowohl nicht unterhalb von σ_u als auch nicht oberhalb von σ_o). Während also bei dem einseitigen Problem - im Sinne der Wahrscheinlichkeitsrechnung - eine einfache Wahrscheinlichkeit vorliegt, handelt es sich bei dem zweiseitigen Problem um eine "Sowohl als auch"-Wahrscheinlichkeit. Daher kann bei dem einseitigen Problem die obere Grenze schärfer angegeben werden als bei der zweiseitigen Fragestellung. Entsprechendes gilt übrigens auch für die einseitige bzw. zweiseitige Fragestellung bei der Berechnung des Vertrauensbereiches für den Mittelwert μ.

Zur Übersicht sei die Formel für die obere Grenze von σ bei einseitiger Fragestellung noch einmal genannt:

$$\sigma_o = \sqrt{\frac{s^2 (n-1)}{\chi_o^2}} \quad \text{mit } \chi_o^2 \text{ für } f=n-1 \text{ und } P\%=100-S\% \tag{192}$$

Die Streuung σ liegt dann mit S% Sicherheit unterhalb von σ_o.

Verwendet man zur Berechnung von σ_u und σ_o für das genannte Beispiel tabellierte χ^2-Werte, dann erhält man:

$$\sigma_u = 0{,}0051 \text{ mm} \quad \text{mit } \chi_u^2 = 19{,}02276$$

und $$\sigma_o = 0{,}0135 \text{ mm} \quad \text{mit } \chi_o^2 = 2{,}700389 .$$

Die Ergebnisse stimmen gut überein mit den Werten des Programms.

13.5 Das Prognoseintervall

Gegeben sei aus einer Grundgesamtheit eine Stichprobe von n Einzelwerten mit den Kenndaten $\bar{x}$ und s. Gefragt ist jetzt nach dem Mittelwert einer zweiten Stichprobe des Umfangs m. Anders ausgedrückt: In welchem Bereich wird der Mittelwert $\bar{y}$ einer zweiten Stichprobe von m Einzelwerten liegen, wenn von n Einzelwerten Mittelwert $\bar{x}$ und Streuung s bereits bekannt sind ?

Bezeichnet man die statistische Sicherheit für den Bereich, in dem $\bar{y}$ liegen soll, mit S%, dann gilt für das sog. <u>Prognose-intervall</u> von $\bar{y}$:

$$\bar{x} - t_{(S\%,f=n-1)} \cdot s\sqrt{\frac{1}{n}+\frac{1}{m}} < \bar{y} < \bar{x} + t \cdot s\sqrt{\frac{1}{n}+\frac{1}{m}} \qquad (193)$$

Dabei ist t bzw. $t_{(S\%,f=n-1)}$ die Schranke der t-Verteilung für f=n-1 Freiheitsgrade und S% Sicherheit bei zweiseitiger Fragestellung. Die Größe t kann nach Gl.135 mit Hilfe von Tab. 58 oder über die Gleichungen 136 -148 berechnet oder einer Tabelle entnommen werden.

Ein Spezialfall liegt vor, wenn die zweite Stichprobe nur einen Wert umfaßt (m=1). Man erhält dann die Beziehung

$$\bar{x} - t \cdot s\sqrt{\frac{n+1}{n}} < y < \bar{x} + t \cdot s\sqrt{\frac{n+1}{n}} \qquad (194)$$

Die Prognoseintervalle sind dann von Bedeutung, wenn man aus einer gegebenen Menge von Daten auf weitere Werte, die bei zukünftigen Messungen anfallen, schließen will.

Beispiel 20

Bei der Bestimmung des Rückstandes eines Pflanzenschutzmittels auf einer Gemüsekultur wurden bei 6 Proben folgende Gehalte gemessen:

$x_1 = 3{,}4$ mg/kg	$x_4 = 3{,}8$ mg/kg
$x_2 = 4{,}7$ "	$x_5 = 4{,}8$ "
$x_3 = 3{,}9$ "	$x_6 = 5{,}0$ "

Angenommen, die Ausbringung des Pflanzenschutzmittels geschieht immer unter praktisch den gleichen Bedingungen. In welchem Bereich wird der auftretende Meßwert zu erwarten sein, wenn eine weitere Bestimmung durchgeführt wird ? Das Prognoseintervall soll mit 99% Sicherheit angegeben werden. Aus den 6 Einzelwerten erhält man zunächst mit Programm Nr.15:

$$\bar{x} = 4{,}27 \text{ mg/kg} \qquad s = 0{,}65 \text{ mg/kg}$$

Der t-Wert kann mit Programm Nr.16 ermittelt werden. Für die statistische Sicherheit S= 99% und die Zahl der Freiheitsgrade $f = n-1 = 6-1 = 5$ ergibt sich

$$t = 4{,}03 \ .$$

Durch Einsetzen von $\bar{x}$, s, t und n=6 in Gl.194 folgt dann:

$$1{,}44 \text{ mg/kg} < y < 7{,}10 \text{ mg/kg} \ .$$

Dieses sehr breite Prognoseintervall kommt durch die starke Streuung der Einzelwerte zustande. Führt man also eine weitere Messung durch, dann liegt der Meßwert mit 99% Wahrscheinlichkeit zwischen 1,44 und 7,10 mg/kg.

Bei dem angegebenen Beispiel ist zu beachten, daß hier die Lage von Einzelwerten interessiert, während der Mittelwert einer Reihe von Proben von untergeordneter Bedeutung ist: Würde z.B. von einer bestimmten Probenanzahl eine obere Schwelle überschritten, von einer Reihe anderer Proben aber stark unterschritten werden, dann würde der Mittelwert möglicherweise dennoch unter der zulässigen Höchst-Konzentration liegen. Trotzdem wäre das Ergebnis negativ, da bereits das Auftreten einzelner Proben, deren Rückstand über der zulässigen Grenze liegt, eine Gefährdung bedeuten könnte.

Nimmt man an, daß für das Beispiel die zulässige Höchst-Konzentration bei 4,5 mg/kg liegt, dann würde zwar im Mittel die Höchstgrenze noch nicht überschritten werden. Drei Einzelwerte würden aber bereits über diese Grenze liegen (x_2, x_5 und x_6). Diese Überschreitung würde durch die Mittelwertbildung nur deshalb "verschleiert" werden, weil zufällig auch wesentlich niedrigere Rückstände aufgetreten sind. Deshalb ist für diese Problemstellung das Prognoseintervall von besonderer Bedeutung.

Man kann die Fragestellung ausdehnen und nicht nur nach der Wahrscheinlichkeit für das Auftreten eines Mittelwertes oder Einzelwertes innerhalb eines bestimmten Bereiches fragen sondern auch nach dem Bereich, in dem ein bestimmter Mindestanteil aller zukünftigen Werte liegt. Diese Fragestellung führt zu dem Begriff des Toleranzintervalls.

13.6 Das Toleranzintervall

Bei der Ermittlung des Toleranzintervalls muß man wieder unterscheiden zwischen der einseitigen und einer zweiseitigen Fragestellung.

Bei der einseitigen Fragestellung interessiert man sich für den Anteil der Grundgesamtheit, der über bzw. unter einer bestimmten Schwelle liegt. Bei der zweiseitigen Fragestellung hingegen ist ein Bereich mit einer oberen und unteren Grenze anzugeben, innerhalb dessen ein bestimmter Anteil aller zur Grundgesamtheit gehörenden Werte liegt.

13.6.1 Toleranzintervall bei einseitiger Fragestellung

Gegeben sind n Einzelwerte (Stichprobe) einer Grundgesamtheit mit den Kenndaten $\bar{x}$ und s. Gefragt ist nach einem Grenzwert, oberhalb bzw. unterhalb dessen mit S% Sicherheit A% aller zukünftigen Einzelwerte liegen werden. Es gilt dann:

A% aller Einzelwerte liegen mit S% unterhalb $\bar{x} + ks$:

$$x_i < \bar{x} + ks \tag{195}$$

A% aller Einzelwerte liegen mit S% oberhalb $\bar{x} - ks$:

$$x_i > \bar{x} - ks \tag{196}$$

mit
$$k = \frac{2(n-1)}{2(n-1) - z_S^2} \left[z_A + \frac{z_S}{\sqrt{2(n-1)}} \sqrt{2\,\frac{n-1}{n} + z_A^2 - \frac{z_S^2}{n}} \right] \tag{197}$$

Dabei sind z_S und z_A die Schranken der Normalverteilung bei einseitiger Fragestellung. Dies bedeutet also:

S% = Fläche unter der Normalverteilung zwischen $-\infty$ und z_S

A% = Fläche unter der Normalverteilung zwischen $-\infty$ und z_A

Die Schranken z_S und z_A können mit Hilfe von Programm Nr.14 berechnet werden, wenn man für $S^*\%$ folgende Werte einsetzt:

$$\text{Für } z_S \text{ ist } S^*\% = 2\,(S\% - 50). \tag{198}$$

$$\text{Für } z_A \text{ ist } S^*\% = 2\,(A\% - 50). \tag{199}$$

Zu beachten ist, daß der Anteil A% eine Mindestangabe darstellt: Es liegen mindestens A% aller Einzelwerte oberhalb bzw. unterhalb der entsprechenden Schranke.

Beispiel 21

Der normale Harnstoffgehalt im Blut eines Menschen liegt zwischen 200 und 400 mg/l. Liegen die Werte hoch, dann ist eine Störung in der Funktion der Nieren vorhanden. Falls die Konzentration den Wert 400 mg/l übersteigt, muß der Arzt aufgesucht werden.

Angenommen, eine Untersuchung an 100 Patienten führt zu den Kenndaten

$$\bar{x} = 295{,}2 \text{ mg/l} \qquad s = 48{,}2 \text{ mg/l}$$

Gefragt ist jetzt nach der oberen Grenze, unterhalb derer mit 95% Sicherheit mindestens 99% aller beim Menschen "möglichen" Konzentrationen liegen. Dabei sei angenommen, daß die Untersuchung an den 100 Patienten repräsentativen Charakter hat. Mit dem Programm Nr.14 erhält man mit $S\% = 2(S^* - 50) = 2(99-50)\% = 98\%$: $z_S = 2{,}3268$. Entsprechend ergibt sich mit $S^*\% = 2(A^* - 50) = 95\%$: $z_A = 1{,}6452$ ~~= 98% : z_A = 1,6452~~. Die Gl.197 liefert dann mit n=100:

$$k = 2{,}0574$$

Aus Gl.195 folgt schließlich mit den o.g. Werten für $\bar{x}$ und s:

$$x_i < \bar{x} + k\,s = 394{,}4 \text{ mg/l}$$

Danach liegen mit 95% Sicherheit 99% aller "möglichen" Harnstoffkonzentrationen unter 394,4 mg/l und damit auch unterhalb der kritischen Schwelle von 400 mg/l. Höchstens 1% aller Werte liegen über diesem oberen Grenzwert und damit möglicherweise auch über der kritischen Konzentration.

13.6.2 Toleranzintervall bei zweiseitiger Fragestellung

Fragt man nach den ober- und unterhalb des Mittelwertes $\bar{x}$ liegenden Grenzen, innerhalb derer mit S% Sicherheit A% aller Werte der Grundgesamtheit liegen, so ist für eine Stichprobe aus n Einzelwerten mit den Kenndaten $\bar{x}$ und s dieser Bereich durch die folgenden Grenzen gegeben:

Untere Grenze: $\bar{x} - cs$

Obere Grenze: $\bar{x} + cs$

mit $$c = r\sqrt{\frac{n-1}{\chi^2_{(P=100-S\%,\ f=n-1)}}} \qquad (200)$$

Dabei ist r durch die folgende Gleichung definiert:

$$S\% = 100\,\frac{1}{\sqrt{2\pi}} \int_{1/\sqrt{n}+r}^{1/\sqrt{n}+r} e^{-x^2/2}\,dx \qquad (201)$$

Da diese Gleichung nicht explizit nach r auflösbar ist, müssen die Werte für c entweder einer Tabelle entnommen werden (35), oder empirisch berechnet werden. Dies kann über eine ähnliche Beziehung wie bei der Berechnung der t-Werte erfolgen. Es gilt:

$$c = \exp\,(a_o + a_1x + a_2x^2 + a_3x^3 + a_4x^4) \quad x=1/n \tag{202}$$

oder
$$c = \exp\;a_o + x(a_1 + x(a_2 + x(a_3 + a_4x))) \quad . \tag{203}$$

In Tab.63 sind für $2 < n < 200$ die Konstanten a_o bis a_4 zur Berechnung der c-Werte (siehe Gl.200) für verschiedene Anteile A% und Sicherheiten S% zusammengestellt.

Programm Nr.20 Berechnung der c-Werte für die Ermittlung des zweiseitigen Toleranzintervalls

Speicherbelegung:

RCL 0 = a_o	RCL 3 = a_3
RCL 1 = a_1	RCL 4 = a_4
RCL 2 = a_2	RCL 5 = x

Schritt-Nr.	Befehle	Erläuterungen
1	STOP ←	Eingabe n / Ausgabe c
2	1/x	x=1/n
3	STO 5	x ⟶ STO 5
4	RCL x 4	a_4x
5	RCL + 3	a_3+a_4x
6	RCL x 5	$x(a_3+a_4x)$
7	RCL + 2 ↑	$a_2+x(a_3+a_4x)$
8	RCL x 5	$x(a_2+x(a_3+a_4x))$
9	RCL + 1	$a_1+x(a_2+x(a_3+a_4x))$
10	RCL x 5	$x(a_1+x(a_2+x)a_3+a_4x)))$
11	RCL + 0	$a_o+x(a_1+x(a_2+x(a_3+a_4x))) = k$
12	e^x ↑	$c = e^k$
13	JUMP START	Rücksprung zum START

Tab.63 Konstanten a_o bis a_4 zur Berechnung von $c = \exp\ a_o + x(a_1 + x(a_2 + x(a_3 + a_4 x)))$ für die Ermittlung des zweiseitigen Toleranzintervalls $\bar{x} \pm cs$

Anteil A% der Grundgesamtheit, der im Toleranzintervall liegt	Statistische Sicherheit S%	a_o	a_1	a_2	a_3	a_4	c
90	90	0,550687	4.920606	-14,621770	43,166676	-31,691270	1,0
90	95	0,565496	6,202816	-18,568440	55,691234	-40,330114	1,2
90	99	0,595186	8,654870	-24,681903	78,279082	-55,388595	1,8
95	90	0,725483	4,930747	-14,841064	43,667466	-32,084027	1,0
95	95	0,740679	6,191356	-18,654434	56,038456	-40,792249	1,3
95	99	0,769291	8,696865	-25,083116	79,200673	-56,145660	1,7
99	90	0,998790	4,932015	-15,040250	43,900816	-32,125845	1,0
99	95	1,014286	6,187547	-18,820085	56,154767	-40,689296	1,3
99	99	1,042184	8,706428	-25,462568	80,269801	-57,191221	1,8

c = maximaler relativer Fehler gegenüber dem theoretischen c-Wert (Gl.200 u.201)

Vor Programmbeginn sind die Konstanten a_o bis a_4 gemäß Tab.63 in die Speicher 0 bis 4 einzugeben.

Programmablauf:

a) Nach Eingabe der Konstanten (z.B. für A=95% u. S=95%)

[JUMP] [START] [START]

b) Eingabe n, z.B. n=10 — 10.0000

[START]

c) Ausgabe c — 3.4000

(Der Tabellenwert für c beträgt 3,38)

Beispiel 22

Aus einer Produktionsserie von Stahlkugeln wird eine Stichprobe von n=20 Kugeln entnommen und der Durchmesser x bestimmt. Der Sollwert beträgt 10,00 mm. Man findet $\bar{x}$ = 10,01 mm und s = 0,04 mm. In welchem Bereich werden mit 99% Sicherheit mindestens 99% aller "zukünftigen" Kugeldurchmesser liegen, vorausgesetzt, die Bedingungen bei der Herstellung ändern sich nicht ?

Mit Hilfe des Programms Nr.20 erhält man für A=99% und S=99% (Konstanten a_o bis a_4 siehe Tab.63 !) c = 4,15. Daraus folgt: c s = 4,15x0,04 = 0,17. Somit liegen mindestens 99% aller Kugeldurchmesser zwischen $\bar{x}$ - cs = 10,01 - 0,17 = 9,84 mm und $\bar{x}$ + cs = 10,01 + 0,17 = 10,18 mm.

14. Stichprobenumfang

14.1 Stichprobenumfang bei bekannter Streuung σ

Oftmals besteht das Problem, daß bei einem Versuch bzw. einer Analyse die Ergebnisse nur innerhalb bestimmter Grenzen liegen dürfen. Dabei stellt sich dann folgende Frage:

Wieviel Messungen sind mindestens durchzuführen, damit der Mittelwert $\bar{x}$ um nicht mehr als einen bestimmten Betrag - bei vorgegebener statistischer Sicherheit - vom "wahren" Mittelwert μ abweicht ?

Es sind 2 Fälle zu unterscheiden:

a) Der Mittelwert μ ist unbekannt, die Streuung σ jedoch bekannt.

b) Sowohl der Mittelwert μ als auch die Streuung σ sind unbekannt.

Sind von einem Verfahren μ und σ bekannt, dann kann man in der Gleichung für den Vertrauensbereich (Gl.132) den t-Wert durch die Schranke z der Normalverteilung und die geschätzte Streuung s durch die Standardabweichung σ der Grundgesamtheit ersetzen. Es gilt dann:

$$\bar{x} - \frac{z(S\%) \cdot \sigma}{\sqrt{n}} \leq \mu \leq \bar{x} + \frac{z(S\%) \cdot \sigma}{\sqrt{n}} \qquad (204)$$

Durch Umformung erhält man dann für S% Sicherheit:

$$|\bar{x} - \mu| = \frac{z(S\%) \cdot \sigma}{\sqrt{n}} \tag{205}$$

Die Auflösung dieser Gleichung nach n liefert schließlich die Beziehung

$$n = \frac{z^2(S\%) \cdot \sigma^2}{(\bar{x} - \mu)^2} \tag{206}$$

Da die Gl.204 eine Ungleichung darstellt, andererseits die Beziehungen 205 und 206 Gleichungen sind, stellt der berechnete n-Wert den minimalen Stichprobenumfang dar, der <u>mindestens</u> erforderlich ist, damit der wahre Mittelwert μ mit S% Sicherheit um nicht mehr als einen vorgegebenen Betrag $d = \bar{x} - \mu$ vom Wert $\bar{x}$ abweicht.

Der nach Gl.206 berechnete n-Wert ist meist eine gebrochene Zahl. Andererseits kann der Stichprobenumfang nur ganzzahlig sein ("halbe" Meßwerte gibt es nicht). Daher ist das effektiv benötigte n die kleinste,ganze Zahl, die größer als das nach Gl.206 berechnete n ist. Es folgt:

$$n_{eff.} = \text{INTEGER}\left(1 + \frac{z^2(S\%) \cdot \sigma^2}{d^2}\right) \tag{207}$$

Die Schranke z ist die Integralgrenze der Normalverteilung bei zweiseitiger Fragestellung und kann mit dem Programm Nr.14 ermittelt werden.

Beispiel 23

Eine polarographische Methode zur Bestimmung von Blei in einem Bereich zwischen 2 und 20 mg Pb pro Liter arbeitet mit einer

Streuung von 0,1 mg/l.

In pflanzlichem Gewebe soll der Bleigehalt bestimmt werden. Da es sich um Routinebestimmungen handelt, soll der Aufwand so gering wie möglich gehalten werden. Es sind daher nur soviel Bestimmungen durchzuführen (Wiederholungen) als unbedingt notwendig sind.

a) Wieviel Wiederholungen müssen durchgeführt werden, damit bei einem Gehalt von ca. 2 mg/l der Fehler des Mittelwertes $\bar{x}$ gegenüber dem tatsächlichen Gehalt um nicht mehr als 5% nach oben oder unten abweicht ? Die Sicherheit der Aussage soll 99% betragen.

b) Wieviel Wiederholungen sind durchzuführen, wenn der Gehalt ca. 10 mg Pb/l beträgt ?

Lösung zu a)
Der mit Programm Nr.14 berechnete z-Wert für 99% Sicherheit beträgt 2,576. Die Differenz d soll 5% vom Gehalt ausmachen, also gilt:

$$d = 0{,}05 \times 2 = 0{,}1 \text{ mg Pb/l}$$

Die Streuung σ beträgt 0,1 mg Pb/l. Somit folgt:

$$n_{eff.} = \text{INTEGER}\ \left(1 + \frac{2{,}576^2 \times 0{,}1^2}{0{,}1^2}\right) = \text{INTEGER}\ (1+6{,}64)$$

$$n_{eff.} = 7$$

Danach sind also <u>mindestens 7</u> Wiederholungsmessungen erforderlich, um den genauen Gehalt der Probe mit einem maximalen Fehler von 5% zu bestimmen. Diese Aussage ist zu 99% sicher. Die Aufgabe ist natürlich nur unter der Voraussetzung lösbar, daß der ungefähre Gehalt der Probe bereits bekannt ist. Wäre dies nicht der Fall, könnte n lediglich für einen gegebenen

Absolutfehler von $\bar{x}$ berechnet werden.

Lösung zu b)

Die Differenz d beträgt hier d = 0,05 x 10 = 0,5 mg Pb/l. Die Größen z und σ sind die gleichen wie bei a). Somit erhält man:

$$n_{eff.} = \text{INTEGER } (1 + \frac{2{,}576^2 \times 0{,}1^2}{0{,}5^2}) = \text{INTEGER } 1{,}265$$

$$n_{eff.} = 1$$

Es ist also nur eine einzige Messung erforderlich! Dies ist aber auch anschaulich verständlich: Die Standardabweichung σ beträgt 0,1 mg. 5% Abweichung von 10 mg entsprechen 0,5 mg, also der 5-fachen Streuung. Ein Wert außerhalb dieses Bereichs ist aber nur zu $5{,}7 \cdot 10^{-5}$% (!) wahrscheinlich. Dies bedeutet, daß in ca. 1 von 10^6 Fällen eine Abweichung des tatsächlichen Gehalts vom Mittelwert $\bar{x}$ von mehr als 5% zu erwarten ist. Die Sicherheit von 99% (1 von 100 Fällen) ist daher im Sinne der Aufgabe bereits bei einer Messung gewährleistet.

Drückt man die Differenz $d = \bar{x} - \mu$ in Vielfachen der Streuung σ aus, dann kann man sehr anschaulich den Einfluß der statistischen Sicherheit S% einerseits und des Wertes d andererseits auf die Anzahl $n_{eff.}$ der mindestens erforderlichen Messungen verdeutlichen. In Tab.64 sind für verschiedene Sicherheiten und Werte für $k = (\bar{x} - \mu)/\sigma$ die erforderlichen Wiederholungsmessungen zusammengestellt.

Man erkennt, daß bei gegebenem k - also konstanter Fehlerbreite - die Anzahl der mindestens erforderlichen Messungen mit steigender Sicherheit zunimmt, ebenso wie bei einer Verkleinerung von k bei konstanter statistischer Sicherheit.

Die Differenz zwischen der Sicherheit S% und 100% stellt praktisch das "Irrtumsrisiko" dafür dar, daß der berechnete

Tab.64 Abhängigkeit der Anzahl n der Meßwerte von der statistischen Sicherheit S% und dem Faktor $k = \frac{\bar{x} - \mu}{\sigma}$

S%	$k = \frac{\bar{x} - \mu}{\sigma}$	$n_{eff.}$
68,3 %	2	1
	1	1
	0,5	4
	0,1	100
90,0 %	2	1
	1	3
	0,5	11
	0,1	271
95,0 %	2	1
	1	4
	0,5	16
	0,1	385
99,0 %	2	2
	1	7
	0,5	27
	0,1	664
99,9 %	2	3
	1	11
	0,5	44
	0,1	1083

n-Wert zu klein ist.

Aus der Tabelle kann man nun ersehen, daß eine Verringerung des "Irrtumsrisikos" z.B. um den Faktor 10 (entsprechend einer Erhöhung der Sicherheit von 90 auf 99 oder von 99 auf 99,9%) eine wesentlich geringere Erhöhung von n zur Folge hat als

als die Verkleinerung von k um den Faktor 10 bei gleichbleibender Sicherheit. Bei einem k-Wert von 1 erfordert z.B. eine Erhöhung des S%-Wertes von 90 auf 99% eine Vergrößerung der Anzahl n von 3 auf 7. Verringert man hingegen bei einer Sicherheit von z.B. 99% den k-Wert von 1 auf 0,1, dann muß n von 7 auf 664 (!) erhöht werden.

Für die Praxis folgt daraus, daß zwischen der statistischen Sicherheit und der Fehlerbreite ein Kompromiß geschlossen werden muß, um die Anzahl der Wiederholungs-Messungen in einem vertretbaren Rahmen zu halten. Weitere Ausführungen zu dieser Problematik siehe bei (36).

14.2 Stichprobenumfang bei unbekannter Streuung σ

Wenn von einer Grundgesamtheit sowohl μ als auch σ unbekannt sind, dann lassen sich für Mittelwert und Streuung nur die Schätzwerte $\bar{x}$ und s angeben. Für den Wert μ gilt dann:

$$\bar{x} - \frac{t(S\%, f=n-1) \cdot s}{\sqrt{n}} \leqslant \mu \leqslant \bar{x} + \frac{t(S\%, f=n-1) \cdot s}{\sqrt{n}} \qquad (132)$$

Mit $d = \bar{x} - \mu$ folgt dann analog zu Gl.207 :

$$n_{eff.} = \text{INTEGER}\left(1 + \frac{t^2(S\%, f=n-1) \cdot s^2}{d^2}\right) \qquad (208)$$

Da auch der t-Wert von n abhängt, kann die Beziehung nicht explizit berechnet werden. Weiterhin ist zu berücksichtigen, daß s ja vor Beginn der Messungen (ebenso wie σ) unbekannt ist. Das Problem kann man lösen, wenn man für σ eine obere Schranke s^o annimmt und diese mit s gleichsetzt. Möglicherweise ist auch aus früheren Messungen ein s-Wert bereits bekannt. Man berechnet dann nacheinander für n=2, n=3, n=4 usw. den Ausdruck

$$\hat{d} = \frac{t(S\%, f=n-1) \cdot s_o}{\sqrt{n}} \; . \qquad (209)$$

Dieses Verfahren führt man solange fort, bis der Wert $\hat{d}$ kleiner wird als die vorgegebene Differenz $d = \bar{x}-\mu$. Der Wert n stellt dann den optimalen Stichprobenumfang dar. Die t-Werte können nach Gl.135 unter Zuhilfenahme von Tab.58 berechnet werden. Das folgende Fließschema zeigt den prinzipiellen Ablauf des Verfahrens.

Abb.26 Fließschema zur Berechnung der optimalen Stichprobengröße bei unbekannter Streuung σ

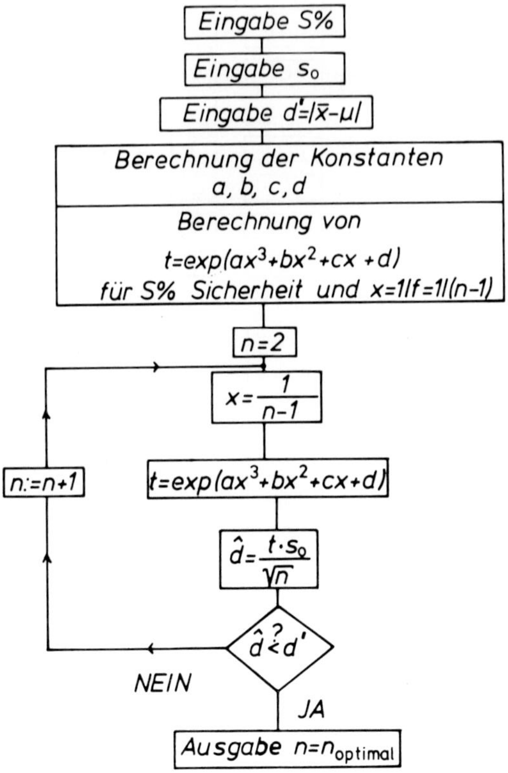

In dem Fließschema wird die Berechnung der Konstanten a,b,c und d zur Ermittlung von t angenommen (Gl. 136 - 146). Man kann aber auch vereinfachend - wie oben angegeben - die Konstanten der Tab.58 entnehmen und in die entsprechenden Konstantenspeicher eingeben. Dann entfällt die im Fließschema angegebene Eingabe der statistischen Sicherheit S%. Das folgende Programm entspricht ansonsten dem im Fließdiagramm angegebenen Prinzip.

Programm Nr.21 Stichprobenumfang bei unbekannter Streuung σ

Speicherbelegung:

RCL	0	=	a
RCL	1	=	b
RCL	2	=	c
RCL	3	=	d
RCL	4	=	n
RCL	5	=	$x = 1/(n-1)$
RCL	6	=	s^o
RCL	7	=	$\bar{x} - \mu = d'$

Schritt-Nr.	Befehle	Erläuterungen
1	1	
2	KENNZAHL	1.
3	STOP	Eingabe s^o
4	STO 6	$s^o \rightarrow$ STO 6
5	2	
6	KENNZAHL	2.
7	STOP	Eingabe $d' = \bar{x} - \mu$
8	STO 7	$d \rightarrow$ STO 7
9	2	$n = 2$
10	STO 4	
11	LABEL 1	
12	RCL 4	
13	-	
14	1	

Fortsetzung von Programm Nr.21 "Stichprobenumfang bei unbekannter Streuung"

Schritt-Nr.	Befehle	Erläuterungen
15	=	⋮
16	1/x	$x = 1/(n-1)$
17	STO 5	$x \longrightarrow$ STO 5
18	RCL x 0	ax
19	RCL + 1	b + ax
20	RCL x 5	x(b + ax)
21	RCL + 2	c + x(b + ax)
22	RCL x 5	x(c + x(b + ax))
23	RCL + 3	d + x(c + x(b + ax))
24	e^x	$\exp\left[d + x(c + x(b + ax))\right] = t$
25	RCL x 6	$t \cdot s^o$
26	:	
27	RCL 4	$\sqrt{n}$
28	$\sqrt{\ }$	
29	=	$t \cdot s^o / \sqrt{n} = \hat{d}$
30	-	
31	RCL 7	Prüfung, ob $\hat{d} < d'$ durch
32	=	Vergleich von $\hat{d} - d'$ mit
		Null. Wenn ja, Sprung nach
33	JUMP - 2	LABEL 2, sonst Schritt 34
34	1	$n := n + 1$
35	STO + 4	
36	JUMP 1	Rücksprung nach LABEL 1
37	LABEL 2	
38	RCL 4	
39	STOP	Ausgabe $n = n_{optimal}$

Ebenso wie bei der Berechnung des Stichprobenumfangs mit bekannter Standardabweichung gilt auch hier: Eine Erhöhung der Sicherheit bei konstantem d verlangt eine geringere Erhöhung der Zahl von Messungen als eine Erniedrigung der Fehlerbreite d bei gleichbleibender Sicherheit.

Beispiel 24

Wir wollen auf das Beispiel der polarographischen Bleibestimmung von Beispiel 23 zurückgreifen. Dabei soll die Annahme getroffen werden, daß die wahre Streuung des Verfahrens noch unbekannt ist, da das Verfahren noch nicht standardisiert ist. Wieviel Wiederholungsmessungen müssen durchgeführt werden, wenn der Unterschied des arithmetischen Mittels $\bar{x}$ der Einzelmessungen und des tatsächlichen Gehalts μ nicht mehr als 0,1 mg betragen soll und die Streuung des Verfahrens einen Wert von höchstens 0,1 mg aufweist (wurde aus einigen Einzelmessungen geschätzt) ? Die statistische Sicherheit soll 99% betragen.

Programmablauf:

a) Eingabe der Konstanten a,b,c und d für S% = 99% aus Tab.58 in die Speicher 0 - 3.

b) [JUMP] [START] [START]

	1.
Eingabe s^o = 0,1 mg/l	0.1000
[START]	
	2.
Eingabe d = 0,1 mg/l	0.1000
[START]	
Ausgabe n = noptimal	11.0000

Das Programm liefert $n_{optimal}$ = 11. Dies bedeutet, daß also mindestens 11 Wiederholungs-Bestimmungen durchgeführt werden müssen, wenn man sicherstellen will, daß der Mittelwert $\overline{x}$ mit 99% Sicherheit auf 0,1 mg Pb/l genau den Gehalt μ der Probe wiedergibt.

15. Zufallsauswahl von Stichproben

15.1 Allgemeines

Bei der Untersuchung des Einflusses einer Größe x auf eine andere Größe y kommt es häufig vor, daß auch andere Parameter außer x eine Veränderung von y bewirken:

a) Bei der gaschromatographischen Bestimmung eines verdampfbaren Stoffes hängt die Retentionszeit u.a. von der Geschwindigkeit des Trägergases, von der Temperatur sowie auch von der Art der Säulenpackung ab. Will man jetzt z.B. nur die Abhängigkeit der Retentionszeit von der Temperatur untersuchen, dann müssen alle anderen Einflußgrößen konstant bleiben. Dabei ist es nicht notwendig, daß man die anderen Parameter der Größe nach kennt.

b) Ein Insektizid soll hinsichtlich seiner Wirkung auf eine Anzahl von Drosophila (Essigfliegen) untersucht werden. Hierbei ist der Einfluß der Temperatur zu bestimmen. Da bekannt ist, daß die Wirkung sehr stark vom Alter der Tiere abhäng, müssen alle zu dem Versuch verwendeten Fliegen gleich alt sein.

c) Mehrere Getreidesorten sollen hinsichtlich des Ertrages miteinander verglichen werden. Dazu teilt man ein Versuchsfeld in gleiche Streifen. Nun ist aber bekannt, daß auch die Bodenverhältnisse einen Einfluß auf den Ertrag haben. Da es in der Praxis häufig vorkommt, daß sich die Bodenverhältnisse z.B. vom linken zum rechten Feldrand systematisch ändern, kann es sein, daß auftretende Ertragsunterschiede mehr von diesen unterschiedlichen Bodenverhältnissen als von den Sortenunterschieden herrühren.

Während in den Fällen a) und b) durch entsprechende Versuchsgestaltung (Fall a: Verwendung ein und derselben Säule, Regelung der Trägergasgeschwindigkeit mit einem Durchflußregler; Fall b: Verwendung von Tieren, die nur in einem bestimmten Zeitraum geschlüpft sind) dafür sorgen kann, daß die Einflußgrößen, deren Wirkung nicht untersucht werden sollen, konstant bleiben, ist dies im Fall c) nur mit einem großen Aufwand oder sogar überhaupt nicht möglich.

Man wird hier versuchen, den eventuell auftretenden systematischen Einfluß der Bodenbeschaffenheit dadurch zu verdecken, daß man die Zuordnung der einzelnen Getreidesorten zu den Streifen des Versuchsfeldes dem Zufall überläßt.

Wir wollen annehmen, daß die Maissorten a, b, c und d auf ihren Ertrag hin untersucht werden sollen. Das Versuchsfeld wird in 16 Abschnitte eingeteilt. Jede Sorte soll auf jeweils 4 dieser Teilstreifen angebaut werden. Dabei wäre prinzipiell folgende Anordnung möglich:

a	a	a	a	b	b	b	b	c	c	c	c	d	d	d	d
1	2	3	4	5	6	7	8	9	10	11	12	13	14	15	16

Diese Anordnung ist aber aus den genannten Gründen ungünstig, da nicht auszuschließen ist, daß sich z.B. vom Teilfeld 1 zum Teilfeld 16 hin die Bodeneigenschaften des Feldes ändern. Man muß daher die 4 Maissorten den 16 Teilabschnitten des Feldes "zufällig" zuordnen. Man erreicht dies, indem man die Zahlen 1 bis 16 (= Nummern der Teilfelder) in zufälliger Reihenfolge erzeugt. Ein solche "Zufallszahlenfolge" könnte so aussehen:

12, 11, 1, 3, 13, 9, 5, 16, 2, 7, 4, 14, 10, 8, 6, 15

Danach würden die Felder 12,11, 1 und 3 der Sorte a, die Felder 13, 9, 5 und 16 der Sorte b usw. zugeordnet werden.

Zur "Gewinnung" von Zufallszahlen kann man sich einmal entsprechender Tabellen bedienen (16). Es gibt aber auch die - übrigens wesentlich elegantere - Möglichkeit, Zahlen in zufälliger Anordnung zu berechnen. Hierzu dienen die sog. Zufallszahlengeneratoren.

15.2 Zufallszahlen und deren Anwendung

15.2.1 Erzeugung von Zufallszahlen (Zufallszahlengeneratoren)

Damit eine Folge von Zahlen als zufällig bezeichnet werden kann, müssen zwei Forderungen erfüllt sein:

a) Die Wahrscheinlichkeit für das Auftreten muß für jede einzelne Zahl der Folge gleich sein.

b) Bei der Folge der Zahlen darf kein System erkennbar sein. Eine periodische Wiederkehr von bestimmten Zahlen würde also dem Prinzip der Zufallsauswahl widersprechen.

Neben der elektronischen Erzeugung besteht die Möglichkeit, mit Hilfe von Rekursivformeln Zahlen in zufälliger Anordnung zu produzieren. Damit ist zwar prinzipiell eine Vorhersage der Zahlen möglich (die Erzeugung ist also streng genommen nicht mehr dem Zufall überlassen). Die so gewonnenen Zahlenfolgen verhalten sich aber wie echte (z.B. durch Losen erhaltene) Zufallszahlen. Man spricht deshalb von Pseudozufallszahlen.

In der Literatur sind zahlreiche Rechenvorschriften für Pseudozufallszahlen-Generatoren beschrieben (37). Es sollen hier nur zwei Beispiele herausgegriffen werden, die einerseits sehr einfach zu handhaben sind, andererseits sehr wirkungsvoll bei zahlreichen Problemen einzusetzen sind.

In beiden Fällen werden zunächst Zahlen zwischen 0 und 1 erzeugt, die dann aber - je nach Problemstellung - in ganze Zufallszahlen innerhalb bestimmter Bereiche umgewandelt werden können.

a) $$u_{i+1} = \text{FRACTION } (\pi + u_i)^8 \qquad (210)$$

Man geht dabei so vor, daß man zunächst eine Zahl zwischen 0 und 1 vorgibt. Diese kann beliebig sein. Dazu addiert man dann die Zahl π, erhebt das Ergebnis in die 8. Potenz und schneidet von dem nun erhaltenen Resultat den Nachkommateil ab, der die 1.Zufallszahl des Generators darstellt. Diese setzt man nun als u_i wieder in die o.g. Formel ein: Man addiert π, erhebt das Ergebnis wieder in die 8. Potenz und schneidet von dem so gewonnenen Resultat wiederum den Nachkommateil ab, der jetzt die 2. Zufallszahl ist usw..

Dieser Generator hat eine Periodenlänge von etwa 10000, d.h. nach 10000 erzeugten Zahlen wiederholt sich die Ausgangszahl und damit natürlich die gesamte Folge.

b) $$u_{i+1} = \text{FRACTION } (997 \cdot u_i) \qquad (211)$$

Auch in diesem Fall ist zunächst ein "Startwert" zwischen 0 und 1 vorzugeben. Dieses u_o muß 7 Nachkommastellen besitzen, und die letzte Ziffer muß eine 1,3,7 oder 9 sein. Als statistisch günstig hat sich der Wert $u_o = 0{,}5284163$ erwiesen. Die entsprechende Zufallszahlenfolge hat dann eine Periodenlänge von exakt 500 000 (!), d.h. erst nach 500 000 Zahlen tritt eine Wiederholung ein.

Man multipliziert den Startwert u_o mit 997, schneidet von dem Produkt den Nachkommateil ab, der die 1.Zufallszahl ist. Diese multipliziert man erneut mit 997. Der Nachkommateil dieses Produkts ist dann die 2. Zufallszahl usw.

Die ersten 10 Zufallszahlen dieses Generators sind in der folgenden Tab.65 zusammengestellt.

Tab.65 "Berechnete" Zufallszahlen zwischen 0 und 1 mit dem Generator u_{i+1} = FRACTION $(997 \cdot u_i)$ und dem Startwert u_o = 0,5284163

i	u_i	997 u_i	u_{i+1}
0	0,5284163	526,8310511	0,8310511
1	0,8310511	828,5579467	0,5579467
2	0,5579467	556,2728599	0,2728599
3	0,2728599	272,0413203	0,0413202
4	0,0413203	41,1963391	0,1963391
5	0,1963391	195,7500827	0,7500827
6	0,7500827	747,8324519	0,8324519
7	0,8324519	829,9545443	0,9545443
8	0,9545443	951,6806671	0,6806671
9	0,6806671	678,6250987	0,6250987
10	0,6250987	623,2234039	0,2234039
⋮	⋮	⋮	⋮

Bei vielen statistischen Problemstellungen ist man aber nun an der zufälligen Anordnung ganzer Zahlen interessiert, wie z.B. bei der Anordnung der 4 Maissorten auf die 16 Teilabschnitte des Versuchsfeldes. Für die Erzeugung ganzer Zufallszahlen zwischen p und q (einschließlich) gilt dann:

$$z_{i+1} = \text{INTEGER}\left[(q + 1 - p)\, u_{i+1} + p\right] \qquad (212)$$

$$u_{i+1} = \text{FRACTION}\ (997 \cdot u_i) \qquad (211)$$

Das folgende Programm stellt einen auf dem Prinzip der Gleichungen 211 und 212 basierenden Zufallszahlengenerator zur Erzeugung ganzer Zahlen zwischen p und q dar. Hierbei kann p auch den Wert 0 annehmen.

Programm Nr.22 Zufallszahlengenerator zur Erzeugung ganzer Zahlen zwischen p und q

Speicherbelegung:

RCL 1 = p	} Vor Programmlauf eingeben !
RCL 2 = q	
RCL 3 = q + 1 - p	
RCL 4 = u_o, u_{i+1}	

Schritt-Nr.	Befehle	Erläuterungen
1	1	
2	KENNZAHL	1.
3	STOP	Eingabe u_o
4	STO 4	$u_o \rightarrow$ STO 4
5	1	
6	RCL + 2	q + 1 - p
7	RCL - 1	
8	STO 3	(q + 1 - p) → STO 3
9	→ LABEL 1	
10	997	$997 \cdot u_i$
11	RCL x 4	
12	FRACTION	Nachkommateil von 997 u_i
13	STO 4	$= u_{i+1} \rightarrow$ STO 4
14	RCL x 3	$(q+1-p)u_{i+1}$
15	RCL + 1	$(q+1-p)u_{i+1} + p$
16	INTEGER	INTEGER $\left[(q+1-p)u_{i+1} + p \right]$
17	STOP	Ausgabe z_{i+1}
18	JUMP 1	Rücksprung nach LABEL 1

Die Funktionsweise und Anwendung des Programms sei an mehreren Beispielen erläutert.

15.2.2 Elektronischer Würfel

Mit Hilfe des Programms Nr.22 sollen die Zahlen 1,2,3,4,5 und 6 in zufälliger Reihenfolge erzeugt werden, was dem Prinzip des Würfelns gleichkommt. Mit p=1 und q=6 gilt dann:

$$z_{i+1} = \text{INTEGER}\left[(6 + 1 - 1)u_{i+1} + 1\right] = \text{INTEGER}\left[6 \cdot u_{i+1} + 1\right]$$

$$u_{i+1} = \text{FRACTION}\ (997 \cdot u_i)$$

Programmablauf:

a) 1 [STO] [1]

b) 6 [STO] [2]

c) [JUMP] [START] [START]

	1.
Eingabe u_o, z.B. 0,5284163	0.5284163
[START]	
Ausgabe z_1	5.0000
[START]	
Ausgabe z_2	4.0000
[START]	
Ausgabe z_3	2.0000
usw.	

Die weiteren Zahlen lauten 1,2,5,5,6,5,4,2,5,3,5,1,2,3,5,6,5, 4,6,4,6,6,3,5,4,6,3,2 usw.

Bei dem "Elektronischen Würfeln" nach dem angegebenen Programmschema müssen die Zahlen 1,2,3,4,5 und 6 bei einer genügend großen Anzahl von "Würfen" etwa gleich häufig auftreten. Man kann das auf sehr einfache Weise prüfen, wenn man über einen Rechner mit indirekter Adressierung der Speicher verfügt. Man verwendet dazu 6 Konstantenspeicher mit den Adressen 1 bis 6 als Zähler für die Einsen, Zweien, Dreien, Vieren, Fünfen und Sechsen. Die gewürfelte Zahl wird dabei als Adresse für den Konstantenspeicher verwendet, in dem die "Zählung" durch Addition einer 1 erfolgt. Ist z_{i+1} die nach Gl.212 "gewürfelte" Zahl, dann wird durch die Tastenfolge

z_{i+1} [STO] [0] [0] [1] [STO] [+] [IND] [0] [0]

das Mitzählen der gewürfelten Einsen, Zweien, Dreien usw. erreicht. Beim "Würfeln" einer 1 wird dazu im Speicher 1 eine 1 addiert. Fällt beim "Würfeln" eine 2, dann wird im Speicher 2 eine 1 addiert , beim "Würfeln" einer 3 im Speicher 3 etc. Die o.g. Tastenfolge ist dazu in dem Programm Nr.22 zwischen die Schritte 16 und 17 einzufügen. Für verschiedene Anzahlen von Würfen insgesamt sind in Tab.66 die jeweils gefallenen Einsen, Zweien, Dreien usw. gegenübergestellt. Als Startwert für u_i (= u_o) wurde willkürlich der Wert 0,7356893 gewählt.

Tab.66 Anzahl der "gewürfelten" Einsen, Zweien usw. für n Gesamtwürfe bei Anwendung des Zufallszahlengenerators nach Programm 22

n	n(1)	n(2)	n(3)	n(4)	n(5)	n(6)	$n(j)_{th.}$
6	1	0	3	0	2	0	1
60	16	7	12	10	12	3	10
600	106	89	110	102	100	93	100
6000	974	1011	1002	1015	993	1005	1000
60000	9984	10047	10045	10024	9971	9929	10000

Man erkennt, daß wie die Theorie der Wahrscheinlichkeitsrechnung es fordert, sich die Werte für n(1) = Anzahl der Einsen, n(2) = Anzahl der Zweien usw. mit steigender Gesamtzahl n der Würfe immer mehr dem theoretischen Wert von n/6 annähern.

15.2.3 Münzwerfen

Bei diesem Versuch wird eine reine "Entweder-Oder" Entscheidung simuliert: Wie oft erhält man beim n-maligen Werfen einer Münze "Zahl" und wie oft "Wappen" bzw. "Adler" ?

Setzt man "Zahl" = 1 und "Wappen" bzw. "Adler" = 2, dann gilt für den Zufallszahlengenerator nach Gl.212:

$$z_{i+1} = \text{INTEGER}\ (2 \cdot u_{i+1} + 1) \qquad u_{i+1} = \text{FRACTION}\ (997 \cdot u_i)$$

Aus Tab.67 geht hervor, auf wieviele Würfe (bei einer Gesamtzahl n) "Zahl" und auf wieviel Würfe "Wappen" entfällt.

Tab.67 Anzahl "Wappen" und "Zahl" beim n-maligen "Werfen einer Münze" (u_o = 0,5284163)

n(gesamt)	n(Zahl)	n(Wappen)	n(theor.)	$100 \frac{n(\text{Zahl})}{n(\text{theor.})}$
6	3	3	3	100,00
10	3	7	5	80,00
50	23	27	25	92,00
100	47	53	50	94,00
1000	520	480	500	104,00
10000	5058	4942	5000	101,16
100 000	49989	50011	50 000	99,98
500 000	250000	250000	250000	100,00

Für eine große Anzahl von Würfen nähern sich hier die Werte von n(Zahl) bzw. n(Wappen) dem theoretischen Wert (= n(theor.)) von $\frac{1}{2}$ n(gesamt) an.

15.2.4 Zahlenlotto

Um im Zahlenlotto mit "6 Richtigen" zu gewinnen, müssen bekanntlich aus den Zahlen 1 bis 49 sechs verschiedene Zahlen ausgewählt werden, die mit denen bei der Ziehung gefallenen Zahlen übereinstimmen müssen. Für die Zufallsauswahl von Zahlen aus dem Bereich 1 bis 49 ist der folgende Algorithmus anzuwenden, der aus Gl.212 mit p = 1 und q = 49 hervorgeht:

$$z_{i+1} = \text{INTEGER}\ (49 \cdot u_{i+1} + 1)$$

$$u_{i+1} = \text{FRACTION}\ (997 \cdot u_i)$$

Mit u_o = 0,5284163 erhält man z.B. die Zahlenfolge 41,28,14, 3,10,37, 41,47,34,31,11,36,24,38,4,15 ....

Jeweils 6 aufeinanderfolgende Zahlen ergeben dabei einen "Tip". Falls sich Zahlen wiederholen, müssen diese gestrichen werden und durch nachfolgende Zahlen ersetzt werden.

15.2.5 Elektronisches Roulette

Beim "Monte-Carlo" - Roulette kann man die Zahlen 1 bis 36 sowie die Null und eine Reihe von Zahlenkombinationen setzen. Die größte Gewinnchance hat man dabei, wenn man direkt auf eine bestimmte Zahl setzt. Mit p = 0 und q = 36 lautet dann die Formel entsprechend Gl.212 :

$$z_{i+1} = \text{INTEGER}\ (37 \cdot u_{i+1}) \qquad u_{i+1} = \text{FRACTION}\ (997 \cdot u_i)$$

Die folgende Abbildung zeigt die Anordnung der Zahlen 0 bis 36 beim Roulette.

Abb.27 Anordnung der Zahlen 0 bis 36 beim Roulette

Führt man das Programm Nr.22 mit p = 0 und q = 36 sowie dem Startwert u_o = 0,5284163 aus, dann erhält man die folgende Reihenfolge der Zahlen: 30,20,10,1,7,27,30,35,25,23,8,27,18, 28,2,10,17,30,33,30,23,35,18,32,36,14,28,20,31,14,8,33,17,10, 8,27,7,9,25,11,34,33,7,12,35,19,9,13,9,14,19,6,6,21,1,12,20, 31,36,5,5,4,36,21,18,34,35,24,12,15,26,27,1,17,1,9,34,14,16, 20,23,17,15,31,1,14,16,21,16,9,15,28,15,27,32,26,26,25,23,26,

30,27,4,12,34,26,10,13,1,27,8,19,27,8,5,32,11,19,6,32,4,26,24,
7,22,27,5,7,17,25,27,5,14,25,15,36,4,27,24,6,33,7,25,25,17,8,
20,10,6,30,20,31,29,34,12,7,20,3,25,31,21,0,28,36,33,36,6,29,
19,0,10,31,11,29 .....

Die Zahlen fallen, wie man erkennt, in völlig unsystematischer Weise. Ihr Erscheinen an bestimmter Stelle in der Folge ist also praktisch "zufällig". Der für den Spieler ungünstige Fall des Auftretens von Zero (= Null) tritt hier zweimal relativ kurz hintereinander auf, so wie es auch beim Roulette im Spiel-Casino vorkommen kann.

Anhand des Programms kann man z.B. folgende Fragen überprüfen:

a) Wie häufig kann eine gerade oder eine ungerade Zahl mehrmals hintereinander auftreten ?

b) Tritt die Null genauso häufig auf wie andere Zahlen ?

c) Kommt es vor, daß Zahlen bevorzugt auftreten ?

u.a.m.

15.2.6 Randomisierung

Für das auf S.321 angeführte Beispiel der Untersuchung von 4 Maissorten auf ihren Ertrag hin war es notwendig die 16 Teilfelder, auf denen die Maissorten angebaut werden sollen, in zufälliger Reihenfolge auszuwählen. Dies kommt der Aufgabe gleich, die Zahlen 1 bis 16 in zufälliger Anordnung zu ziehen. Im Prinzip könnte man mit p = 1 und q = 16 die Gleichungen 211 und 212 anwenden:

$$z_{i+1} = \text{INTEGER}\ (16\ u_{i+1} + 1) \quad \Big| \quad u_{i+1} = \text{FRACTION}\ (997 \cdot u_i)$$

Mit u_o = 0,5284163 erhält man folgende Zahlenfolge:

14, 9, 5, 1, 4, 13, ~~14~~, 16, 11, ~~11~~, ~~4~~, 12, 8, ~~13~~, 2, ~~5~~, ~~8~~, ~~14~~, 15, ~~14~~, ~~11~~, ~~16~~, ~~9~~, ~~15~~
~~16~~, 7, ~~13~~, ~~9~~, ~~14~~, ~~7~~, ~~4~~, ~~15~~, ~~8~~, ~~5~~, ~~4~~, ~~13~~, ~~4~~, ~~5~~, ~~11~~, ~~5~~, ~~16~~, ~~15~~, ~~4~~, 6, ~~16~~, ~~9~~, ~~5~~, ~~7~~, ~~5~~, ~~7~~,
~~9~~, 3, ~~5~~, 10, ~~1~~, ~~6~~, ~~9~~ ....

Wie man sieht, muß man die doppelt bzw. mehrfach auftretenden Zahlen aussortieren. Dies macht jedoch - insbesondere bei sehr vielen Zahlen - einige Mühe. Man kann das Verfahren aber automatisieren, wobei man allerdings auf einen Rechner mit indirekter Speicheradressierung angewiesen ist. Dabei ist folgendermaßen vorzugehen:

Sind die Zahlen 1 bis n in zufälliger Reihenfolge auszuwählen, dann wird für jede gezogene Zahl z der entsprechende Konstantenspeicher mit der Adresse z mit einer 1 belegt (die Speicher sind zu Programmbeginn alle auf Null gesetzt worden). Prüft man nun nach jeder gezogenen Zahl z, ob der Speicher z mit einer 1 belegt ist (Zahl z ist bereits gefallen) oder als Inhalt noch eine Null hat (Zahl z ist noch nicht gefallen), dann kommt dies einem Test auf doppelt oder mehrfach gezogene Zahlen gleich. Die doppelt und mehrfach gezogenen Zahlen werden dann nicht ausgegeben bzw. ausgedruckt. Hat die Anzahl der ausgegebenen Zahlen den Wert n erreicht, dann wird das Verfahren abgebrochen. Die Zahlen 1 bis n sind dann in zufälliger Reihenfolge angeordnet. Man bezeichnet diese Art der Zahlenanordnung als Randomisierung (engl. random = Zufall).

Programm Nr.23 Randomisierung = Zufällige Anordnung der Zahlen 1 bis n = 38 (Compucorp 327)

Speicherbelegung:

[RCL] [0] [0] = Indexregister
[RCL] [0] [1] Ist allgemein die Adresse
⋮ dieser Speicher gleich z,
[RCL] [3] [8] dann wird der Speicher z mit einer 1 belegt, wenn die Zufallszahl z fällt.

[RCL] [3] [9] = u_o, u_{i+1}

[RCL] [4] [0] = $q = n$

[RCL] [4] [1] = Zähler für die ausgegebenen Zahlen

[RCL] [4] [2] = 997

[RCL] [4] [3] = z_{i+1}

Schritt-Nr.	Befehle	Erläuterungen
1	1	1.
2	KENNZAHL	
3	STOP	Eingabe n (=q)
4	STO 40	n ⟶ STO 40
5	2	2.
6	KENNZAHL	
7	STOP	Eingabe u_o
8	STO 39	u_o ⟶ STO 39
9	997 STO 42	997 → STO 42
10	0	Zähler für die ausgegebenen Zahlen Null setzen
11	STO 41	
12	LABEL 1	
13	RCL 42	$997 \cdot u_i$
14	RCL x 39	
15	FRACTION	u_{i+1} = FRACTION $(997 \cdot u_i)$
16	STO 39	$u_{i+1} \longrightarrow u_i$
17	RCL x 40	$n \cdot u_{i+1}$
18	+	$n \cdot u_{i+1} + 1$
19	1	
20	=	
21	INTEGER	INTEGER $(n \cdot u_{i+1} + 1) = z_{i+1}$
22	STO 43	z_{i+1} ⟶ STO 43
23	STO 00	z_{i+1} ⟶ STO 00
24	RCL IND 00	Wenn der Speicher mit der Adresse z_{i+1} mit einer 1 belegt ist ⟶ LABEL 1 sonst ⟶ Schritt 26
25	JUMP + 1	

Fortsetzung von Programm Nr.23 Randomisierung

Schritt-Nr.	Befehle	Erläuterungen
26	1	Zählung der "gezogenen" Zufallszahlen durch Addition einer 1 im Speicher 41
27	STO + 41	
28	1	Speichern einer 1 in dem Konstantenspeicher, dessen Adresse gleich der gezogenen Zufallszahl z_{i+1} ist.
29	STO IND 00	
30	RCL 43	Ausdrucken der Zufallszahl z_{i+1}
31	PRINT	
32	RCL 41	Sind schon k = n Zufallszahlen ausgedruckt worden ? Wenn ja ((k-n)=0), dann Sprung nach LABEL 2, sonst Rücksprung nach LABEL 1
33	RCL - 40	
34	JUMP = 2	
35	LABEL 2	
36	EXP 99	Programmende durch Anzeige von 10^{99}
37	STOP	

Das Programm beruht auf den Gleichungen 211 und 212 mit p = 1 und q = n. Die entsprechenden Formeln lauten dann:

$$z_{i+1} = \text{INTEGER}\,(n \cdot u_{i+1} + 1) \qquad (213)$$

$$u_{i+1} = \text{FRACTION}\,(997\, u_i) \qquad (211)$$

Beispiel 25

Das Programm Nr.23 soll auf die in dem Beispiel von S.321 erwähnte Verteilung der 4 Maissorten auf 16 Teilfelder des Versuchsfeldes angewandt werden.

Programmablauf:

a) Löschen aller Konstantenspeicher = Mit Inhalt Null belegen

b) [JUMP] [START] [START]

c)

	1.
Eingabe n = 16	16.0000
[START]	
	2.
Eingabe u_o , z.B. 0,5284163	0.5284163
[START]	

d) Ausdruck der randomisierten Zahlen von 1 bis 16:

14.0000
9.0000
5.0000
1.0000
4.0000
13.0000
16.0000
11.0000
12.0000
8.0000
2.0000
15.0000
7.0000
6.0000
3.0000
10.0000

Danach sind die 4 verschiedenen Maissorten auf folgenden Teilfeldern anzubauen:

Maissorte	Teilfelder
a	14 - 9 - 5 - 1
b	4 - 13 - 16 - 11
c	12 - 8 - 2 - 15
d	7 - 6 - 3 - 10

15.2.7 Normalverteilte Zufallszahlen

Für die nach den bisher genannten Verfahren erzeugten Zufallszahlen war charakteristisch, daß jede "mögliche" Zahl die gleiche Chance hatte, ausgewählt zu werden. Die in dem Bereich von p bis q möglichen Zufallszahlen gehorchen daher einer sog. Rechteckverteilung, wie die folgende Abbildung zeigt:

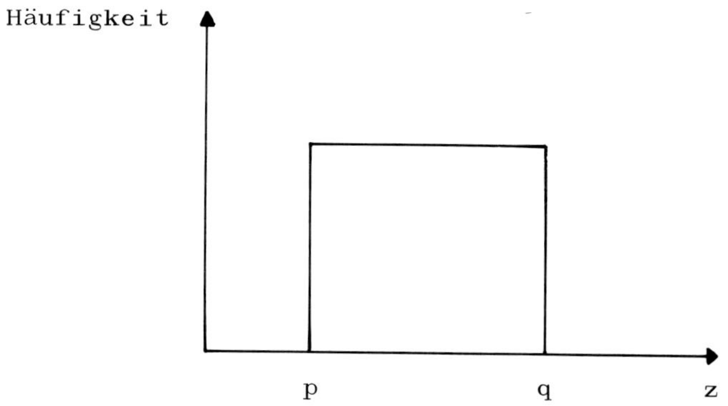

Abb.28 Rechteckverteilung von Zufallszahlen

Für viele Probleme aus dem Bereich der Statistik erscheint es nützlich, wenn man künstlich Meßwerte simulieren kann, die einer Normalverteilung mit den Parametern μ und σ genügen.

Mit dem folgenden Algorithmus ist es möglich, Stichprobenwerte zu "berechnen", die einer Normalverteilung mit dem Mittelwert μ und der Streuung σ entstammen. Dabei sind - wie noch gezeigt wird - die aus den Stichprobenwerten ermittelten Kenndaten $\bar{x}$ und s um so bessere Schätzwerte für μ und σ, je mehr Zufallszahlen erzeugt werden.

Charakterisitisch für die so gewonnenen Zufallszahlen ist, daß die Chance für das Auftreten einer bestimmten Zahl um so größer ist, desto näher sie bei dem vorgegebenen Wert μ liegt. Weit von μ entfernt liegende Werte treten also weniger häufig auf, so wie es für eine Normalverteilung typisch ist.

Die folgenden Formeln sind in der angegebenen Reihenfolge abzuarbeiten. Dabei werden paarweise die Zufallszahlen z_i und z_{i+1} erzeugt. Sie entstammen einer Normalverteilung mit den Parametern μ und σ. Diese Kenndaten sind zu Beginn vorzugeben.

<u>Rekursionsformeln zur Erzeugung normalverteilter Zufallszahlen mit den Parametern μ und σ</u>

$$u_{i+1} = \text{FRACTION}\ (997 \cdot u_i) \qquad (211)$$

$$N_i = (-2 \cdot \ln u_i)^{1/2} \cos (2 \pi u_{i+1}) \qquad (214)$$

$$N_{i+1} = (-2 \cdot \ln u_i)^{1/2} \sin (2 \pi u_{i+1}) \qquad (215)$$

$$z_i = \sigma N_i + \mu \qquad (216)$$

$$z_{i+1} = \sigma N_{i+1} + \mu \qquad (217)$$

$$u_{i+1} \longrightarrow u_i$$

Der Algorithmus muß mit einer 7-stelligen (Nachkommastellen!) Dezimalzahl beginnen. Dieses u_o muß als letzte Ziffer eine 1,

3,7 oder 9 haben. Nachdem aus u_o bzw. u_i und u_{i+1} die Größen N_i, N_{i+1} und daraus z_i und z_{i+1} berechnet wurden, wird der für u_{i+1} ermittelte Wert als neues u_i wieder in Gl.211 eingesetzt und man berechnet das nächste Paar Zufallszahlen usw.

Durch entsprechende Wahl von μ und σ kann man sowohl breite als auch schmale Verteilungen erzeugen. Da durch μ und σ die Normalverteilung vollständig charakterisiert ist, besteht somit die Möglichkeit, mit dem angegebenen Algorithmus im Prinzip jede Normalverteilung "nachzumachen".

Das im folgenden beschriebene und erklärte Programm ermöglicht es, für vorgegebene Parameter μ und σ, eine ebenfalls vorgegebene Anzahl n von Meßwerten zu simulieren, die der entsprechenden Normalverteilung genügen. Gleichzeitig wird aus den Stichprobenwerten der arithmetische Mittelwert $\bar{x}$ berechnet sowie die Streuung s ermittelt. Damit ist eine Kontrolle möglich, wie gut die "berechneten" Meßwerte der angenommenen Verteilung gehorchen.

Programm Nr.24 Simulation von normalverteilten Meßwerten für gegebenes μ und σ (Compucorp 327)

Speicherbelegung:

RCL	0	1	=	u_o, u_i
RCL	0	2	=	u_{i+1}
RCL	0	3	=	$(-2 \ln u_i)^{1/2}$
RCL	0	4	=	$2\pi u_{i+1}$
RCL	0	5	=	N_i
RCL	0	6	=	N_{i+1}
RCL	0	7	=	μ
RCL	0	8	=	σ
RCL	0	9	=	$\sum z$
RCL	1	0	=	$\sum z^2$

Speicherbelegung: [RCL] [1] [1] = k = Zähler für die erzeugten Meßwerte

[RCL] [1] [2] = n = Anzahl der zu erzeugenden Meßwerte

Schritt-Nr.	Befehle	Erläuterungen
1	RCL 01	
2	x	$997 \cdot u_i$
3	997	
4	=	
5	FRACTION	FRACTION $(997 \cdot u_i) = u_{i+1}$
6	STO 02	$u_{i+1} \longrightarrow$ STO 02
7	RCL 01	$\ln u_i$
8	ln	
9	x	
10	2	
11	=	$2 \ln u_i$
12	CHS	$-2 \ln u_i$
13	$\sqrt{\ }$	
14	STO 03	$\sqrt{-2 \cdot \ln u_i} \rightarrow$ STO 03
15	RCL 02	
16	x 2	$2 \pi u_{i+1}$ im Bogenmaß
17	x π	
18	=	
19	RAD $\rightarrow \sphericalangle$	$2 \pi u_{i+1}$ im Winkelmaß
20	STO 04	$\longrightarrow$ STO 04
21	cos	$\cos (2 \pi u_{i+1}) = a$
22	RCL x 03	$N_i = (-2 \ln u_i)^{1/2} \cdot a$
23	STO 05	$N_i \longrightarrow$ STO 05
24	RCL 04	
25	sin	$\sin (2 \pi u_{i+1}) = b$
26	RCL x 03	$N_{i+1} = (-2 \ln u_i)^{1/2} \cdot b$

Fortsetzung von Programm Nr.24 Simulation von normalverteilten Meßwerten

Schritt-Nr.	Befehle	Erläuterungen
27	STO 06	$N_{i+1} \longrightarrow$ STO 06
28	RCL 05	] σN_i
29	RCL x 08	
30	RCL + 07	$\sigma N_i + \mu = z_i$
31	PRINT	Ausdruck von z_i
32	STO + 09	$\sum z$
33	x^2	z^2
34	STO + 10	$\sum z^2$
35	RCL 06	] σN_{i+1}
36	RCL x 08	
37	RCL + 07	$\sigma N_{i+1} + \mu = z_{i+1}$
38	PRINT	Ausdruck von z_{i+1}
39	STO + 09	$\sum z$
40	x^2	z^2
41	STO + 10	$\sum z^2$
42	2 STO + 11	k: = k + 2
43	RCL 02 STO 01	$u_{i+1} \longrightarrow u_i$
44	RCL 11	Wenn k=n Meßwerte erzeugt
45	RCL - 12	wurden, d.h. k-n = 0, dann
46	JUMP = 1	Sprung nach LABEL 1, sonst
47	JUMP START	Rücksprung zum Start
48	LABEL 1	
49	PRINT DOT LINE	....
50	RCL 09	] $\bar{x} = \frac{1}{n} \sum z$
51	RCL : 12	
52	PRINT	Ausdruck von $\bar{x}$
53	RCL 10	$\sum z^2$
54	-	
55	RCL 09	] $(\sum z)^2$
56	x^2	

Fortsetzung von Programm Nr.24 Simulation von normalverteilten Meßwerten

Schritt-Nr.	Befehle	Erläuterungen
57	RCL : 12	$\frac{1}{n}(\sum z)^2$
58	=	$\sum z^2 - \frac{1}{n}(\sum z)^2$
59	: (	
60	RCL 12	n - 1
61	-	
62	1	
63	)	
64	=	
65	$\sqrt{}$	s
66	PRINT	Ausdruck von s
67	STOP	Ende des Programms

Zu Beginn des Programms sind die Werte für u_o, μ und σ in die Speicher 01, 07 und 08 einzugeben.

Beispiel 26

Liegt eine größere Zahl von Werten vor, die einer Normalverteilung genügen, dann kann man überschlagsmäßig die Standardabweichung der Grundgesamtheit aus der Spannweite berechnen. Es gilt dann (24) :

$$\sigma = R/6 \tag{218}$$

Um dies zu zeigen sei eine Normalverteilung mit dem Mittelwert μ = 10,00 und der Standardabweichung σ = 1,00 gegeben. Aus dieser Verteilung soll eine Stichprobe von n = 20 Einzelwerten ermittelt werden. Daraus ist die Spannweite zu berechnen und die Gl.218 nachzuprüfen.

Programmablauf:

a) 0 STO 09 , STO 10 , STO 11 , n STO 12

b) u_o = 0.5284163 STO 01

μ = 10.0000 STO 07

σ = 1.0000 STO 08

c) Nach JUMP START, START werden folgende 20 Einzelwerte und Kenndaten ausgedruckt:

10.550	x_1
9.013	x_2
9.431	x_3
9.783	x_4
9.845	x_5
11.069	x_6
11.557	x_7
10.413	x_8
10.835	x_9
12.382	x_{10}
10.000	x_{11}
8.195	x_{12}
10.375	x_{13}
9.341	x_{14}
10.581	x_{15}
9.829	x_{16}
9.871	x_{17}
9.723	x_{18}
9.380	x_{19}
9.379	x_{20}
....	
10.078	$\bar{x}$
0.938	s

Wie man erkennt, geben die Kenndaten $\overline{x}$ und s schon recht gut die Parameter μ = 10,0000 und σ = 1,0000 wieder. Aus dem kleinsten Wert der Reihe x_{12} = 8,195 und dem größten "Meßwert" x_7 = 11,557 resultiert R = 11,557 - 8,195 = 3,362 und nach Gl.218 $\sigma \approx R/6$ = 3,362/6 = 0,560. Die Abweichung von dem vorgegebenen Wert σ = 1,0000 ist also noch relativ groß. Werden dagegen 100 Wert simuliert , dann erhält man bereits mit einer Spannweite von R = 12,382 - 8,195 = 4,187 einen Näherungswert für die Streuung der Grundgesamtheit von 4,187/6 = 0,6978. Werden schließlich vom Programm n = 1000 Werte erzeugt, so ergibt sich bei einer Spannweite von R = 6,032 eine nach Gl.218 berechnete Standardabweichung der Verteilung von 1,005. Dieser Wert bestätigt bereits sehr gut die Richtigkeit der näherungsweisen Berechnung der Streuung aus der Spannweite nach der Gl.218. Der bei n = 2000 erhaltene Wert von R/6 = 1,152 bestätigt diese Aussage.

Die Ergebnisse sind übereinstimmend mit dem Verhalten von realen Meßwerten. Auch hier würde mit steigender Zahl von Einzelwerten die Richtigkeit der Gl.218 immer besser bestätigt werden. Auch die Übereinstimmung der aus den erzeugten Einzelwerten berechneten Kenndaten $\overline{x}$ und s mit den vorgegebenen Parametern μ und σ wird mit steigender Zahl von "Meßwerten" immer besser, wie auch aus der folgenden Tab.68 hervorgeht:

Tab.68 Vergleich der Parameter μ und σ mit den aus den simulierten Einzelwerten ermittelten Kenndaten $\overline{x}$ und s

n	$\overline{x}$	s
4	9,695	0,652
10	10,488	1,022
50	10,000	0,857
100	10,065	0,873
500	9,997	0,965
1000	10,000	0,996
5000	9,999	1,014
30000	10,001	1,008

16. Die Poissonverteilung

Die bisherigen Problemstellungen gingen von einem Datenmaterial aus, das aus Meßwerten kontinuierlicher Größen bestand. Innerhalb gegebener theoretischer oder experimenteller Grenzen konnten dabei die Meßwerte im Prinzip jeden - also auch einen gebrochenen - Zahlenwert annehmen.

Beispiele: L = 2,013 cm ; c = 1,045 Mol/l ; I = 3,647 A/h
u.a.m.

Es gibt nun aber eine Reihe von Fällen, bei denen das Ergebnis der Messung durch Abzählen diskreter Größen erhalten wird, wie z.B.

Zählrate eines radioaktiven Präparats
Anzahl der emittierten Elektronen einer beheizten Kathode
Anzahl der Druckfehler auf einer Buchseite
Anzahl der Blutkörperchen auf den Feldern einer Zählkammer
etc.

Die angegebenen Beispiele haben zwei gemeinsame Eigenschaften: Erstens ist die Anzahl der entsprechenden "Objekte" (Zählimpulse, Elektronen, Druckfehler, Blutkörperchen) das Ergebnis einer sehr großen Zahl von überhaupt möglichen Ereignissen. Zweitens ist die Wahrscheinlichkeit für das Eintreten eines Ereignisses sehr klein.

Unter diesen Voraussetzungen hat die Poisson-Verteilung Gültigkeit.

Ist λ die mittlere Anzahl der "Ereignisse" in einer Stichprobe (d.h. also die im arithmetischen Mittel gefundene Zahl von Ereignissen bei einer großen Zahl verschiedener Stichproben), und ist P(x) die Wahrscheinlichkeit dafür, daß eine beliebig gezogene Stichprobe gerade exakt x Ereignisse aufweist, dann gilt:

$$P(x) = 100 \frac{\lambda^x \cdot e^{-\lambda}}{x!} \quad (\%) \qquad (219)$$

Man erkennt, daß durch die Größe λ die Poissonverteilung <u>vollständig</u> charakterisiert ist. Im Gegensatz dazu sind zur vollständigen Beschreibung der Normalverteilung die 2 Kenngrößen μ und σ nötig.

Beispiel 27

Ein Phosphor-32-Präparat mit einer Aktivität von 1 Nano-Curie zeigt im Durchschnitt (= arithmetisches Mittel aus mehreren Einzelmessungen) eine Anzahl von 12 Meßimpulsen pro Minute. Die Anzahl der zerfallenden P-32-Atome beträgt ca. 2200/min. Die geringe Zählrate sei hier durch Absorptionseffekte bedingt. Wenn man berücksichtigt, daß 1 Nano-Curie P-32 einer Menge von etwa $3{,}5 \cdot 10^{-15}$ g Phosphor-32 und damit ca. 70 Millionen Phosphoratomen entspricht, wird die Gültigkeit der Poisson-Verteilung deutlich: Die Zahl der "tatsächlichen" Ereignisse (Zahl der Meßimpulse bzw. Zahl der zerfallenden Atome) ist gering im Vergleich zu der Anzahl der "möglichen" Ereignisse (Anzahl der vorhandenen Phosphor-32-Atome). Die Wahrscheinlichkeit, daß ein Meßimpuls registriert wird, beträgt dementsprechend nur $12/7 \cdot 10^7 \approx 1{,}7 \cdot 10^{-5}\%$, bezogen auf ein bestimmtes P-32-Atom. Damit sind die o.g. Bedingungen für die Gültigkeit der Poisson-

Verteilung erfüllt.

Mit der Formel 219 kann man nun die Wahrscheinlichkeit für das Auftreten einer beliebigen Zahl von Meßimpulsen berechnen. Wie groß ist z.B. die Wahrscheinlichkeit dafür, daß nur 8 Impulse anstatt der im Mittel angenommenen 12 Impulse registriert werden ?

Antwort: Nach Gl.219 gilt:

$$P(8) = 100 \frac{12^8 \, e^{-12}}{8!} = 6{,}55\%.$$

Einen Überblick über die zu dem gegebenen λ gehörige gesamte Verteilung erhält man, wenn auch für Impulsraten, die größer bzw. kleiner als λ sind, die Wahrscheinlichkeiten berechnet werden. Für $\lambda = 12$ wäre etwa der Bereich von $x = 0$ bis $x = 20$ sinnvoll. Hierzu kann man sich durch folgende Rekursionsformel die Berechnung vereinfachen:

$$P(x+1) = \frac{\lambda}{x+1} P(x) \qquad (220)$$

Zunächst ermittelt man die Wahrscheinlichkeit für $x = 0$, also dafür, daß gar keine Impulse gemessen werden. Man erhält:

$$P(0) = 100 \frac{12^0 \cdot e^{-12}}{0!} = 6{,}14 \cdot 10^{-4} \ \%$$

Über die Gl.220 ergibt sich dann:

$$P(1) = \frac{12}{1+1} P(0) = 3{,}69 \cdot 10^{-3} \ \%$$

$$P(2) = \frac{12}{2+1} P(1) = 1{,}47 \cdot 10^{-2} \ \%$$

$$P(3) = \frac{12}{3+1} P(2) = 4{,}42 \cdot 10^{-2} \ \%$$

$$\vdots \qquad \vdots \qquad \vdots$$

$$P(12) = \frac{12}{12+1} P(11) = 11{,}4 \ \%$$

usw.

Für x-Werte (Impulsraten) kleiner als 12 nimmt die Wahrscheinlichkeit wieder ab. Für eine Impulsrate von 20 erhält man:

$$P(20) = 0{,}97\ \%.$$

Würde man die Wahrscheinlichkeiten gegen die x-Werte 0,1,2 usw. graphisch auftragen, dann ergäbe sich ziemlich genau eine zu dem Mittelwert $\lambda = 12$ glockenförmige Verteilung.

Charakteristisch für die Poisson-Verteilung ist, daß sie im Gegensatz zur Normalverteilung schief ist. Mit größer werdendem λ nähert sich jedoch die Poisson-Verteilung immer mehr einer Gauß-Verteilung an.

Im folgenden Diagramm sind für verschiedene Werte von λ die entsprechenden Verteilungen dargestellt. Man erkennt, daß sich mit steigendem λ die schiefe Form immer besser einer symmetrischen Verteilung annähert.

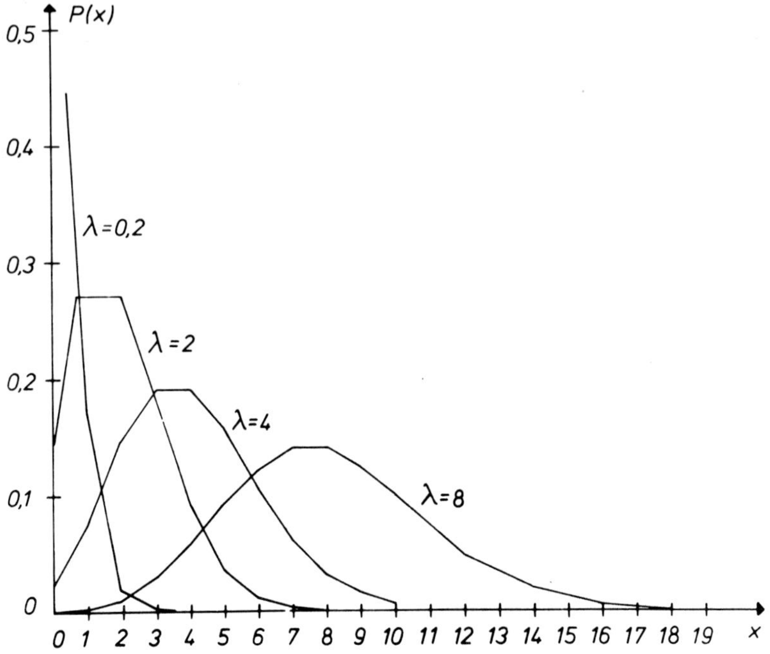

Abb.29 Poissonverteilungen für verschiedene λ-Werte

Da die Poisson-Verteilung durch den Mittelwert λ vollständig charakterisiert ist, muß die Standardabweichung eine Funktion von λ sein. Die Theorie liefert in der Tat eine derartige Beziehung:

$$\sigma = \sqrt{\lambda} \tag{221}$$

Für große λ-Werte nähert sich die Poisson-Verteilung der Normalverteilung an. Dies bedeutet - da dann die Verteilung auch symmetrisch wird - eine Möglichkeit, den prozentualen Anteil der Grundgesamtheit für bestimmte Streubereiche angeben zu können, wenn bei einer Meßreihe die Ergebnisse in ganzzahliger (diskreter) Form anfallen und die sonstigen Bedingungen für die Gültigkeit der Poisson-Verteilung erfüllt sind. Analog zur Gauß-Verteilung liegen dann

68,27 % aller "möglichen" Meßwerte im Bereich $\lambda \pm 1\sigma$
$= \lambda \pm 1\sqrt{\lambda}$,

95,44 % aller "möglichen" Meßwerte im Bereich $\lambda \pm 2\sigma$
$= \lambda \pm 2\sqrt{\lambda}$,

99,73 % aller "möglichen" Meßwerte im Bereich $\lambda \pm 3\sigma$
$= \lambda \pm 3\sqrt{\lambda}$

usw.

Aus diesen Beziehungen folgt die Faustregel, daß bei radioaktiven Messungen (diskrete Meßwerte in Form von Zählimpulsen!) mindestens 10 000 Impulse gesammmelt werden sollten, da dann die Standardabweichung gerade 1% des Meßwertes ausmacht:

$$\sqrt{\lambda} = \sqrt{10\,000} = 100 \text{ Impulse} = 1\% \text{ von } 10\,000 \quad .$$

99% aller Wiederholungsmeßwerte liegen somit zwischen 9900 und

10100 Impulsen.

Über die Gleichungen 219 und 220 lassen sich auch zusammengesetzte Wahrscheinlichkeiten berechnen, wobei folgende Beziehung gilt:

$$\sum_{k=0}^{k=\infty} P(x = k) = 100\ \% \tag{222}$$

Die Fläche unter der gesamten Verteilung ist somit gleich 100%. Anders ausgedrückt: Irgendeine Anzahl von "Meßobjekten" (Zählimpulse, Druckfehler usw.) zu registrieren, ist zu 100 % wahrscheinlich, also absolut sicher. Im Unterschied zur Normalverteilung ist hier der Fall x = 0 mit eingeschlossen. Die Wahrscheinlichkeit dafür ist dann:

$$P(0) = \frac{\lambda^0\ e^{-\lambda}}{0!}\ 100 = e^{-\lambda}\ 100\ \% \tag{223}$$

In der folgenden Tabelle sind die möglichen Fälle für zusammengesetzte Wahrscheinlichkeiten aufgeführt. Dabei wird das Beispiel des radioaktiven Zerfalls mit λ = 12 Impulsen zugrunde gelegt.

Tab.69 Zusammengesetzte Wahrscheinlichkeit bei der Poisson-Verteilung

Bedingung	Wahrscheinlichkeit
$x = k$ z.B. $x = 8$	$P = P(x = k)$
$x < k$ z.B. $x < 8$	$\sum_{x_u=0}^{x_o=k-1} P(x)$
$x \leqslant k$ z.B. $x \leqslant 8$	$\sum_{x_u=0}^{x_o=k} P(x)$

Fortsetzung Tab.69 Zusammengesetzte Wahrscheinlichkeit bei der Poisson-Verteilung

Bedingung	Wahrscheinlichkeit
$x > k$ z.B. $x > 8$	$P = 100 - \sum_{x_u=0}^{x_o=k} P(x)$
$x \geqslant k$ z.B. $x \geqslant 8$	$P = 100 - \sum_{x_u=0}^{x_o=k-1} P(x)$
$m \leqslant x \leqslant k$ z.B. $8 \leqslant x \leqslant 14$	$P = \sum_{x_u=m}^{x_o=k} P(x)$

Für den Fall $x < 8$ bedeutet dies dann beispielsweise:

$$P(x < 8) = P(0) + P(1) + P(2) + \ldots + P(7)$$

Entsprechendes gilt für die anderen Fälle. Die Einzelwahrscheinlichkeiten können dabei entweder nach Gl.219, oder - was einfacher ist - über die Rekursionsformel 220 berechnet werden.

Programm Nr.25 Berechnung von Einzelwahrscheinlichkeiten bei der Poisson-Verteilung (Modell Compucorp 326 Scientist)

Speicherbelegung [RCL] [0] = λ

[RCL] [1] = x

In dem folgenden Programm wird der Ausdruck x! aus Gl.219 über die Taste [x!] als fest-verdrahtete Funktion berechnet. Ist diese Taste bei anderen Rechnermodellen nicht vorhanden, dann muß man x! über ein Unterprogramm (Abschn.8.2.11) berechnen.

Schritt-Nr.	Befehle	Erläuterungen
1	STOP	Eingabe λ
2	STO 0	$\lambda \longrightarrow$ STO 0
3	STOP	Eingabe x
4	STO 1	x $\longrightarrow$ STO 1
5	RCL 0	
6	a^x	λ^x
7	RCL 1	
8	x	
9	RCL 0	
10	CHS	$e^{-\lambda}$
11	e^x	
12	=	$\lambda^x \cdot e^{-\lambda}$
13	:	
14	RCL 1	x!
15	x!	
16	=	
17	x	
18	100	
19	=	$P(x) = \frac{\lambda^x \cdot e^{-\lambda}}{x!} 100$
20	STOP	Ausgabe P(x)
21	JUMP START	Rücksprung zum Start

Beispiel 28

Ein radioaktives Präparat hat eine mittlere Zählrate von 10 Impulsen pro Minute. Wie groß ist die Wahrscheinlichkeit dafür, daß genau 10 Impulse registriert werden, und wie wahrscheinlich ist es andererseits, daß gar keine Impulse festgestellt werden ?

Der letzte Fall hätte - würde er auftreten - zur Folge, daß man das Meßgerät für defekt halten würde, obwohl die "Messung" in Wirklichkeit einwandfrei wäre. Es wäre dann ratsam, den Meßvorgang einfach zu wiederholen.

Programmablauf:

I) Wahrscheinlichkeit für exakt 10 Impulse

a) [JUMP] [START] [START]

b) [RESET]

c) Eingabe λ = 10 — 10.0000

[START]

Eingabe x = 10 — 10.0000

[START]

d) Ausgabe P(x) (%) — 12.5110

Die Wahrscheinlichkeit, exakt 10 Impulse zu zählen, beträgt also nur rund 12,5 %. Das bedeutet, daß die mittlere Impulsrate in nur einem von 8 Fällen auch tatsächlich eintritt.

II) Wahrscheinlichkeit für das Auftreten von 0 Impulsen

a) [JUMP] [START] [START]

b) [RESET]

c) Eingabe λ = 10 — 10.0000

[START]

Eingabe x = 0 — 0.0000

[START]

d) Ausgabe P(x) (%) — 0.0045

Die Wahrscheinlichkeit, überhaupt keine (x = 0) Impulse zu registrieren, beträgt damit 0,0045 %. Dieser Fall tritt im Mittel also nur einmal unter ca. 22 200 Messungen auf. Es ist also äußerst selten, daß ein "defektes" Meßgerät vorgetäuscht wird, obwohl der "Meßwert" in Wirklichkeit exakt ist.

Mit dem folgenden Programm lassen sich die zusammengesetzten Wahrscheinlichkeiten nach Tab.69 berechnen.

Programm Nr.26 Zusammengesetzte Wahrscheinlichkeiten bei der Poisson-Verteilung (Modell Compucorp 326 Scientist)

Speicherbelegung:

RCL	0	=	λ
RCL	1	=	x_u
RCL	2	=	x_o
RCL	3	=	$P(x_u)$
RCL	4	=	$P(x)$

Schritt-Nr.	Befehle	Erläuterungen
1	RCL 0	
2	a^x	λ^x
3	RCL 1	
4	=	
5	x	
6	RCL 0	
7	CHS	
8	e^x	$e^{-\lambda}$
9	=	$\lambda^x \cdot e^{-\lambda}$
10	:	

Fortsetzung von Programm Nr.26 Zusammengesetzte Wahrscheinlichkeiten bei der Poisson-Verteilung

Schritt-Nr.	Befehle	Erläuterungen
11	RCL 1 x!	x_u !
12	x 100 =	$P(x_u)$
13	STO 3	$P(x_u) \longrightarrow$ STO 3
14	STO 4	$P(x_u) \longrightarrow$ STO 4
15	LABEL 1	
16	1	]
17	RCL + 1	] x + 1
18	1/x	1/(x+1)
19	RCL x 0	λ/(x+1)
20	RCL x 3	P(x+1)
21	STO 3	P(x+1) : = P(x)
22	STO + 4	Summieren von P(x)
23	1	] x: = x + 1
24	STO +1	]
25	RCL 2	] $x_o > x$? Wenn ja, Sprung
26	RCL - 1	] nach LABEL 1. Ist $x_o = x$,
27	JUMP + 1	] dann weiter mit Schritt 28
28	RCL 4	] Ausgabe $\sum_{x=x_u}^{x=x_o} P(x)$
29	STOP	]

Vor Programmlauf sind die Speicher 0,1 und 2 mit den Werten für λ, x_u und x_o zu belegen. Zur Berechnung der Wahrscheinlichkeiten $P(x < k)$, $P(x \leqslant k)$, $P(x > k)$ und $P(x \geqslant k)$ ist gemäß Tab.69 für x_u der Wert x=0 in den Speicher 1 zu geben. Entsprechend ist der Speicher 2 mit $x_o = k$ bzw. $x_o = k - 1$ zu belegen. Im Falle $m \leqslant x \leqslant k$ muß der Speicher 1 mit $x_u = m$ und der Speicher 2 mit $x_o = k$ belegt werden. Den Fall P(x=k) löst man über das Programm Nr.25.

Nachdem das Programm mit [JUMP] [START] [START] gestartet, wird die Summe aller P(x) von $x=x_u$ bis $x=x_o$ ermittelt und ausgegeben. Für die Fälle $x \leqslant k$, $x \leqslant k$ und $m \leqslant x \leqslant k$ entspricht die Summe direkt der gesuchten Wahrscheinlichkeit P (siehe dazu Tab.69). Für die Fälle $x > k$ und $x \geqslant k$ muß die berechnete Summe noch von 100 abgezogen werden, um die gesuchte Wahrscheinlichkeit zu erhalten.

Beispiel 29

Wie groß ist die Wahrscheinlichkeit dafür, daß bei einem radioaktiven Präparat mit einer mittleren Zerfallsrate von 8 Zerfällen pro Minute ein Wert von 12 Zerfällen in der Minute nicht überschritten wird ?

Die Lösung entspricht dem Fall $P(x \leqslant k)$ in Tab.69 :

$$P(x \leqslant 12) = P(0) + P(1) + P(2) + \dots + P(12)$$

Programmablauf:

a) 8 $(=\lambda)$ STO 0

0 $(= x_u)$ STO 1

12 $(= x_o = k)$ STO 2

b) Programm einlesen bzw. eintippen

c) [JUMP] [START] [START]

d) Ausgabe $P(x \leqslant 12)$ (%) 93.6202

Das Ergebnis besagt, daß in weniger als 7% aller Fälle, die Zerfallsrate von 12 Zerfällen überschritten wird. Anders ausgedrückt: Die Sicherheit dafür, daß höchstens 12 Zerfälle pro Minute stattfinden, beträgt 93,6 %.

17. Statistische Testverfahren

17.1 Allgemeines

Viele Probleme aus dem Bereich der Statistik sind - wie die folgenden Beispiele zeigen - so geartet, daß für die Lösung 2 Alternativen denkbar sind.

a) Gegeben sind zwei Meßreihen von jeweils n_1 bzw. n_2 Einzelwerten und den unterschiedlichen Mittelwerten $\bar{x}_1$ und $\bar{x}_2$. Angenommen, von einer für analytische Zwecke verwendeten Natronlauge werden im Abstand von 4 Wochen n_1 bzw. n_2 Titerbestimmungen durchgeführt, wobei sich die unterschiedlichen mittleren Konzentrationen (= arithmetische Mittelwerte) $\bar{x}_1$ und $\bar{x}_2$ ergeben. Was kann man über die "wahren" Konzentrationen der Natronlauge zur Zeit t = 0 und nach t = 4 Wochen aussagen ? Dies ist gleichbedeutend mit der Frage, wie sich die beiden "wahren" Mittelwerte μ_1 und μ_2 der Grundgesamtheiten (Verteilungen) verhalten, denen die n_1 bzw. n_2 Einzelwerte zugrunde liegen.

Alternative I : Die Differenz zwischen $\bar{x}_1$ und $\bar{x}_2$ ist "real", d.h. sie ist durch einen systematischen Einfluß bedingt. Damit unterscheiden sich auch die beiden Grundgesamtheiten (Verteilungen), so daß auch $\mu_1 \neq \mu_2$ ist. Denkbar wäre der Fall, daß auf Grund einer CO_2-Aufnahme der Lauge - wodurch die NaOH-Konzentration im Laufe der Zeit vermindert wird - $\mu_1 > \mu_2$ ist.

Alternative II : Die Unterschiede zwischen $\bar{x}_1$ und $\bar{x}_2$ sind zufallsbedingt, was bedeutet, daß die Einzelwerte beider Meßreihen der gleichen Grundgesamtheit (Verteilung) angehören.

Somit sind auch μ_1 und μ_2 identisch. Auf das genannte Beispiel bezogen heißt das: Die Konzentration der Lauge hat sich nach 4 Wochen nicht verändert.

b) Zur Aufnahme einer Eichkurve für eine photometrische Phosphatbestimmung (1) wird die Extinktion von Lösungen verschiedenen Phosphatgehalts (nach Umsetzung zu gelbem Molybdatophosphat) bestimmt und durch die Meßpunkte eine Ausgleichsgerade gelegt. Dazu wurden zunächst die verschiedenen Konzentrationen gegen die gemessenen Extinktionswerte in einem Koordinatensystem aufgetragen.

Angenommen, die Ausgleichsgerade weist einen positiven y-Achsenabschnitt auf. Dies bedeutet, daß scheinbar auch bei der Phosphat-Konzentration Null die Lösung eine Extinktion besitzt. Welche Aussage kann man hierzu machen ?

Alternative I : Die Meßwerte sind alle um einen konstanten positiven Beitrag verfälscht. Denkbar wäre hier die Eigenabsorption der Lösung auf Grund von Störsubstanzen (2). Der Achsenabschnitt der Geraden ist also "real" oder systematisch von Null verschieden.

Alternative II : Der Achsenabschnitt geht nur zufällig nicht durch den Koordinatenursprung bzw. ist nur zufällig ungleich Null. Dies ist durch die Streuung der Meßpunkte bedingt. Für die Phosphatbestimmung bedeutet dies, daß die Lösung bei Abwesenheit von Phosphat keine Extinktion aufweist.

Mit Hilfe statistischer Testverfahren läßt sich nun entscheiden, welche der jeweiligen Alternativen "richtig" ist.

Hierbei sind jedoch zwei Dinge zu beachten: Erstens können nur Unterschiede zweier Größen "bewiesen" werden, also etwa der Unterschied zwischen μ_1 und μ_2 im Beispiel a) oder eine Abweichung des Achsenabschnitts von Null im Beispiel b). Ist ein Unterschied statistisch nicht erkennbar, dann kann die Gleichheit der beiden zu vergleichenden Größen lediglich nicht widerlegt werden. Eine Gleichheit läßt sich nicht beweisen.

Zweitens kann ein Unterschied zwischen den beiden Größen, die verglichen werden, nur mit einer bestimmten Wahrscheinlichkeit ermittelt werden. Ein Beweis für den Unterschied im streng mathematischen Sinne bzw. eine absolute Sicherheit der Aussage ist bei einem statistischen Test nicht möglich.

Zur Durchführung eines statistischen Tests wird zunächst eine sog. Nullhypothese aufgestellt. Das bedeutet, daß zunächst einmal die Gleichheit der beiden zu vergleichenden Größen angenommen wird (die Differenz der beiden Größen wird mit Null postuliert, daher Nullhypothese). Da der Test lediglich Unterschiede feststellen kann, behauptet man also zunächst einmal das Gegenteil von dem, was man "beweisen" möchte.

Der statistische Test muß nun zeigen, ob bzw. mit welcher Sicherheit man die Nullhypothese verwerfen kann, d.h. mit welcher Wahrscheinlichkeit man den Unterschied der beiden zu vergleichenden Größen feststellen kann. Dies geschieht mit einer vorgegebenen Irrtumswahrscheinlichkeit α. Diese gibt an, in wieviel Prozent aller Fälle die Nullhypothese widerlegt wird, obwohl sie zutrifft.

Auf das Beispiel a) bezogen bedeutet das: Um einen Unterschied der beiden Konzentrationen μ_1 und μ_2 (= wahre Mittelwerte der entsprechenden Verteilungen) feststellen zu können, behauptet man zunächst, daß $\mu_1 = \mu_2$ ist. Der entsprechende statistische Test soll jetzt erweisen, mit welcher statistischen Sicherheit man diese Behauptung widerlegen kann, also den Unterschied "beweisen" kann. Wir wollen diese Wahrscheinlichkeit im Folgenden mit S% bezeichnen. Die Differenz 100 - S% nennt man Irrtumswahrscheinlichkeit . Sie hat das Symbol α%.

Findet man z.B., daß μ_1 und μ_2 mit einer Irrtumswahrscheinlichkeit von 5% unterschiedlich sind, dann wird in 5% aller Fälle angenommen, daß sich μ_1 und μ_2 voneinander unterscheiden, obwohl sie in Wirklichkeit identisch sind.

Die Annahme eines Unterschiedes, der in Wirklichkeit gar nicht vorhanden ist, nennt man Fehler 1. Art. Umgekehrt begeht man einen Fehler 2. Art, wenn man fälschlicherweise einen Unterschied als nicht erwiesen ansieht, während dieser in Wirklichkeit besteht.

Mit der Festlegung eines bestimmten Wertes für S% - einer sog. Sicherheitsschwelle - kann man nun willkürlich festlegen, ab wann man die Nullhypothese als widerlegt anerkennen will.

Vereinbart man etwa für das Beispiel b) eine Sicherheitswahrscheinlichkeit von S = 90% bzw. eine Irrtumswahrscheinlichkeit von 10%, dann bedeutet dies: Man nimmt eine tatsächliche Abweichung des Achsenabschnitts von Null nur dann als gegeben an, wenn man dies mit einer Sicherheit von mindestens 90% tun kann. Das Risiko, eine falsche Entscheidung getroffen zu haben (Annahme einer Abweichung von Null) darf also nicht mehr als 10% betragen. Kann man den Unterschied nur mit einer geringeren Sicherheit "beweisen", dann geht man davon aus, daß die vorhandenen Unterschiede (im Beispiel a) zwischen $\bar{x}_1$ und $\bar{x}_2$ und im Beispiel b) zwischen dem Achsenabschnitt und Null) nur zufällig aufgetreten sind und durch die Streuung der Meßwerte hervorgerufen wurden.

Welches Irrtumsrisiko man noch zuläßt, um einen Unterschied der zu vergleichenden Größen noch als zufällig anzusehen, ist eine Frage der Übereinkunft und der Problemstellung.

Folgende Schranken werden von Gottschalk (   ) vorgeschlagen:

> $\alpha > 5\%$, also $S < 95\%$.
> In mehr als 5% aller Fälle wird ein Unterschied der zu vergleichenden Größen postuliert, obwohl er gar nicht vorhanden ist. Da man einen Irrrtum in mehr als 5% der Fälle als nicht mehr zufällig ansieht, entschei-

det man: Ein Unterschied der zu vergleichenden Größen ist statistisch nicht nachweisbar. Die Nullhypothese der Gleichheit kann nicht widerlegt werden.

$\alpha < 1\%$, also $S > 99\%$.
In diesem Fall wird in nur weniger als 1% aller Fälle ein Unterschied angenommen, obwohl er gar nicht vorhanden ist. Dieses Irrtumsrisiko betrachtet man als zufällig und entscheidet hier: Ein Unterschied der zu vergleichenden Größen ist statistisch gesichert oder signifikant. Die Nullhypothese der Gleichheit wird als widerlegt angesehen, da sie eben nur in 1% aller Fälle (und das ist dann Zufall) abgelehnt wird.

$\alpha < 0{,}1\%$, also $S > 99{,}9\%$.
Hier beträgt das Risiko, die zu vergleichenden Größen zu Unrecht als unterschiedlich anzusehen, nur 0,1% oder weniger. Dies bedeutet, daß man in nur 1 von 1000 Fällen einen Unterschied postuliert, der in Wirklichkeit nicht vorhanden ist. Dieses geringe Risiko führt dazu, daß man von einem hochsignifikanten bzw. statistisch stark gesicherten Unterschied spricht.

Die aufgestellte Prüfhypothese kann somit weder als falsch noch als richtig im streng mathematischen Sinne "bewiesen" werden. Es ist lediglich möglich, die Nullhypothese mit einer bestimmten Wahrscheinlichkeit als widerlegt anzusehen.

Die obigen Ausführungen zeigen, daß ein kleiner Fehler 1. Art (also ein zu Unrecht angenommener Unterschied) automatisch das Risiko eines großen Fehlers 2. Art (ungerechtfertigte Annahme der Gleichheit) bewirkt. Ein Beispiel verdeutlicht diesen Sachverhalt:
Angenommen, man will die Nullhypothese nur dann ablehnen - also

einen Unterschied als erwiesen ansehen - wenn das Risiko eines Irrtums weniger als 0,1% beträgt, dann bedeutet das, daß bei $S \leqslant 99{,}9\%$ die Nullhypothese als nicht widerlegt gilt. Findet man nun bei einem Test z.B. $S = 99{,}5\%$, dann muß man für die Richtigkeit der Nullhypothese "plädieren", kann also einen Unterschied der zu vergleichenden Größen nicht nachweisen. Und dies, obwohl in nur 1 von 200 Fällen bei der Ablehnung ein Irrtum begangen würde. Das Risiko, einen tatsächlichen Unterschied zu übersehen, ist also bei einem großen Fehler 1. Art bzw. bei einer hohen Sicherheitsschwelle naturgemäß sehr groß.

Setzt man andererseits die Sicherheitsschwelle stark herab, dann riskiert man, einen Unterschied bereits dann zu finden, wenn dieser gar nicht vorhanden ist, bzw. die Wahrscheinlichkeit dafür nur sehr gering ist.

Welche Konsequenzen sich daraus für die Praxis ergeben, läßt sich am besten an zwei Beispielen zeigen:

a) Bei einer gerichtsmedizinischen Untersuchung sollen Farbspuren an der Kleidung eines verdächtigen Täters mit dem Lack eines Kraftfahrzeugs verglichen werden, in dem ein Verbrechen begangen worden ist. Der Täter gilt als überführt, wenn nachgewiesen werden kann, daß beide Farbproben in ihren Eigenschaften übereinstimmen. Man charakterisiert die Farbe durch eine quantitativ meßbare Größe, untersucht beide Farbproben jeweils mehrmals nach dem gleichen Verfahren und erhält so 2 Mittelwerte: $\bar{x}_1$ und $\bar{x}_2$.

Würde man jetzt zu Unrecht die "Gleichheit" der beiden Farbproben annehmen, d.h. also die sicherlich vorhandenen Unterschiede zwischen $\bar{x}_1$ und $\bar{x}_2$ als zufällig ansehen, dann würde man den Verdächtigen zu Unrecht verurteilen, wenn in Wahrheit beide Farbproben nicht der gleichen "Grundgesamtheit" entstammen. Der gemachte Fehler 2. Art wäre ein folgenschwerer Fehler. Daraus folgt für die Praxis: Führt ein Fehler 2. Art - also das Übersehen eines tatsächlich vorhandenen Unterschiedes der zu vergleichenden Größen - zu schwerwiegenden Konsequenzen, dann muß man α groß machen. Damit wird das Risiko, einen Fehler

2. Art zu machen, zwar herabgesetzt. Damit wird automatisch der Fehler 1. Art größer: Man geht ein erhöhtes Risiko ein, einen Unterschied auch dann zwischen $\bar{x}_1$ und $\bar{x}_2$ anzunehmen, wenn dieser in Wahrheit gar nicht gegeben ist. Man entscheidet also hier "im Zweifel für den Angeklagten".

Für den genannten Fall hat sich ein α von 10% bzw. eine Sicherheitsschwelle von 90% als vernünftig herausgestellt.

b) Ein neues Pflanzenschutzmittel soll hinsichtlich seiner Wirkung auf Schädlinge untersucht werden. Zur Prüfung wird die Lebensdauer der Schadinsekten mit und ohne Behandlung mit dem Mittel verglichen. Nimmt man jetzt auf Grund eines Tests einen Unterschied für die Lebensdauer in beiden "Meßreihen" an, obwohl sich die Ergebnisse nur zufällig (auf Grund der Versuchsstreuung) unterscheiden, dann würde das Präparat zur Anwendung gelangen, obwohl es wirkungslos ist. Das könnte zu ernsten Folgen wie z.B. zur Zerstörung der Ernte führen. Hier wird man daher versuchen, den Fehler 1. Art möglichst klein zu halten. Das Risiko, einen Unterschied anzunehmen, der gar nicht vorhanden ist, muß also so gering wie möglich sein. Dabei geht man nun andererseits das Risiko ein, das Mittel nicht zuzulassen, obwohl es eine Wirkung zeigt. Der Schaden durch den Nichtverkauf dürfte aber geringer sein, als der Verlust einer ganzen Ernte. Ist also bei einem Test die Ablehnung eines Unterschiedes das geringere Übel, dann hat sich ein α von 1% oder sogar von 0,1% bzw. eine Sicherheitsschwelle von 99 oder sogar von 99,9% als sinnvoll erwiesen.

Zusammengefaßt kann man sagen: Bei jedem Testverfahren muß geprüft werden, ob ein Fehler 1. oder ein Fehler 2. Art schwerwiegendere Konsequenzen hat. Ist die fälschlich angenommene Gleichheit das größere Übel, dann muß man den Fehler 2. Art klein halten, also α groß bzw. die Sicherheitsschwelle S klein machen. Ist dagegen die fälschliche Annahme eines Unterschiedes von großem Nachteil, dann muß entsprechend α klein bzw. die Sicherheitsschwelle S groß machen. Dafür muß man einen großen Fehler 2. Art in Kauf nehmen, d.h. das Risiko eingehen, einen vorhandenen Unterschied zu übersehen.

An dieser Stelle sei übrigens auf folgenden wichtigen Punkt hingewiesen: Sehr oft wird behauptet, der statistische Test soll zeigen, ob die zu vergleichenden Größen gleich sind oder sich unterscheiden. Bei den auf S.356 und 357 angeführten Beispielen wäre die zu vergleichenden Größen die beiden experimentell ermittelten Mittelwerte $\bar{x}_1$ und $\bar{x}_2$ bzw. der durch die Ausgleichsgerade ermittelte Achsenabschnitt und der Wert Null. Die obige Interpretation ist aber falsch!

Bei dem Vergleich der Mittelwerte $\bar{x}_1$ und $\bar{x}_2$ z.B. dürfte es höchst selten vorkommen, daß $\bar{x}_1$ und $\bar{x}_2$ exakt gleich sind. In diesem Fall könnte man sich jeden Test sparen. In der Praxis ist es eher so, daß die Werte meist unterschiedlich sind. Der Test soll daher nicht klären, ob Unterschiede vorhanden sind, sondern ob die vorhandenen Differenzen durch systematische Einflüsse oder lediglich durch den Zufall bedingt sind.

Auf einen weiteren wichtigen Punkt bei den in den folgenden Kapiteln besprochenen Testverfahren sei ebenfalls noch hingewiesen: Selbst wenn ein Test einen eindeutigen Unterschied im Sinne der Statistik nachzuweisen gestattet, sagt dies noch Nichts über die praktische Konsequenz aus! Ein weiteres Beispiel macht dies deutlich:
Kann man bei 2 Maßlösungen, die im Labor bei analytischen Arbeiten benötigt werden, einen Unterschied der Faktoren von vieleicht 0,1% relativ "statistisch gesichert" oder sogar "hochsignifikant" nachweisen, dann wird man in der Praxis die beiden Lösungen dennoch als "gleichwertig" ansehen, wenn der Unterschied gegenüber anderen Fehlerquellen nicht ins Gewicht fällt.

Statistische Tests befreien also den Anwender nicht von einer sinnvollen Interpretation des Ergebnisses!

Weitere Literatur zu dieser Problematik findet man bei Sachs (4), Großmann (5), Pfanzagl (6) und Retzlaff (7).

17.2 Der Ausreißertest

17.2.1 Allgemeine Bemerkungen zum Ausreißerproblem

Führt man innerhalb einer Meßreihe mehrere Wiederholungsmessungen unter den gleichen Bedingungen durch, so kann es vorkommen, daß ein Meßwert nach der einen oder anderen Seite so stark abweicht, daß der Verdacht einer nicht zufallsbedingten sondern durch einen systematischen Einfluß verursachten Abweichung besteht. Dieser "Ausreißer" gehört nicht der Grundgesamtheit an, der die übrigen Meßwerte zugrunde liegen. Er muß daher aus dem Datenmaterial entfernt werden.

Sorgt man nicht für ein ausreißerfreies Datenmaterial, dann können Kenndaten wie z.B. Mittelwert oder Standardabweichung bzw. daraus abgeleitete Testgrößen zu erheblich verfälschten Aussagen führen. Ein Ausreißertest ist daher die Voraussetzung für weitere statistische Untersuchungen an dem vorliegenden Datenmaterial, so daß dieser Test hier zuerst besprochen werden soll. Angemerkt sei noch, daß eine "richtige" Aussage aus den beiden folgenden Testverfahren nur dann resultiert, wenn die vorliegenden Daten ohne den Ausreißer normalverteilt sind. Wie man dies nachprüfen kann, ist im Abschnitt 18.6 beschrieben.

17.2.2 Ausreißertest nach Graf und Henning

Zur Prüfung auf Ausreißer berechnet man aus den Meßdaten zunächst <u>ohne</u> den ausreißerverdächtigen Wert das arithmetische Mittel und die Standardabweichung. Der "verdächtige" Wert wird dann als Ausreißer angesehen, wenn er außerhalb des Bereichs

$\bar{x} \pm 4\,s$ liegt. Soll der "verdächtige" Wert als Ausreißer interpretiert werden, muß also eine der folgenden Bedingungen gelten:

$$x_A > \bar{x} + 4\,s$$

bzw. $$x_A < \bar{x} - 4\,s$$

x_A = ausreißerverdächtiger Meßwert

Ist eine der Bedingungen erfüllt, dann darf man Mittelwert und Standardabweichung aus den Meßdaten nur ohne Berücksichtigung von x_A berechnen.
Welcher Wert ist nun bei einem gegebenen "Datensatz" als ausreißerverdächtig anzusehen? Wenn man sich klarmacht, daß ein Ausreißer wesentlich kleiner bzw. sehr viel größer als die anderen Meßwerte sein muß, um als solcher erkannt zu werden, dann sollte man zunächst den kleinsten und den größten Wert der Meßreihe untersuchen. Erweist sich keiner von beiden als ein Ausreißer, dann können auch sämtliche weiteren Werte keine Ausreißer sein (Warum?). Wird jedoch einer der beiden "extremen" Werte als außerhalb des Bereichs $\bar{x} \pm 4s$ liegend, dann muß der Meßwert x_A eliminiert werden.

Für den Ausreißertest erscheint es daher sinnvoll, die Daten zunächst einmal der Größe nach zu ordnen. Dies kann - bei wenigen Meßwerten - auf "manuellem" Wege geschehen. Bei vielen Werten empfiehlt sich die Anwendung des Programms Nr.10.

Programm Nr.27 Ausreißertest nach Graf und Henning
(Rechnermodell: Compucorp 326)

Speicherbelegplan:

RCL 0 = x_A

RCL 1 = i bzw. n

RCL 2 = $\sum x_i$

Speicherbelegplan:

RCL 3 = $\sum x_i^2$

RCL 4 = $\bar{x}$

RCL 5 = s

RCL 6 = $\bar{x} + 4\,s$

RCL 7 = $\bar{x} - 4\,s$

Schritt-Nr.	Befehle	Erläuterungen
1	0	Nullsetzen der Speicher für i, $\sum x_i$ und $\sum x_i^2$
2	STO 1	
3	STO 2	
4	STO 3	
5	LABEL 0	
6	1	Kennzahl i
7	RCL + 1	
8	KENNZAHL	
9	STOP	Eingabe x_i
10	STO + 2	$\sum x_i$
11	x^2	x_i^2
12	STO + 3	$\sum x_i^2$
13	1	i: = i + 1
14	STO + 1	
15	JUMP 0	Rücksprung nach LABEL 0
16	LABEL 1	
17	CLEAR	
18	KENNZAHL	0.
19	STOP	Eingabe x_A = ausreißer-verdächtiger Wert
20	STO 0	$x_A \longrightarrow$ STO 0
21	STO - 2	$\sum x_i - x_A$
22	x^2	x_A^2
23	STO - 3	$\sum x_i^2 - x_A^2$

Schritt-Nr.	Befehle	Erläuterungen
24	1	i: = i - 1
25	STO - 1	
26	BRANCH 2	Sprung nach LABEL 2: Unterprogramm zur Berechnung von $\bar{x}$ und s
27	RCL 4	$\bar{x}$
28	+	
29	4	4 s
30	RCL x 5	
31	=	$\bar{x}$ + 4 s
32	STO 6	⟶ STO 6
33	RCL 4	$\bar{x}$
34	-	
35	4	4 s
36	RCL x 5	
37	=	$\bar{x}$ - 4 s
38	STO 7	⟶ STO 7
39	RCL 6	$\bar{x}$ + 4 s
40	RCL - 0	$\bar{x}$ + 4 s - x_A
41	STOP	Wert positiv, wenn $x_A < \bar{x} + 4$ s Wert negativ, wenn $x_A > \bar{x} + 4$ s
42	RCL 0	x_A
43	RCL - 7	x_A - ($\bar{x}$ - 4 s)
44	STOP	Wert positiv, wenn $x_A > \bar{x} - 4$ s (Eingabe +1) Wert negativ, wenn $x_A < \bar{x} - 4$ s (Eingabe -1)
45	JUMP - 1	Sprung nach LABEL 1, wenn Eingabe -1

Schritt-Nr.	Befehle	Erläuterungen
46	RCL 0	x_A
47	STO + 2	$\sum x_i$
48	x^2	x_A^2
49	STO + 3	$\sum x_i^2$
50	1	i: = i + 1
51	STO + 1	
52	JUMP 1	
53	LABEL 3	
54	BRANCH 2	Berechnung von $\bar{x}$ und s im Unterprogramm
55	RCL 4	
56	STOP	Ausgabe $\bar{x}$ (ausreißerfrei)
57	RCL 5	
58	STOP	Ausgabe s (ausreißerfrei)
59	LABEL 2	
60	RCL 2	$\bar{x} = \frac{\sum x_i}{n}$
61	RCL : 1	
62	STO 4	$\bar{x} \longrightarrow$ STO 4
63	RCL 3	$\sum x_i^2$
64	-	
65	RCL 2	$\frac{1}{n} (\sum x_i)^2$
66	x^2	
67	RCL : 1	
68	:	
69	(	
70	RCL 1	n - 1
71	-	
72	1	
73	)	
74	=	s^2
75	$\sqrt{\ }$	s
76	STO 5	s $\longrightarrow$ STO 5
77	RETURN	Rücksprung ins Hauptprogramm

In den Schritten 1-4 werden die Speicher für die Bildung von $\sum x_i$ (RCL 2), $\sum x_i^2$ (RCL 3) sowie für das Mitzählen der eingegebenen Werte (Index i, RCL 1) gelöscht, d.h. gleich Null gesetzt. Die Schritte 5-15 umfassen die Eingabe der Meßwerte. Der Index i des einzugebenden Wertes wird als Kennzahl (i als Integer-Zahl ohne die Nullen nach dem Komma, links in der Anzeige) ausgegeben. Es wird von den Werten $\sum x_i$, $\sum x_i^2$ und die Anzahl n ermittelt.

Sind alle Werte eingegeben: [JUMP] [1] [START]

Es erscheint eine Null als Kennzahl in der Anzeige, und der ausreißerverdächtige Wert x_A ist einzugeben. Danach: [START]

Im Schritt 20 wird zunächst der Wert x_A im Speicher 0 abgelegt. In den Schritten 21 bis 25 wird die Summe der x_i, die Summe der x_i^2 und die Anzahl der Meßwerte ohne den ausreißerverdächtigen Wert x_A ermittelt. Dazu wird x_A vom Inhalt des Speichers 2 ($\sum x_i$), x_A^2 vom Inhalt des Speichers 3 ($\sum x_i^2$) und der Wert 1 vom Inhalt des Speichers 1 (= n) subtrahiert. Anschließend erfolgt Sprung nach LABEL 2 in das Unterprogramm zur Berechnung von $\bar{x}$ und s <u>ohne</u> den Wert x_A (Schritte 59-77). Die Schritte 27-38 umfassen die Ermittlung von $\bar{x} + 4s$ und von $\bar{x} - 4s$ und das Abspeichern dieser Werte in den Konstantenspeichern 6 und 7. Danach wird der Wert $\bar{x} + 4s - x_A$ berechnet und über einen STOP-Befehl (Schritt 41) ausgegeben. Das Ergebnis ist positiv, wenn x_A kleiner als $\bar{x} + 4s$ ist und kleiner als Null, wenn x_A ein Ausreißer ist und größer als $\bar{x} + 4s$ ist. Nach einem START erfolgt die Berechnung von $x_A - (\bar{x} - 4s)$ und damit der Test, ob der Wert x_A kleiner als $\bar{x} - 4s$ ist. Wenn das der Fall ist, dann erhält man eine negative Zahl. Ist die Bedingung nicht erfüllt, dann ist das Ergebnis wie im ersten Fall positiv.

Hat sich nun ergeben, daß x_A ein Ausreißer im Sinne der o.g. Definition ist (kleiner als $\bar{x} - 4s$ oder größer $\bar{x} + 4s$), dann ist der Wert -1 bei dem zweiten STOP (Schritt 44), sonst der Wert +1 einzugeben. Anschließend ist die START-Taste zu betätigen. War x_A ein Ausreißer, dann erfolgt direkt Rücksprung nach LABEL 1. Andernfalls wird x_A wieder in das Datenmaterial aufgenommen: Addition von x_A zum Inhalt von Speicher 2, Addition von x_A^2 zum Inhalt von Speicher 3, Addition einer 1 zum Inhalt von Speicher 1 (Schritte 46-52). Ist das Datenmaterial ausreißerfrei, dann kann man durch [JUMP] [3] [START] die Kenndaten $\overline{x}$ und s berechnen und ausgeben lassen (Schritte 53-58).

Beispiel 30

In einem Versuch soll die Erdbeschleunigung g ermittelt werden. Dazu wird die Zeit bestimmt, die eine Stahlkugel zum Durchfallen einer bestimmten Strecke benötigt. Nach der Beziehung $s = g\, t^2/2$, wobei s die Strecke und t die Fallzeit bedeuten, kann daraus die Beschleunigung g berechnet werden. Da für bestimmte Zwecke ein sehr präzises Ergebnis benötigt wird, werden 15 Wiederholungsversuche durchgeführt, welche die folgenden Ergebnisse für die Fallzeiten t liefern:

t_1 = 0,531	sec.	t_6 = 0,535	sec.	t_{11} = 0,538	sec.
t_2 = 0,539	"	t_7 = 0,536	"	t_{12} = 0,532	"
t_3 = 0,535	"	t_8 = 0,539	"	t_{13} = 0,532	"
t_4 = 0,541	"	t_9 = 0,575	"	t_{14} = 0,535	"
t_5 = 0,537	"	t_{10} = 0,540	"	t_{15} = 0,539	"

Der Wert t_9 erscheint ausreißerverdächtig, wie auch aus der folgenden graphischen Darstellung hervorgeht (die Fallzeiten t sind hier mit x bezeichnet).

Es zeigt sich deutlich, daß der Wert t_9 bzw. x_9 = 0,575 sec. wesentlich größer als $\overline{x} + 4s$ ohne diesen Wert ist. Damit ist die Bedingung für die Interpretation von x_A als Ausreißer im Sinne der Definition nach Graf und Henning erfüllt. Der Wert t_9 muß daher aus dem Datenvorrat eliminiert werden, und die Kenndaten $\overline{x}$ und s (bzw. $\overline{t}$ und s) sind ohne t_9 zu ermitteln.

Der folgende Programmablauf macht noch einmal das angegebene Rechenprogramm Nr.27 deutlich.

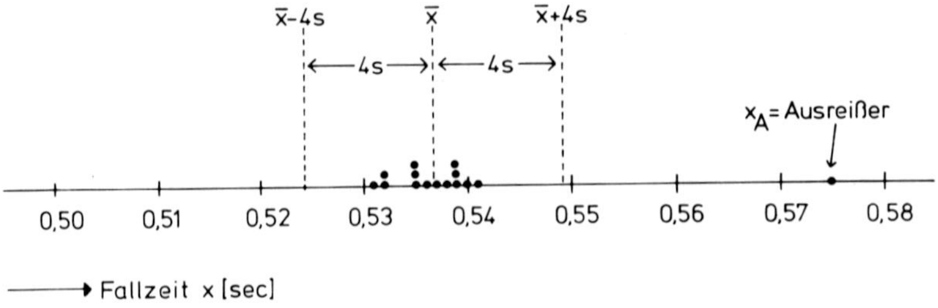

Abb.30 Ausreißerproblem nach Graf und Henning für die Meßwerte des Beispiels 30

Programmablauf:

a) [JUMP] [START] [START]

b) Eingabe der Meßwerte — Anzeige: 1.

Eingabe t_1 = 0,531 sec. — Anzeige: 0.531

[START]

Anzeige: 2.

Eingabe t_2 = 0,539 sec. — Anzeige: 0.539

[START]

⋮ ⋮

Anzeige: 15.

Eingabe t_{15} = 0,539 sec. — Anzeige: 0.539

[START]

c) [JUMP] [1] [START]

	0.
Eingabe $x_A = 0{,}575$	0.575
[START]	
Ausgabe $\overline{x} + 4s - x_A$	-0.0259
[START]	
Ausgabe $x_A - (\overline{x} - 4s)$	0.0513

Damit ist erwiesen, daß $x_A > \overline{x} + 4s$ ist und somit als Ausreißer zu betrachten ist. Es ist daher jetzt der Wert -1 einzugeben.

Eingabe -1 (x_A = Ausreißer)	-1.0000
[START]	0.

Würde man jetzt den kleinsten und größten Wert der Restdaten prüfen, so wären in beiden Fällen die Werte $\overline{x} + 4s - x_A$ bzw. $x_A - (\overline{x} - 4s)$ positiv. Die restlichen Meßwerte würden sich damit als ausreißerfrei erweisen.

d) [JUMP] [3] [START]

Ausgabe $\overline{x}$ (ohne Berücksichtigung von $x_A = t_9 = 0{,}575$ sec)	0.5363
[START]	
Ausgabe s (ohne Berücksichtigung von x_A)	0.0031

Würde man den Wert $t_9 = x_A = 0{,}575$ sec. mit in die Berechnung von $\bar{x}$ und s einbeziehen, dann ergäbe sich:

$\bar{x} = 0{,}5389$ sec. $\qquad$ $s = 0{,}0104$ sec.

Während sich der Mittelwert nur unwesentlich ändert (ca. 0,5% größer als bei den ausreißerfreien Daten), ist die Standardabweichung mehr als dreimal so groß gegenüber dem s-Wert ohne Berücksichtigung von x_A. Das Ergebnis des Versuchs würde also, was die Reproduzierbarkeit anbetrifft, durch den Ausreißer erheblich verfälscht werden.

17.2.3 Ausreißertest nach Nalimov

Bei diesem Test werden zunächst Mittelwert und Standardabweichung aus allen Meßwerten also einschließlich eventueller Ausreißer ermittelt. Aus den so berechneten Kenndaten $\bar{x}$ und s sowie dem ausreißerverdächtigen Wert x_A wird die folgende Prüfgröße gebildet:

$$r_A = \frac{|x_A - \bar{x}|}{s}\sqrt{\frac{n}{n-1}} \qquad (224)$$

Hierbei ist n die Anzahl aller Meßwerte einschließlich x_A. Im nächsten Schritt vergleicht man diese Prüfgröße r_A mit den Integralgrenzen einer Prüfverteilung. In diesem Fall ist es die r-Verteilung. Sind nämlich die gegebenen Einzeldaten normalverteilt, dann ist die Größe r_A r-verteilt. Die Schranken der r-Verteilung hängen übrigens über die folgende Beziehung mit den t-Werten der t-Verteilung zusammen:

$$r = \sqrt{\frac{1 + f}{1 + \frac{f}{t^2}}} \qquad (225)$$

Die r-Verteilung besitzt - ebenso wie die t-Verteilung - Glockenform . Die Breite ist auch von der Zahl f der Freiheitsgrade abhängig, wobei hier gilt:

$$f = n - 2 \tag{226}$$

Innerhalb der Schranken +r und -r liegt nun ein bestimmter Flächenanteil der Verteilung (analog zur Normalverteilung mit den Grenzen -z und +z, s.S. 202):

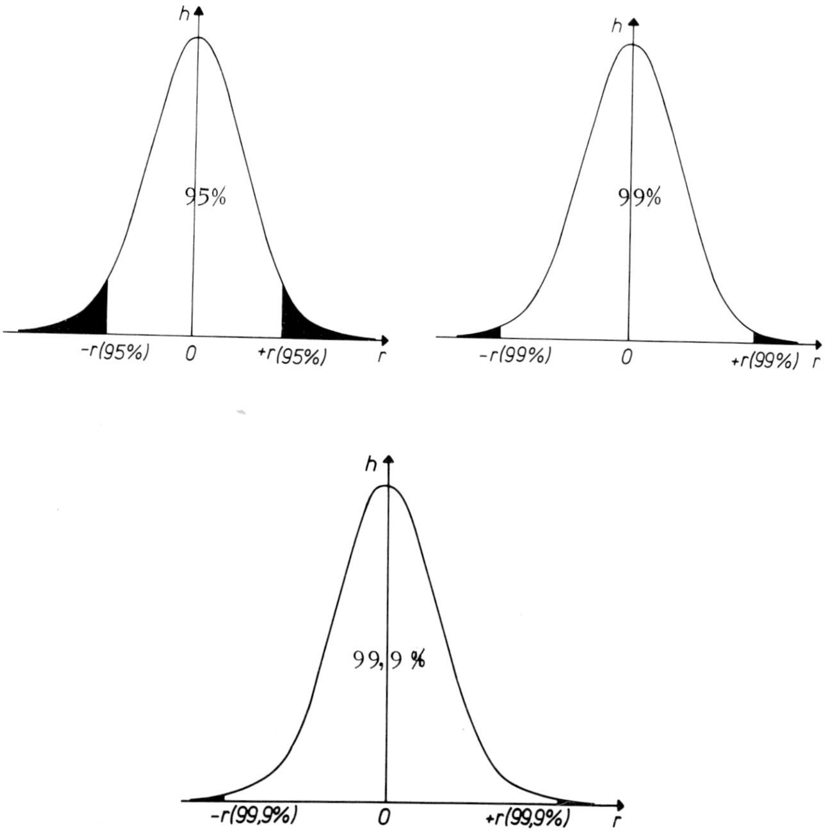

Abb. 31 Bedeutung der Integralgrenzen der r-Verteilung

Beträgt die Gesamtfläche unter der r-Verteilung 100%, dann liegen 95% dieser Fläche zwischen r(95) und -r(95), 99% zwischen r(99) und -r(99) sowie 99,9% zwischen r(99,9) und -r(99,9). Die Entscheidung, ob der Wert x_A ein Ausreißer ist, wird jetzt davon abhängig gemacht, innerhalb welcher Grenzen die berechnete Prüfgröße r_A liegt. Nach Gottschalk (20) gilt:

$r_A < r(95)$: x_A ist unter den gegebenen n Daten nicht als Ausreißer nachweisbar.

$r_A > r(99)$: x_A ist statistisch gesichert oder signifikant ein Ausreißer.

$r_A > r(99,9)$: x_A ist statistisch stark gesichert oder hochsignifikant ein Ausreißer

Liegt r_A zwischen r(95) und r(99), dann kann x_A nur wahrscheinlich als Ausreißer angesehen werden.

Ist x_A als Ausreißer nachgewiesen, dann wird dieser Wert aus dem Datenvorrat entfernt. Aus den n-1 Restdaten berechnet man erneut $\bar{x}$ und s und bildet aus einem eventuell vorhandenen weiteren ausreißerverdächtigen Wert erneut die Prüfgröße r_A. Ist auch dieser Wert ein Ausreißer, dann muß auch er aus dem vorhandenen Datenvorrat eliminiert werden. Man verfährt nach diesem Schema solange, bis das Datenmaterial frei von Ausreißern ist.

Die r-Werte können entweder einer Tabelle entnommen werden, und zwar in Abhängigkeit von der Zahl der Freiheitsgrade und der statistischen Sicherheit (95, 99 oder 99,9%). Man kann aber auch - analog zu der Berechnung der t-Werte - die Schranken über die Beziehung

$$r = e^{(ax^3+bx^2+cx+d)} \quad \text{mit } x=1/f \quad \text{und } f=n-2 \qquad (227)$$

ermitteln. Diese Approximationsformel liefert r-Werte, deren Abweichung von tabellierten Werten kleiner als 0,5% ist.

Der zur Berechnung der t-Werte analoge Algorithmus kann hier angewandt werden, da der Zusammenhang zwischen den r-Werten und der Zahl der Freiheitsgrade ähnlich wie bei der t-Verteilung geartet ist, wie aus der folgenden Abbildung hervorgeht.

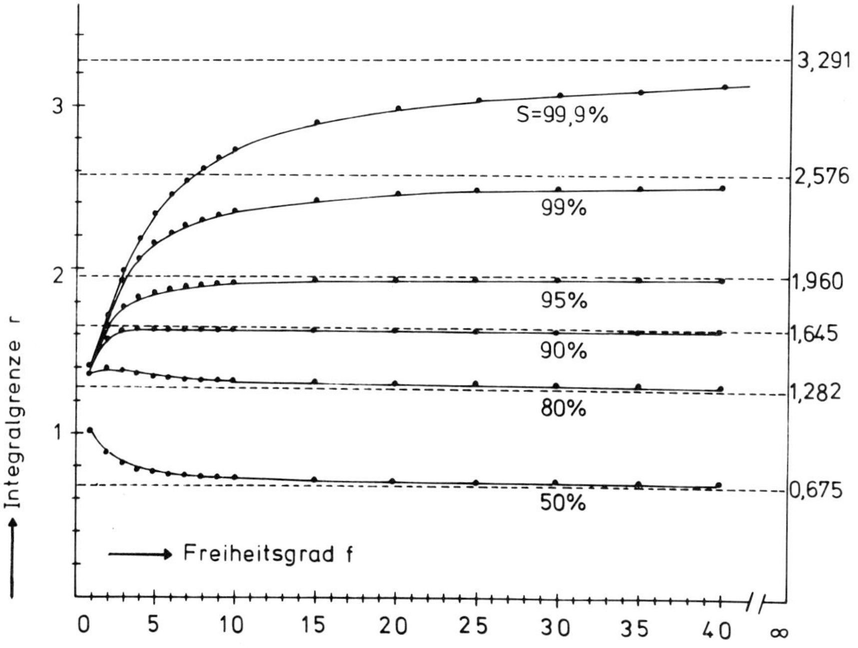

Abb.32 Integralgrenzen der r-Verteilung in Abhängigkeit von der Zahl f der Freiheitsgrade für verschiedene statistische Sicherheiten

Die Konstanten a,b,c und d zur Berechnung von r als Funktion des Freiheitsgrades f sind in Tab.70 zusammengestellt.

Aus der Abb.32 geht hervor, daß für eine gegebene Zahl von Freiheitsgraden der r-Wert umso größer ist, je höher die statistische Sicherheit S% ist. Das bedeutet andererseits, daß die Wahrscheinlichkeit, daß x_A ein Ausreißer ist, mit größer werdendem r_A ansteigt. Hieraus folgt weiterhin, daß für eine gegebene Menge von n Einzeldaten (Wiederholungsmessungen)

Tab.70 r-Werte als Funktion des Freiheitsgrades f

S %	a	b	c	d
95	0,301780539	-0,408103241	-0,223957163	0,673215307
99	0,152611296	0,213300208	-0,966460915	0,947180450
99,9	-0,666830426	1,900125341	-2,079990987	1,193343228

r_A dann am größten ist, wenn x_A möglichst weit vom arithmetischen Mittelwert $\bar{x}$ entfernt ist. Dies ist für den größten bzw. den kleinsten Wert der Meßreihe der Fall. Aus diesem Grund erscheint es sinnvoll, die Daten - ebenso wie beim Test nach Graf und Henning - zunächst einmal der Größe nach zu ordnen.

Somit ergibt sich zusammengefaßt folgender Ablauf des Nalimov-Tests:

1. Sortieren der n Einzelwerte (Programm Nr.10)
2. Berechnung von $\bar{x}$ und s aus <u>allen</u> Daten
3. Berechnung der Prüfgröße r_A aus $\bar{x}$, s und n sowie mit $x_A = x_{max.}$
4. Ermittlung der Schranken r(95),r(99) und r(99,9) über Gl.227 (f = n - 2)
5. Entscheidung, ob $x_A = x_{max.}$ ein Ausreißer ist (Kriterien S.375)
6. Ist $x_A = x_{max.}$ ein Ausreißer, dann Eliminierung von $x_{max.}$ aus dem Datenvorrat.

   Berechnung von $\bar{x}$ und s aus den Restdaten.

   Ermittlung der Prüfgröße r_A mit dem größten Wert der Restdaten.
7. War $x_{max.}$ kein Ausreißer, dann Berechnung von r_A mit dem kleinsten Wert $x_{min.}$ War $x_{min.}$ ein Ausreißer, muß er aus dem Datensatz entfernt werden.

Anschließend wieder Berechnung von $\bar{x}$ und s aus den Restdaten und Ermittlung von r_A mit dem größten bzw, kleinsten Wert der restlichen Einzelwerte.

8. Man verfährt so weiter, bis das Datenmaterial ausreißerfrei ist.

9. Berechnung der Kenndaten $\bar{x}$ und s aus den ausreißerfreien Werten.

Beispiel 31

Wir wollen vom Beispiel 30 auf S.370 ausgehen. Das Sortieren der 15 Einzelwerte liefert folgende Reihenfolge:

0,531	sec.	0,535	sec.	0,539	sec.	
0,532	"	0,536	"	0,539	"	
0,532	"	0,537	"	0,540	"	
0,535	"	0,538	"	0,541	"	
0,535	"	0,539	"	<u>0,575</u>	"	$= x_A$?

Die Berechnung von $\bar{x}$ und s aus allen Daten liefert:

$$\bar{x} = 0{,}5389 \text{ sec.} \qquad s = 0{,}0104 \text{ sec.}$$

Aus diesen Kenndaten sowie n = 15 und $x_A = 0{,}575$ (größter Wert) berechnet man die Prüfgröße r_A:

$$r_A = \frac{|0{,}575 - 0{,}5389|}{0{,}0104}\sqrt{\frac{15}{15-1}} = 3{,}593$$

Mit den in Tab.70 angegebenen Konstanten a,b,c und d berechnet man nun über die Beziehung $r = \exp(ax^3+bx^2+cx+d)$ die Schranken der r-Verteilung für 95,99 und 99,9%. Dabei gilt $x = 1/f$ und $f = n-2 = 15-2 = 13$.

$r(95) = 1,923$

$r(99) = 2,397$

$r(99,9) = 2,841$

Da $r_A = 3,593$ größer als $r(99,9) = 2,841$ ist, kann man den Wert 0,575 in der Meßreihe statistisch stark gesichert bzw. hochsignifikant als Ausreißer betrachten. Eliminiert man diesen Wert und berechnet aus den Restdaten erneut $\bar{x}$ und s, erhält man:

$\bar{x}$ (ohne 0,575) = 0,5363 sec.

s (ohne 0,575) = 0,0031 "

Für r_A ergibt sich jetzt mit n=14 und dem größten Wert 0,541

$$r_A = \frac{|0,541 - 0,5363|}{0,0031}\sqrt{\frac{14}{14-1}} = 1,573$$

Entsprechend ergeben sich für die Schranken mit f=14-2=12 die Werte:

$r(95) = 1,919$

$r(99) = 2,383$

$r(99,9) = 2,809$

Damit ist r_A kleiner als r(95), woraus folgt, daß $x_A = 0,541$ nicht als Ausreißer nachweisbar ist.

Führt man schließlich den Test noch mit dem kleinsten Wert der Reihe 0,531 durch, ergibt sich für r_A:

$$r_A = \frac{|0,531 - 0,5363|}{0,0031}\sqrt{\frac{14}{14-1}} = 1,774$$

Da auch hier r_A kleiner als r(95) ist, kann auch der Wert 0,531 nicht als Ausreißer nachgewiesen werden.

Damit ist der einzige Ausreißer der Wert 0,575 sec., und die ausreißerfreien Kenndaten lauten: $\bar{x} = 0,5363$ und $s = 0,0031$.

Das Ergebnis des Nalimov-Tests ist somit das gleiche wie bei dem Test nach Graf und Henning. Dies liegt aber hier daran, daß der Wert 0,575 außerordentlich weit von dem arithmetischen Mittel der Restdaten entfernt liegt (nämlich um mehr als 12s). Normalerweise urteilt der Nalimov-Test schärfer, d.h. ein Wert der mit dem Test nach Graf und Henning noch nicht als Ausreißer identifiziert wird, kann mit dem Test nach Nalimov eventuell als Ausreißer nachgewiesen werden.

Ob übrigens ein Meßwert als Ausreißer erkannt wird, hängt weitgehend von der Gesamtzahl der Werte ab. Je größer die Zahl der Meßwerte ist, umso eher ist die Erkennung eines Ausreißers möglich.

Beispiel 32

Bei einer 4-fachen Bestimmung der Oberflächenspannung von Wasser erhält man die folgenden Meßwerte:

$x_1 = 72{,}68$ dyn/cm $\qquad x_3 = 72{,}32$ dyn/cm

$x_2 = 71{,}49$ " $\qquad x_4 = 72{,}76$ "

Auf den ersten Blick scheint der Wert x_2 ein Ausreißer zu sein. Die Berechnung von Mittelwert und Streuung ergibt:

$\bar{x} = 72{,}313 \qquad s = 0{,}581$

Daraus folgt für die Prüfgröße r_A mit $x_A = 71{,}49$ und $n = 4$:

$$r_A = \frac{|71{,}49 - 72{,}313|}{0{,}581}\sqrt{\frac{4}{4-1}} = 1{,}636$$

Für die r-Wert erhält man mit $f = 4-2 = 2$:

$r(95) = 1{,}644$; $r(99) = 1{,}710$; $r(99{,}9) = 1{,}725$

Damit kann der Wert $x_2 = 71,49$ dyn/cm nicht als Ausreißer nachgewiesen werden, denn r_A ist kleiner als r(95). Die vorliegenden Daten müssen somit als "homogen" betrachtet werden, obwohl x_2 auf den ersten Blick ein Ausreißer zu sein scheint.

Die Aussage "nicht als Ausreißer nachweisbar" besagt nur, daß aus den gegebenen Daten der entsprechende Wert nicht als Ausreißer statistisch erfaßbar ist. Eine Aussage darüber, ob der untersuchte Meßwert tatsächlich ein Ausreißer ist oder nicht, kann aus dem Testergebnis nicht gemacht werden.

Eine schärfere Entscheidung kann man nur treffen, wenn mehr Meßwerte vorliegen. Zwei weitere Bestimmungen liefern die Werte

$$x_5 = 72,67 \text{ dyn/cm} \quad \text{und} \quad x_6 = 72,69 \text{ dyn/cm}.$$

Die daraus berechneten Kenndaten lauten:

$$\bar{x} = 72,435 \qquad s = 0,488 \text{ dyn/cm}$$

Die entsprechende Prüfgröße für $x_A = 71,49$ dyn/cm hat dann den Wert

$$r_A = \frac{|71,49 - 72,435|}{0,488}\sqrt{\frac{6}{6-1}} = 2,121$$

Mit f=n-2=4 erhält man weiterhin für die Schranken der r-Verteilung

$$r(95) = 1,816 \;;\quad r(99) = 2,057 \;;\quad r(99,9) = 2,185$$

Da r_A größer als r(99) ist, muß der Wert $x_2 = 71,49$ dyn/cm aus dem Datenvorrat entfernt werden, da er statistisch gesichert bzw. signifikant als Ausreißer nachgewiesen wurde.
Aus den ausreißerfreien Meßwerten erhält man nun die Kenndaten

$$\bar{x} = 72,624 \text{ dyn/cm} \qquad s = 0,174 \text{ dyn/cm} .$$

Während der Mittelwert durch den Ausreißer nur geringfügig beeinflußt wird, macht die Streuung der Daten ohne den Wert x_2 nur knapp ein Drittel des Wertes aus, den man unter Einbeziehung des Ausreißers x_2 erhält (0,174 gegenüber 0,488 dyn/cm).

Mit den Restdaten muß nun erneut ein Test auf Ausreißer durchgeführt werden. Zur Erinnerung seien die restlichen Daten noch einmal aufgeführt:

72,68	dyn/cm
72,32	"
72,76	"
72,67	"
72,69	"

In dieser Reihe scheint der Wert 72,32 ausreißerverdächtig zu sein, da er wesentlich weiter als die anderen Werte vom Mittelwert $\bar{x}$ = 72,624 dyn/cm entfernt liegt. Mit r_A = 1,953 und den Schranken (f=n-2=5-2=3) r(95) = 1,758 , r(99) = 1,924 und r(99,9) = 1,987 erweist sich auch der Wert 72,32 dyn/cm als Ausreißer. Entfernt man auch diesen Wert, erhält man schließlich für die Kenndaten:

$$\bar{x} = 72{,}700 \qquad s = 0{,}041 \quad \text{dyn/cm} .$$

Während sich also der Mittelwert als praktisch "stabil" gegen Ausreißer erweist, kann die Streuung durch Entfernen der Werte 71,49 und 72,32 dyn/cm aus den Ausgangsdaten bis auf ca. 7% der ursprünglichen Standardabweichung (= 0,581 dyn/cm) gesenkt werden.

Aus den durchgeführten Betrachtungen ergibt sich für die Praxis: Ausreißer können umso deutlicher bzw. schärfer erkannt werden, je mehr Einzelwerte vorliegen.

Weitere Betrachtungen zum Ausreißerproblem findet man bei Graf und Henning (8), Gottschalk (3), Sachs (4), Renner (9) und Stange (10).

17.3 Trendtest nach Neumann

Mit Hilfe dieses Tests gilt es zu zeigen, ob aufeinanderfolgende Meßwerte in einer Reihe von Wiederholungsmessungen auf Grund eines systematischen Fehlers abhängig voneinander sind, d.h. einen Trend aufweisen. Das bedeutet, daß die Meßwerte mit laufender Nummer entweder systematisch zu- oder abnehmen. Da andererseits selten alle Werte einer Meßreihe immer größer oder immer kleiner als die vorherigen Werte sein werden, ist der Ausdruck Trend nur so zu verstehen, daß die Werte die Tendenz haben, größer bzw. kleiner zu werden, einzelne Werte aber aus dieser Reihe herausfallen können. Die folgende Abbildung verdeutlicht diesen Sachverhalt:

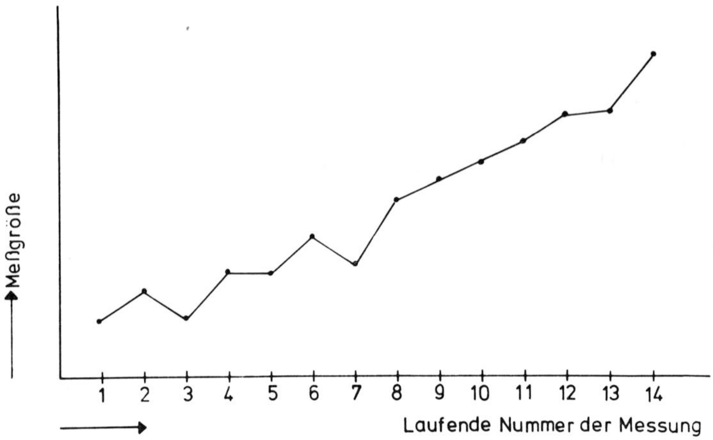

Abb.33 Beispiel für einen Trend bei Meßwerten

Zeigt der Test, daß die zunehmende bzw. abnehmende Tendenz der Meßwerte mit einer bestimmten Sicherheit - z.B. 99% - nachgewiesen werden kann, dann müssen die Werte als voneinander abhängig betrachtet werden. Sie sind dann mit einem systematischen Fehler behaftet, und die Kenndaten $\bar{x}$ und s, d.h. also Mittelwert und Standardabweichung, dürfen nicht berechnet werden, da man sonst zu einer falschen Interpretation gelangt. Im Gegensatz zum Ausreißertest werden hierbei alle Meßwerte als "brauchbar" bzw. "unbrauchbar" nachgewiesen.

Durchführung des Tests

Zur Prüfung berechnet man die Testgröße

$$D = \frac{\sum_{i=1}^{i=n-1} (x_i - x_{i+1})^2}{s^2 (n-1)} \qquad (228)$$

Die Nullhypothese des Tests - aufeinanderfolgende Meßwerte sind unabhängig voneinander - muß dann abgelehnt werden, wenn der Quotient D die in Tab.71 angegebenen Schranken unterschreitet. Dabei kann man zwischen den statistischen Sicherheiten 95%, 99% und 99,9% wählen. Eine Entscheidung kann nach den auf S.360 angegebenen Kriterien vorgenommen werden.

Die o.g. Formel 228 kann vereinfacht werden, indem man für $s^2(n-1)$ den Ausdruck $\sum x_i^2 - \frac{1}{n}(\sum x_i)^2$ einsetzt (s.S.225). Damit kann die Berechnung der Standardabweichung umgangen werden, und es müssen lediglich die Ausdrücke $\sum x_i^2$ und $\sum x_i$ ermittelt und in die Gl.228 eingesetzt werden. Hierzu sowie auch zur Bildung von $\sum(x_i - x_{i+1})^2$ benutzt man zweckmäßigerweise rechnende Speicher, in denen man Additionen vornehmen kann (z.B. 3 STO + 1 = Addition von 3 zum Inhalt von Speicher 1).

Das folgende Programm ermöglicht die Berechnung der Testgröße D aus n Einzelwerten. Die Entscheidung für oder gegen ei-

Tab.71 Kritische Schranken für den Trendtest nach Neumann

n	95%	99%	99,9%
4	0,7805	0,6256	0,5898
5	0,8204	0,5379	0,4161
6	0,8902	0,5615	0,3634
7	0,9359	0,6140	0,3695
8	0,9825	0,6628	0,4036
9	1,0244	0,7088	0,4420
10	1,0623	0,7518	0,4816
11	1,0965	0,7915	0,5197
12	1,1276	0,8280	0,5557
13	1,1558	0,8618	0,5898
14	1,1816	0,8931	0,6223
15	1,2053	0,9221	0,6532
16	1,2272	0,9491	0,6826
17	1,2473	0,9743	0,7104
18	1,2660	0,9979	0,7368
19	1,2834	1,0199	0,7617
20	1,2996	1,0406	0,7852
21	1,3148	1,0601	0,8073
22	1,3290	1,0785	0,8283
23	1,3425	1,0958	0,8481
24	1,3552	1,1122	0,8668
25	1,3671	1,1278	0,8846
26	1,3785	1,1426	0,9017
27	1,3892	1,1567	0,9182
28	1,3994	1,1702	0,9341
29	1,4091	1,1830	0,9496
30	1,4183	1,1951	0,9645
31	1,4270	1,2067	0,9789
32	1,4354	1,2177	0,9925
33	1,4434	1,2283	1,0055
34	1,4511	1,2386	1,0180

nen Trend der Meßwerte erfolgtdann durch Vergleich der berechneten Prüfgröße D mit den in Tab.71 angegebenen Schranken.

Programm Nr.28 Trendtest nach Neumann

Speicherbelegung:
RCL 1 = i bzw. n
RCL 2 = $\sum x_i$
RCL 3 = $\sum x_i^2$
RCL 4 = x_i
RCL 5 = x_{i+1}
RCL 6 = $\sum (x_i - x_{i+1})^2$

Schritt-Nr.	Befehle	Erläuterungen
1	0	Löschen der Speicher zur
2	STO 1	Bildung von i bzw. n ,
3	STO 2	$\sum x_i$, $\sum x_i^2$ und
4	STO 3	$\sum (x_i - x_{i+1})^2$
5	STO 6	
6	1	Kennzahl i
7	RCL + 1	
8	Kennzahl	
9	STOP	Eingabe x_i
10	STO 4	$x_i \longrightarrow$ STO 4
11	STO + 2	$\sum x_i$
12	x^2	x_i^2
13	STO + 3	$\sum x_i^2$
14	1	i: = i + 1
15	STO + 1	

Fortsetzung von Programm Nr.28

Trendtest nach Neumann

Schritt-Nr.	Befehle	Erläuterungen
16	LABEL 1	
17	1	Kennzahl i+1
18	RCL + 1	
19	KENNZAHL	
20	STOP	Eingabe x_{i+1}
21	STO 5	$x_{i+1} \longrightarrow$ STO 5
22	STO + 2	Summieren der x-Werte bzw. Bildung der Summe der Quadrate
23	x^2	
24	STO + 3	
25	1	i: = i + 1
26	STO + 1	
27	RCL 4	Bildung von $\sum(x_i - x_{i+1})^2$
28	RCL - 5	
29	x^2	
30	STO + 6	
31	RCL 5	Ersetzen von x_i durch den Wert x_{i+1}
32	STO 4	
33	JUMP 1	Rücksprung nach LABEL 1
34	LABEL 2	
35	RCL 6	$\sum(x_i - x_{i+1})^2$
36	:	
37	(	
38	RCL 3	$\sum x_i^2 - \frac{1}{n}(\sum x_i)^2$
39	-	
40	RCL 2	
41	x^2	
42	RCL : 1	
43	)	
44	=	D
45	STOP	Ausgabe D
46	JUMP START	Rücksprung zum Start

Beispiel 33

Bei einer flüssigchromatographischen Bestimmung eines Amins in biologischem Material wurden 10 Proben von dem zu untersuchenden Stoff aufgearbeitet und hintereinander vermessen. Dabei ergaben sich in zeitlicher Reihenfolge die Meßwerte (in ng/µl):

$x_1 = 2{,}3$	$x_6 = 5{,}5$
$x_2 = 2{,}1$	$x_7 = 4{,}5$
$x_3 = 4{,}0$	$x_8 = 7{,}4$
$x_4 = 3{,}4$	$x_9 = 5{,}9$
$x_5 = 5{,}2$	$x_{10} = 8{,}9$

Programmablauf:

a) [JUMP] [START] [START]

b)

Eingabe / Taste	Anzeige
	1.
Eingabe $x_1 = 2{,}3$	2.3000
[START]	
	2.
Eingabe $x_2 = 2{,}1$	2.1000
[START]	
⋮	⋮
	10.
Eingabe $x_{10} = 8{,}9$	8.9000
[START]	
	11.
[JUMP] [2]	
Ausgabe D	0.6744

Für die Testgröße D ergibt sich somit der Wert 0,6744. Er ist kleiner als der entsprechende Tabellenwert für n = 10 und 99% Sicherheit (= 0,7518). Damit kann die Nullhypothese der Unabhängigkeit der Meßwerte mit mehr als 99% Sicherheit abgelehnt werden. Die Meßwerte haben also mit laufender Nummer die Tendenz anzusteigen. Dies schließt wiegesagt nicht aus, daß einzelne Werte auch einmal kleiner als die vorhergehenden Messungen sind (Meßwerte x_2, x_4, x_7 und x_9).

17.4 Vergleich zweier Varianzen (F-Test)

17.4.1 Durchführung und Voraussetzungen

Mit diesem Test kann geprüft werden, ob sich zwei unterschiedlich große Varianzen bzw. Standardabweichungen s_1 und s_2, die aus zwei verschiedenen Meßreihen mit jeweils n_1 bzw. n_2 Meßwerten stammen, nur zufällig (auf Grund der Streuung der Werte) oder aber systematisch unterscheiden. Ist ein systematischer Unterschied nicht nachweisbar, so läßt sich die Nullhypothese des Tests - die Standardabweichungen s_1 und s_2 gehören der gleichen Grundgesamtheit mit der Streuung σ an - nicht widerlegen. Im anderen Fall gehören die Meßwerte beider Reihen jeweils einer anderen Verteilung an.

Voraussetzung für den Test ist, daß die Werte normalverteilt und ausreißerfrei sind. Zur Durchführung eines Tests auf Normalverteilung von Werten siehe Abschn.18.6 . Geringe Abweichungen von der Normalverteilung führen zwar leicht zu einer falschen Testinterpretation. Dies ist aber nur dann besonders kritisch, wenn die Anzahl der Meßwerte in beiden Meßreihen sehr unterschiedlich ist. Man sollte daher nach Möglichkeit Meßreihen mit gleichem Stichprobenumfang wählen bzw. in beiden Meßreihen die gleiche Anzahl von Wiederholungsmessungen durchführen.

Kann man sicher nachweisen, daß eine oder beide Meßreihen nicht normalverteilt sind, dann sind verteilungsunabhängige Testverfahren wie z.B. der Rangdispersionstest von Siegel und Tukey (4) o.a. anzuwenden.

Die Prüfung auf Ausreißer kann nach dem Verfahren von Graf und Henning oder mit Hilfe des Nalimov-Tests vorgenommen werden.

Zur Durchführung des Tests berechnet man zunächst die Prüfgröße

$$F = \frac{s_1^2}{s_2^2} \qquad \text{mit} \quad s_1 > s_2 \,. \qquad (229)$$

Dabei muß s_1 die größere der beiden Standardabweichungen sein, d.h. s_1 muß aus der Meßreihe mit der größeren Streuung stammen. Die beiden Meßreihen umfassen n_1 bzw. n_2 Einzelwerte, wobei aus den o.g. Gründen nach Möglichkeit $n_1=n_2$ sein sollte.

Wenn s_1 stets die größere der beiden Standardabweichungen sein muß, folgt daraus, daß der Quotient F immer größer als 1 ist.

Sind s_1 und s_2 die Streuungen aus zwei Stichproben aus normalverteilten Grundgesamtheiten, dann folgt die Größe F der sog. F-Verteilung (nach R.A.Fisher) mit den Parametern $f_1=n_1-1$ und $f_2=n_2-2$. Diese Freiheitsgrade f_1 und f_2 bestimmen die Form der Verteilung. Die F-Verteilung ist unsymmetrisch und reicht von $F = 0$ bis $F = \infty$. In Abb. 34 ist für einige Werte von f_1 und f_2 die Form der F-Verteilung dargestellt.

Um zu entscheiden, ob die beiden Streuungen s_1 und s_2 einer einizigen oder zwei verschiedenen Verteilungen angehören, gibt es zwei Möglichkeiten:

a) Man berechnet für die gegebenen Werte von f_1 und f_2

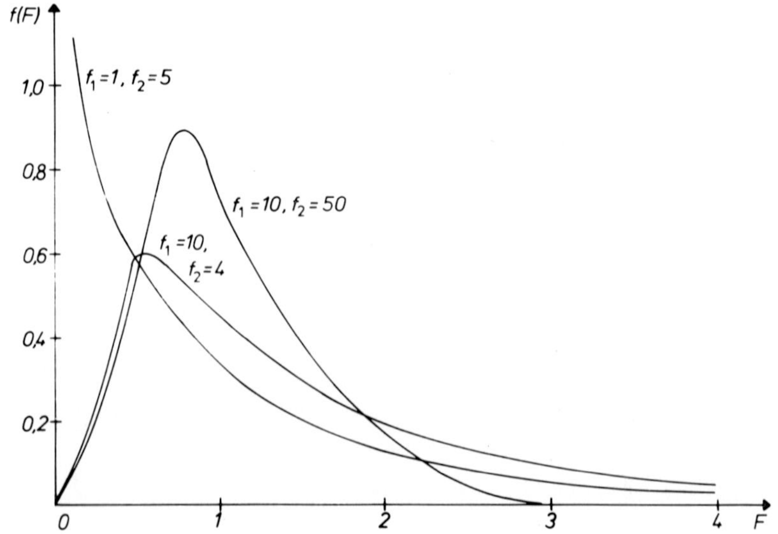

Abb.34 Kurvenform der F-Verteilung für verschiedene Freiheitsgrade f_1 und f_2

die Fläche unter der F-Verteilung zwischen 0 und dem berechneten F-Wert. Dies kommt der Aufgabe einer Integration gleich.

b) Man vergleicht den berechneten F-Wert mit den Schranken der F-Verteilung für vorgegebene Flächenwerte = statistische Sicherheiten

Im Fall a) erhält man direkt die Wahrscheinlichkeit bzw. die statistische Sicherheit dafür, daß sich die beiden Standardabweichungen s_1 und s_2 "statistisch unterscheiden", also zwei verschiedenen Verteilungen zugrunde liegen.

Im Fall b) geht man meist so vor, daß man den berechneten F-Wert mit den F-Werten für die vorgegebenen Wahrscheinlichkeiten bzw. statistischen Sicherheiten 95%, 99% und 99,9% vergleicht.

Ein F-Wert für 95% statistische Sicherheit bedeutet dann: Die Fläche unter der F-Verteilung zwischen 0 und F für die gegebenen Werte von f_1 und f_2 macht genau 95% der Gesamtfläche unter der Verteilung (=100%) aus. Entsprechendes gilt für die anderen statistischen Sicherheiten.

Manchmal findet sich in der Literatur die Behauptung, der F-Test soll zeigen, ob sich die beiden Streuungen s_1 und s_2 unterscheiden. Dies ist falsch ! In den seltensten Fällen dürften die Streuungen der beiden Meßreihen exakt den gleichen Zahlenwert haben. Für eine Entscheidung, ob sich s_1 und s_2 unterscheiden, benötigte man keinen Test ! Vielmehr soll der Test nachweisen, ob die vorhandenen Unterschiede zufälliger Natur sind oder aber darauf zurückzuführen sind, daß den beiden Meßreihen unterschiedliche Verteilungen zugrunde liegen. Die Nullhypothese lautet also nicht $s_1 = s_2$ sondern $\sigma_1 = \sigma_2$ bzw. exakter $\sigma_1^2 = \sigma_2^2$. Der F-Test soll nun zeigen, mit welcher statistischen Sicherheit man nachweisen kann, daß die beiden Meßreihen zwei Grundgesamtheiten mit unterschiedelicher Standardabweichung σ angehören.

Für den F-Test ist es übrigens nicht erforderlich, daß die Mittelwerte beider Meßreihen bzw. daraus abgeleitet die Lage der beiden Verteilungen, die den Meßreihen zugrunde liegen, gleich sind. Wie bereits im Abschn. 13.3 erwähnt wurde, ändert sich die Form der Verteilung bzw. die Streuung nicht, wenn man die Meßwerte um einen konstanten Betrag erhöht oder erniedrigt.

Bezeichnet man die Fläche unter der F-Verteilung mit $S(F,f_1,f_2)$, dann gilt nach Gottschalk (3) folgendes 4-stufiges Beurteilungsmaß für den Test:

$F < F(95\%,f_1,f_2)$ bzw. $S(F,f_1,f_2) < 95\%$	Ein Unterschied zwischen s_1^2 und s_2^2 ist zufallsbedingt. Eine Unterscheidung zwischen σ_1^2 und σ_2^2 ist statistisch nicht nachweisbar.

$F(95\%,f_1,f_2) \leq F < F(99\%,f_1,f_2)$ bzw. $95\% \leq S(F,f_1,f_2) < 99\%$	Ein Unterschied zwischen σ_1^2 und σ_2^2 ist wahrscheinlich
$F(99\%,f_1,f_2) \leq F < F(99{,}9\%, f_1,f_2)$ bzw. $99\% \leq S(F,f_1,f_2) < 99{,}9\%$	Der Unterschied zwischen s_1^2 und s_2^2 ist nicht zufallsbedingt. Ein Unterschied der beiden Varianzen σ_1^2 und σ_2^2 ist statistisch stark gesichert bzw. signifikant
$F \geq F(99{,}9\%,f_1,f_2)$ bzw. $S(F,f_1,f_2) \geq 99{,}9\%$	Die Schätzwerte s_1^2 und s_2^2 der beiden Meßreihen sind nicht nur zufällig verschieden. Ein Unterschied zwischen σ_1^2 und σ_2^2 kann statistisch stark gesichert bzw. hochsignifikant nachgewiesen werden.

Für den Test über den Vergleich des berechneten F-Wertes mit den Schranken der F-Verteilung stehen zahlreiche Tabellenwerke zur Verfügung (11), (4). Um den Test ohne Zuhilfenahme von Tabellenwerken durchführen zu können, muß man entweder die F-Verteilung integrieren (Fall a) auf S.390) oder aber die F-Werte berechnen können. Zur Lösung beider Probleme existiert eine Vielzahl von in der Literatur angegebenen Möglichkeiten, auf die hier etwas näher eingegangen werden soll. Genannt seien die Arbeiten von Paulson (12), Johnson (13),

Mc Intyre u. Ward (14), Aroian (15), Cochran (16), Jaspen (17) und Smillie (18).

17.4.2 Integration der F-Verteilung

Neben zahlreichen wirklichen Approximationen gibt es eine Lösung des Problems, und zwar unter Anwendung von Reihenentwicklungen, die ein exaktes Ergebnis liefern. Die entsprechenden Formeln sind im Handbook of Mathematical Functions von Abramowitz und Stegun (19) beschrieben. Je nachdem, ob f_1 und/oder f_2 geradzahlig, ungeradzahlig bzw. gleich 1 sind, müssen verschiedene Lösungswege eingeschlagen werden, ähnlich wie bei der Integration der t-Verteilung.

Fall a): f_1 ist geradzahlig

Die Fläche unter der F-Verteilung zwischen 0 und F bei gegebenem f_1 und f_2 beträgt

$$S = 100 \left[1 - (R \cdot x^{f_2/2}) \right] \quad (\%) \qquad (230)$$

$$\text{mit } x = \frac{f_2}{f_2 + f_1 F}$$

Der Ausdruck R wird weiter unten erklärt.

Fall b): f_2 ist geradzahlig

Die Fläche unter der F-Verteilung zwischen 0 und F beträgt hier

$$S = 100\ (1 - x)^{f_1/2} \cdot R \quad (\%) \qquad (231)$$

$$\text{mit } x = \frac{f_2}{f_2 + f_1 F} \quad .$$

Die Berechnung von R wird in den Fällen a) und b) durch folgende Reihenentwicklung vorgenommen:

$$R = 1 + \frac{N}{2} v + \frac{N}{2} \frac{N+2}{4} v^2 + \ldots + \frac{N(N+2)(N+4)\ldots(N+M-4)}{2\ 4\ 6 \ldots (M-2)} v^{\frac{M-2}{2}} \qquad (232)$$

Für die Größen N,M und v gilt dabei:

f_1 geradzahlig: $N = f_2$; $M = f_1$; $v = 1 - x$

f_2 geradzahlig: $N = f_1$; $M = f_2$; $v = x$

$$x = \frac{f_2}{f_2 + f_1 F}$$

Der Ausdruck R umfaßt M/2 Reihenglieder. Bezeichnet man diese allgemein mit G_k und läßt k von 1 bis M/2 laufen, dann gilt:

$$R = \sum_{k=1}^{k=M/2} G_k \quad . \qquad (233)$$

Die einzelnen Reihenglieder lauten dann:

$$G_1 = 1$$

$$G_2 = \frac{N}{2} v = G_1 \frac{N + 2 \cdot \underline{2} - 4}{2 \cdot \underline{2} - 2} v$$

$$G_3 = \frac{N}{2} \frac{N+2}{4} v^2 = G_2 \frac{N + 2 \cdot \underline{3} - 4}{2 \cdot \underline{3} - 2} v$$

$$G_4 = \frac{N}{2} \frac{N+2}{4} \frac{N+4}{6} v^3 = G_3 \frac{N + 2 \cdot \underline{4} - 4}{2 \cdot \underline{4} - 4} v$$

$$\vdots \qquad \vdots \qquad \vdots$$

$$G_{M/2} = \frac{N}{2} \frac{N+2}{4} \frac{N+4}{6} \frac{\ldots N+M-4}{M-2} v^{\frac{M-2}{2}} = G_{M/2-1} \frac{N + 2 \cdot \underline{\frac{M}{2}} - 4}{2 \cdot \underline{\frac{M}{2}} - 2} v$$

Man erkennt, daß man die einzelnen G_k - Werte rekursiv über die Beziehung

$$G_k = G_{k-1} \frac{N + 2k - 4}{2k - 2} v \qquad (234)$$

berechnen kann.

Für verschiedene Werte von M ergibt sich dann für R:

$M = 2$: $M/2 = 1$ $R = G_1$

$M = 4$: $M/2 = 2$ $R = G_1 + G_2$

$M = 6$: $M/2 = 3$ $R = G_1 + G_2 + G_3$

Zur Berechnung von R werden die einzelnen Reihenglieder G in einem Konstantenspeicher addiert (Speicherarithmetik). Die Reihenentwicklung muß abgebrochen werden, wenn $k = M/2$ Reihenglieder gebildet worden sind. Im Einzelnen sind folgende Schritte durchzuführen:

a) Vorgeben von $k = 1$ und $G_1 = 1$.

b) Test: Ist $k = M/2$?

JA: $R = G_1$

NEIN: Erhöhen von k um den Wert 1 und Berechnung von G_2 über Gl.234.
Addition von G_2 zu dem ersten Reihenglied G_1

c) Test: Ist $k = M/2$?

JA: $R = G_1 + G_2$

NEIN: Erhöhen von k um den Wert 1 (k ist gleich 3). und Berechnung von G_3 über Gl.234.
Addition von G_3 zu der Summe (G_1+G_2).

d) Erneuter Test, ob k jetzt den Wert M/2 erreicht hat. Man verfährt so weiter nach diesem Schema, bis die Bedingung $k = M/2$ erfüllt ist.

Durch Einsetzen von R in die Gleichungen 230 bzw. 231 erhält man den Wert für das Integral der F-Verteilung zwischen 0 und F in Prozent der Gesamtfläche (Fläche zwischen 0 und ∞ . Sie wird gleich 100% gesetzt).

Die Entscheidung, ob f_1 oder f_2 geradzahlig ist, kann über eine Prüfung des Ausdrucks FRACTION (f_1/2) bzw. FRACTION (f_2/2) vorgenommen werden (FRACTION x/2 = 0, wenn x gerade ist).

Ist weder der Freiheitsgrad f_1 noch der Freiheitsgrad f_2 geradzahlig, dann müssen beide Freiheitsgrade ungeradzahlig sein. Weiterhin ist dann noch zu unterscheiden, ob f_1 oder f_2 bzw. beide Freiheitsgrade gleich oder größer als 1 sind:

Fall c): $f_1 = f_2 = 1$

Die Fläche unter der F-Verteilung zwischen 0 und F beträgt

$$S = 100 \frac{2}{\pi} \arctan \sqrt{F} \quad (\%) \qquad (235)$$

der Gesamtfläche zwischen 0 und Unendlich.

Fall d): $f_1 = 1$; f_2 ungerade und größer als 1

Die Fläche unter der F-Verteilung zwischen 0 und F beträgt hier

$$S = 100 \frac{2}{\pi} \left[\arctan x \quad + x R' \sqrt{\frac{1}{1 + x^2}} \right] (\%) \qquad (236)$$

$$\text{mit} \quad x = \sqrt{\frac{F}{f_2}}$$

Der Ausdruck R' wird weiter unten erklärt.

Fall e): $f_2 = 1$; f_1 ungerade und größer als 1

Die Fläche unter der F-Verteilung zwischen 0 und F beträgt in diesem Fall

$$S = 100 \left[1 - \frac{2}{\pi} \left(\arctan x + x R' \sqrt{\frac{1}{1 + x^2}} \right) \right] (\%) \qquad (237)$$

$$\text{mit} \quad x = \sqrt{\frac{1}{f_1 F}}$$

Die Berechnung von R' wird - wie bei den Fällen a bzw. b - in Form einer Reihenentwicklung durchgeführt, die hier für die Fälle d) und e) allgemein folgendermaßen lautet:

$$R' = v^{1/2} + \frac{2}{3} v^{3/2} + \frac{2\ 4}{3\ 5} v^{5/2} + \ldots + \frac{2\ 4\ 6 \ldots (M-3)}{3\ 5\ 7 \ldots (M-2)} v^{\frac{M-2}{2}} \qquad (238)$$

Für die Größen v und M gilt dabei:

$f_1 = 1$; $f_2 > 1$ u. ungerade: $v = 1/(1+x^2)$ mit $x = \sqrt{\frac{F}{f_2}}$

$M = f_2$

$f_2 = 1$; $f_1 > 1$ u. ungerade: $v = 1/(1+x^2)$ mit $x = \sqrt{\frac{1}{f_1 F}}$

$M = f_1$

Der Ausdruck R' umfaßt hier (M-1)/2 Reihenglieder. Bezeichnet man diese wieder mit G_k und läßt hier k von 1 bis (M-1)/2 laufen, dann gilt:

$$R' = \sum_{k=1}^{k=\frac{M-1}{2}} G_k \qquad (239)$$

Die einzelnen Reihenglieder lauten dann in diesem Fall:

$$G_1 = v^{1/2}$$

$$G_2 = \frac{2}{3} v^{3/2} = G_1 \frac{2 \cdot \underline{2} - 2}{2 \cdot \underline{2} - 1} v$$

$$G_3 = \frac{2\ 4}{3\ 5} v^{5/2} = G_2 \frac{2 \cdot \underline{3} - 2}{2 \cdot \underline{3} - 1} v$$

$$G_4 = \frac{2\ 4\ 6}{3\ 5\ 7} v^{7/2} = G_3 \frac{2 \cdot \underline{4} - 2}{2 \cdot \underline{4} - 1} v$$

$$\vdots \qquad \vdots \qquad \vdots$$

$$G_{\frac{M-1}{2}} = \frac{2 \cdot 4 \cdot 6 \ldots (M-3)}{3 \cdot 5 \cdot 7 \ldots (M-2)} v^{\frac{M-2}{2}} = G_{\frac{M-1}{2}-1} \frac{2\ \underline{\frac{M-1}{2}} - 2}{2\ \underline{\frac{M-1}{2}} - 1} v$$

Auch hier können die einzelnen Reihenglieder rekursiv berechnet werden, wie die folgende Beziehung zeigt:

$$G_k = G_{k-1} \frac{2k - 2}{2k - 1} v \tag{240}$$

Für verschiedene Werte von M ergibt sich dann für R':

$M = 3$: $(M-1)/2 = 1$ $R' = G_1$

$M = 5$: $(M-1)/2 = 2$ $R' = G_1 + G_2$

$M = 7$: $(M-1)/2 = 3$ $R' = G_1 + G_2 + G_3$

usw.

Zur Ermittlung von R' addiert man zweckmäßigerweise wieder die Reihenglieder G in einem Konstantenspeicher. Die Reihenentwicklung muß hier abgebrochen werden, wenn (M-1)/2 Reihenglieder gebildet worden sind. Im Einzelnen ist hier folgendermaßen vorzugehen:

a) Vorgeben von $k = 1$ und $G_1 = v^{1/2}$

b) Test: Ist $k = (M-1)/2$?

JA: $R' = G_1$

NEIN: Erhöhen von k um den Wert 1 und Berechnung von G_2 über Gl. 240.
Addition von G_2 zu dem ersten Reihenglied G_1

c) Test: Ist $k = (M-1)/2$?

JA: $R' = G_1 + G_2$

NEIN: Erhöhen von k um den Wert 1 ($k = 3$) und Berechnung von G_3 über Gl. 240.
Addition von G_3 zu der Summe $(G_1 + G_2)$.

d) Erneuter Test, ob k jetzt den Wert (M-1)/2 erreicht hat. Man verfährt nach diesem Schema weiter, bis die Bedingung $k = (M-1)/2$ erfüllt ist.

Durch Einsetzen von R' in die Gleichungen 236 bzw. 237 erhält man dann den Wert für das Integral zwischen 0 und F.

Fall f): f_1 und f_2 ungerade und größer als 1

Die Fläche unter der F-Verteilung zwischen 0 und F beträgt

$$S = A - B \quad (\%) \tag{241}$$

mit

$$A = 100 \frac{2}{\pi} \left(\arctan x + x R' \sqrt{\frac{1}{1+x^2}} \right) \quad (\%) \tag{242}$$

$$x = \sqrt{\frac{f_1}{f_2} F} \; , \tag{243}$$

$$B = Q \cdot x \left[\frac{1}{1+x^2} \right]^{\frac{f_2+1}{2}} \cdot R'' \cdot 100 \quad (\%) \tag{244}$$

und

$$Q = \frac{2}{\pi} \prod_{k=1}^{k=\frac{f_2-1}{2}} \frac{k}{k-1/2} \; . \tag{245}$$

Die Berechnung von A entspricht der im Fall d) vorgenommenen Berechnung von S nach Gl.236. Nur wird hier anstelle von $x = \sqrt{\frac{F}{f_2}}$ der Wert $x = \sqrt{\frac{f_1}{f_2} F}$ eingesetzt.

Die Berechnung von B wird nach Gl.244 vorgenommen, wobei der Faktor Q gleich dem Produkt aller Werte $\frac{k}{k-1/2}$ von $k = 1$ bis $k = (f_2-1)/2$ ist.

Für die Berechnung von R" wird die folgende Reihenentwicklung vorgenommen, deren Glieder wie in den Fällen d) und e) rekursiv berechnet werden können:

$$R'' = 1 + \frac{\frac{f_2+1}{2}}{3} v^1 + \frac{\frac{(f_2+1)}{2}\frac{(f_2+3)}{2}}{3 \cdot 5} v^2 + \ldots + \frac{\frac{(f_2+1)}{2}\frac{(f_2+3)}{2} \cdots \frac{(f_2+f_1-4)}{2}}{3 \cdot 5 \ldots (f_1-2)} v^{\frac{f_1-3}{2}}$$

(246)

Der Exponent von v läuft von 1 bis $(f_1-3)/2$, so daß die Anzahl der Reihenglieder $(f_1-3)/2 + 1 = (f_1-1)/2$ beträgt. Weiterhin gilt:

$$v = \frac{x^2}{1 + x^2} \qquad (247)$$

Bezeichnet man die Reihenglieder wieder mit G_k, dann gilt hier für die Summe der $(f_1-1)/2$ Reihenglieder:

$$R'' = \sum_{k=1}^{k=(f_1-1)/2} G_k \qquad (248)$$

Die einzelnen Reihenglieder lauten dann:

$$G_1 = 1$$

$$G_2 = \frac{\frac{f_2+1}{2}}{3} v = G_1 \frac{\frac{f_2 + 2\cdot\underline{2} - 3}{2}}{2\cdot\underline{2} - 1} v$$

$$G_3 = \frac{\frac{(f_2+1)}{2}\ \frac{(f_2+3)}{2}}{3\ \ 5} v^2 = G_2 \frac{\frac{f_2 + 2\cdot\underline{3} - 3}{2}}{2\cdot\underline{3} - 1} v$$

$$G_4 = \frac{\frac{(f_2+1)}{2}\frac{(f_2+3)}{2}\frac{(f_2+5)}{2}}{3\ \ 5\ \ 7} v^3 = G_3 \frac{\frac{f_2 + 2\cdot\underline{4} - 3}{2}}{2\cdot\underline{4} - 1} v$$

usw. bis $$G_{f_1-1/2} = G_{f_1-3/2} \frac{\frac{f_2 + 2(\frac{f_1-1}{2}) - 3}{2}}{2\frac{(f_1-1)}{2} - 1} v$$

Danach gilt für die Rekursionsformel zur Berechnung von G_k :

$$G_k = G_{k-1} \frac{f_2 + 2k - 3}{2k - 1} v \quad . \qquad (249)$$

Entsprechend ergibt sich für verschiedene Werte von f_1 dann für die Summe R" :

$f_1 = 3$: $k = 1$ $R = G_1$

$f_1 = 5$: $k = 2$ $R = G_1 + G_2$

$f_1 = 7$: $k = 3$ $R = G_1 + G_2 + G_3$

usw.

Zur Berechnung von R" addiert man analog zu den anderen Fällen die Reihenglieder G_k in einem Konstantenspeicher (Speicherarithmetik). Die Reihenentwicklung muß man hier abbrechen, wenn die Anzahl der Reihenglieder den Wert $\frac{f_1-1}{2}$ erreicht hat. Man geht im Einzelnen so vor:

a) Vorgeben von $k = 1$ und $G_1 = 1$.

b) Test: Ist $k = (f_1-1)/2$?

JA: $R'' = G_1$

NEIN: Erhöhen von k um den Wert 1 ($k = 2$) und Berechnung von G_2 über Gl.242. Addition von G_2 zu dem ersten Reihenglied G_1

c) Test: Ist $k = (f_1-1)/2$?

JA: $R'' = G_1 + G_2$

NEIN: Erhöhen von k um den Wert 1 ($k = 3$) und Berechnung von G_3

usw.

Setzt man anschließend die für Q und R" erhaltenen Werte in die Gleichung 244 ein, so erhält man den Ausdruck B. Die Berechnung von A wird - wie bereits erwähnt - analog zu dem für Fall d) angegebenen Schema durchgeführt. Die Differenz A - B (Gl.241) gibt dann die Fläche unter der F-Verteilung wieder, wenn beide Freiheitsgrade ungeradzahlig und größer als 1 sind.

Ein Rechenprogramm zur Ermittlung der Fläche unter der F-Verteilung sollte so angelegt sein, daß aus den vorgegebenen Werten für F, f_1 und f_2 automatisch der richtige Rechengang (Fälle a) bis f)) gewählt wird. Dies setzt voraus, daß der Rechner in der Lage ist, zu prüfen, ob die Freiheitsgrade f_1 und/oder f_2 gerade, ungerade bzw. gleich 1 sind. Um den prinzipiellen Aufbau des im folgenden angegebenen Programms besser zu verstehen, ist der Rechengang bzw. der Programmablauf in Abb.35 als Fließdiagramm dargestellt.

Programm Nr.29 Integration der F-Verteilung aus gegebenen Werten für F, f_1 und f_2

(Compucorp 327 Scientist)

Speicherbelegung:

RCL	0	0	=	F	
RCL	0	1	=	f_1	vorgegeben
RCL	0	2	=	f_2	
RCL	0	3	=	$x = \frac{f_2}{f_2+f_1F}$	
RCL	0	4	=	$x = \sqrt{\frac{f_1}{f_2} F}$	
RCL	0	5	=	arc tan x	
RCL	0	6	=	$x = \sqrt{\frac{1}{f_1F}}$	

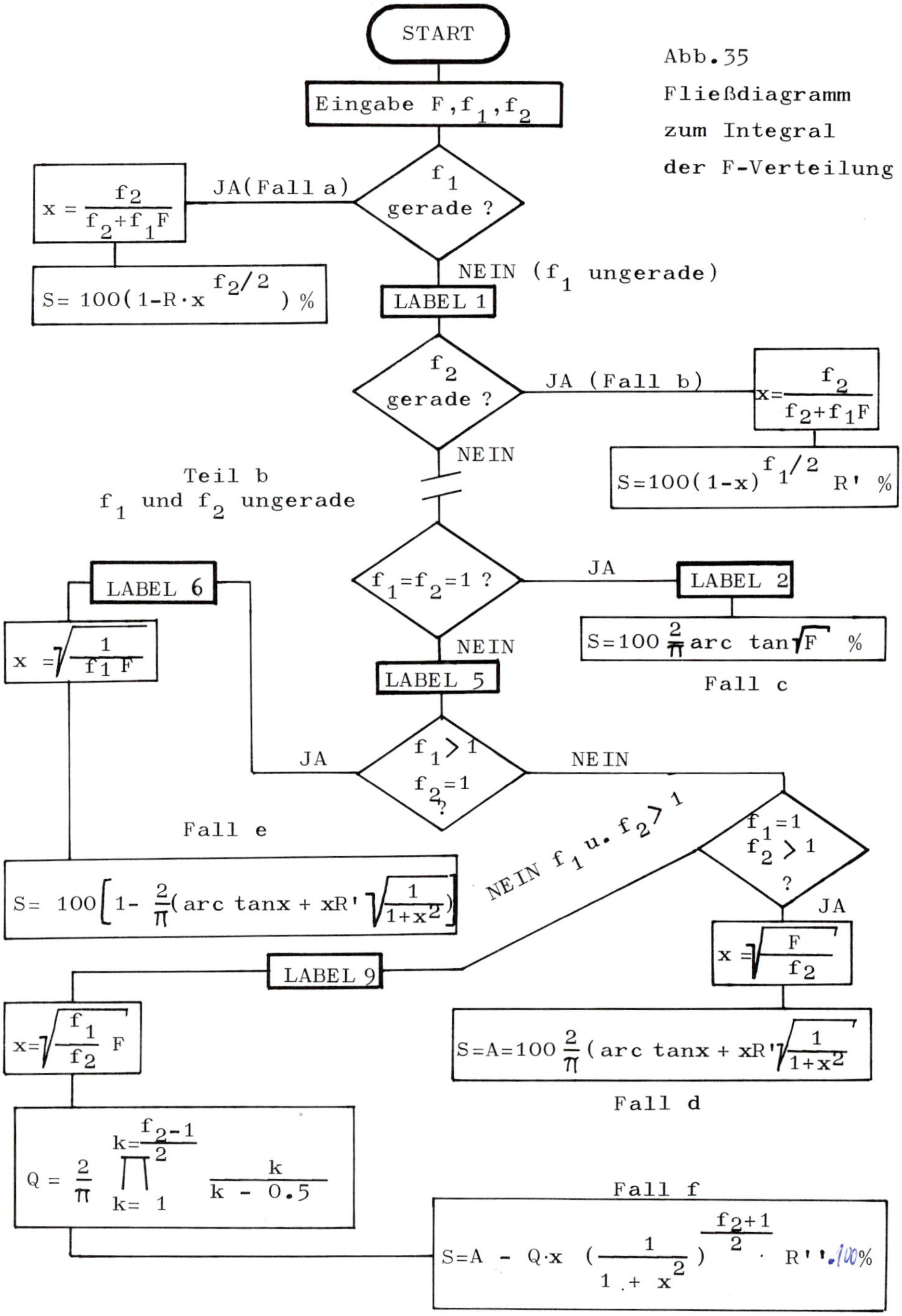

Abb.35
Fließdiagramm
zum Integral
der F-Verteilung

Speicherbelegung:

RCL 0 7	= N
RCL 0 8	= M
RCL 0 9	= v
RCL 1 0	= k
RCL 1 1	= G_k bzw. G_{k+1}
RCL 1 2	= R bzw. R'
RCL 1 3	= R''
RCL 1 4	= Q
RCL 1 5	= A
RCL 1 6	= B

a) f_1 oder f_2 geradzahlig

Schritt-Nr.	Befehle	Erläuterungen
1	RCL 01	Berechnen des Nachkommateils (FRACTION) von $f_1/2$. Ist FRACTION $(f_1/2) > 0$, dann ist f_1 ungerade $\Longrightarrow$ Sprung nach LABEL 1. Ist FRACTION $(f_1/2) = 0$, weiter mit Schritt 7
2	:	
3	2	
4	=	
5	FRACTION	
6	JUMP + 1	
7	RCL 02	f_2
8	+	
9	RCL 01	$f_1 \cdot F$
10	RCL x 00	
11	=	$f_2 + f_1 \cdot F$
12	1/x	$1/(f_2 + f_1 \cdot F)$
13	RCL x 02	$f_2/(f_2 + f_1 \cdot F) = x$
14	STO 03	$x \longrightarrow$ STO 03
15	RCL 02	$f_2 \longrightarrow N$
16	STO 07	

Fortsetzung von Programm Nr.29
Integration der F-Verteilung
a) f_1 oder f_2 geradzahlig

Schritt-Nr.	Befehle	Erläuterungen
17	RCL 01	$f_1 \longrightarrow M$
18	STO 08	
19	1	$v = 1 - x$
20	RCL - 03	
21	STO 09	
22	1	
23	STO 10	k = 1
24	STO 11	G = 1
25	STO 12	R = 1
26	BRANCH 3	Sprung in das Unterprogramm zur Berechnung von R → LABEL 3
27	RCL 03	x
28	a^x	
29	(	
30	RCL 02	
31	:	$f_2/2$
32	2	
33	)	
34	=	$x^{f_2/2}$
35	RCL x 12	$R \cdot x^{f_2/2}$
36	CHS	$-R \cdot x^{f_2/2}$
37	+	
38	1	
39	x	$1 - R \cdot x^{f_2/2}$
40	100	
41	=	$S = 100(1 - R \cdot x^{f_2/2})$
42	STOP	Ausgabe S in Prozent für f_1 = geradzahlig

Fortsetzung von Programm Nr.29

Integration der F-Verteilung

a) f_1 oder f_2 geradzahlig

Schritt-Nr.	Befehle	Erläuterungen
43	LABEL 1	
44	RCL 02	$f_2 + f_1F$
45	+	
46	RCL 01	
47	RCL x 00	
48	=	
49	1/x	$1/(f_2+ f_1 F)$
50	RCL x 02	$f_2/(f_2 + f_1 F) = x$
51	STO 03	x ⟶ STO 03
52	RCL 01	f_1 ⟶ N
53	STO 07	
54	RCL 02	f_2 ⟶ M
55	STO 08	
56	RCL 03	x ⟶ v
57	STO 09	
58	1	
59	STO 10	k = 1
60	STO 11	G = 1
61	STO 12	R = 1
62	BRANCH 3	Sprung in das Unterprogramm nach LABEL 3 zur Berechnung von R
63	1	1 - x
64	RCL - 03	
65	a^x	
66	(	
67	RCL 01	$f_1/2$
68	:	
69	2	
70	)	
71	=	$(1 - x)^{f_1/2}$

Fortsetzung von Programm Nr.29

Integration der F-Verteilung

a) f_1 oder f_2 geradzahlig

Schritt-Nr.	Befehle	Erläuterungen
72	RCL x 12	$R\ (1 - x)^{f_1/2}$
73	x	
74	100	
75	=	$S = 100\ (1 - x)^{f_1/2}\ R$
76	STOP	Ausgabe S (f_2 geradzahlig)
77	LABEL 3	Unterprogramm zur Berechnung von R
78	RCL 10	Berechnung von k - M/2 .
79	-	Prüfung, ob k - M/2 gleich
80	(	Null ist.
81	RCL 08	Wenn ja, dann ist k = M/2.
82	:	In diesem Fall Sprung nach
83	2	LABEL 4. Sonst weiter mit
84	)	Schritt Nr.87 (k ist dann
85	=	kleiner als M/2).
86	JUMP = 4	
87	1	k:=k + 1
88	STO + 10	
89	RCL 10	
90	x	2 k - 4
91	2	
92	-	
93	4	
94	+	
95	RCL 07	N + 2 k - 4
96	:	
97	(	
98	2	2 k
99	RCL x 10	
100	-	2 k - 2
101	2	

Fortsetzung von Programm Nr.29

Integration der F-Verteilung

a) f_1 oder f_2 geradzahlig

Schritt-Nr.	Befehle	Erläuterungen
102	)	
103	=	$N+\frac{2k-4}{2k-2}$
104	RCL x 09	$N+\frac{2k-4}{2k-2}v$
105	STO x 11	$G_{k-1}\,N+\frac{2k-4}{2k-2}v \longrightarrow G_k$
106	RCL 11	R: = R + G_k
107	STO + 12	
108	JUMP 3	
109	LABEL 4	
110	RETURN	Rücksprung in das Hauptprogramm (Schritt 27 bzw.63).

Programm Nr.29 Integration der F-Verteilung aus gegebenen Werten für F, f_1 und f_2 (Compucorp 327)

b) f_1 und f_2 ungeradzahlig

Schritt-Nr.	Befehle	Erläuterungen
1	RCL 01	Berechnung von f_1+f_2-2
2	RCL + 02	
3	-	
4	2	
5	=	

Fortsetzung von Programm Nr.29
Integration der F-Verteilung
b) f_1 und f_2 ungeradzahlig

Schritt-Nr.	Befehle	Erläuterungen
6	JUMP = 2	Wenn f_1 und f_2 gleich 1 sind, dann ist f_1+f_2-2 gleich Null. Tritt dieser Fall ein, dann erfolgt Sprung nach LABEL 2. Sonst weiter mit Schritt 7: Sprung nach LABEL 5.
7	JUMP 5	
8	LABEL 2	
9	RCL 00	Berechnung von $\sqrt{F}$
10	$\sqrt{\ }$	
11	arc tan x	arc tan $\sqrt{F}$
12	$\measuredangle \rightarrow$ RAD	Umwandlung des Winkels in das Bogenmaß
13	x	
14	2	
15	:	
16	π	
17	x	
18	100	
19	=	$\frac{2}{\pi}$ 100 arc tan $\sqrt{F} = S$
20	STOP	Ausgabe S in Prozent für $f_1 = f_2 = 1$.
21	LABEL 5	
22	RCL 02	Berechnung von $f_2 - 1$. Wenn $f_2 - 1$ gleich Null ist, dann gilt: $f_2 = 1$. In diesem Fall Sprung nach LABEL 6. Wenn nicht, weiter mit Schritt 27.
23	-	
24	1	
25	=	
26	JUMP = 6	

Fortsetzung von Programm Nr.29
Integration der F-Verteilung
b) f_1 und f_2 ungeradzahlig

Schritt-Nr.	Befehle	Erläuterungen
27	RCL 01	$f_1 \cdot F$
28	RCL x 00	
29	RCL : 02	$f_1 \cdot F / f_2$
30	$\sqrt{\ }$	$\sqrt{f_1 \cdot F / f_2} = x$
31	STO 03	$x \rightarrow$ STO 03
32	x^2	x^2
33	+	
34	1	
35	=	$1 + x^2$
36	1/x	$1/(1 + x^2) = v$
37	STO 09	$v \rightarrow$ STO 09
38	RCL 02	$f_2 \longrightarrow$ M
39	STO 08	
40	RCL 09	
41	$\sqrt{\ }$	
42	STO 11	$G = v^{1/2} = \sqrt{v}$
43	STO 12	$R' = v^{1/2} = \sqrt{v}$
44	1	k = 1
45	STO 10	
46	BRANCH 7	Sprung in das Unterprogramm zur Berechnung von R'
47	RCL 09	
48	$\sqrt{\ }$	
49	RCL x 12	$R' \sqrt{\frac{1}{1 + x^2}}$
50	RCL x 03	$x \cdot R' \sqrt{1/(1+x^2)}$
50a	+	
51	RCL 03	arc tan x
52	arc tan x	
53	∡→RAD	Umwandlung des Winkels in das Bogenmaß

Fortsetzung von Programm Nr.29
Integration der F-Verteilung
b) f_1 und f_2 ungeradzahlig

Schritt-Nr.	Befehle	Erläuterungen
54	x	
55	2	
56	:	
57	π	$S = 100 \frac{2}{\pi}(\arctan x + x \cdot R'\sqrt{v})$
58	x	
59	100	
60	=	
61	STO 15	S ⟶ STO 15 (= A)
62	RCL 01	Bildung von f_1 - 1. Wenn f_1
63	-	gleich 1 ist, dann ist f_1-1
64	1	gleich Null. Für $f_1 > 1$, ist
65	=	f_1 - 1 größer Null. In die-
66	JUMP + 9	sem Fall Sprung nach LABEL 9.
		Sonst weiter mit Schritt 67. (f_1=1)
67	RCL 15	
68	STOP	Ausgabe S in Prozent für
		f_1 = 1 und f_2 größer als 1.
69	LABEL 6	Berechnung von S für f_2=1
		und $f_1 > 1$ (Fall e)).
70	RCL 01	$f_1 \cdot F$
71	RCL x 00	
72	1/x	$1/f_1 \cdot F$
73	$\sqrt{}$	$\sqrt{1/f_1 \cdot F} = x$
74	STO 03	x ⟶ STO 03
75	x^2	$1 / (1 + x^2)$
76	+	
77	1	
78	=	
79	1/x	

Fortsetzung von Programm Nr.29

Integration der F-Verteilung

b) f_1 und f_2 ungeradzahlig

Schritt-Nr.	Befehle	Erläuterungen
80	STO 09	$1/(1+x^2) = v \longrightarrow$ STO 09
81	RCL 01	$f_1 \longrightarrow M$
82	STO 08	
83	RCL 09	$G = v^{1/2} = \sqrt{v}$
84	$\sqrt{\ }$	
85	STO 11	
86	STO 12	$R = v^{1/2} = \sqrt{v}$
87	1	k = 1
88	STO 10	
89	BRANCH 7	Sprung in das Unterprogramm zur Berechnung von R'
90	RCL 09	
91	$\sqrt{\ }$	
92	RCL x 12	$R' \cdot \sqrt{1/(1+x^2)}$
93	RCL x 03	$x \cdot R' \cdot \sqrt{1/(1+x^2)}$
94	+	
94a	RCL 03	
95	arc tan x	arc tan x
96	∢→RAD	Umwandlung von Winkel in Bogenmaß
97	x	
98	2	
99	:	
100	π	
101	=	
102	CHS	$-\frac{2}{\pi}(\text{arc tan } x + x\, R' \sqrt{\frac{1}{1+x^2}})$
103	+	$S = 100 \left[1 - \frac{2}{\pi}(\text{arc tan} x + x\, R' \sqrt{v})\right]$
104	1	
105	x	
106	100	
107	=	
108	STOP	Ausgabe S % ($f_2 = 1$, $f_1 > 1$)

Fortsetzung von Programm Nr.29
Integration der F-Verteilung
b) f_1 und f_2 ungeradzahlig

Schritt-Nr.	Befehle	Erläuterungen
109	LABEL 7	Unterprogramm zur Berechnung von R'
110	RCL 10	Berechnung von $k - (\frac{M-1}{2})$.
111	-	Ist dieser Ausdruck Null (das
112	(	ist der Fall, wenn $k = \frac{M-1}{2}$
113	RCL 08	ist), dann Sprung nach LABEL 8.
114	-	Sonst weiter mit Schritt 121.
115	1	
116	:	
117	2	
118	)	
119	=	
120	JUMP = 8	
121	1	$k: = k + 1$
122	STO + 10	
123	2	
124	RCL x 10	$2k - 2$
125	-	
126	2	
127	:	
128	(	
129	2	
130	RCL x 10	$2k - 1$
131	-	
132	1	
133	)	
134	=	$(2k - 2)/(2k - 1)$
135	RCL x 09	$\frac{(2k-2)}{(2k-1)} v$
136	STO x 11	$G_k = G_{k-1} \frac{(2k-2)}{(2k-1)} v$

Fortsetzung von Programm Nr.29
Integration der F-Verteilung
b) f_1 und f_2 ungeradzahlig

Schritt-Nr.	Befehle	Erläuterungen
137	RCL 11	R: = R + G
138	STO + 12	
139	JUMP 7	
140	LABEL 8	
141	RETURN	Rücksprung in das Hauptprogramm (Schritte 47 oder 90)
142	LABEL 9	Berechnung von S, wenn sowohl f_1 als auch f_2 ungerade und größer als 1 sind.
143	1	k = 1
144	STO 10	
145	STO 14	Q = 1
146	LABEL 0	
147	RCL 00	$k - \frac{1}{2}$
148	-	
149	.5	
150	=	
151	1/x	$1 / (k - \frac{1}{2})$
152	RCL x 10	k / (k - 1/2)
153	STO x 14	Bildung des Produktes der Faktoren k / (k - 1/2)
154	1	k: = k + 1
155	STO + 10	
156	RCL 10	Prüfung, ob k gleich $\frac{f_2-1}{2}$ ist. Wenn ja, dann ist k - $(f_2-1)/2$ gleich Null. Dann Sprung nach LABEL 0, ebenso wenn k noch kleiner als $(f_2-1)/2$ ist.
157	-	
158	(	
159	RCL 02	
160	-	
161	1	
162	:	

Fortsetzung von Programm Nr.29

Integration der F-Verteilung

b) f_1 und f_2 ungerade

Schritt-Nr.	Befehle	Erläuterungen
163	2	
164	)	
165	=	
166	JUMP - = 0	
167	2	
168	:	
169	π	
170	=	
171	STO x 14	$Q = \frac{2}{\pi} \cdot \prod \frac{k}{k - 1/2}$
172	1	k = 1
173	STO 10	
174	STO 11	G = 1
175	STO 13	R" = 1
176	RCL 03	
177	x^2	
178	+	$1/(1+x^2)$
179	1	
180	=	
181	1/x	
182	RCL x 03	$x^2/(1+x^2) = v$
183	RCL x 03	
184	STO 09	v STO 09
185	LABEL •	Berechnung von R"
186	RCL 10	Prüfung, ob $k = (f_1-1)/2$ ist.
187	-	Wenn ja ($k - (f_1-1)/2 = 0$),
188	1	dann Sprung nach LABEL CHS.
189	:	Sonst weiter mit Schritt 194.
190	2	
191	)	
192	=	
193	JUMP = CHS	

186a –
186b C
186c RCl 01

Fortsetzung von Programm Nr.29
Integration der F-Verteilung
b) f_1 und f_2 ungerade

Schritt-Nr.	Befehle	Erläuterungen
194	1	k: = k + 1
195	STO + 10	
196	2	2 k - 3
197	RCL x 10	
198	-	
199	3	
200	+	
201	RCL 02	$f_2 + 2k - 3$
202	:	
203	(	
204	2	2 k - 1
205	RCL x 10	
206	-	
207	1	
208	)	
209	=	
210	RCL x 09	$\frac{f_2 + (2\,k - 3)}{(2\,k - 1)}\,v$
211	STO x 11	$G_k = G_{k-1}\,\frac{f_2 + (2k - 3)}{(2\,k - 1)}\,v$
212	RCL 11	R": = R" + G
213	STO + 13	
214	JUMP .	Rücksprung nach LABEL .
215	LABEL CHS	
216	RCL 03	$1/(1+x^2)$
217	x^2	
218	+	
219	1	
220	=	
221	1/x	

Fortsetzung von Programm Nr.29

Integration der F-Verteilung

b) f_1 und f_2 ungerade

Schritt-Nr.	Befehle	Erläuterungen
222	a^x	
223	(	
224	1	
225	RCL + 02	$\left(\frac{1}{1+x^2}\right)^{\frac{f_2+1}{2}}$
226	:	
227	2	
228	)	
229	=	
230	RCL x 13	$R'' \left(\frac{1}{1+x^2}\right)^{\frac{f_2+1}{2}}$
231	RCL x 03	Multiplizieren des in Schritt 230 berechneten Ausdrucks mit x
232	RCL x 14	Multiplizieren mit Q
233	x	
234	100	
235	=	$B = Q \times R'' \left(\frac{1}{1+x^2}\right)^{\frac{f_2+1}{2}}$
236	STO 16	$B \longrightarrow$ STO 16
237	RCL 15	A - B
238	RCL - 16	
239	STOP	Ausgabe S in Prozent für den Fall, daß f_1 und f_2 ungerade und größer als 1 sind.

Programmablauf

Zu Beginn sind die Werte für F, f_1 und f_2 in die Speicher 00, 01 und 02 einzugeben. Danach ist die Tastenfolge [JUMP] [START] [START] zu betätigen. Nach Ablauf von einigen Sekunden erscheint das Ergebnis, nämlich die Fläche unter der F-Verteilung zwischen 0 und F in der Anzeige. Der Wert wird in Prozent der Gesamtfläche unter der F-Verteilung angegeben, die gleich 1 gesetzt wird.

Da die Berechnung über Reihenentwicklungen abläuft (Berechnung von R, R' bzw. R" und Q), ist die Rechenzeit von f_1 bzw. f_2 abhängig, da die Anzahl der Reihenglieder eine Funktion der Freiheitsgrade ist. In der folgenden Tabelle 72 sind für einige Werte von F, f_1 und f_2 die Rechenzeiten sowie die berechneten Flächenwerte angegeben und mit den entsprechenden Sollwerten verglichen.

Bei der Anwendung des Programms muß übrigens vor dem Programmlauf geprüft werden, ob entweder f_1 oder f_2 geradzahlig ist oder ob beide Freiheitsgrade ungerade sind. Entsprechend ist entweder der Programmteil a) oder der Teil b) anzuwenden.

Tab.72 Vergleich berechneter und tabellierter Flächenwerte und Angabe der Rechenzeiten

f_1	f_2	F	t(sec)	S(ber) (%)	S(soll)
1	1	161,447	1,5	94,999990	95
1	9	3,36030	5,5	89,999987	90
9	1	59,8575	5,5	89,999993	90
10	9	2,41631	6,5	89,999943	90
9	10	2,34730	6,5	89,999936	90
49	49	1,96259	65	98,999987	99
50	50	1,94896	26	98,999980	99
100	100	1,59766	50	98,999925	99
125	125	1,51966	164	98,999922	99

Man erkennt, daß für ungerade Freiheitsgrade f_1 und f_2 die Rechenzeiten erheblich größer als für gerade Freiheitsgrade sind. Die Abweichung der berechneten von den tabellierten Flächenwerten ist praktisch vernachlässigbar. Sie rührt u.a. auch daher, daß auch die tabellierten F-Werte nur "Näherungen" sind, da die letzte Stelle stets auf- oder abgerundet ist.

Neben der "exakten" Lösung des F-Integrals gibt es - wie bereits erwähnt - eine Reihe von mehr oder weniger genauen Approximationen. Eine relativ einfache Lösung stellt die Näherung von Paulson (12) dar. Danach gilt:

$$S\ (\%) = 50 + \frac{1}{2} \int_{-z}^{+z} \text{Normalverteilung} \qquad (250)$$

mit
$$z = \frac{F^{1/3}\left(1 - \frac{2}{9\ f_2}\right) - \left(1 - \frac{2}{9\ f_1}\right)}{\sqrt{\frac{2}{9\ f_1} + F^{2/3}\ \frac{2}{9\ f_2}}} \qquad (251)$$

Das Integral der Normalverteilung kann dabei mit Hilfe von Programm 12 oder 13 gelöst werden. Der Rechenaufwand ist - wie man erkennt - erheblich geringer als bei der "direkten" Integration der F-Verteilung über das Programm 29. Ein entscheidender Nachteil ist aber die geringere Genauigkeit, insbesondere bei kleinen Freiheitsgraden, wie sie in der Praxis sehr oft vorkommen (die Anzahl der Wiederholungsmessungen muß meist sowohl aus Kosten- wie auch aus Zeitgründen beschränkt werden). Der Fehler ist besonders groß, wenn die Fläche nahe 100 % (99% und mehr) beträgt. In Tab.73 sind für einige Werte von F, f_1 und f_2 die nach den Gleichungen 250 und 251 berechneten Flächen unter der F-Verteilung den theoretischen Werten gegenübergestellt.

Tab. 73 Vergleich approximierter und exakter Flächenwerte unter der F-Verteilung

f_1	f_2	F	S(ber.)	S(soll)
1	1	161,447	90,9605	95
2	2	19,000	94,1133	95
5	5	5,050	94,8856	95
20	20	2,124	94,9939	95
100	100	1,392	95,0105	95
1	10	4,965	95,1790	95
3	50	2,790	95,0733	95
1	1	405284	94,9836	99,9
2	2	999,000	99,1637	99,9
5	5	29,752	99,8262	99,9
20	20	4,290	99,8939	99,9
100	100	1,867	99,8989	99,9
1	10	21,040	99,8936	99,9
3	50	6,336	99,8917	99,9

Für hohe Freiheitsgrade (f_1 und $f_2 > 10$) ist die angegebene Lösung ohne weiteres anwendbar. Für kleinere Freiheitsgrade sollte man aber besser auf die "exakte" Lösung nach Programm Nr.29 zurückgreifen.

17.4.3 Signifikanzschranken der F-Verteilung

Die angegebenen Gleichungen 250 und 251 zur approximativen Berechnung der Fläche unter der F-Verteilung kann man auch nach F auflösen und somit auch für eine gegebene Sicherheit S sowie beliebige Freiheitsgrade f_1 und f_2 die zugehörigen F-Werte ermitteln. Die entsprechenden Gleichungen lauten dann:

$$S = \frac{S(\%)}{100} \tag{252}$$

$$q = 1 - S \tag{253}$$

$$\eta = \sqrt{\ln \frac{1}{q^2}} \tag{254}$$

$$z = \eta - \frac{a_o + \eta (a_1 + a_2 \eta)}{1 + \eta (b_1 + \eta (b_2 + b_3 \eta))} \tag{255}$$

$$A = \frac{2z^2}{9f_2} - (1 - \frac{2}{9f_2})^2 \tag{256}$$

$$B = 2(1 - \frac{2}{9f_2})(1 - \frac{2}{9f_1}) \tag{257}$$

$$C = \frac{2z^2}{9f_1} - (1 - \frac{2}{9f_1})^2 \tag{258}$$

$$p = B/A \tag{259}$$

$$r = C/A \tag{260}$$

$$U = - \frac{p}{2} + \sqrt{\frac{p^2}{4} - r} \tag{261}$$

$$F = U^3 \tag{262}$$

Die Gleichungen 252-262 müssen für gegebene Werte von S%, f_1 und f_2 abgearbeitet werden. Man erhält dann einen Näherungswert für F, so daß die Fläche unter der F-Verteilung zwischen

0 und F dem durch S% gegebenen prozentualen Anteil der Gesamtfläche zwischen 0 und Unendlich entspricht.

Die Konstanten a_o bis a_2 und b_1 bis b_3 in Gl.255 müssen vor der Berechnung von F in entsprechenden Konstantenspeichern abgelegt werden. Sie haben die folgenden Werte (siehe auch Programm Nr.14 und S.217):

$a_o = 2,515517$ $\qquad$ $b_1 = 1,432788$

$a_1 = 0,802853$ $\qquad$ $b_2 = 0,189269$

$a_2 = 0,010328$ $\qquad$ $b_3 = 0,001308$

Für die statistischen Sicherheiten 95, 99 und 99,9% sind für verschiedene Freiheitsgrade f_1 und f_2 die F-Werte berechnet und in Tab.74 den theoretischen Werten (4) gegenübergestellt. In Abb.36 ist das Problem der Berechnung der Signifikanzschranken der F-Verteilung zur Verdeutlichung graphisch dargestellt.

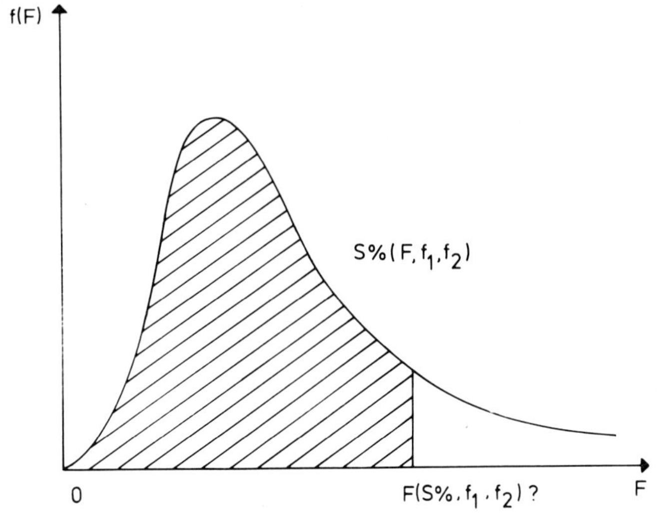

Abb.36 Zur Berechnung der Schranken der F-Verteilung

Tab.74 Gegenüberstellung von berechneten und tabellierten F-Werten

S (%)	f_1	f_2	F(berechnet)	F(tabelliert)
95	1	1	$4,3 \cdot 10^7$	161,40
95	2	2	23,94	19,00
95	2	10	4,08	4,10
95	5	5	5,12	5,05
95	10	10	2,98	2,98
95	30	30	1,84	1,84
95	120	120	1,35	1,35
99	1	1	-0,64	4052,00
99	2	2	563,32	99,00
99	2	10	7,59	7,56
99	5	5	11,80	10,97
99	10	10	4,91	4,85
99	30	30	2,39	2,39
99	120	120	1,53	1,53
99,9	1	1	ERROR	405300,0
99,9	2	2	-0,01	999,00
99,9	2	10	15,32	14,91
99,9	5	5	40,98	29,75
99,9	10	10	9,17	8,75
99,9	30	30	3,23	3,22
99,9	120	120	1,77	1,76

Es zeigt sich, daß mit steigender statistischer Sicherheit die Abweichungen der tabellierten von den berechneten Werten immer größer werden. Das Gleiche gilt, wenn für eine gegebene Sicherheit die Freiheitsgrade abnehmen. Man erkennt, daß eine Übereinstimmung bzw. eine praktisch vernachlässigbare Abweichung der tabellierten von den berechneten F-Werten erst für Freiheitsgrade größer als 30 erreicht wird.

17.4.4 Rechenbeispiel zum F-Test (Beispiel 34)

Ein flüssigchromatographisches sowie ein gaschromatographisches Bestimmungsverfahren für Steroide in einem Hormonpräparat sollen hinsichtlich der Reproduzierbarkeit verglichen werden. Als Maß für die Konzentration der Steroide in dem Präparat wird die Peakhöhe verwendet. Es werden jeweils 10 Wiederholungsmessungen durchgeführt und folgende Werte erhalten:

Flüssigchromatographische Bestimmung (A)	Gaschromatographische Bestimmung (B)
x_1 = 57,6 mm	x_1 = 79,4 mm
x_2 = 59,2 "	x_2 = 83,5 "
x_3 = 55,4 "	x_3 = 84,2 "
x_4 = 56,5 "	x_4 = 81,2 "
x_5 = 59,9 "	(x_5 = 65,3 ")
x_6 = 56,3 "	x_6 = 80,2 "
x_7 = 58,5 "	x_7 = 81,2 "
x_8 = 57,1 "	x_8 = 78,7 "
x_9 = 56,8 "	x_9 = 82,5 "
x_{10} = 56,1 "	x_{10} = 79,5 "
s_A = 1,4478	s_B = 1,9151
n_A = 10	n_B = 9 (ohne x_5)

Während die Meßreihe A ausreißerfrei ist, erweist sich der Wert x_5 = 65,3 mm in der Meßreihe B als Ausreißer. Er wurde daher bei der Berechnung der Standardabweichung nicht berücksichtigt.

Frage: Ist der Unterschied der Streuungen der beiden Meßreihen zufällig, oder liegt ein systematischer Unterschied vor, so daß die Grundgesamtheiten, die den beiden Meßreihen zugrunde liegen, verschiedene Streuungen σ_A und σ_B besitzen ?

Da s_B größer als s_A ist, und in der Formel für die Berechnung des F-Wertes (Gl.229) s_1 größer als s_2 sein muß, folgt:

$$F = \frac{s_1^2}{s_2^2} = \frac{s_B^2}{s_A^2} = \frac{(1,9151)^2}{(1,4478)^2} = 1,7498 \quad .$$

Für die Zahl der Freiheitsgrade f_1 und f_2 gilt dann:

$$f_1 = n_1 - 1 = n_B - 1 = 9 - 1 = 8$$

$$f_2 = n_2 - 1 = n_A - 1 = 10 - 1 = 9$$

Da einer der beiden Freiheitsgrade geradzahlig ist, kann der Teil a) des Programms Nr.29 zur Berechnung der Fläche unter der F-Verteilung zwischen 0 unf F = 1,7498 angewendet werden. Dazu müssen zunächst die Werte für F, f_1 und f_2 in die Speicher 00, 01 und 02 eingegeben werden:

```
1,7498   STO 00
8        STO 01
9        STO 02
```

Nach JUMP START START und einigen Sekunden Rechenzeit wird das Ergebnis angezeigt:

$$S = 78,92\% \ .$$

Damit ist $S(F,f_1,f_2)$ kleiner als 95%. Nach dem Beurteilungsschema von S.392 folgt daher: Der Unterschied zwischen s_1 und s_2 ist "zufallsbedingt". Dies bedeutet, daß die unterschiedlichen Streuungen darauf beruhen, daß nur eine begrenzte Zahl von Meßwerten der jeweiligen Grundgesamtheiten vorliegen. Ein Unterschied in den Streuungen σ_1 und σ_2 der beiden Grundgesamtheiten ist also <u>statistisch nicht nachweisbar</u>. Man kann das Ergebnis auch so interpretieren: Ein Beweis dafür, daß die beiden Meßreihen zwei verschiedenen Verteilungen angehören, kann aus den vorliegenden Daten nicht erbracht werden. Die Behauptung, daß sich die beiden chromatographischen Verfahren hinsichtlich ihrer Reproduzierbarkeit nicht unterscheiden, ist also nicht widerlegbar.

Würde man übrigens zur Ermittelung des F-Integrals nicht das "exakte" Programm Nr.29 anwenden, sondern die auf S.420 genannte Approximationslösung (Gl.251), dann würde man für die Fläche unter der F-Verteilung erhalten:

$$S = 78,96\%.$$

Die Übereinstimmung würde hier also sehr gut sein.

Die Test-Entscheidung erhält man auch durch den Vergleich des berechneten F-Wertes mit den Schranken der F-Verteilung für 95%, 99% und 99,9%. Man kann die Schranken entweder einer Tabelle entnehmen oder nach den Gleichungen 252-262 berechnen. Danach findet man:

S%	f_1	f_2	F(berechnet)	F(tabelliert)[1]
95	8	9	3,237	3,230
99	8	9	5,550	5,467
99,9	8	9	10,992	10,368

Hiernach ergibt sich, daß $F = 1,7498 < F(95) = 3,23$ ist. Es läßt sich also auch hiermit zeigen, daß ein Unterschied in der Reproduzierbarkeit beider Meßverfahren aus den gegebenen Daten statistisch nicht nachweisbar ist. Die berechneten F-Werte stimmen übrigens - wie die Tabelle zeigt - recht gut mit den Tabellenwerten überein.

---

1) Eine ausführliche Zusammenstellung der F-Werte für verdene statistische Sicherheiten und Freiheitsgrade f_1 und f_2 findet man in den Signifikanztabellen statistischer Testverterteilungen von Reinfeldt u. Tränkle, Oldenbourg Verlag 1976

Noch ein Wort zu der Berechnung des Integrals bzw. der Signifikanzschranken! Eine Berechnung lohnt sich natürlich nur dann, wenn man die entsprechenden Programme auf einen Datenträger - eine Kassette oder eine Magnetkarte - bringen kann, so daß sie jederzeit zur Verfügung stehen. Man sollte daher für die statistische Auswertung nach Möglichkeit Rechnermodelle auswählen, die über diese Möglichkeit verfügen.

Andernfalls ist es zeitsparender, die Test-Entscheidung durch einen Vergleich des berechneten F-Wertes mit den tabellierten F-Werten für 95, 99 und 99,9% herbeizuführen.

Die Integration bietet aber in jedem Fall den Vorteil, daß man direkt die Wahrscheinlichkeit für das Vorhandensein einer nicht zufälligen Differenz zwischen s_1 und s_2 erhält. Hat man die Programme zur Integration erst einmal auf einer Magnetkarte oder auf einer Band-Kassette abgespeichert, dann ist die "rechnerische" Durchführung der Test-Entscheidung auf jeden Fall die elegantere Lösung.

17.5 Vergleich zweier Mittelwerte (t-Test)

17.5.1 Testvoraussetzungen und Durchführung

Ebenso wie man die Streuungen zweier Meßreihen vergleichen kann, ist dies auch für die arithmetischen Mittelwerte möglich.

Der t-Test ist besonders dann anzuwenden, wenn geprüft werden soll, ob einer oder mehrere Einflußgrößen eine zu untersuchende Größe irgendwie beeinflussen.

Beispiele

Einfluß von Fremdstoffen auf die Extinktion bei photometrischen Untersuchungen

Einfluß der geographischen Breite auf die Schwerkraft

Wirkung der relativen Feuchte auf die Lebensdauer von Insekten bei der Einwirkung von Insektiziden .
Abhängigkeit des pH-Werts von sauren bzw. alkalischen Lösungen von der Temperatur
u.a.m.

Ebenso wie beim F-Test ist auch hier Voraussetzung, daß die Meßwerte beider Meßreihen ausreißerfrei und normalverteilt sind. Geringe Abweichungen der Werte von einer Gauß-Verteilung wirken sich aber hier nicht so störend auf ein "richtiges" Test-Ergebnis aus.

Kann allerdings sicher nachgewiesen werden, daß die Meßwerte nicht einer Normalverteilung gehorchen (siehe dazu Abschn. 18.6), dann sollte man auf einen parameterfreien Test zurückgreifen. Haben die beiden Verteilungen, die den zwei Meßreihen zugrunde liegen, die gleiche Verteilungsform, dann kann der U-Test bzw. Test nach Mann-Whitney angewandt werden.

Ist dagegen sicher, daß die Meßwerte nicht normalverteilt sind und außerdem beide Verteilungen eine verschiedene Form aufweisen, dann muß der Median-Test durchgeführt werden. Er ist weder an die Art noch an eine "Ähnlichkeit" beider Verteilungen gebunden.

Bei der Anwendung der parameterfreien Tests ist aber zu beachten, daß diese eine wesentlich geringere "Testschärfe" aufweisen. Das bedeutet, daß die Sicherheit, einen vorhandenen systematischen Unterschied der beiden Mittelwerte $\overline{x}_1$ und $\overline{x}_2$ nachzuweisen, geringer ist als bei dem t-Test.

Analog zum F-Test sei auch hier darauf hingewiesen, daß der t-Test nicht zeigen soll, ob sich die durch den Versuch ermittelten arithmetischen Mittelwerte $\overline{x}_1$ und $\overline{x}_2$ der beiden Meßreihen unterscheiden. Das dürfte in den meisten Fällen so sein! Vielmehr gilt es zu zeigen, ob beide Meßreihen einer oder zwei verschiedenen Verteilungen angehören. Sind nämlich die beiden Mittelwerte μ_1 und μ_2 der beiden Grundgesamtheiten, den die Meßreihen angehören, identisch, dann gehören beide Meßreihen einer Verteilung an. Dies gilt allerdings nur, wenn die zu den beiden Meßreihen gehörenden Grunsgesamtheiten dieselbe Streuung aufweisen.

Gehören die beiden untersuchten Meßreihen zwei verschiedenen Verteilungen an, dann sind auch die beiden Mittelwerte μ_1 und μ_2 unterschiedlich.

Aus diesen Erläuterungen ergibt sich folgender Testablauf:

Testziel: Es soll gezeigt werden, ob sich die beiden Mittelwerte μ_1 und μ_2 der zu den Meßreihen gehörenden Grundgesamtheiten unterscheiden. Oder: Es soll geprüft werden, ob sich die "experimentellen" Mittelwerte $\bar{x}_1$ und $\bar{x}_2$ systematisch unterscheiden ($\mu_1 \neq \mu_2$), oder die vorhandene Differenz zwischen $\bar{x}_1$ und $\bar{x}_2$ zufallsbedingt ist ($\mu_1 = \mu_2$).

1. Schritt: Berechnung der Kenndaten beider Meßreihen:

$\bar{x}_1, s_1, n_1$

$\bar{x}_2, s_2, n_2$

2. Schritt: Vergleich der Streuungen s_1 und s_2 mit Hilfe des F-Tests.
Sind die zu den beiden Grundgesamtheiten der beiden Meßreihen gehörenden Standardabweichungen σ_1 und σ_2 gleich, dann kann der <u>t-Test nach Student</u> (20) durchgeführt werden (Rechengang A).
Unterscheiden sich dagegen σ_1 und σ_2, dann muß eine von Welch (4) angegebene Näherungslösung herangezogen werden (Rechengang B). In beiden Fällen wird eine Prüfgröße TAU und ein zugehöriger Frei-

heitsgrad f berechnet.

3. Schritt: Zur Testentscheidung wird entweder aus der Prüfgröße TAU und dem Freiheitsgrad f das Integral der t-Verteilung berechnet (die Prüfgröße TAU entspricht dabei dem t-Wert). Oder aber es werden die t-Werte für 95,99 und 99,9% statistische Sicherheit berechnet oder einer Tabelle entnommen.

4. Schritt: Testentscheidung nach vorgegebenen Kriterien.

Ähnlich wie bei dem F-Test hat sich auch hier ein von Gottschalk (20) eingeführtes 4-stufiges Beurteilungsmaß bewährt:

$TAU < t(95\%,f)$ bzw. $S\%(TAU,f) < 95\%$	Ein Unterschied zwischen μ_1 und μ_2 kann statistisch aus den vorliegenden Daten nicht nachgewiesen werden. Die vorhandene Differenz zwischen $\bar{x}_1$ und $\bar{x}_2$ ist zufallsbedingt.
$t(95\%,f) \leqslant TAU \leqslant t(99\%,f)$ bzw. $95\% \leqslant S\%(TAU,f) \leqslant 99\%$	Ein Unterschied zwischen μ_1 und μ_2 ist wahrscheinlich. Eine vorhandene Differenz zwischen $\bar{x}_1$ und $\bar{x}_2$ ist wahrscheinlich auf einen systematsichen Einfluß zurückzuführen. Um eine eindeutige Testentscheidung herbeizuführen, sind weitere Messungen in jeder Reihe durchzuführen.

$t(99\%,f) \leq TAU \leq t(99{,}9\%,f)$ bzw. $99\% \leq S\%(TAU,f) \leq 99{,}9\%$	Ein Unterschied zwischen μ_1 und μ_2 ist <u>statistisch gesichert bzw. signifikant.</u> Der vorhandene Unterschied zwischen $\bar{x}_1$ und $\bar{x}_2$ ist systematisch bedingt.
$TAU > t(99{,}9\%,f)$ bzw. $S\%(TAU,f) > 99{,}9\%$	Ein Unterschied zwischen μ_1 und μ_2 kann <u>statistisch stark gesichert bzw. hochsignifikant</u> nachgewiesen werden. Der vorhandene Unterschied zwischen $\bar{x}_1$ und $\bar{x}_2$ ist stark gesichert auf einen systematischen Einfluß zurückzuführen.

Rechengang A (Unterschied zwischen s_1 und s_2 ist Zufall)

$$TAU = \frac{|\bar{x}_1 - \bar{x}_2|}{s_d}\sqrt{\frac{n_1\, n_2}{n_1 + n_2}} \qquad (263)$$

$$s_d = \sqrt{\frac{(n_1-1)s_1^2 + (n_2-1)s_2^2}{n_1 + n_2 - 2}} \qquad (264)$$

$$f = n_1 + n_2 - 2 \qquad (265)$$

Integral der t-Verteilung = S%(t=TAU, f)

oder $t = e^{ax^3+bx^2+cx+d}$ mit $x = 1/f = 1/n_1 + n_2 - 2$

(siehe Abschnitte 13.4.3 und 13.4.5)

Rechengang B (Systematischer Unterschied zwischen s_1 und s_2)

$$TAU = \frac{|\bar{x}_1 - \bar{x}_2|}{\sqrt{\frac{s_1^2}{n_1} + \frac{s_2^2}{n_2}}} \qquad (266)$$

$$f = \frac{\left(\frac{s_1^2}{n_1} + \frac{s_2^2}{n_2}\right)^2}{\frac{\left(\frac{s_1^2}{n_1}\right)^2}{n_1 + 1} + \frac{\left(\frac{s_2^2}{n_2}\right)^2}{n_2 + 1}} - 2 \qquad (267)$$

Der berechnete f-Wert wird dann gerundet.

Integral der t-Verteilung = S%(t=TAU, f)

oder $t = e^{ax^3 + bx^2 + cx + d}$ mit $x = 1/f$

Anschließend an den Rechengang A oder B erfolgt der Vergleich der Prüfgröße TAU mit den berechneten t-Werten für S = 95%, S = 99% und S = 99,9%. Oder man berechnet mit t = TAU und dem berechneten Freiheitsgrad f über das Programm Nr.18 das Integral der t-Verteilung. Entscheidung wie auf S.431 angegeben.

Da für den "kompletten" t-Test auch der F-Test vorab durchgeführt werden muß, kann man es sich zunutze machen, daß die t-Verteilung eigentlich nur ein Spezialfall der F-Verteilung ist. Einer Fläche unter der t-Verteilung in den Grenzen -t und +t mit dem Freiheitsgrad f entspricht eine Fläche unter der F-Verteilung zwischen 0 und $F = t^2$ und den Freiheutsgraden $f_1 = 1$ und $f_2 = f$. Zwischen beiden Verteilungen gilt also der Zusammenhang: $F = t^2$, $f_1 = 1$ und $f_2 = f$.

Eine ausführliche Darstellung des Testablaufs sowie der Testvoraussetzungen findet man bei Sachs (4) "Angewandte Statistik" sowie in dem Buch "Elementare Tests zur Beurteilung von Meßdaten" von R.Kaiser und G.Gottschalk (20).

Bei dem Vergleich zweier Mittelwerte sind 2 Fälle zu unterscheiden, die einseitige und die zweiseitige Fragestellung.

a) Zweiseitige Fragestellung

In diesem Fall soll geprüft werden, ob sich μ_1 und μ_2 überhaupt unterscheiden bzw. ob ein systematischer Unterschied zwischen $\overline{x}_1$ und $\overline{x}_2$ überhaupt vorhanden ist. Es interessiert also hier nicht, ob $\mu_1 > \mu_2$ oder umgekehrt $\mu_2 > \mu_1$ ist. Die statistische Sicherheit für diesen "überhaupt" vorhandenen Unterschied zwischen μ_1 und μ_2 ist gegeben durch die Fläche unter der t-Verteilung zwischen t = - TAU und t = + TAU. Die Abb.37 verdeutlicht dies:

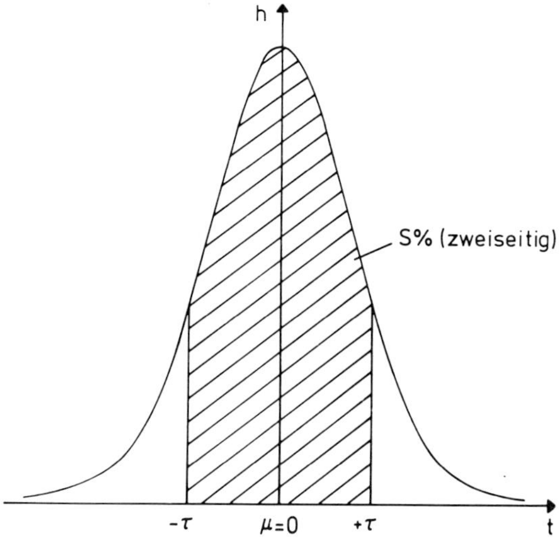

Abb.37 Fläche unter der t-Verteilung beim t-Test mit zweiseitiger Fragestellung

b) Einseitige Fragestellung

Falls die Berechnung der Kenndaten ergibt, daß $\bar{x}_1 > \bar{x}_2$ ist, dann soll diesem Fall geprüft werden, ob auch $\mu_1 > \mu_2$ gilt. Ist umgekehrt $\bar{x}_1 < \bar{x}_2$, dann soll der t-Test mit einseitiger Fragestellung zeigen, ob die Bedingung $\mu_2 > \mu_1$ erfüllt ist. Die entsprechende statistische Sicherheit ist hier durch die Fläche unter der t-Verteilung zwischen - ∞ und + TAU gegeben, wie in Abb.38 dargestellt ist:

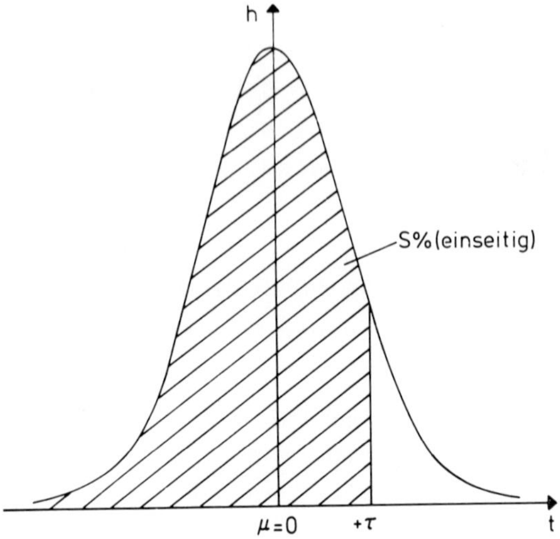

Abb.38 Fläche unter der t-Verteilung beim t-Test mit einseitiger Fragestellung

Bei gegebenem TAU-Wert gilt für den Zusammenhang zwischen den Flächen unter der t-Verteilung bei einseitiger und zweiseitiger Fragestellung:

$$S\%(\text{einseitig}) = 50 + \frac{S\%(\text{zweiseitig})}{2} \qquad (268)$$

Aus den Abbildungen 37 und 38 geht hervor, daß für einen gegebenen TAU-Wert die Fläche unter der t-Verteilung größer ist, wenn nicht ein Test mit zweiseitiger Fragestellung sondern ein Problem mit einseitiger Fragestellung vorliegt. Ist z.B. bei zwei vorliegenden Meßreihen die Bedingung $\overline{x}_1 > \overline{x}_2$ erfüllt, dann kann man die entsprechende Prüfhypothese $\mu_1 > \mu_2$ wesentlich schärfer testen als die "allgemeine" Testhypothese $\mu_1 \neq \mu_2$ (also die These, daß überhaupt ein Unterschied zwischen μ_1 und μ_2 vorliegt). Es sollte daher vor Anwendung des t-Tests stets geprüft werden, ob der allgemeine zweiseitige Test nicht durch einen Test mit einseitiger Fragestellung ersetzt werden kann.

Aus den Abbildungen 37 und 38 geht weiterhin hervor, daß die Fläche unter der t-Verteilung mit steigendem TAU-Wert zunimmt. Je größer also TAU ist, desto größer ist auch die angebbare Sicherheit für eine signifikante Differenz zwischen $\overline{x}_1$ und $\overline{x}_2$.

Wertet man die Gleichungen 263 und 266 aus, dann erkennt man weiterhin, daß - bei gegebener Differenz $\overline{x}_1 - \overline{x}_2$ und gegebenen Streuungen s_1 und s_2 - der TAU-Wert mit steigender Zahl der Meßwerte n_1 und n_2 zunimmt. Für die weitere Betrachtung wollen wir annehmen, daß $n_1 = n_2 = n$ ist. In diesem Fall wird als die Sicherheit dafür größer, daß die Differenz $\overline{x}_1 - \overline{x}_2$ systematisch bedingt ist und nicht nur Zufalls ist, wenn n ansteigt. Dies ist auch verständlich, da mit steigendem n auch die "Zuverlässigkeit" der Mittelwerte $\overline{x}_1$ und $\overline{x}_2$ als Schätzwerte für die "wahren" Werte μ_1 und μ_2 größer wird.

Aus den gemachten Ausführungen ergibt sich die interessante Frage, wieviel Einzelwerte die beiden Meßreihen jeweils aufweisen müssen, um nachweisen zu können, daß eine gegebene Differenz $\overline{x}_1 - \overline{x}_2$ nicht nur zufällig sondern durch irgendeinen systematischen Unterschied in beiden Meßreihen verursacht wird. Das Problem kann durch systematisches Suchen gelöst werden. Man berechnet zunächst für eine gegebene Differenz $\overline{x}_1 - \overline{x}_2$ und gegebene Standardabweichungen s_1 und s_2 für steigende Werte von $n_1 = n_2 = n$ die entsprechenden Werte von TAU. Derjenige n-Wert, für den das Integral der t-Verteilung (Programm Nr.18) dann größer als 99% ist, stellt die Mindestzahl der Einzelwerte dar, die jede Meßreihe aufweisen muß. In Tab.75 sind für einige Werte von n die berechneten Werte für TAU und das entsprechende Integral zusammengestellt, wobei angenommen wird, daß die Differenz der beiden Mittelwerte $= \bar{x}_1 - \bar{x}_2 = 0{,}5$ und die ~~Streuung~~ Varianz in jeder Meßreihe 0,3 beträgt ($s_1^2 = s_2^2$). Grundlage der Berechnung ist dabei die Gl.263.

Tab.75 Abhängigkeit des TAU-Wertes sowie des zugehörigen t-Integrals (zweiseitig) von der Anzahl der Meßwerte $n_1 = n_2 = n$ bei gegebener Differenz $\bar{x}_1 - \bar{x}_2 = 0{,}5$ und gegebenen ~~Streuungen~~ Varianzen $s_1^2 = s_2^2 = 0{,}3$

$n_1 = n_2 = n$	TAU	Fläche S unter der t-Verteilung in Prozent
3	1,12	67,5
4	1,29	75,5
5	1,44	81,2
6	1,58	85,5
10	2,04	94,4
20	2,89	99,4
50	4,56	99,9985
100	6,45	99,999999914
200	9,13	99,999999997
500	14,43	99,999999997

Man erkennt, daß mit steigender Anzahl der Meßwerte die statistische Sicherheit für einen systematischen und nicht zufälligen Unterschied von $\bar{x}_1$ und $\bar{x}_2$ gegen 100% geht. Für die Praxis ergibt sich nun folgende wichtige Regel:

Ein geringer Unterschied zweier arithmetischer Mittelwerte kann nur dann als "statistisch gesichert" angesehen werden, wenn die Anzahl der Einzelwerte in beiden Meßreihen hinreichend groß ist. Nur dann kann man mit genügender Sicherheit nachweisen, daß der vorhandene geringe Unterschied nicht nur zufallsbedingt ist, sondern seine Ursache in einem systematischen Einfluß hat.

Andererseits kann man große Mittelwert-Unterschiede auch noch mit einem kleinen Stichprobenumfang als statistisch gesichert nachweisen.

17.5.2 Rechenprogramm zum t-Test

Das folgende Programm besteht aus 4 Abschnitten.

a) Eingabe der Einzelwerte beider Meßreihen und Bildung folgender Summen:

$$\sum x_1 \, , \quad \sum x_2 \, , \quad \sum x_1^2 \, , \quad \sum x_2^2 \, , \quad n_1 \, , \quad n_2$$

b) Berechnung der Kenndaten $\bar{x}_1$, $\bar{x}_2$, s_1, s_2, n_1 und n_2

c) Berechnung der Testgröße $F = s_1^2/s_2^2$ falls $s_1 > s_2$ bzw. $F = s_2^2/s_1^2$ wenn $s_2 > s_1$ ist (im letzten Fall gilt für die zugehörigen Freiheitsgrade: $f_1 = n_2 - 1$ und $f_2 = n_1 - 1$!!). Test-Entscheidung dann nach den auf S.392 angegebenen Kriterien.

d) Je nach Ausgang des F-Tests Berechnung der Prüfgröße TAU und des Freiheitsgrades f über Rechengang A (Gleichungen 263-265) bzw. Rechengang B (Gleichungen 266+267).

Die Test-Entscheidung muß dann über die Integration der t-Verteilung bzw. die Berechnung der t-Werte erfolgen.

Programm Nr.30 Vergleich zweier Mittelwerte (t-Test)

Rechnermodell: Compucorp 327

Speicherbelegung:

RCL 0 1	=	$\sum x_1$
RCL 0 2	=	$\sum x_1^2$
RCL 0 3	=	n_1
RCL 0 4	=	$\sum x_2$
RCL 0 5	=	$\sum x_2^2$
RCL 0 6	=	n_2
RCL 0 7	=	$\bar{x}_1$
RCL 0 8	=	$\bar{x}_2$
RCL 0 9	=	s_1
RCL 1 0	=	s_2
RCL 1 1	=	F
RCL 1 2	=	f_1
RCL 1 3	=	f_2
RCL 1 4	=	TAU
RCL 1 5	=	f
RCL 1 6	=	s_1^2/n_1
RCL 1 7	=	s_2^2/n_2

Das Programm ist so ausgelegt, daß automatisch geprüft wird, welche der beiden Streuungen s_1 und s_2 größer ist.

Schritt-Nr.	Befehle	Erläuterungen
1	0	Löschen der Register für die Bildung von $\sum x_1$, $\sum x_1^2$, n_1, $\sum x_2$, $\sum x_2^2$ und n_2
2	STO 01	
3	STO 02	
4	STO 03	
5	STO 04	
6	STO 05	
7	STO 06	
8	LABEL 1	
9	1.1	Ausgabe von i.1 als Kennzahl i = lfd. Nr. des einzugebenden Wertes der 1. Meßreihe
10	RCL + 03	
11	KENNZAHL	
12	STOP	Eingabe x_i der 1. Meßreihe
13	STO + 01	$\sum x_1$
14	x^2	x^2
15	STO + 02	$\sum x_1^2$
16	1	$n_1 := n_1 + 1$
17	STO + 03	
18	JUMP 1	Rücksprung nach LABEL 1
19	LABEL 2	
20	1.2	Ausgabe von i.2 als Kennzahl i = lfd. Nr. des einzugebenden Wertes der 2. Meßreihe
21	RCL + 06	
22	KENNZAHL	
23	STOP	Eingabe x_i der 2. Meßreihe
24	STO + 04	$\sum x_2$
25	x^2	x^2
26	STO + 05	$\sum x_2^2$
27	1	$n_2 := n_2 + 1$
28	STO + 06	
29	JUMP 2	Rücksprung nach LABEL 2

Ende des Eingabeteils

Fortsetzung von Programm Nr.30

Vergleich zweier Mittelwerte

Schritt-Nr.	Befehle	Erläuterungen
30	LABEL 3	
31	RCL 01	$\bar{x}_1 = \frac{\sum x_1}{n_1} \longrightarrow$ STO 07
32	RCL : 03	
33	STO 07	
34	RCL 04	$\bar{x}_2 = \frac{\sum x_2}{n_2} \longrightarrow$ STO 08
35	RCL : 06	
36	STO 08	
37	RCL 02	
38	-	$\sum x_1^2 - \frac{1}{n_1} (\sum x_1)^2$
39	RCL 01	
40	x^2	
41	RCL : 03	
42	:	
43	(	
44	RCL 03	
45	-	$n_1 - 1$
46	1	
47	)	
48	=	
49	$\sqrt{\ }$	$s_1 \longrightarrow$ STO 09
50	STO 09	
51	RCL 05	
52	-	$\sum x_2^2 - \frac{1}{n_2} (\sum x_2)^2$
53	RCL 04	
54	x^2	
55	RCL : 06	
56	:	
57	(	
58	RCL 06	
59	-	$n_2 - 1$
60	1	
61	)	

Fortsetzung von Programm Nr.30
Vergleich zweier Mittelwerte

Schritt-Nr.	Befehle	Erläuterungen
62	=	
63	$\sqrt{\ }$	$s_2 \longrightarrow$ STO 10
64	STO 10	
65	RCL 09	Berechnung von $s_1 - s_2$. Wenn $s_1 - s_2$ kleiner als Null ist, dann ist auch $s_1 < s_2$. In diesem Fall Sprung nach LABEL 4. Tritt die Bedingung nicht ein $(s_1 > s_2)$, dann weiter mit Schritt 68
66	RCL - 10	
67	JUMP - 4	
68	RCL 09	$F = \frac{s_1^2}{s_2^2} \longrightarrow$ STO 11
69	RCL : 10	
70	x^2	
71	STO 11	
72	RCL 03	$f_1 = n_1 - 1 \longrightarrow$ STO 12
73	-	
74	1	
75	=	
76	STO 12	
77	RCL 06	$f_2 = n_2 - 1 \longrightarrow$ STO 13
78	-	
79	1	
80	=	
81	STO 13	
82	JUMP 5	
83	LABEL 4	← (Sprungziel von Schritt 67)
84	RCL 10	$F = \frac{s_2^2}{s_1^2} \longrightarrow$ STO 11
85	RCL : 09	
86	x^2	
87	STO 11	

Fortsetzung von Programm Nr.30

Vergleich zweier Mittelwerte

Schritt-Nr.	Befehle	Erläuterungen
88	RCL 06	
89	-	
90	1	$f_1 = n_2 - 1 \longrightarrow$ STO 12
91	=	
92	STO 12	
93	RCL 03	
94	-	
95	1	$f_2 = n_1 - 1 \longrightarrow$ STO 13
96	=	
97	STO 13	
98	LABEL 5	Berechnung der Prüfgrößen TAU und der Freiheitsgrade f Rechengang A
99	RCL 07	
100	RCL - 08	Berechnung von $\left\|\bar{x}_1 - \bar{x}_2\right\|$
101	x-ABSOLUT	
102	STO 14	
103	RCL 03	
104	-	
105	1	$(n_1-1)\ s_1^2$
106	x	
107	RCL 09	
108	x^2	
109	+	
110	(	
111	RCL 06	
112	-	$(n_2-1)\ s_2^2$
113	1	
114	x	
115	RCL 10	
116	x^2	
117	)	

Fortsetzung von Programm Nr.30
Vergleich zweier Mittelwerte

Schritt-Nr.	Befehle	Erläuterungen
118	=	$(n_1-1)s_1^2 + (n_2-1)s_2^2$
119	:	
120	(	
121	RCL 03	
122	RCL + 06	$n_1 + n_2 - 2 = f$
123	-	$\longrightarrow$ STO 15
124	2	
125	)	
126	STO 15	
127	=	
128	$\sqrt{\ }$	
129	STO : 14	
130	RCL 03	$n_1\ n_2$
131	RCL x 06	
132	:	
133	RCL 03	$n_1 + n_2$
134	RCL + 06	
135	=	
136	$\sqrt{\ }$	
137	STO x 14	TAU (Rechengang A)
138	RCL 14	<u>Ausgabe TAU (Rechengang A)</u>
139	STOP	
140	RCL 15	<u>Ausgabe f (Rechengang A)</u>
141	STOP	
142	RCL 09	$s_1^2/n_1 \longrightarrow$ STO 16
143	x^2	
144	RCL : 03	
145	STO 16	
146	RCL 10	
147	x^2	s_2^2/n_2
148	RCL : 06	

Fortsetzung von Programm Nr. 30
Vergleich zweier Mittelwerte

Schritt-Nr.	Befehle	Erläuterungen
149	STO 17	s_2^2/n_2 STO 17
150	RCL 07	
151	RCL - 08	$\bar{x}_1 - \bar{x}_2$
152	x-ABSOLUT	
153	:	
154	RCL 16	$\frac{s_1^2}{n_1} + \frac{s_2^2}{n_2}$
155	RCL + 17	
156	$\sqrt{\ }$	
157	=	
158	STO 14	TAU (Rechengang B)
159	RCL 16	$s_1^2/n_1 + s_2^2/n_2$
160	RCL + 17	
161	x^2	$(s_1^2/n_1 + s_2^2/n_2)^2$
162	:	
163	(	
164	RCL 16	$(s_1^2/n_1)^2$
165	x^2	
166	:	
167	1	$n_1 + 1$
168	RCL + 03	
169	=	$(s_1^2/n_1)^2 / n_1 + 1 = c_1$
170	+	
171	(	
172	RCL 17	$(s_2^2/n_2)^2$
173	x^2	
174	:	
175	1	$n_2 + 1$
176	RCL + 06	
177	)	$(s_2^2/n_2)^2 / n_2 + 1 = c_2$
178	=	$c_1 + c_2$
179	)	
180	=	$(s_1^2/n_1 + s_2^2/n_2) / c_1 + c_2$

Fortsetzung von Prgramm Nr.30
Vergleich zweier Mittelwerte

Schritt-Nr.	Befehle	Erläuterungen
181	-	
182	2	$(s_1^2/n_1 + s_2^2/n_2)/c_1+c_2 - 2$
183	=	
184	STO 15	
185	RCL 14	Ausgabe TAU (Rechengang B)
186	STOP	
187	RCL 15	Ausgabe f (Rechengang B)
188	STOP	
189	RCL 11	Ausgabe F
190	STOP	
191	RCL 12	Ausgabe f_1
192	STOP	
193	RCL 13	Ausgabe f_2
194	STOP	

Ist das Programm für das verwendete Rechnermodell zu umfangreich, so kann man ggf. den Eingabeteil getrennt von der Berechnung der Prüfgrößen programmieren.

Beispiel 35
Zur Herstellung von Absorptionsfiltern für Zählmessungen radioaktiver Präparate werden Aluminiumfolien bestimmter Dicke benötigt. Es stehen zwei Folien zur Verfügung, die angeblich die gleiche Dicke haben. Diese Behauptung wird durch Messungen mit Hilfe einer Mikrometerschraube überprüft. Es werden an jeweils 8 verschiedenen Stellen beider Folien Messungen vorgenommen, wobei sich folgende Meßreihen ergeben (die Sollstärke der beiden untersuchten Folien beträgt 0,1 = 10/100 mm):

Dicke der Folie A (1) (1/100 mm)	Dicke der Folie B (2) (1/100 mm)
x_1 = 10,8	x_1 = 10,9
x_2 = 9,7	x_2 = 10,4
x_3 = 10,2	x_3 = 10,6
x_4 = 9,9	x_4 = 10,8
x_5 = 10,9	x_5 = 10,8
x_6 = 10,2	x_6 = 10,2
x_7 = 9,7	x_7 = 10,5
x_8 = 10,0	x_8 = 10,7

Führt man mit den Daten den Ausreißertest nach Nalimov durch, dann zeigt sich, daß die Einzelwerte für die 1.Meßreihe frei von Ausreißern sind. In der 2.Meßreihe kann der Wert x_6 = 10,2 nur mit einer Wahrscheinlichkeit von 95,03% als Ausreißer identifiziert werden. Da der Meßwert somit nur sehr bedingt als Ausreißer angesehen werden kann (unterhalb von 95% wird ein Meßwert nicht mehr als Ausreißer interpretiert), wird der Wert x_6 = 10,2 mit in die Berechnung einbezogen.

Durch Anwendung des Programms Nr.15 ergeben sich folgende Kenndaten für beide Meßreihen:

Folie A (1)	Folie B (2)
$\bar{x}_1$ = 10,1750	$\bar{x}_2$ = 10,6125
s_1 = 0,4590	s_2 = 0,2356
n_1 = 8	n_2 = 8

Folgende Fragen sollen beantwortet werden:

a) Ist die Dicke der Folie A oder die der Folie B gleichmäßiger bzw. unterscheiden sich beide Folien in der Gleichmäßigkeit der Dicke ?

b) Sind die mittleren Dicken beider Folien gleich ?

Während zur Beantwortung der Frage a) der F-Test durchgeführt werden muß, ist zur Lösung der Frage b) ein t-Test erforderlich, der wiederum das Ergebnis des F-Tests voraussetzt.

Programmablauf für das Programm Nr.30:

I. Eingabe der Meßwerte der Gruppe 1 (Folie A)

[JUMP] [START] [START]

Eingabe	Anzeige
	1. 1
Eingabe $x_1 = 10,8$	10.8000
[START]	
	2. 1
Eingabe $x_2 = 9,7$	9.7000
[START]	
⋮	⋮
	8. 1
Eingabe $x_8 = 10,0$	10.0000
[START]	
	9. 1

Ende der Eingabe der Meßwerte der 1.Gruppe (Folie A)

II. Eingabe der Meßwerte der Gruppe 2 (Folie B)

[JUMP] [2] [START]

	1.2
Eingabe x_1 = 10,9	10.9000
START	
	2.2
Eingabe x_2 = 10,4	10.4000
START	
⋮	⋮
	8.2
Eingabe x_8 = 10,7	10.7000
START	
	9.2

Ende der Eingabe der Meßwerte der 2.Gruppe (Folie B)

III. Berechnung der Testgrößen

JUMP 3 START

Ausgabe TAU, Rechengang A	2.3981
START	
Ausgabe f, Rechengang A	14.0000
START	
Ausgabe TAU, Rechengang B	2.3981
START	
Ausgabe f, Rechengang B	11.4359

[START]

Ausgabe F 3.7942

[START]

Ausgabe f_1 7.0000

[START]

Ausgabe f_2 7.0000

Um jetzt zu entscheiden, ob die nach Rechengang A oder die nach Rechengang B berechnete Prüfgröße TAU bzw. der entsprechende Freiheitsgrad f für den t-Test anzuwenden ist, muß zunächst aus den berechneten Größen F, f_1 und f_2 entweder das Integral der F-Verteilung berechnet werden (Programm Nr.29). Oder man vergleicht den F-Wert mit den Signifikanzschranken für 95, 99 und 99,9% (Abschn. 17.4.3; Gleichungen 252-262).

Das Programm Nr.29 liefert für die Fläche unter der F-Verteilung:

$$S = 95{,}0225\%.$$

Damit ist S nur wenig größer als 95% und es erscheint die Entscheidung zugunsten eines systematischen Unterschiedes zwischen s_1 und s_2 ($\sigma_1 \neq \sigma_2$) nicht gerechtfertigt. Es ist daher der Rechengang A zu wählen, bzw. es sind die nach dem Rechengang A ermittelten Werte für TAU und f für die Test-Entscheidung heranzuziehen.

Das Programm Nr.18 liefert mit t = TAU = 2,3981 und f = 14 den Flächenwert

$$S = 96{,}9019\%.$$

Da also S zwar größer als 95% aber kleiner als 99% ist, kann somit ein systematischer Unterschied zwischen $\bar{x}_1$ und $\bar{x}_2$, d.h. zwischen den mittleren Dicken der beiden Folien, nur als "wahrscheinlich" angesehen werden. Ein sicherer Nachweis dafür, daß die zwei Meßreihen aus zwei verschiedenen Grundgesamtheiten stammen ($\mu_1 \neq \mu_2$), ist somit nicht möglich. Dazu wären weitere Messungen notwendig.

Angenommen, man hätte die o.g. Kenndaten $\bar{x}$ und s aus 20 Einzelwerten je Meßreihe enthalten. Dann würde gelten:

Folie A (1)	Folie B (2)
$\bar{x}_1 = 10{,}1750$	$\bar{x}_2 = 10{,}6125$
$s_1 = 0{,}4590$	$s_2 = 0{,}2356$
$n_1 = 20$	$n_2 = 20$

Würde man jetzt den F-Test durchführen, dann ergäbe sich unter Anwendung des Programms Nr.29 mit $F = 3{,}7942$, $f_1=20-1=19$ und $f_2=20-1=19$ für die Fläche zwischen 0 und F ein Wert von 99,7%. Damit wäre ein "statistischer Unterschied" zwischen den Streuungen s_1 und s_2 ($\sigma_1 \neq \sigma_2$) gesichert nachgewiesen. Somit muß für den t-Test der Rechengang B angewandt werden (Gleichungen 266 u.267). Hiermit wird nochmals gezeigt: Wenn aus einer Reihe von gegebenen Einzelwerten ein Unterschied zwischen den entsprechenden Streuungen, die den Grundgesamtheiten der Meßreihen zugrunde liegen, ermittelt wird, so ist damit noch keine Aussage über das tatsächliche Vorhandensein oder Nicht-Vorhandensein eines Unterschiedes möglich. Vielmehr kann man einen möglichen Unterschied nur mit einer gewissen Wahrscheinlichkeit angeben.

Über die Gleichungen 266 und 267 ergibt sich für die Testgrößen:

$$TAU = 3{,}7922 \quad \text{und} \quad f = 29{,}34 \approx 29 .$$

Das Programm Nr.18 liefert dann für die Fläche unter der t-Verteilung: S = 99,9%. Damit ist die Sicherheit für einen systematischen Unterschied zwischen $\bar{x}_1$ und $\bar{x}_2$ ~~noch geringer als~~ etwa so groß wie bei den 8 Werten je Meßreihe.

Würde man bei einer Erhöhung der Anzahl der Einzelwerte je Meßreihe auch andere Kenndaten erhalten - der in der Praxis weitaus häufigere Fall -, dann würde sich u.U. auch das Test-Ergebnis ändern.

Für die vorliegenden 8 Einzelwerte je Meßreihe folgt jedenfalls: Eine Differenz zwischen σ_1 und σ_2 kann nur als "wahrscheinlich" angesehen, nicht jedoch mit Sicherheit nachgewiesen werden (und zwar im Sinne der Entscheidungs-Kriterien für den F-Test). Es läßt sich also nicht behaupten, daß die beiden untersuchten Folien sich in der Gleichmäßigkeit der Dicke unterscheiden. Ebenso kann auch die mittlere Dicke der beiden Folien nur als "wahrscheinlich unterschiedlich" interpretiert werden. Dies bedeutet, daß die gefundene Differenz in der Dicke der beiden Folien nur unter starkem Vorbehalt als nicht-zufällig bzw. systematisch bedingt interpretiert werden kann. Um auch hier zu einer eindeutigeren Aussage zu gelangen, müßten weitere Messungen je Meßreihe durchgeführt werden.

Beispiel 36

Für bestimmte Zwecke wird möglichst wasserfreies n-Hexan benötigt, z.B. als Elutionsmittel in der Hochdruck-Flüssigchromatographie. Es sein angenommen, daß in einem Labor 2 Chargen n-Hexan zur Verfügung stehen. Es soll nur diejenige verwendet werden, die den geringeren Wassergehalt aufweist. Die Wasserbestimmung erfolgt über eine Titration nach Karl-Fischer (21). Es werden je Charge 8 Titrationen durchgeführt und folgende Wassergehalte in Prozent erhalten:

Charge 1		Charge 2	
x_1 = 0,11 %	x_5 = 0,08 %	x_1 = 0,17 %	x_5 = 0,19 %
x_2 = 0,13 "	x_6 = 0,10 "	x_2 = 0,12 "	x_6 = 0,16 "
x_3 = 0,09 "	x_7 = 0,11 "	x_3 = 0,13 "	x_7 = 0,14 "
x_4 = 0,14 "	x_8 = 0,12 "	x_4 = 0,15 "	x_8 = 0,17 "

Es soll geklärt werden, ob beide Chargen den gleichen oder einen unterschiedlichen Wasssergehalt aufweisen. Mit Hilfe des Ausreißertests nach Graf und Henning (Abschn. 17.2.2) sowie des Tests nach Nalimov (Abschn. 17.2.3) kann man zeigen, daß die Daten ausreißerfrei sind. Der Test nach Neumann (17.3) zur Feststellung eines Trends beweist, daß ein systematisches Ansteigen bzw. Abnehmen der Einzelwerte je Meßreihe ebenfalls nicht vorliegt.

Aus den vorhandenen Daten dürfen daher die Kenndaten $\bar{x}$, s und n ermittelt werden:

Charge 1	Charge 2
$\bar{x}_1$ = 0,110 %	$\bar{x}_2$ = 0,154 %
s_1 = 0,020 "	s_2 = 0,023 "
n_1 = 8	n_2 = 8

Danach scheint der Gehalt der Charge 2 an Wasser größer zu sein. Für den F-Test ergibt sich dann, da $s_2 > s_1$ ist:

$$F = \frac{s_2^2}{s_1^2} = 1,35 \quad \text{und} \quad f_1 = n_2 - 1 = 8 - 1 = 7$$

$$\text{sowie } f_2 = n_1 - 1 = 8 - 1 = 7 \ .$$

Die Integration der F-Verteilung liefert dann S = 65,0 %. Damit ist der Unterschied zwischen s_1 und s_2 rein zufällig. Für den t-Test ist also Rechengang A anzuwenden.

Da hier nur geprüft werden soll, ob $\bar{x}_2$ nur zufällig oder auf Grund irgendeines systematischen Einflusses größer als $\bar{x}_1$ ist, liegt hier ein Problem mit einseitiger Fragestellung vor. Die Anwendung der Gleichungen 263-265 liefert zunächst:

$$TAU = 4,03 \quad \text{und} \quad f = 14 \ .$$

Daraus ergibt sich bei Anwendung von Programm Nr.18 für die Fläche unter der t-Verteilung zwischen -TAU und +TAU: S=99,88%.

Nach Gl.268 gilt für die statistische Sicherheit der Bedingung $\overline{x}_2$ systematisch größer als $\overline{x}_1$:

$$S(\text{einseitig}) = 50 + \frac{99,88}{2} = 99,94\ \%.$$

Damit ist eindeutig nachgewiesen, daß der Wassergehalt der Charge 2 im Mittel größer als der Gehalt der Charge 1 ist.

17.5.3 Stichprobenumfang beim Vergleich zweier Mittelwerte

Mit Hilfe des t-Tests ist es - wie bereits erwähnt - möglich, den Einfluß von Parametern auf eine Meßgröße festzustellen. Will man z.B. prüfen, ob die Schwingungsdauer eines Pendels abhängig ist von dem geographischen Ort, an dem der Versuch durchgeführt wird (unterschiedlicher Einfluß der Erdbeschleunigung), dann geht man folgendermaßen vor: An zwei möglichst weit auseinander liegenden Orten wird die Schwingungsdauer jeweils mehrmals gemessen. Mit den so erhaltenen zwei Reihen von Einzelwerten führt man zunächst den F-Test durch. Dieser wird vermutlich so ausfallen, daß ein Unterschied in den Streuungen der beiden Meßreihen nicht nachweisbar ist. Man kann den t-Test nach Student (Rechengang A, Gleichungen 263 -265) anwenden. Zeigt sich, daß die beiden Mittelwerte $\overline{x}_1$ und $\overline{x}_2$ sich systematisch unterscheiden, dann liegt irgendein Einfluß vor, der bewirkt, daß die Meßwerte der einen Meßreihe systematisch größer bzw. kleiner als die Werte der anderen Reihe sind. Dieser Einfluß könnte z.B. die an verschiedenen Orten tatsächlich unterschiedliche Erdbeschleunigung sein.
Da aber andererseits dieser Unterschied zwar meßbar, jedoch nur relativ gering sein dürfte, werden sich wahrscheinlich die beiden Mittelwerte $\overline{x}_1$ und $\overline{x}_2$ ebenfalls nur wenig unterscheiden. Da man die Streuung des "Meßverfahrens" als bekannt voraussetzen kann, ergibt sich daher folgende Frage:

Wieviele Einzelwerte muß jede Meßreihe aufweisen, damit

ein gegebener Unterschied $|\mu_1 - \mu_2|$ bei einer ebenfalls vorbenen Streuung mit einer vorbestimmten statistischen Sicherheit nachgewiesen werden kann ?

Dazu muß der Ausdruck

$$d = \sqrt{\frac{8 \cdot t^2_{f=2n-2,S\%} \cdot s_o^2}{n}} \qquad (269)$$

für n = 2, 3, 4, 5 usw. solange bestimmt werden, bis der berechnete d-Wert kleiner als die vorgegebene Schranke $|\mu_1 - \mu_2|$ ist (22). Dabei wird für beide Meßreihen der gleiche Umfang n angenommen. Ist die Bedingung $d < |\mu_1 - \mu_2|$ erfüllt, dann ist der entsprechende n-Wert der Mindest-Stichprobenumfang, den jede Meßreihe aufweisen muß, damit die Differenz der beiden Mittelwerte mit der statistischen Sicherheit S% nachgewiesen werden kann. Dieses Problem ist ähnlich wie die in Abschn.14 beschriebene Berechnung des Stichprobenumfangs für einen vorgegebenen Vertrauensbereich.

Die Berechnung von t kann auch hier über die Beziehung

$$t = \exp(d + x(c + x(b + ax)))$$

mit $x = 1/f$ und in diesem Fall $f = 2n - 2$ erfolgen. Die Konstanten a,b,c und d sind von der gewählten Größe von S% abhängig und können der Tab.58 entnommen werden.

Programm Nr.31 Stichprobenumfang zum Vergleich zweier Mittelwerte

Speicherbelegung:

RCL 1	= a	RCL 6	= t
RCL 2	= b	RCL 7	= n
RCL 3	= c	RCL 8	= $\lvert\mu_1 - \mu_2\rvert$
RCL 4	= d	RCL 9	= x = 1/f
RCL 5	= s_o		

Schritt-Nr.	Befehle	Erläuterungen
1	2	$n = 2$
2	STO 7	
3	LABEL 1	
4	RCL 7	
5	x	
6	2	$x = 1/f = 1/2n-2 \longrightarrow$ STO 9
7	-	
8	2	
9	=	
10	1/x	
11	STO 9	
12	RCL x 1	ax
13	RCL + 2	$b + ax$
14	RCL x 9	$x(b + ax)$
15	RCL + 3	$c + x(b + ax)$
16	RCL x 9	$x(c + x(b + ax))$
17	RCL + 4	$d + x(c + x(b + ax))$
18	e^x	$\exp\ d + x(c + x(b + ax)) = t$
19	STO 6	$t \longrightarrow$ STO 6
20	x^2	t^2
21	x	
22	8	$8\ t^2$
23	x	
24	RCL 5	s_o^2
25	x^2	
26	=	$8\ t^2\ \ s_o^2$
27	:	
28	RCL 7	$8 \cdot t^2 \cdot s_o^2\ /\ n$
29	=	
30	$\sqrt{\ }$	d

Fortsetzung von Programm Nr.31
Stichprobenumfang zum Vergleich
zweier Mittelwerte

Schritt-Nr.	Befehle	Erläuterungen
31	-	Berechnung von $d - (\|\bar{x}_1-\bar{x}_2\|)$.
32	RCL 8	Ist $d - (\|\bar{x}_1-\bar{x}_2\|) < 0$, dann
33	=	ist auch $d<\|\bar{x}_1-\bar{x}_2\|$ LABEL 2.
34	JUMP - 2	Sonst weiter mit Schritt 35
35	1	n:= n + 1
36	STO + 7	
37	JUMP 1	Rücksprung nach LABEL 1
38	LABEL 2	
39	RCL 7	Ausgabe von $n_{mindest}$
40	STOP	

Beispiel 37
Bei der Prüfung der Abhängigkeit der Schwingungsdauer eines Pendels vom geographischen Ort soll dem Meßverfahren eine Streuung von 0,1% rel. zugrunde liegen. Die mittlere Schwingungsdauer betrage etwa 2 sec, so daß sich eine Streuung von ca. 0,002 sec ergibt.
Wie groß muß der Stichprobenumfang für zwei Meßreihen jeweils sein, um einen Unterschied von 1/1000 sec. in den mittleren Schwingungsdauern mit 99% Sicherheit festzustellen, wenn der Versuch an zwei geographisch verschiedenen Orten durchgeführt wird.

Programmablauf:
Bevor man das Programm startet, sind folgende Werte abzuspeichern:

a = -0,614998 STO 1 c = 1,875614 STO 3

b = 1,946116 STO 2 d = 0,946832 STO 4

$s_o = 0{,}002$ STO 5

$|\mu_1 - \mu_2| = 0{,}001$ STO 8

0 STO 7

Nach Eingabe der Konstanten a,b,c,d und der Werte für s_o und $|\mu_1 - \mu_2|$: [JUMP] [START] [START]

Ausgabe $n_{mindest}$ 215.0000

Führt man also je Meßreihe mindestens 215 Einzelmessungen durch, dann ist sichergestellt, daß eine Differenz der beiden "wahren" Mittelwerte von 0,001 mit 99% Wahrscheinlichkeit noch nachgewiesen werden kann.

Wie man erkennt, ist für die geforderte Präzision bzw. Richtigkeit des Ergebnisses ein erheblicher Meßaufwand erforderlich. Was kann man tun, um diesen Aufwand herabzusetzen ? Eine Möglichkeit besteht darin, die statistische Sicherheit zu senken. Für bestimmte Problemstellungen ist es durchaus die Frage, ob eine Sicherheit von 99% notwendig ist.

Eine weitere und eigentlich auch effektivere Lösung des Problems ist die Herabsetzung der Streuung. Man muß also ein entweder neues Verfahren finden oder aber den Versuchsablauf so verbessern, daß der Wert $s_o = 0{,}002$ verkleinert wird. Für einige Werte von S%(statistische Sicherheit) und s_o (Streuung) ist in der folgenden Zusammenstellung der entsprechende Wert für $n_{mindest}$ angegeben.

S% \ s_o	0,002	0,001	0,0005	0,0002
99	215	56	16	5
95	125	32	9	3
90	88	23	7	3
80	54	14	5	2

Man erkennt deutlich, daß eine Verkleinerung der Streuung wesentlich effektiver ist als eine Herabsetzung der statistischen Sicherheit.

17.6 Vergleich Mittelwert-Sollwert

Will man prüfen, ob der arithmetische Mittelwert $\bar{x}$ einer Reihe von n Einzelwerten "statistisch" mit einem vorgegebenen Sollwert M übereinstimmt, dann ist die folgende Test-Größe zu bilden:

$$TAU = \frac{|\bar{x} - M|}{s}\sqrt{n} \qquad (270)$$

Mit der berechneten Größe TAU und dem Freiheitsgrad f = n - 1 ist dann entweder die t-Verteilung zu integrieren. Oder man vergleicht den TAU-Wert mit den nach Gl.58 ermittelten t-Werten für die Sicherheit 95,99 und 99,9%. Die Test-Entscheidung wird dann analog zu den für den t-Test angegebenen Kriterien vorgenommen.

Auf die Erstellung eines Programms sei hier wegen der Einfachheit der Formel verzichtet.

Beispiel 38

Wir wollen auf das Beispiel 35 zurückgreifen: Vergleich der mittleren Dicke zweier Aluminiumfolien. Für die Meßreihe A ergab sich:

$\bar{x}$ = 10,1750 (1/100 mm)

s = 0,4590 "

n = 8

Es soll geprüft werden, ob die mittlere Dicke von dem eingegebenen Sollwert M = 10/100 mm systematisch oder nur zufällig abweicht. Mit den angegebenen Kenndaten folgt:

$$TAU = \frac{|10{,}1750 - 10{,}0000|}{0{,}4590} \sqrt{8} = 1{,}078$$

Mit f = n - 1 = 8 - 1 = 7 erhält man für das t-Integral S = 68,3%. Damit ist ein Unterschied der mittleren Dicke der Folie A aus den gegebenen Einzelwerten statistisch nicht nachweisbar, da S = 68,3% $<$ 95% ist. Das gleiche Ergebnis würde man erhalten, wenn man zunächst die Signifikanzschranken der t-Verteilung berechnet. Über das Programm Nr.17 ergeben sich für S = 95%, 99% und 99,9% sowie f = 7 folgende t-Werte (in Klammern die Tabellenwerte):

t(95) = 2,36 (2,37)

t(99) = 3,50 (3,50)

t(99,9) = 5,42 (5,41)

Da TAU $<$ t(95) ist, folgt auch hieraus: Die Annahme, daß die Unterschiede zwischen dem Mittelwert $\bar{x}$ und dem Sollwert M nur zufallsbedingt sind, kann "statistisch gesehen" nicht widersprochen werden.

Wendet man Gl.270 jedoch auf die Kenndaten der Folie B an, dann ergibt sich ein anderes Bild:

$\bar{x}_B$ = 10,6125 (1/100 mm)

s_B = 0,2356 "

n_B = 8

Aus diesen Werten folgt TAU = 7,353. Die Integration der t-Verteilung mit f = 7 liefert hier S = 99,98%. Bei der Folie B weicht somit die mittlere Dicke statistisch stark gesichert von dem Sollwert M = 10,0000 (1/100 mm) ab, da TAU größer als t(99,9) = 5,42 ist bzw. S größer als 99,9% ist.

Mit dem angegebenen Test lassen sich absolute systematische Fehler nachweisen, was an dem Beispiel "Standardisierung einer analytischen Bestimmungsmethode" erläutert werden soll.

Bei der Prüfung einer analytischen Bestimmungsmethode führt man mehrere Modellanalysen durch, d.h. man legt verschiedene genau bekannte Mengen x der zu untersuchenden Substanz vor und führt anschließend die Analyse unter den Bedingungen durch, die auch bei der Analyse einer Probe mit unbekanntem Gehalt gelten. Anschließend vergleicht man die gefundenen Werte mit der jeweils vorgelegten Substanzmenge.

Es ist zu erwarten, daß die wiedergefundenen Mengen nicht genau mit den vorgelegten Mengen übereinstimmen. Die Abweichungen können nun entweder auf zufälligen Streuungen der Meßwerte beruhen, können aber auch systematisch bedingt sein. Es sind auch beide Einflüsse gleichzeitig möglich. Ein Test auf absolute systematische Abweichungen der wiedergefundenen Werte von den vorgegebenen Werten könnte so aussehen , daß man die entsprechenden Differenzen graphisch gegen die jeweils vorgelegten Substanzmengen aufträgt. Streuen die erhaltenen Punkte unregelmäßig um die Abszisse, dann kann man davon ausgehen, daß die Abweichungen nur zufallsbedingt sind. Ist dagegen eine Tendenz zu erkennen (indem z.B. die Differenz Wiedergefundener Wert - Vorgelegter Wert immer nur größer als Null oder nur kleiner als Null ist), dann kann man davon ausgehen, daß irgendein systematischer Einfluß die Abweichungen hervorgerufen hat. Es kommen hier etwa falsch eingestellte Maßlösungen als Ursache in Frage oder eingeschleppte Verunreinigungen, die eine höhere wiedergefundene Menge vortäuschen u.a.m.

Der entsprechende rechnerische Test läuft auf einen Vergleich der mittleren Abweichung zwischen gefundenen und gegebenen Werten (= arithmetisches Mittel der Differenzen) mit dem Wert 0 hinaus. Der in Gl.270 angegebene Wert $\overline{x}$ entspricht also dem arithmetischen Mittelwert $\overline{d} = \frac{1}{n} \sum (y_i - x_i)$, wenn y die gefundenen und x die vorgebenen Werte sind. Hierbei ist zu beachten, daß die Differenzen vorzeichengerecht eingesetzt werden müssen.

Der Ansatz beruht auf der Überlegung, daß die Summe der Abweichungen (vorzeichengerecht !) der Einzelwerte vom arithmetischen Mittel gleich Null sein muß. Es ist für den Test auf absolute systematische Fehler also die Prüfgröße

$$TAU = \frac{\overline{d}}{s_d}\sqrt{n} \qquad (271)$$

zu bilden. Dabei gilt:

$$\overline{d} = \frac{1}{n}\sum(y_i - x_i)$$

und $$s_d = \sqrt{\frac{\sum(y_i - x_i)^2}{n - 1}} \quad .$$

Die Test-Entscheidung erfolgt dann analog zu den beim t-Test geltenden Kriterien.

17.7 Differenzen-t-Test

Bei dem in Abschn. 17.6 behandelten t-Test zum Vergleich zweier Mittelwerte wird u.a. vorausgesetzt, daß die beiden Meßreihen unabhängig voneinander sind. Gehören jedoch die Werte aus den beiden Meßreihen immer paarweise zusammen (also x_{A1} und x_{B1}, x_{A2} und x_{B2} usw.), dann muß der sog. Differenzen-t-Test für verbundene Stichproben angewandt werden. Der Fall ist immer dann gegeben, wenn zwei unter verschiedenen Bedingungen an der gleichen Probe erhaltene Meßwerte vorliegen. Vergleicht man beispielsweise zwei unterschiedliche Extraktionsmittel an verschiedenen Proben, die wechselnde Mengen des zu extrahierenden Stoffes enthalten, dann gehören immer die an einer Probe durchgeführten 2 Messungen zusammen. Ein anderes Beispiel ist der Vergleich zweier Analysenverfahren an mehreren Proben, die den gesuchten Stoff in unterschiedlichen Mengen enthalten.

Für den Differenzen-t-Test gelten folgende Voraussetzungen

bzw. Regeln:

a) Von beiden Meßreihen muß die gleiche Anzahl von Werten vorliegen ($n_A = n_B$).

b) Die Differenzen der paarweise zugeordneten Werte müssen normalverteilt sein. Dies gilt nicht für die Einzelwerte selbst. Wenn diese nicht normalverteilt sind, die Differenzen aber einer Gauß-Verteilung gehorchen, dann kann man dennoch den Differenzen-t-Test durchführen.

c) Die Standardabweichungen beider Meßreihen müssen im statistischen Sinne nicht unbedingt gleich sein. Durch die Differenzen-Bildung wird der Einfluß von Streuungen innerhalb einer Meßreihe umgangen.

Für den Differenzen-t-Test gilt, daß man mit ihm systematische Unterschiede zwischen paarweise zugeordneten Meßwerten wesentlich leichter bzw. effizienter nachweisen kann als das mit dem Student'schen t-Test möglich ist ! Teilweise kann mit Hilfe des Differenzen-t-Tests ein Unterschied der Mittelwerte zweier Meßreihen bei paarweise zugeordneten Meßwerten "statistisch stark gesichert" nachgewiesen werden, während sich die Nullhypothese der Gleichheit bei Anwendung des "normalen" t-Tests als nicht widerlegbar erweist.

Zur Durchführung des Tests bildet man zunächst die folgende Prüfgröße:

$$\mathrm{TAU} = \frac{\left|\bar{x}_A - \bar{x}_B\right|}{\sqrt{\dfrac{\sum(\Delta x_i)^2 - \frac{1}{n}\left(\sum \Delta x_i\right)^2}{n-1}}}\sqrt{n} \qquad (272)$$

Dabei gilt:

$$\Delta x_i = x_{Ai} - x_{Bi}$$

und $\sum \Delta x_i = (x_{A1} - x_{B1}) + (x_{A2} - x_{B2}) + \dots + (x_{An} - x_{Bn})$

sowie $\sum(\Delta x_i)^2 = (x_{A1}-x_{B1})^2 + (x_{A2}-x_{B2})^2 + \ldots + (x_{An}-x_{Bn})^2.$

Der TAU-Wert wird auch hier - wie beim Vergleich Mittelwert / Sollwert - entweder mit den t-Werten für 95%, 99% und 99,9% verglichen. Oder man integriert die t-Verteilung mit t = TAU und f = n - 1 Freiheitsgraden. Die Test-Entscheidung wird auch hier wie beim t-Test durchgeführt (Kriterien siehe S.431f.).

Programm Nr.32 Differenzen-t-Test zum Vergleich von Mittelwerten aus zwei voneinander abhängigen Meßreihen

(Rechnermodell: Compucorp 326)

Speicherbelegung:

RCL	0	=	n
RCL	1	=	$\sum x_{Ai}$
RCL	2	=	$\sum x_{Bi}$
RCL	3	=	$\sum x_{Ai}^2$
RCL	4	=	$\sum x_{Bi}^2$
RCL	5	=	x_{Ai}
RCL	6	=	x_{Bi}
RCL	7	=	$\sum (\Delta x_i)$
RCL	8	=	$\sum (\Delta x_i)^2$
RCL	9	=	TAU

Bei dem folgenden Programm müssen die Meßwerte paarweise eingegeben werden, d.h. also in der Reihenfolge x_{A1}, x_{B1}, x_{A2}, x_{B2}, x_{A3}, x_{B3} usw..

Kann man eindeutig nachweisen, daß die Differenzen nicht normalverteilt sind, dann sollte man besser einen nicht-parametrischen Test wie z.B. den Wilcoxon-Test (4) anwenden.

Schritt-Nr.	Befehle	Erläuterungen
1	0	
2	STO 0	Null-Setzen der Speicher
3	STO 1	für die Bildung von n, $\sum x_{Ai}$,
4	STO 2	$\sum x_{Bi}$, $\sum x_{Ai}^2$, $\sum x_{Bi}^2$, $\sum(\Delta x_i)$
5	STO 3	
6	STO 4	und $\sum(\Delta x_i)^2$.
7	STO 7	
8	STO 8	
9	LABEL 0	
10	1.1	Kennzahl i.1 i = lfd. Nr.
11	RCL + 0	.1 = Gruppe A
12	KENNZAHL	i.1
13	STOP	Eingabe x_{Ai}
14	STO 5	$x_{Ai} \longrightarrow$ STO 5
15	1.2	Kennzahl i.2 i = lfd. Nr.
16	RCL + 0	.2 = Gruppe B
17	KENNZAHL	i.2
18	STOP	Eingabe x_{Bi}
19	STO 6	$x_{Bi} \longrightarrow$ STO 6
20	RCL 5	
21	STO + 1	$\sum x_{Ai}$
22	x^2	
23	STO + 3	$\sum x_{Ai}^2$
24	RCL 6	
25	STO + 2	$\sum x_{Bi}$
26	x^2	
27	STO + 4	$\sum x_{Bi}^2$
28	RCL 5	$\Delta x_i = x_{Ai} - x_{Bi}$
29	RCL - 6	

Fortsetzung von Programm Nr. 32

Differenzen-t-Test

Schritt-Nr.	Befehle	Erläuterungen
30	STO + 7	$\sum(\Delta x_i)$
31	x^2	$\sum(\Delta x_i)^2$
32	STO + 8	
33	1	n: = n + 1
34	STO + 0	
35	JUMP 0	Rücksprung nach LABEL 0
	LABEL 1	
36	RCL 1	$\bar{x}_A = \frac{1}{n} \sum x_A$
37	RCL : 0	
38	STOP	Ausgabe $\bar{x}_A$
39	RCL 2	$\bar{x}_B = \frac{1}{n} \sum x_B$
40	RCL : 0	
41	STOP	Ausgabe $\bar{x}_B$
42	RCL 1	$\lvert\bar{x}_A - \bar{x}_B\rvert$
43	RCL - 2	
44	RCL : 0	
45	x-ABSOLUT	
46	:	
47	(	
48	RCL 8	$\sum(\Delta x_i)^2$
49	-	
50	RCL 7	$\left[\sum(\Delta x_i)\right]^2 / n$
51	x^2	
52	RCL : 0	
53	:	
54	(	
55	RCL 0	n - 1
56	-	
57	1	
58	)	
59	=	

Fortsetzung von Programm Nr.32
Differenzen-t-Test

Schritt-Nr.	Befehle	Erläuterungen
60	$\sqrt{\ }$	
61	)	
62	=	
63	x	
64	RCL 0	$\sqrt{n}$
65	$\sqrt{\ }$	
66	=	TAU
67	STOP	Ausgabe TAU
68	RCL 0	
69	-	f = n - 1
70	1	
71	=	
72	STOP	Ausgabe f

Beispiel 39
Mit einem Pflanzenschutzmittel behandelte Baumwolle soll auf Rückstände untersucht werden. Da die Analysen aus Zeitgründen nicht sofort nach Erhalt der Probe vorgenommen werden können, soll untersucht werden, ob die Lagerung bei Normaltemperatur bzw. bei -20° C einen unterschiedlichen Einfluß auf das Analysenergebnis hat. Dazu werden 8 erhaltene Proben jeweils halbiert und 8 Teilproben bei Normaltemperatur gelagert (Gruppe A) sowie die anderen 8 Teilproben bei -20° C (Gruppe B). Nach einer bestimmten Zeit werden die Analysen durchgeführt und liefern folgende Ergebnisse (mg/kg):

$x_{A1} = 0{,}40 \longleftrightarrow x_{B1} = 0{,}45$ | $x_{A5} = 0{,}25 \longleftrightarrow x_{B5} = 0{,}40$
$x_{A2} = 0{,}15 \longleftrightarrow x_{B2} = 0{,}14$ | $x_{A6} = 0{,}40 \longleftrightarrow x_{B6} = 0{,}53$
$x_{A3} = 0{,}60 \longleftrightarrow x_{B3} = 0{,}85$ | $x_{A7} = 0{,}51 \longleftrightarrow x_{B7} = 0{,}51$
$x_{A4} = 0{,}05 \longleftrightarrow x_{B4} = 0{,}30$ | $x_{A8} = 0{,}19 \longleftrightarrow x_{B8} = 0{,}64$

Programmablauf:

a) [JUMP] [START] [START]

b) [1.1]

Eingabe x_{A1} = 0,40 [0.4000]

[START]

[1.2]

Eingabe x_{B1} = 0,45 [0.4500]

[START]

[2.1]

Eingabe x_{A2} = 0,15 [0.1500]

[START]

[2.2]

Eingabe x_{B2} = 0,14 [0.1400]

[START]

usw. bis alle 8 Wertepaare eingegeben sind.

c) [JUMP] [1] [START]

Ausgabe $\overline{x}_A$ [0.3187]

[START]

Ausgabe $\overline{x}_B$ [0.4775]

[START]

Ausgabe TAU [2.8993]

[START]

Ausgabe f [7.0000]

Durch Integration der t-Verteilung (Programm Nr.18) mit f = 7 und t = TAU = 2,8993 erhält man für die Fläche unter der t-Verteilung zwischen -TAU und +TAU: S = 97,7%. Damit ist ein Unterschied zwischen den Mittelwerten der beiden Gruppen immerhin wahrscheinlich, obwohl die Streuungen der Einzelwerte innerhalb der beiden Meßreihen wesentlich größer sind als die Differenz der beiden Mittelwerte $\bar{x}_A - \bar{x}_B = 0{,}1588$.

Führt man nun mit den gleichen Meßreihen einen "normalen" t-Test durch, so erhält man mit Hilfe des Rechengangs A im Programm Nr.30: TAU = 1,5707. Die Integration der t-Verteilung mit $f = n_A + n_B - 2 = 14$ und t = TAU = 1,5707 liefert dann: S = 86,14%. Ein Unterschied der Mittelwerte $\bar{x}_A$ und $\bar{x}_B$ ist also über den "normalen" t-Test aus den gegebenen Daten statistisch nicht nachweisbar.

Das Ergebnis lautet demnach, daß die unterschiedliche Lagerung der Analysenproben bei Normaltemperatur und bei -20°C wahrscheinlich einen Einfluß auf den Gehalt hat. Denkbar wäre z.B. (da der mittlere Gehalt bei Gruppe A kleiner als bei Gruppe B ist), daß die Lagerung bei Normaltemperatur zu einer teilweisen Zersetzung der Substanz führt.

17.8 λ -Test (Attributive Prüfung)

Die Anwendbarkeit des t-Tests nach Student bzw. des Differenzen-t-Tests ist - neben anderen bereits dargelegten Voraussetzungen - an die Bedingung geknüpft, daß die untersuchte Größe x eine Variable darstellt. Dies bedeutet, daß der Meßwert innerhalb bestimmter durch die Theorie bzw. Praxis vorgegebenen Schranken theoretisch jeden beliebigen Wert annehmen kann, insbesondere also gebrochene Zahlenwerte.

Sehr oft tritt aber das Problem auf, daß das Ergebnis einer Messung nur eine Ja-Nein-Entscheidung ausgedrückt werden kann. Das Ergebnis kann also nicht jeden beliebigen Wert annehmen, sondern nur zwei "Werte", etwa die Alternative Ja-Nein.

Beispiele

a) Sterben Insekten nach Behandlung mit einem Insektizid ?

b) Tritt bei der Anwendung eines blutdrucksenkenden Mittels bei Patienten eine Wirkung ein ?
u.a.m.

Es sei $p = \frac{Z}{N}$ die Wahrscheinlichkeit dafür, daß von N zu untersuchenden Objekten Z Objekte ein bestimmtes Merkmal zeigen. Auf die obigen Beispiele bezogen bedeutet dies:

a) Von N mit einem Insektizid behandelten Insekten sterben nach einer bestimmten Zeit genau Z Tiere.

b) Von N Patienten, die ein Medikament eingenommen haben, zeigt sich bei genau Z Personen eine Wirkung. Bei den anderen (N-Z) Patienten ist das Medikament wirkungslos.

Untersucht man nun 2 Gruppen im Sinne der o.g. Beispiele, so daß also die 1.Gruppe Z_1 von N_1 und die 2.Gruppe Z_2 von N_2 Objekten mit entsprechender Wirkung aufweist, dann wird es meist so sein, daß sich die Anteile Z_1/N_1 und Z_2/N_2 unterscheiden.

Frage: Sind die Unterschiede der beiden relativen Anteile $p_1=Z_1/N_1$ und $p_2=Z_2/N_2$ nur zufällig, oder ist eine systematische Beeinflussung die Ursache für den Unterschied ?

Dem dargestellten Problem liegt die <u>Binomialverteilung</u> zugrunde. Der interessierte Leser kann sich hierüber ausführlich in dem Buch "Angewandte Statistik" von Lothar Sachs (4). informieren. Man kann diese Binomialverteilung für das behandelte Problem dann durch eine Normalverteilung annähern, wenn die von Gottschalk (3) genannten folgenden Bedingungen erfüllt sind:

$$\frac{N}{N+9} \geqslant p = \frac{Z}{N} \quad \text{und} \quad \frac{9}{N+9} \leqslant p = \frac{Z}{N} \qquad (273)$$

Zur Entscheidung, ob vorhandene Unterschiede zwischen p_1 und p_2 zufällig oder systematisch bedingt sind, ist die folgende Prüfgröße λ zu bilden:

$$\lambda = \frac{|p_1 - p_2|}{s_d} \tag{274}$$

Dabei gelten folgende Beziehungen:

$$p_1 = \frac{Z_1}{N_1} \tag{275}$$

$$p_2 = \frac{Z_2}{N_2} \tag{276}$$

$$p_{12} = \frac{Z_1 + Z_2}{N_1 + N_2} \tag{277}$$

$$q_{12} = 1 - p_{12} \tag{278}$$

$$s_d = \sqrt{p_{12} \cdot q_{12} \, \frac{N_1 + N_2}{N_1 N_2}} \tag{279}$$

Nach Umformung ergibt sich dann für die Prüfgröße :

$$\lambda = \sqrt{\frac{(N_1 + N_2)\,(N_2 Z_1 - N_1 Z_2)^2}{N_1 N_2 \,(Z_1 + Z_2)\,(N_1 + N_2 - Z_1 - Z_2)}} \tag{280}$$

Zur Test-Entscheidung integriert man die Normalverteilung zwischen $-\lambda$ und $+\lambda$. Man erhält direkt die Wahrscheinlichkeit dafür, daß sich die beiden Wahrscheinlichkeiten p_1 und p_2 systematisch unterscheiden und ihre Differenz nicht nur zufällig bedingt ist. Zur Integration der Normalverteilung können die Programme Nr.12 bzw. Nr.13 angewandt werden.

Treffen die in Gl.273 genannten Bedingungen nicht zu, dann muß auf den exakten Test von Fisher für den Vergleich der Wahrscheinlichkeiten zweier Binomialverteilungen auf Grund kleiner Stichprobenumfänge zurückgegriffen werden (4).

Beispiel 40

An einem Stamm von Trogoderma granarium (Khaprakäfer) werden 2 verschiedene Insektenvernichtungsmittel a und b hinsichtlich ihrer Wirkung überprüft. Einwirkungszeit sowie Temperatur waren bei beiden Mitteln gleich. Dabei wurden folgende Ergebnisse erhalten:

	N = Zahl der eingesetzten Tiere	Z = Zahl der gestorbenen Tiere
Mittel a	$287 = N_1$	$59 = Z_1$
Mittel b	$493 = N_2$	$127 = Z_2$

Für die Mortalitätsraten folgt damit:

$$p_a = p_1 = Z_1/N_1 = 59/287 = 0{,}2056$$

$$p_b = p_2 = Z_2/N_2 = 127/493 = 0{,}2576$$

Durch Einsetzen der Werte für Z_1, N_1, Z_2 und N_2 in Gl.280 erhält man $\lambda = 1{,}6445$. Das Programm Nr.12 liefert dann für die Fläche unter der Gauß-Verteilung zwischen $-\lambda$ und $+\lambda$ den Wert $S = 89{,}993\%$. Nach den auf S.359 f. angegebenen allgemeinen Kriterien für die Beurteilung von Hyptothesentests ist ein systematischer Unterschied zwischen den Werten p_1 und p_2 aus den gegebenen Daten nicht nachweisbar. Eine unterschiedliche Wirkung der beiden angewandten Mittel kann somit nicht nachgewiesen werden. Die Voraussetzungen für die Durchführung des Tests nach Gl.273 sind übrigens erfüllt, wie man sich durch Einsetzen der Werte von N_1 bzw. N_2 überzeugen kann:

Mittel a: $$\frac{9}{9+287} = 0{,}03 < p_a = 0{,}21 < \frac{287}{287+9} = 0{,}97$$

Mittel b: $\frac{9}{9+493} = 0{,}02 < p_b = 0{,}26 < \frac{493}{493+9} = 0{,}80$

Vertraut man dem Test-Ergebnis nicht, dann müßte der Versuch mit einer größeren Zahl von Versuchsobjekten wiederholt werden. Angenommen, die Reproduzierbarkeit des Versuchs ist sehr gut und man würde bei einer Anzahl von N_1=1006 eingesetzten Tieren bei Mittel a und von N_2=1397 Tieren bei Mittel b die gleichen Mortalitätsraten wie beim ersten Versuch erhalten, dann gilt:

$$Z_1 = p_1\, N_1 = 0{,}2056 \; 1006 = 207$$

$$Z_2 = p_2\, N_2 = 0{,}2576 \; 1397 = 360 \, .$$

Für die Prüfgröße λ folgt somit $\lambda = 2{,}958$, wie man sich durch Einsetzen von Z_1=207, N_1=1006, Z_2=360 und N_2=1397 in Gl.280 überzeugen kann. Die Integration der Normalverteilung liefert dann S = 99,69%. Damit ist ein Unterschied der beiden Mittel statistisch stark gesichert.

Man erkennt: Wie beim t-Test führt eine Erhöhung der Zahl der "Meßwerte" (hier gleich der Anzahl der eingesetzten Tiere) zu einer erhöhten Sicherheit in der Test-Entscheidung.

18. Korrelations- und Regressionsrechnung

18.1 Allgemeines

Bei der Durchführung vieler Versuche aus dem Bereich der Technik und der Naturwissenschaften tritt häufig das Problem auf, zwischen mehreren Größen Zusammenhänge zu finden und näher zu charakterisieren.

Oft ist es wünschenswert, den Zusammenhang in Form einer Mathematischen Funktion auszudrücken, d.h. für ein bestimmtes Problem nach einer festgelegten Gleichung eine Meßgröße y in Abhängigkeit von einer Variablen x berechnen zu können.

Beispiele

Problem	Meßgröße y	Variable x
Berechnung der Extinktion einer Farbstofflösung in Abhängigkeit von der Konzentration	Extinktion	Konzentration
Abhängigkeit der Geschwindigkeit einer chemischen Reaktion von der Temperatur	Reaktionsgeschwindigkeit	Temperatur
Zusammenhang zwischen der Mortalitätsrate von Insekten und der Einwirkungszeit eines Insektizids	Mortalitätsrate	Einwirkungsdauer

Eine besondere Bedeutung kommt dem Problem bei der Erstellung von Eichfunktionen für Meßverfahren zu.

Bei der Ermittlung eines mathematischen Zusammenhanges zwischen der Meßgröße y und der Variablen x sind 2 Fragestellungen zu unterscheiden:

1. Ist der Zusammenhang zwischen den Größen x und y der Form nach bekannt, und besteht das Ziel darin, die Konstanten der entsprechenden Funktion zu ermitteln (für einen linearen Zusammenhang der Form $y = ax + b$ also die Konstanten a und b), dann kann das Problem durch eine Regressionsrechnung gelöst werden.

2. Ist der Zusammenhang zwischen den Größen x und y der Form nach nicht von vornherein bekannt, gilt es also zu prüfen, ob die Annahme eines bestimmten mathematischen Zusammenhanges zwischen den Größen x und y überhaupt gerechtfertigt ist, dann ist eine sogenannte Korrelationsrechnung zur Lösung des Problems durchzuführen.

Bei der Regressionsrechnung liegen vor dem Versuch die Werte der Variablen x fest. Ihren Fehler nimmt man als vernachlässigbar klein an.

Bei der Korrelationsanalyse hingegen geht man davon aus, daß sowohl die Meßgröße y als auch die Variable x mit einem Fehler behaftet sind. Zu einem Wert x können nämlich hier verschiedene Werte y gehören und umgekehrt. Aus diesem Grund gehören die Wertepaare x/y bei der Regressionsanalyse einer eindimensionalen und bei der Korrelationsrechnung einer zweidimensionalen Verteilung an. In den Abbildungen 39 und 40 wird dieser Sachverhalt noch einmal verdeutlicht.

Bei sämtlichen Betrachtungen wird im folgenden davon ausgegangen, daß bei der Regression die Meßgröße y und bei der Korrelation sowohl die Variable x als auch die Meßgröße y normalverteilt sind.

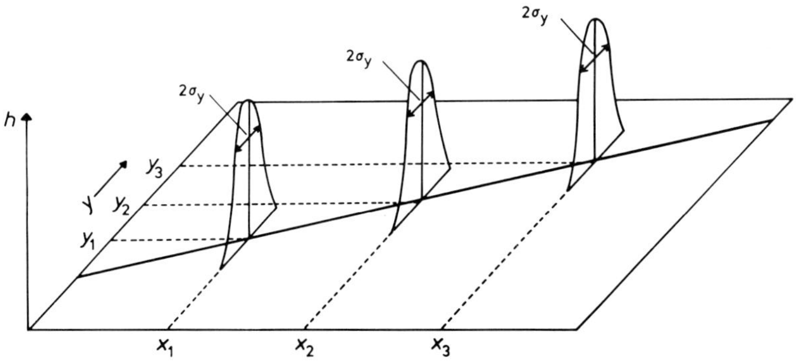

Abb.39 Zum Problem der Regression

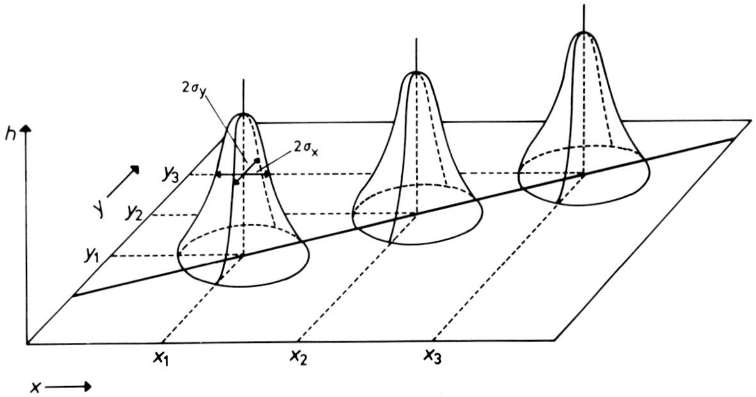

Abb.40 Zum Problem der Korrelation

18.2 Methode der kleinsten Fehlerquadrate

Bei den auf S.474 genannten Beispielen kann man davon ausgehen, daß die Daten in Form von Wertepaaren vorliegen, d.h. zu jeder gegebenen Variablen x liegt eine Meßgröße y vor.

Zur Veranschaulichung zeichnet man die Datenpunkte zweckmäßigerweise in ein Koordinatensystem ein. Es tritt dann folgende Frage auf: Welches ist diejenige Funktion, die sich den

Daten am besten anpaßt, bzw. wie müssen die Konstanten für einen gegebenen Funktionstyp lauten, um eine optimale Anpassung zu erreichen ?

Beispiel 41

Im Rahmen von Untersuchungen der Eigenschaften des Schwefels interessiert die Abhängigkeit des Siedepunkts vom Druck.

Für Drucke von 50 bis 1000 Torr wird im Abstand von 50 Torr der jeweilige Siedepunkt in Grad Celsius bestimmt und in einem rechtwinkligen Koordinatensystem gegen den Druck aufgetragen. Dabei erhält man folgendes Bild:

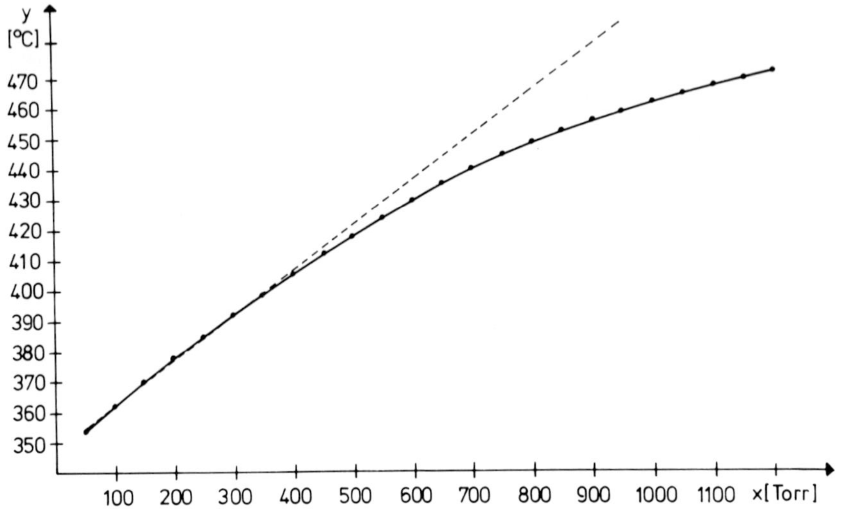

Abb. 41 Abhängigkeit des Siedepunkts des Schwefels vom Druck

Aus dieser graphischen Darstellung ergeben sich 2 Fragen:

1. Wie gut trifft ein angenommenes Funktionsmodell (z.B. eine Parabel 2. Grades) auf die gegebenen Datenpunkte zu ?

2. Das Funktionsmodell bzw. die Art des funktionellen Zusammenhangs zwischen y und x ist bekannt (z.B. $y = ax^2+bx+c$). Wie lauten die Konstanten der Funktion ?

Zu 1.: Die Frage kann mit Hilfe der Korrelationsrechnung beantwortet werden. Für die gegebenen Datenpunkte könnte man als Modell eine Parabel 2.Grades annehmen. Um zu testen, wie gut die Abhängigkeit des Siedepunkts y vom Druck x durch die Funktion

$$y = ax^2 + bx + c$$

wiedergegeben wird, muß der sog. Korrelationskoeffizient r berechnet werden. Je näher r bei 1 liegt, desto besser läßt sich der Zusammenhang zwischen x und y durch das angenommene Modell bzw. die angenommene Funktion beschreiben.

Zu 2.: Aus Untersuchungen sei bereits bekannt, daß der Zusammenhang zwischen x und y durch die Funktion

$$y = ax^2 + bx + c$$

dargestellt werden kann. Aufgabe der Regressionsrechnung ist es, die Konstanten a,b und c zu berechnen!

Da die Zahlenwerte der Konstanten a,b und c sowohl bei dem Korrelations- als auch bei dem Regressionsproblem nicht von vornherein feststehen, ist es Aufgabe beider Methoden die "beste" Parabel bzw. allgemein die "beste" Funktion durch die Punkte im Koordinatensystem zu legen. Hierzu dient die Gauß'sche Fehlerquadratmethode.

Wir wollen annehmen, daß es sich theoretisch begründen läßt, daß die Abhängigkeit des Siedepunkts vom Druck sich beim Schwefel durch die o.g. Parabel 2. Grades beschreiben läßt. Dann kann es nur eine wahre Funktion geben, d.h. nur eine von zunächst unendlich vielen "möglichen" Funktionen des allgemeinen Typs $y = ax^2 + bx + c$ kann die "richtige" sein.

Es muß also eine Bedingung geben, diese Forderung zu erfüllen. Nach Gauß gilt nun:

> Von allen "möglichen" Funktionen eines gegebenen Modells $y = f(x)$, die man einer gegebenen Anzahl von Wertepaaren x/y anpassen kann, ist diejenige die beste, bzw. gibt diejenige Funktion den "wahren" Zusammenhang im Sinne des angenommenen Modells am besten wieder, für die die Summe der Quadrate der Ordinatenabstände der Meßpunkte von dieser Funktion ein Minimum ist.

Die folgende Abb.42 verdeutlich diesen Lehrsatz:

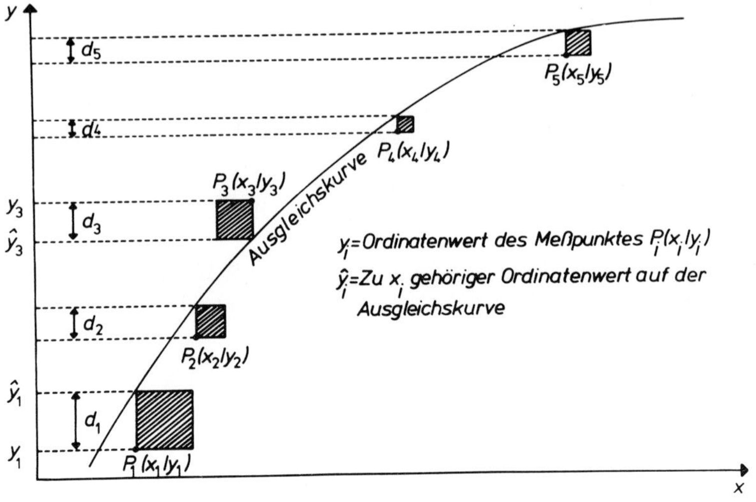

Abb.42 Zur Gauß'schen Fehlerquadratmethode

Ist y_i der Ordinatenwert des Meßpunktes P_i und $\hat{y}_i$ der zu dem Abszissenwert x_i gehörige Wert auf der "Ausgleichskurve", dann lautet die entsprechende Minimumsbedingung mit $d_i = y_i - \hat{y}_i$:

$$d_1^2 + d_2^2 + d_3^2 + \ldots + d_n^2 = \sum_{k=1}^{k=n} d_k^2 = \sum_{i=1}^{i=n} (y_i - \hat{y}_i)^2 = \text{MIN.} \qquad (281)$$

Der Wert $\hat{y}_i$ ergibt sich z.B. für das o.g. Parabelmodell aus

$$\hat{y}_i = ax_i^2 + bx_i + c \quad .$$

Über die angegebene Minimumsbedingung lassen sich nun die Konstanten der Ausgleichsfunktion bestimmen.

Da in den meisten Fällen die Ausgleichsfunktion entweder selbst eine Gerade oder ein Polynom ist, oder aber - nach geeigneter Transformation - auf das Modell einer Geraden oder eines Polynoms zurückgeführt werden kann, soll hier allgemein besprochen werden, wie man für ein Polynom N-ten Grades die Konstanten nach der Methode der kleinsten Fehlerquadrate bestimmen kann.

Die Gerade $y = ax + b$ kann dabei als ein Spezialfall, nämlich ein Polynom 1.Grades aufgefaßt werden.

1. Schritt: <u>Formulierung der Ausgleichsfunktion</u>

$$y = f(x) = a_o + a_1x + a_2x^2 + \ldots + a_Nx^N \qquad (282)$$

2. Schritt: <u>Formulierung der Gauß'schen Minimumsbedingung</u>

$$\sum \left[y_i - f(x)\right]^2 = \sum \left[y_i - a_o - a_1x - a_2x^2 - a_Nx^N\right]^2$$

$$= \text{Minimum!}$$

Die Minimumsbedingung ist erfüllt, wenn die 1. Ableitung des obigen Ausdrucks gleich Null ist. Daher lautet der

3. Schritt: <u>Partielle Differentiation der Minimumsbedingung nach den Konstanten a_o bis a_N</u>

$$\frac{\delta \sum d_k^2}{\delta a_o} = -2 \sum d_k = 0 \longrightarrow \sum d_k = 0$$

$$\frac{\delta \sum d_k^2}{\delta a_1} = -2 \sum x_i \cdot d_k = 0 \longrightarrow \sum x_i \cdot d_k = 0$$

$$\frac{\delta \sum d_k^2}{\delta a_2} = -2 \sum x_i^2 \cdot d_k = 0 \longrightarrow \sum x_i^2 \cdot d_k = 0$$

$$\vdots \qquad \vdots \qquad \vdots$$

$$\frac{\delta \sum d_k^2}{\delta a_N} = -2 \sum x_i^N \cdot d_k = 0 \longrightarrow \sum x_i^N \cdot d_k = 0$$

Allgemein erhält man für ein Polynom N-ten Grades, also für $y = a_o + a_1x + a_2x^2 + \dots + a_Nx^N$ die Beziehungen:

$$\sum x_i^j \cdot d_k = 0 \quad \text{für } j = 0 \text{ bis } j = N \tag{283}$$

Durch Einsetzen von $y_i - f(x_i) = y_i - (a_o + a_1x + \dots + a_Nx^N)$ für d_k ergeben sich schließlich die folgenden Beziehungen:

$$\sum (y_i - a_o - a_1x - a_2x^2 - \dots - a_Nx^N) = 0 \quad (284)$$

$$\sum x_i(y_i - a_o - a_1x - a_2x^2 - \dots - a_Nx^N) = 0 \quad (285)$$

$$\sum x_i^2(y_i - a_o - a_1x - a_2x^2 - \dots - a_Nx^N) = 0 \quad (286)$$

$$\vdots \qquad \vdots \qquad \vdots \qquad \vdots$$

$$\sum x_i^N(y_i - a_o - a_1x - a_2x^2 - \dots - a_Nx^N) = 0 \quad (287)$$

Daraus resultiert nach Ausklammern und Weglassen der Indizes der

4. Schritt: Aufstellen der Bestimmungsgleichungen zur Ermittlung der Konstanten a_o bis a_N

$$\begin{array}{llllll}
a_o \cdot n & + a_1\sum x^1 & + a_2\sum x^2 & + \dots + a_N \sum x^N & = \sum y \\
a_o\sum x^1 & + a_1\sum x^2 & + a_2\sum x^3 & + \dots + a_N \sum x^{N+1} & = \sum x^1 y \\
a_o\sum x^2 & + a_1\sum x^3 & + a_2\sum x^4 & + \dots + a_N \sum x^{N+2} & = \sum x^2 y \\
\vdots & \vdots & \vdots & \vdots & \vdots \\
a_o\sum x^N & + a_1\sum x^{N+1} & + a_2\sum x^{N+2} & + \dots + a_N \sum x^{2N} & = \sum x^N y
\end{array}$$

Man erkennt, daß man für ein Polynom N-ten Grades, also für die Funktion $y = a_o + a_1x + a_2x^2 + \dots + a_Nx^N$ N+1 lineare Bestimmungsgleichungen für die Konstanten a_o bis a_N erhält. Die Summen stellen dabei die Koeffizienten des Gleichungssystems dar und sind aus den gegebenen n Datenpaaren x/y zu bilden. Für ein Polynom N-ten Grades benötigt man folgende Summen:

$$n\ ,\ \sum x\ ,\ \sum x^2\ ,\ \dots \sum x^{2N}\ ,\ \sum y\ ,\ \sum yx\ ,\ \sum yx^2\ \dots\ \sum yx^N \quad (288)$$

Zweckmäßigerweise bildet man im Rechner diese Summen in Konstantenspeichern über die im Abschnitt 6.2.5 beschriebene Speicherarithmetik. Man benötigt dann für ein Polynom N-ten Grades für die Summen selbst 3N+2 Speicherplätze und 2 weitere Speicher als "Hilfsspeicher", wenn man die Summenbildung über ein Programm vornimmt. In der folgenden Zusammenstellung sind für Polynome 1. bis 3. Grades die zu bildenden Summen, die Anzahl der Bestimmungsgleichungen zur Ermittlung der Konstanten a_o bis a_N des Polynoms sowie die Zahl der Konstantenspeicher-Plätze auf dem Rechner für die Summenbildung gegenübergestellt.

Tab.76 Summenbildung bei der Fehlerquadratmethode

Polynom	Summen	Zahl der Gleichungen	Speicherbedarf
$y = a_o+a_1x$	$\sum x, \sum x^2, \sum y$ $\sum yx$, n	2	5 (+2)
$y = a_o+a_1x + a_2x^2$	$\sum x, \sum x^2, \sum x^3$ $\sum x^4, \sum y, \sum yx$ $\sum yx^2$, n	3	8 (+2)
$y = a_o+a_1x + a_2x^2 + a_3x^3$	$\sum x, \sum x^2, \sum x^3$ $\sum x^4, \sum x^5, \sum x^6$ $\sum y, \sum yx, \sum yx^2$ $\sum yx^3$, n	4	11 (+2)
n = Anzahl der Datenpaare x/y			

Programm Nr.33 Summenbildung für die Erstellung der Bestimmungsgleichungen zur Ermittlung der Konstanten eines Polynoms 1. bis 3. Grades (Compucorp 327)

Speicherbelegung:

RCL	0	1	=	$\sum x$
RCL	0	2	=	$\sum x^2$
RCL	0	3	=	$\sum x^3$
RCL	0	4	=	$\sum x^4$
RCL	0	5	=	$\sum x^5$
RCL	0	6	=	$\sum x^6$
RCL	0	7	=	$\sum y$
RCL	0	8	=	$\sum yx$
RCL	0	9	=	$\sum yx^2$
RCL	1	0	=	$\sum yx^3$
RCL	1	1	=	x_i
RCL	1	2	=	y_i
RCL	1	3	=	n
RCL	1	4	=	$\sum y^2$

Bei der Summenbildung in dem folgenden Programm wurde das Prinzip der "Multiplikation mit einem konstanten Faktor" ausgenutzt, das im Abschnitt 5.2.6, S.51 beschrieben ist. Außerdem wird im Speicher 14 noch die Summe der y^2-Werte ermittelt, die man zur Berechnung des Korrelationskoeffizienten benötigt. Das Programm ist so ausgelegt, daß die Eingabe der x-Werte durch eine 1 als Kennzahl (links in der Anzeige, ohne Nullen nach dem Komma) und die Eingabe der y-Werte durch eine 2 als Kennzahl angezeigt wird. Dadurch wird die Dateneingabe etwas übersichtlicher. Die Summen werden dann automatisch gebildet.

Schritt-Nr.	Befehle	Erläuterungen
1	CLEAR REG.	Löschen der Speicher 1-14
2	LABEL 0	
3	1	
4	KENNZAHL	1.
5	STOP	Eingabe x_i
6	STO 11	x_i — STO 11
7	2	
8	KENNZAHL	2.
9	STOP	Eingabe y_i
10	STO 12	y_i — STO 12
11	RCL 11	x_i
12	STO + 01	$\sum x_i$
13	x	
14	=	x_i^2
15	STO + 02	$\sum x_i^2$
16	=	x_i^3
17	STO + 03	$\sum x_i^3$
18	=	x_i^4
19	STO + 04	$\sum x_i^4$
20	=	x_i^5
21	STO + 05	$\sum x_i^5$
22	=	x_i^6
23	STO + 06	$\sum x_i^6$
24	RCL 11	
25	x	$x_i \cdot y_i$
26	RCL 12	
27	STO + 07	$\sum y_i$
28	=	$x_i \cdot y_i$
29	STO + 08	$\sum x_i \cdot y_i$

Fortsetzung von Programm Nr.33
Summenbildung für die Ermittlung der
Konstanten eines Polynoms

Schritt-Nr.	Befehle	Erläuterungen
30	=	$x_i^2\ y_i$
31	STO + 09	$\sum x_i^2\ y_i$
32	=	$x_i^3\ y_i$
33	STO + 10	$\sum x_i^3\ y_i$
34	RCL 12	y_i
35	x^2	y_i^2
36	STO + 14	$\sum y_i^2$
37	1	n:= n + 1
38	STO + 13	
39	JUMP 0	

Je nachdem, ob man ein Polynom 1. Grades (Gerade) oder ein Polynom 2. oder 3. Grades den gegebenen Daten anpassen will, sind die entsprechenden Summen den betreffenden Konstantenspeichern zu entnehmen.

Zu dem Programm ist noch zu bemerken, daß die Ausdrücke $x, x^2, x^3, x^4, x^5, x^6$ usw. bzw. die entsprechenden Summen ohne Zuhilfenahme der Potenz-Taste $\boxed{a^x}$ gebildet worden sind. Dies war durch die sowohl Rechenzeit als auch Programmspeicherplatz sparende Methode der Multiplikation mit einem konstanten Faktor möglich.

5. Schritt: Lösung des linearen Gleichungssystems

Die Lösung des linearen Gleichungssystems kann nach einem der bekannten Verfahren zur Auflösung von Gleichungen mit mehreren

Unbekannten durchgeführt werden. Insbesondere sei hier das Gauß'sche Eliminationsverfahren genannt (1).

Auf eine Darstellung des vom Speicherplatzbedarf und vom Rechengang her ziemlich aufwendigen Verfahrens soll hier verzichtet und einerseits auf die Spezialliteratur (2 , 3) sowie auf fertige Rechenprogramme von den Herstellern der Geräte verwiesen werden.

Da die meisten Probleme aus der Korrelations- und Regressionsrechnung - eventuell nach Transformation der gegebenen Daten - mit einem Polynom 1.Grades (Gerade), einer quadratischen Parabel (Polynom 2.Grades) oder einem Modell 3.Ordnung (Kubische Parabel) gelöst werden können, sollen hier nur die Auflösungen der entsprechenden Gleichungssysteme zur Ermittlung der Konstanten a_o, a_1 (Gerade); a_o, a_1 und a_2 (Quadratische Parabel) bzw. a_o, a_1, a_2 und a_3 (Kubische Parabel) genannt werden.

Formeln zur Berechnung der Konstanten der polynomen Ausgleichsfunktionen

a) Gerade $y = a_o + a_1 x$

$$a_1 = \frac{\sum yx - \frac{1}{n} \sum x \sum y}{\sum x^2 - \frac{1}{n} (\sum x)^2} \qquad (289)$$

$$a_o = \frac{\sum y}{n} - a_1 \frac{\sum x}{n} \qquad (290)$$

b) Quadratische Parabel $y = a_o + a_1 x + a_2 x^2$

$$a_2 = \frac{D\,B - E\,A}{B^2 - A\,C} \quad (291) \qquad a_1 = \frac{D - a_2 B}{A} \qquad (292)$$

$$a_o = \frac{\sum y}{n} - a_1 \frac{\sum x}{n} - a_2 \frac{A}{n} \qquad (293)$$

Dabei gelten folgende Beziehungen:

$$A = \sum x^2 - \frac{1}{n}\left(\sum x\right)^2 \qquad (294)$$

$$B = \sum x^3 - \frac{1}{n}\sum x \sum x^2 \qquad (295)$$

$$C = \left[\sum x^4 - \left(\sum x^2\right)^2\right]\frac{1}{n} \qquad C = x^4 - \frac{1}{n}\left(\sum x^2\right)^2 \qquad (296)$$

$$D = \sum x \cdot y - \frac{1}{n}\sum x \sum y \qquad (297)$$

$$E = \sum x^2 \cdot y - \frac{1}{n}\sum y \sum x^2 \qquad (298)$$

c) Kubische Parabel $y = a_o + a_1 x + a_2 x^2 + a_3 x^3$

$$a_o = \frac{C - F\frac{A}{D}}{B - E\frac{A}{D}} \qquad (299)$$

$$a_1 = \frac{C - a_o B}{A} \qquad (300)$$

$$a_2 = \frac{z_1 - v_1 a_1 - w_1 a_o}{u_1} \qquad (301)$$

$$a_3 = \frac{\sum yx - a_2 \sum x^3 - a_1 \sum x^2 - a_o \sum x}{\sum x^4} \qquad (302)$$

Dabei gelten folgende Beziehungen:

$$A = v_1 - \frac{u_1}{u_2} v_2 \quad (303) \qquad B = w_1 - \frac{u_1}{u_2} w_2 \quad (304)$$

$$C = z_1 - \frac{u_1}{u_2} z_2 \quad (305) \qquad D = v_2 - \frac{u_2}{u_3} v_3 \quad (306)$$

$$E = w_2 - \frac{u_2}{u_3} w_3 \quad (307) \qquad F = z_2 - \frac{u_2}{u_3} z_3 \quad (308)$$

Bedeutung der Konstanten $z_1, u_1, v_1, w_1, z_2, u_2, v_2, w_2, z_3, u_3, v_3, w_3$

$$z_1 = \frac{\sum yx^3}{\sum x^6} - \frac{\sum yx^2}{\sum x^5} \quad (309) \qquad u_1 = \frac{\sum x^5}{\sum x^6} - \frac{\sum x^4}{\sum x^5} \quad (310)$$

$$v_1 = \frac{\sum x^4}{\sum x^6} - \frac{\sum x^3}{\sum x^5} \quad (311) \qquad w_1 = \frac{\sum x^3}{\sum x^6} - \frac{\sum x^2}{\sum x^5} \quad (312)$$

$$z_2 = \frac{\sum yx^3}{\sum x^6} - \frac{\sum yx}{\sum x^4} \quad (313) \qquad u_2 = \frac{\sum x^5}{\sum x^6} - \frac{\sum x^3}{\sum x^4} \quad (314)$$

$$v_2 = \frac{\sum x^4}{\sum x^6} - \frac{\sum x^2}{\sum x^4} \quad (315) \qquad w_2 = \frac{\sum x^3}{\sum x^6} - \frac{\sum x}{\sum x^4} \quad (316)$$

$$z_3 = \frac{\sum yx^3}{\sum x^6} - \frac{\sum y}{\sum x^3} \quad (317) \qquad u_3 = \frac{\sum x^5}{\sum x^6} - \frac{\sum x^2}{\sum x^3} \quad (318)$$

$$v_3 = \frac{\sum x^4}{\sum x^6} - \frac{\sum x}{\sum x^3} \quad (319) \qquad w_3 = \frac{\sum x^3}{\sum x^6} - \frac{n}{\sum x^3} \quad (320)$$

Die entsprechenden Summen zur Berechnung der Konstanten können den entsprechenden auf S.484 angegebenen Speichern entnommen werden. Es sind alle die Summen gebildet, die zur Ermittlung der Konstanten für ein Polynom 1. bis 3. Grades notwendig sind.

Beispiel 42 (Anwendung von Programm Nr. 33)
Aus dem Beispiel 41 auf S.477 seien 8 Meßwerte für die Bestimmung des Siedepunktes von Schwefel bei verschiedenen Drucken gegeben:

x = Druck (Torr)	y = Siedepunkt (^oC)
x_1 = 50	y_1 = 354,7
x_2 = 100	y_2 = 366,1
x_3 = 200	y_3 = 378,7
x_4 = 300	y_4 = 391,3
x_5 = 500	y_5 = 417,7
x_6 = 650	y_6 = 434,9
x_7 = 760	y_7 = 444,9
x_8 = 900	y_8 = 455,1

Bekannt ist, daß der Zusammenhang zwischen x(Druck) und y(Siedepunkt) durch ein Polynom 2.Grades beschrieben werden kann:

$$y = a_o + a_1 + a_2 x^2 .$$

Durch eine Regrsssionsrechnung soll nun nach der Methode der kleinsten Fehlerquadrate die Gleichung für die Parabel ermittelt, d.h. die Konstanten a_o, a_1, a_2 sollen berechnet werden.

Zunächst sind mit Hilfe des Programms Nr.33 die entsprechenden Summen zu bilden. Dann kann man über die Gleichungen 291 bis 298 die Konstanten a_o bis a_2 berechnen. Die entsprechende Funktion, die man dann erhält ist - analog zu dem arithmetischen Mittelwert $\overline{x}$ - auch nur ein "Schätzwert" und zwar für die "wahre" Funktion bzw. den "wahren" Zusammenhang zwischen dem Druck und dem Siedepunkt des Schwefels.

Programmablauf:

a) Einlesen des Programms Nr.33

b) [JUMP] [START] [START]

	1.
Eingabe $x_1 = 50$	50.0000
[START]	
	2.
Eingabe $y_1 = 354,7$	354.7000
[START]	
	1.
Eingabe $x_2 = 100$	100.0000
[START]	
	2.
Eingabe $y_2 = 366,1$	366.1000
[START]	
⋮	⋮
	1.
Eingabe $x_8 = 900$	900.0000
[START]	
	2.
Eingabe $y_8 = 455,1$	455.1000
[START]	

Nach Eingabe aller 8 Wertepaare können die für die Berechnung der Konstanten des Polynoms $y = a_o + a_1x + a_2x^2$ notwendigen Summen aus folgenden Speichern abgerufen werden:

RCL	0	1	=	$\sum x$	=	3460.000000
RCL	0	2	=	$\sum x^2$	=	2202600.000
RCL	0	3	=	$\sum x^3$	=	1603726000.
RCL	0	4	=	$\sum x^4$	=	$1.240534260 \cdot 10^{12}$
RCL	0	7	=	$\sum y$	=	3243.400000
RCL	0	8	=	$\sum yx$	=	1486724.000
RCL	0	9	=	$\sum yx^2$	=	968688240.0
RCL	1	3	=	n	=	8
RCL	1	4	=	$\sum y^2$	=	1325034.000

Durch Anwendung der Gleichungen 291 bis 298 erhält man schließlich für die Konstanten:

$$a_o = 347,7529977$$

$$a_1 = 0,165585251$$

$$a_2 = - 0,000050644$$

Damit lautet die Gleichung für den Zusammenhang zwischen dem Siedepunkt des Schwefels und dem herrschenden Druck:

$$\hat{y} = 347,753 + 0,165585\ x \ - 0,0000506\ x^2$$

$\hat{y}$ = Siedepunkt $\qquad$ x = Druck

Die Güte dieses so ermittelten Zusammenhanges kann man empirisch prüfen, indem man für jeden gegebenen x-Wert über die o.g. Ausgleichsfunktion den Wert $\hat{y}$ berechnet und mit den gegebenen y-Werten vergleicht. Ein sinnvolles Maß könnte dabei z.B. die Angabe einer relativen Abweichung sein, z.B. in der

Form:

$$F_{rel.} = \frac{|y - \hat{y}|}{y} \; 100 \quad (\%) \; . \tag{321}$$

Für die 8 Meßpunkte erhält man dann:

x	y(gegeben)	$\hat{y}$(berechnet)	$F_{rel.}$(%)
x_1 = 50	354,7	355,9	0,34
x_2 = 100	366,1	363,8	0,63
x_3 = 200	378,7	378,8	0,03
x_4 = 300	391,3	392,9	0,40
x_5 = 500	417,7	417,9	0,05
x_6 = 650	434,9	434,0	0,21
x_7 = 760	444,9	444,4	0,11
x_8 = 900	455,1	455,8	0,15

Die Abweichungen der berechneten y-Werte von den gegebenen y-Werten sind relativ gering. Eine Beurteilung, ob sich die gegebenen Daten dem Funktionsmodell "gut" oder "schlecht" anpassen, ist aber in jedem Fall subjektiv.

Wenn das Funktionsmodell nicht von vornherein bekannt gewesen wäre, würde sich die Frage stellen, ob man einen funktionellen Zusammenhang zwischen dem Siedepunkt y und dem Druck x in der ermittelten Form als "gesichert" ansehen kann, oder ob der Zusammenhang in Form des angenommenen Modells aus den vorliegenden Daten "nicht nachweisbar" ist. Dies würde besonders dann schwierig werden, wenn die Abweichungen der "Meßpunkte" von der Ausgleichskurve wesentlich größer wären. Ist eine durchschnittliche Abweichung von 0,1% oder von 5% noch als "tragbar" anzusehen? Eine wirklich objektive Beurteilung ist durch eine willkürliche Festlegung sicher nicht möglich. Außerdem dürfte es auch von der Problemstellung abhängen, wann man einen Zusammenhang in der angenommenen Form als gesichert und wann als nicht nachweisbar ansieht.

Als ein objektiver Maßstab dient der im nächsten Abschnitt behandelte Korrelationskoeffizient.

18.3 Der Korrelationskoeffizient

Mit der Ermittlung der Konstanten a_o, a_1 ... usw. eines Polynoms, das einer gegebenen Anzahl von Wertepaaren x/y angepaßt werden soll, ist das Problem der Regressionsrechnung gelöst.

Bei der Korrelationsrechnung ist es das Ziel, überhaupt erst einmal festzustellen, ob ein Zusammenhang zwischen den Größen x und y im Sinne einer angenommenen Modell-Funktion gerechtfertigt ist. Dafür ist der Korrelationskoeffizient r ein objektives Maß. Er ist wie folgt definiert:

$$r = \sqrt{\frac{\text{Varianz der berechneten y-Werte}}{\text{Varianz der gegebenen y-Werte}}} \qquad (322)$$

Varianz = Quadrat der Standardabweichung

$$r = \sqrt{\frac{s_{\hat{y}}^2}{s_y^2}} \qquad (323)$$

Dabei gilt:

$$s_{\hat{y}}^2 = \frac{\sum(\hat{y} - \bar{y})^2}{n - 1} \qquad \hat{y} = \text{berechnet} \qquad (324)$$

$$s_y^2 = \frac{\sum(y - \bar{y})^2}{n - 1} \qquad y = \text{gegeben} \qquad (325)$$

Es läßt sich mathematisch zeigen, daß nach der Methode der kleinsten Fehlerquadrate, dem die obige Definition des Korrelationskoeffizienten zugrunde liegt, der Mittelwert der gegebenen gleich dem Mittelwert der berechneten y-Werte ist. Daher kann in den Gleichungen 324 und 325 bei der Berechnung der Varianzen einheitlich $\bar{y}$, d.h. das Mittel der gegebenen y-Werte verwendet werden. Dies hat den Vorteil, daß man den Korrelationskoeffizienten r nur aus den gegebenen Daten und den nach der Methode der Fehlerquadrate ermittelten Konstanten des Ausgleichspolynoms berechnen kann. Das arithmetische Mittel der berechneten y-Werte wird dazu nicht benötigt.

Der Korrelationskoeffizient r, der die Güte der Anpassung eines Polynoms $y = a_o + a_1 x + a_2 x^2 + \ldots + a_N x^N$ an die gegebenen Meßpunkte $P_1(x_1/y_1)$, $P_2(x_2/y_2)$, ... $P_n(x_n/y_n)$ beschreibt, kann berechnet werden nach:

$$r = \sqrt{\frac{\sum\limits_{k=0}^{k=n} (a_k \sum y x^k) - \frac{1}{n} (\sum y)^2}{\sum y^2 - \frac{1}{n} (\sum y)^2}} \qquad (326)$$

$$0 \leqslant r \leqslant 1$$

Ist r = 1, dann ist die Korrelation perfekt, d.h. die angenommene Funktion kann exakt den gegebenen n Datenpunkten angepaßt werden. Ist dagegen r = 0, so kann ein Zusammenhang der x- und y-Werte im Sinne der Modellfunktion aus dem gegebenem Datenmaterial nicht nachgewiesen werden. Die Korrelation ist daher umso besser, je näher r bei dem Wert 1 liegt.

r = 1 : Perfekte Korrelation zwischen x und y im Sinne der angenommenen Funktion

r = 0 : Der Zusammenhang zwischen x und y läßt sich durch die angenommene Funktion nicht beschreiben.

Für Polynome 1. bis 3. Grades gelten folgende Formeln zur Berechnung des Korrelationskoeffizienten:

Polynom	Korrelationskoeffizient
$y = a_o + a_1 x$	$r = \sqrt{\dfrac{a_o \sum y + a_1 \sum yx - \frac{1}{n} (\sum y)^2}{\sum y^2 - \frac{1}{n} (\sum y)^2}}$ (327)
$y = a_o + a_1 x + a_2 x^2$	$r = \sqrt{\dfrac{a_o \sum y + a_1 \sum yx + a_2 \sum yx^2 - \frac{1}{n} (\sum y)^2}{\sum y^2 - \frac{1}{n} (\sum y)^2}}$ (328)
$y = a_o + a_1 x + a_2 x^2 + a_3 x^3$	$r = \sqrt{\dfrac{a_o \sum y + a_1 \sum yx + a_2 \sum yx^2 + a_3 \sum yx^3 - \frac{1}{n} (\sum y)^2}{\sum y^2 - \frac{1}{n} (\sum y)^2}}$ (329)

Liegen die gegebenen Punkte $P_1(x_1/y_1)$, $P_2(x_2/y_2)$ ... $P_n(x_n/y_n)$ exakt auf der Ausgleichskurve, dann ist die Korrelation im Sinne des vorgegebenen Funktionsmodells perfekt. Das bedeutet, daß die Streuung der berechneten Werte mit der Standardabweichung der vorgegebenen Werte identisch ist. Das gleiche gilt natürlich für die Quadrate der Streuungen, d.h. die nach Gl. 324 bzw. Gl.325 berechneten Varianzen. Daraus folgt dann auch, daß, wie erwähnt, bei strenger Korrelation r den Wert 1 hat. Eine Beurteilung von r dürfte auch dann einfach sein, wenn r zwar nicht exakt gleich 1 ist, aber diesem Wert sehr nahe kommt, also z.B. r = 0,99 oder r = 0,999. Schwierig wird die Beurteilung dann, wenn r wesentlich kleiner als 1 ist. Es ist die Frage, wie klein r werden darf, um trotzdem von einer "gesicherten" Korrelation" im Sinne der Ausgleichsfunktion sprechen zu können. Um auch hier eine objektive Entscheidung treffen zu können, bildet man die folgende Prüfgröße:

$$TAU = \sqrt{\left[n - (N + 1)\right] \frac{r^2}{1 - r^2}} \qquad (330)$$

Dabei ist N der Grad des Polynoms, bzw. N + 1 ist die Anzahl der zu bestimmenden Konstanten der Ausgleichsfunktion (Gerade: N=1, Quadratische Parabel: N=2, Kubische Parabel: N=3). Der Wert n ist gleich der Anzahl der Meßwertpaare x/y, aus denen mit Hilfe der Gauß'schen Fehlerquadratmethode die Konstanten der Ausgleichsfunktion ermittelt wurden. Die Testgröße TAU vergleicht man bei f = n - (N + 1) Freiheitsgraden mit den Schranken der t-Verteilung für S=95%, S=99% und S=99,9%. Oder man integriert die t-Verteilung zwischen -TAU und +TAU. Für die Entscheidung gelten dann die in Tab. 77 zusammengefaßten Kriterien.

Die o.g. Beziehung für die Prüfgröße TAU zeigt, daß für einen gegebenen r-Wert die Größe TAU mit wachsendem n zunimmt. Da aber hohe TAU-Werte eine hohe statistische Sicherheit bedeuten, läßt sich eine Korrelation zwischen x und y (wieder im Sinne der angenommenen Modellfunktion) um so sicherer nachweisen, je mehr Meßpunkte vorliegen. Dies ist auch leicht einzusehen. Liegen z.B. 3 Meßpunkte zufällig auf einer Geraden, dann ist die Wahrscheinlichkeit, daß x und y tatsächlich linear korreliert sind, wesentlich geringer, als wenn z.B. 10 Meßpunkte mehr oder weniger exakt durch eine Gerade miteinander verbunden werden können.

Die Integration der t-Verteilung liefert übrigens direkt

die Wahrscheinlichkeit dafür, daß die Größen x und y im Sinne der Ausgleichsfunktion korreliert sind.

Tab.77 Kriterien für die Beurteilung des Korrelationskoeffizienten r über die Prüfgröße TAU

TAU < t(95%,f) bzw. S(TAU,f) < 95%	Keine Korrelation im Sinne der Modellfunktion nachweisbar
t(95%,f) ≤ TAU < t(99%,f) bzw. 95% ≤ S(TAU,f) < 99%	Eine Korrelation zwischen x und y im Sinne der Ausgleichsfunktion ist wahrscheinlich.
t(99%,f) ≤ TAU < t(99,9%,f) bzw. 99% ≤ S(TAU,f) < 99,9%	Eine Korrelation zwischen x und y im Sinne der Ausgleichsfunktion ist statistisch gesichert bzw. signifikant.
TAU ≥ t(99,9%, f) bzw. S(TAU,f) ≥ 99,9%	Eine Korrelation zwischen x und y im Sinne der Ausgleichsfunktion ist statistisch stark gesichert bzw. hochsignifikant.

Beispiel 43
Für die Bestimmung des Siedepunktes von Schwefel in Abhängigkeit vom Druck wurden im Beispiel 42 die Konstanten für den funktionalen Zusammenhang zwischen dem Siedepunkt y und dem Druck x berechnet. Zwischen dem Druck und dem Siedepunkt wurde

die Beziehung $y = a_o + a_1x + a_2x^2$ als gültig angenommen, und es war Aufgabe der Regressionsrechnung, die Konstanten a_o, a_1 und a_2 zu berechnen. Wenn die o.g. Beziehung aber nicht sicher ist, d.h. nicht bekannt ist, ob der Zusammenhang zwischen y und x tatsächlich durch eine Parabel beschrieben werden kann, dann ist es möglich, durch Berechnung des Korrelationskoeffizienten r diese Behauptung zu überprüfen. Die nach Gl.328 für die Berechnung von r nötigen Größen lauten:

$$a_o = 347{,}7529977$$
$$a_1 = 0{,}165585251$$
$$a_2 = -0{,}000050644$$

$$\sum_{k=0}^{k=2} (a_k \sum yx^k) = 1325023{,}392$$

$$\sum y = 3243{,}4$$

$$\sum y^2 = 1325034{,}0$$

$$\frac{1}{n}\left(\sum y\right)^2 = 1314955{,}445$$

$$\sum yx = 1486724{,}0$$

$$\sum yx^2 = 968688240{,}0$$

$$\sum y^2 - \frac{1}{n}\left(\sum y\right)^2 = 10078{,}555$$

Durch Einsetzen in Gl.328 erhält man:

$$r = \sqrt{\frac{1325023{,}392 - 1314955{,}445}{10078{,}555}} = 0{,}9995$$

Die Anwendung von Gl.330 mit $n = 8$ und $N = 2$ ergibt dann:

$$TAU = \sqrt{[8 - (2+1)]\,\frac{(0{,}9995)^2}{1 - (0{,}9995)^2}} = 68{,}6$$

Die Integration der t-Verteilung (Programm Nr.18) liefert mit $f = n - (N+1) = 5$: $S = 99{,}999999\%$. Damit ist der Zusammenhang zwischen Siedepunkt y und Druck x durch die Beziehung $y = a_o + a_1x + a_2x^2$ statistisch hochsignifikant gesichert.

Hierbei ist allerdings zu beachten, daß diese Feststellung

t = TAU } ⇒ S%
f = n-2

nur für den mathematischen Zusammenhang zwischen x und y gilt. Ob ein physikalisch begründeter Zusammenhang in der angenommenen Form gerechtfertigt ist, kann aus der Korrelationsrechnung nicht ersehen werden!

5 Punkte zur Bedeutung des Korrelationskoeffizienten

1. Der Korrelationskoeffizient r sowie die Testgröße TAU sind nur ein Maß für den angenommenen Funktionstyp. Vermutet man z.B. für eine Reihe von Meßpunkten einen linearen Zusammenhang zwischen x und y, dann kann aus einem r-Wert nahe Null bzw. aus einem TAU-Wert $< t(95\%,f)$ nur geschlossen werden, daß kein linearer Zusammenhang zwischen x und y besteht. Dies heißt aber nicht, daß es gar keine Beziehung zwischen x und y gibt! Vielmehr kann nach anderen Funktionstypen durchaus eine strenge Korrelation bestehen. Falls also $TAU < t(95\%,f)$ bzw. $S\%(TAU,f) < 95\%$ gilt, dann kann für das Beispiel der linearen Beziehung nur gesagt werden: Eine lineare Korrelation zwischen den Meßwerten y und den Variablen x kann aus den gegebenen Daten statistisch nicht nachgewiesen werden.

Als extremes Beispiel kann der Fall dienen, wenn die Meßpunkte auf einer quadratischen Parabel ($y = a_o + a_1x + a_2x^2$) liegen. Berechnet man für die in Abb.43 dargestellten Meßpunkte einmal den Korrelationskoeffizient für das Geradenmodell (Gl.327) und zum anderen für das Modell der Parabel (Gl.328), dann erhält man:

$$r\,(\text{Gerade}) = 0 \quad \text{und} \quad r(\text{Parabel}) = 1\ .$$

Im allgemeinen werden die Verhältnisse nicht so extrem liegen, man sollte aber den grundsätzlichen Aspekt beachten.

2. Selbst wenn eine strenge Korrelation nachgewiesen werden kann, ist damit noch nicht gesagt, daß auch ein kausaler Zu-

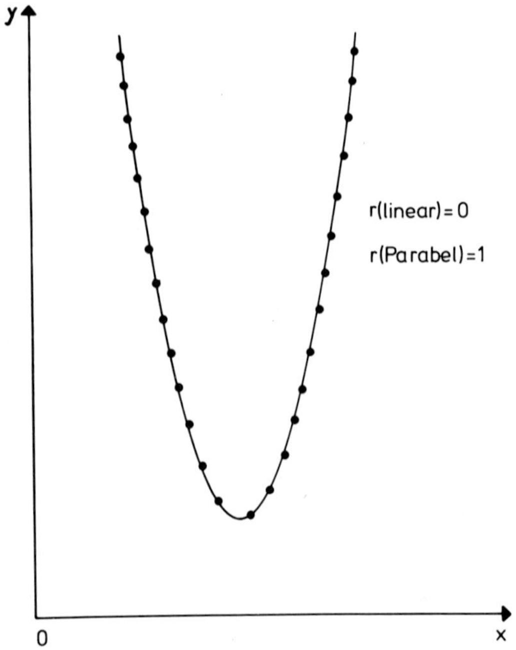

Abb.43 Zur Abhängigkeit des Korrelationskoeffizienten vom Funktionsmodell

sammenhang zwischen x und y im Sinne der Modellfunktion besteht (Ursache-Wirkungs-Beziehung). Man muß also die Möglichkeit einer Scheinkorrelation berücksichtigen. Wenn daher ein mathematischer Zusammenhang in der angenommenen Form zwischen x und y nachgewiesen werden kann, bedeutet dies noch nicht, daß dieser Zusammenhang auch theoretisch gesichert ist.

Beispiel
Im Jahre 1976 wurde in Bergenhusen (Schleswig-Holstein) sowohl eine Zunahme der Störche als auch der Geburten beobachtet. Obwohl hier vielleicht ein kausaler Zusammenhang wünschenswert wäre (einfache Methode der Geburtenregelung!), ist

die Korrelation natürlich nur rein mathematischer Natur. Ein echter Zusammenhang besteht natürlich nicht.

3. Der Wert r sowie die Prüfgröße TAU hängen auch von der Anzahl der Meßwerte ab, aus der sie berechnet wurden. Dabei gilt: Bei gleichem r-Wert, der aus 2 unterschiedlichen Meßreihen mit unterschiedlicher Anzahl von Datenpaaren resultiert, ist die Korrelation bei großem n-Wert statistisch gesicherter.

Die Größe des Korrelationskoeffizienten allein ist noch kein Maß für die "Stärke" des im Sinne der Ausgleichsfunktion angenommenen Zusammenhangs!

Beispiel 44
Um die Linearität eines gaschromatographischen Detektors zu überprüfen, wurden steigende Mengen eines charakteristischen Stoffes in Form einer Lösung injiziert, und zwar 20,40,60.... bis 1000 ng. Die Abhängigkeit der Peakfläche von der dosierten Menge ist in Abb.44 wiedergegeben.

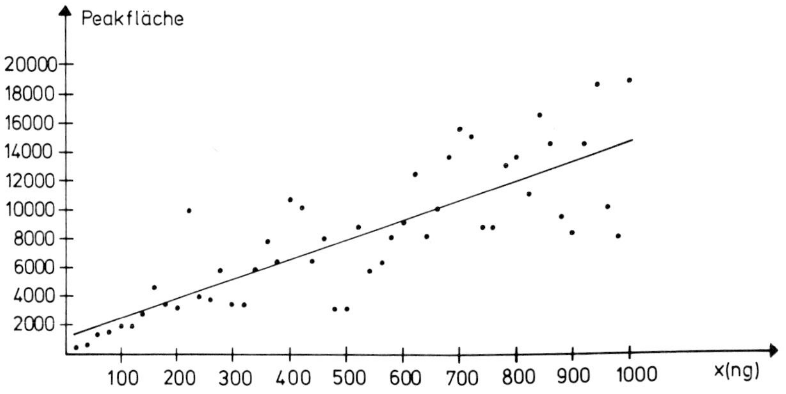

Abb.44 Abhängigkeit der Peakfläche von der Stoffmenge

Im einzelnen ergaben sich folgende Meßwerte:

x(ng)	Fläche	x(ng)	Fläche	x(ng)	Fläche
x_1 = 20	330	x_{18} = 360	7748	x_{35} = 700	15635
x_2 = 40	550	x_{19} = 380	6387	x_{36} = 720	15047
x_3 = 60	1370	x_{20} = 400	10726	x_{37} = 740	8732
x_4 = 80	1420	x_{21} = 420	10050	x_{38} = 760	8751
x_5 = 100	1953	x_{22} = 440	6393	x_{39} = 780	13145
x_6 = 120	1921	x_{23} = 460	7915	x_{40} = 800	13538
x_7 = 140	2838	x_{24} = 480	3065	x_{41} = 820	10938
x_8 = 160	4514	x_{25} = 500	3219	x_{42} = 840	16510
x_9 = 180	3425	x_{26} = 520	8913	x_{43} = 860	14512
x_{10} = 200	3066	x_{27} = 540	5812	x_{44} = 880	9438
x_{11} = 220	9812	x_{28} = 560	6315	x_{45} = 900	8427
x_{12} = 240	3814	x_{29} = 580	8010	x_{46} = 920	14477
x_{13} = 260	3668	x_{30} = 600	9080	x_{47} = 940	18597
x_{14} = 280	5715	x_{31} = 620	12415	x_{48} = 960	10228
x_{15} = 300	3333	x_{32} = 640	8071	x_{49} = 980	8031
x_{16} = 320	3378	x_{33} = 660	10090	x_{50} =1000	18912
x_{17} = 340	5799	x_{34} = 680	13633	-	-

Der Zusammenhang zwischen der Menge x und der Fläche y könnte nach Abb.44 zu urteilen durch die Beziehung $y = a_o + a_1x$ wiedergegeben werden. Um zu überprüfen, ob die Annahme eines linearen Zusammenhangs zwischen x und y gerechtfertigt ist, sollen die Konstanten a_o und a_1 sowie der Korrelationskoeffizient r und die Größe TAU einmal aus den ersten 4 Meßpunkten (x_1 bis x_4) und zum anderen aus allen 50 Datenpaaren (x_1 bis x_{50}) ermittelt werden. Dabei erhält man folgende Werte:

Meßpunkte x_1 bis x_4	Meßpunkte x_1 bis x_{50}
n = 4 f = 2	n = 50 f = 48
a_o = -105,000	a_o = 1027,024
a_1 = 20,450	a_1 = 13,659
r = 0,945 ; TAU = 4,01	r = 0,822 ; TAU = 9,98
S = 94,5%	S = 99,999999%

Ergebnis: Obwohl im ersten Fall (Berechnung aus den ersten 4 Datenpaaren) der Korrelationskoeffizient r größer ist, kann ein linearer Zusammenhang zwischen x und y statistisch nicht nachgewiesen werden, da S = 94,5% < 95% ist. Führt man dagegen, wie angegeben, die Berechnung von r mit allen 50 Datenpaaren durch, dann läßt sich - trotz des kleineren Korrelationskoeffizienten - der lineare Zusammenhang statistisch gesichert (hochsignifikant!) nachweisen, da S praktisch gleich 100% ist. Der Grund dafür ist die im zweiten Fall höhere Zahl von Meßpunkten.

4. Soll zwischen x und y lediglich ein "mathematischer" Zusammenhang bestätigt werden, dann bedeutet eine Korrelation zwischen x und y im Sinne einer vorgegebenen Modellfunktion nicht, daß dies der alleinige mögliche Zusammenhang ist. Die Güte verschiedener Modellfunktionen kann man prüfen, wenn man für alle in Frage kommenden Funktionen mit den gegebenen n Datenpaaren eine Korrelationsrechnung durchführt. Die "beste" Funktion ist dann diejenige, für welche man den größten r- bzw. TAU-Wert erhält.

5. Der Korrelationskoeffizient r ist nur ein Maß für den Zusammenhang zwischen x und y in dem untersuchten Bereich, d.h. also für x-Werte zwischen x_1 und x_n. Auf das Beispiel 44 bezogen bedeutet dies, daß der lineare Zusammenhang zwischen x und y nur für den Bereich von x_1 = 20 ng bis x_{50} = 1000 ng statistisch stark gesichert nachgeweisen werden konnte. Über die Art des Zusammenhangs außerhalb dieses Bereichs ist aus der Korrelationsrechnung heraus keine Aussage möglich. In der Tat weicht bei einem gaschromatographischen Detektor für hohe injizierte Stoffmengen der Zusammenhang zwischen der Peakfläche y und der Menge x von der Linearität ab, wie aus Abb.45 hervorgeht. Eine Extrapolation ist daher nur dann zulässig, wenn theoretisch gesichert ist, daß der lineare Zusammenhang auch außerhalb des untersuchten Bereichs gültig ist!

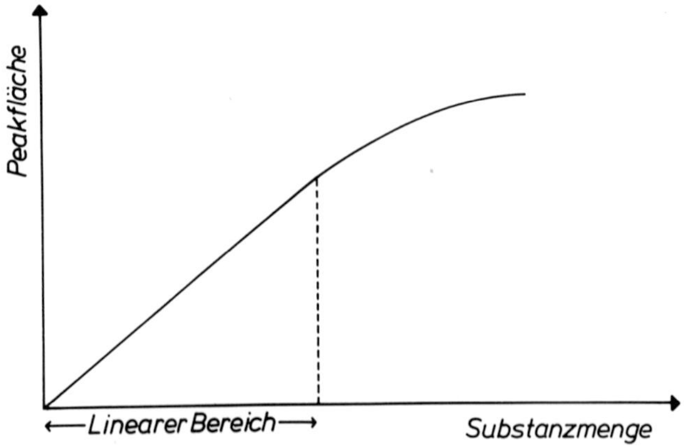

Abb.45 Zum Problem der Extrapolation

18.4 Die Standardabweichung der Ausgleichsfunktion

Ist bekannt, daß der Zusammenhang zwischen einer Variablen x und einer Meßgröße y durch eine bestimmte Funktion beschrieben werden kann, dann müßten theoretisch die Meßgrößen y für jeden Wert x vorausberechnet werden können. Da jede Messung aber mit Fehlern behaftet ist, werden die Meßwerte von dieser "theoretischen" Funktion abweichen. Bei einem Meßverfahren mit guter Reproduzierbarkeit werden die Abweichungen gering sein (vorausgesetzt, daß keine systematischen Fehler vorliegen!). Bei schlechten Meßverfahren werden auch große Abweichungen von der Modellfunktion auftreten.

Sind die Meßwerte einmal gegeben, und will man aus diesen durch Regressionsrechnung die Konstanten a_o, a_1 usw. bestimmen, dann werden auf Grund der fehlerbehafteten Meßwerte auch die Konstanten mit einem Fehler behaftet sein. Ähnlich wie der arithmetische Mittelwert auch nur ein "Schätzwert" für den "wahren" Wert μ der Grundgesamtheit darstellt, sind auch die

Konstanten a_o, a_1 usw. nur "Schätzwerte" für die "richtigen" Werte der Konstanten.

Es besteht einmal die Möglichkeit, die Fehler der Konstanten selbst anzugeben, also z.B. eine Standardabweichung oder einen Vertrauensbereich zu berechnen. Etwas anschaulicher erscheint aber die Möglichkeit, für die gesamte Funktion innerhalb des untersuchten Bereichs Grenzen anzugeben, innerhalb derer die "wahre" Funktion liegt.

Für ein Polynom N-ten Grades - berechnet aus n Meßwertpaaren x/y - ist die "Standardabweichung der Funktion" durch die folgende Beziehung gegeben:

$$s_{y-x} = \sqrt{\frac{\sum(y_i - \bar{y})^2}{n - (N+1)}} = \sqrt{\frac{\sum y^2 - \sum_{i=0}^{i=N}(a_i \sum yx^i)}{n - (N+1)}} \qquad (331)$$

Umso enger die Meßpunkte an der Ausgleichsfunktion liegen, desto kleiner ist s_{y-x}.

Bei der Angabe der Streuung s_{y-x} sowie grundsätzlich bei der Methode der "kleinsten Fehlerquadrate" geht man davon aus, daß die Meßpunkte um die Ausgleichskurve normalverteilt sind. Das bedeutet, daß weit von der Kurve entfernt liegende Punkte seltener auftreten, nahe an der Kurve liegende Punkte häufiger vorkommen. Daher gilt - ähnlich wie normalverteilten einzelnen Meßwerten - für eine genügend große Zahl n von Punkten (theoretisch unendlich viele):

68,3% aller Meßpunkte liegen
im Bereich $f(x) \pm 1 \cdot s_{y-x}$

95,4% aller Meßpunkte liegen
im Bereich $f(x) \pm 2 \cdot s_{y-x}$

99,7% aller Meßpunkte liegen
im Bereich $f(x) \pm 3 \cdot s_{y-x}$

usw.

In den Abbildungen 46 und 47 ist der Sachverhalt graphisch verdeutlicht:

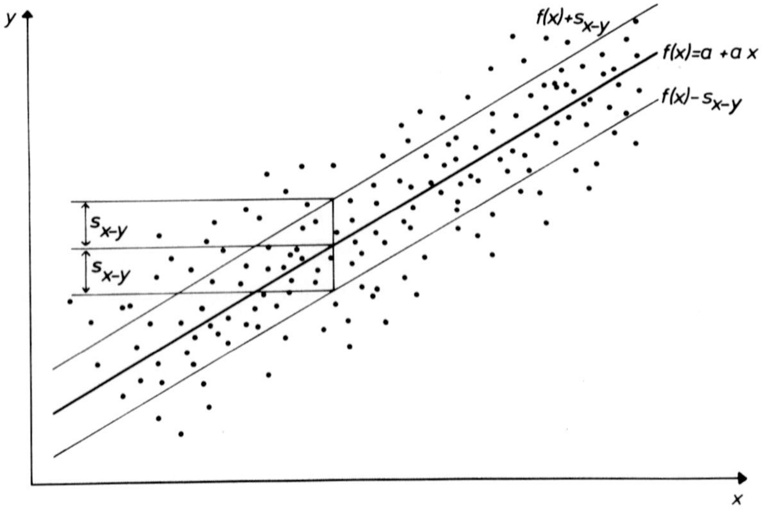

Abb.46 Streubereich einer Ausgleichsgeraden

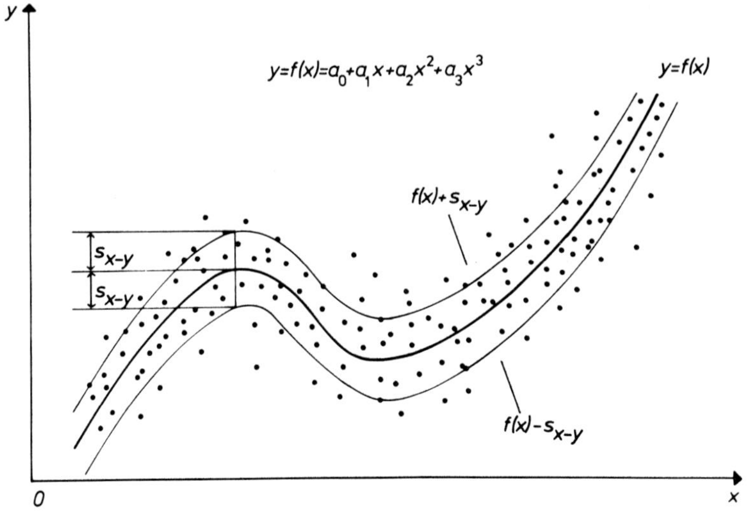

Abb.47 Streubereich einer kubischen Parabel

In dem gezeichneten "Schlauch" um die Ausgleichsfunktion liegen in beiden Fällen ca. 68,3% aller Meßpunkte. Auf Grund der Größe von s_{y-x} kann somit eine eindeutige Aussage über die Güte der Anpassung an die Ausgleichsfunktion gemacht werden.

Beispiel 45

Es ist im Beispiel 44 nachgewiesen worden, daß die Abhängigkeit der Peakfläche von der injizierten Stoffmenge bei einem gaschromatographischen Detektor durch die Beziehung $y = a_o + a_1 x$ wiedergegeben werden kann (y = Fläche, x = Menge). Für die folgende Berechnung seien die auf S.503 angegebenen 50 Meßwerte zugrunde gelegt.

Wie groß ist der Streubereich der Ausgleichsgeraden, bzw. zwischen welchen Grenzen liegt die "richtige" Ausgleichsgerade? Für die Berechnung von s_{y-x} werden nach Gl.331 folgende Größen benötigt:

$$n = 50$$
$$N = 1$$
$$a_o = 1027{,}024$$
$$a_1 = 13{,}659$$
$$\sum y = 399656{,}0$$
$$\sum yx = 260714340{,}0$$
$$\sum y^2 = 4345813552{,}0$$

Es gilt:

$$s_{y-x}(\text{Gerade}) = \sqrt{\frac{\sum y^2 - (a_o \sum y + a_1 \sum yx)}{n - (N + 1)}} \qquad (332)$$

Durch Einsetzen der obigen Konstanten und Summen folgt:

$$s_{y-x}(\text{Gerade}) = 2792{,}3$$

Damit liegen ca. 68,3% aller Meßpunkte zwischen

$$y = 1027{,}024 + 13{,}659\,x + 2792{,}3$$

und

$$y = 1027{,}024 + 13{,}659\,x - 2792{,}3 \,.$$

18.5 Lineare Korrelation und Regression

18.5.1 Die Ausgleichsgerade und ihre Kenngrößen

Eine lineare Beziehung zwischen einer Variablen x und der "Meßgröße" y ist gegeben durch die Funktion

$$y = a_o + a_1 x \,.$$

Da es sich hier um den wichtigsten Fall für eine Ausgleichsfunktion handelt, seien für die folgenden Betrachtungen die Konstanten a_o und a_1 durch b bzw. a ersetzt:

$$y = ax + b \tag{333}$$

Die Gleichungen 289 und 290 zur Berechnung der Konstanten lauten dann in abgeänderter Form:

$$a = \frac{\sum yx - \frac{1}{n}\sum x \sum y}{\sum x^2 - \frac{1}{n}(\sum x)^2} \quad (334) \qquad b = \frac{\sum y}{n} - \frac{a}{n}\sum x \quad (335)$$

Durch Einsetzen in Gl.327 folgt dann (mit $a_o = b$ und $a_1 = a$) für den linearen Korrelationskoeffizienten:

$$r = \frac{\sum yx - \frac{1}{n}\sum x \sum y}{\sqrt{\left[\sum x^2 - \frac{1}{n}(\sum x)^2\right]\left[\sum y^2 - \frac{1}{n}(\sum y)^2\right]}} \tag{336}$$

Dieser Ausdruck für r liefert den "vorzeichengerechten" Korrelationskoeffizienten, je nachdem ob es sich um eine positive Korrelation oder um eine negative Korrelation handelt.

Positive Korrelation: Die Ausgleichgerade hat eine positive Steigung, d.h. y nimmt mit steigendem x zu.

$0 \leqslant r \leqslant +1$

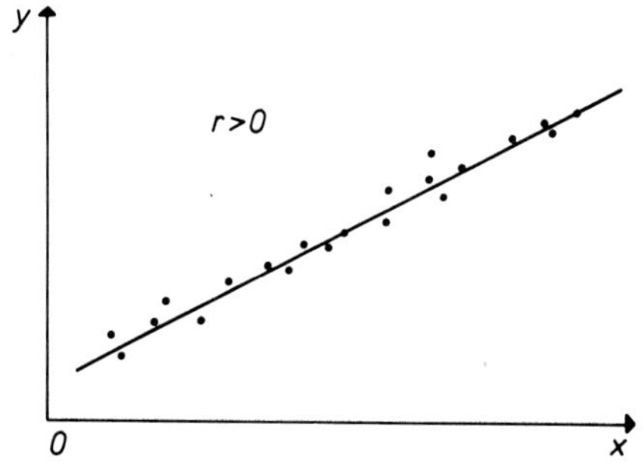

Abb.48 Positive Korrelation

Negative Korrelation: Die Ausgleichgerade hat eine negative Steigung, d.h. y nimmt mit steigendem x ab.

$-1 \leqslant r \leqslant 0$

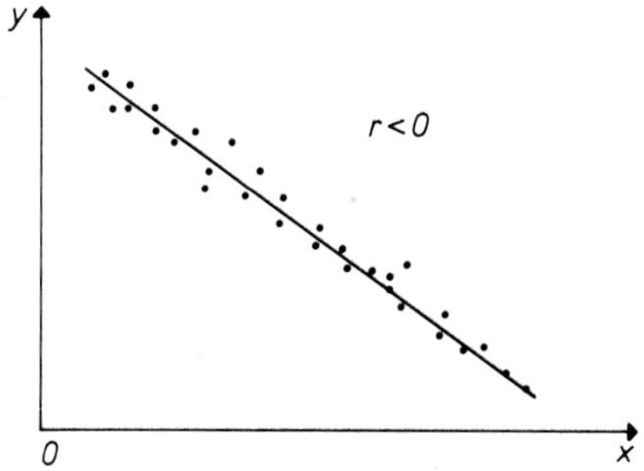

Abb.49 Negative Korrelation

Will man die Güte des linearen Korrelationskoeffizienten r testen, so ist die folgende Prüfgröße zu bilden:

$$TAU = \sqrt{(n-2)\,\frac{r^2}{1 - r^2}} \qquad (337)$$

Die Test-Entscheidung kann nun - wie in dem allgemeinen Fall - entweder durch Integration der t-Verteilung mit t = TAU und f = n - 2 Freiheitsgraden erfolgen bzw. durch Vergleich des TAU-Wertes mit den t-Werten für 95, 99 und 99,9% statistische Sicherheit.

Setzt man in Gl.332 für die Konstanten a_o und a_1 die Symbole b und a ein, dann folgt für die Streuung der Geraden:

$$s_{y-x}\ (\text{Gerade}) = \sqrt{\frac{\sum y^2 - b\sum y - a\sum yx}{n - 2}} \qquad (338)$$

Bei der Interpretation der Standardabweichung der Geraden ist zu beachten, daß die Streuung s_{y-x} keine Aussage darüber zuläßt, mit welchem Fehler ein einzelner bestimmter y-Wert (bei vorgegebener Variable x) auf der Ausgleichgeraden behaftet ist.

Die Punkte auf der Ausgleichsgeraden sind vielmehr unterschiedlich "sicher". Der Bereich, in dem der "wahre" y-Wert liegt, ist bei den kleinsten bzw. größten x-Werten des untersuchten Datenvorrats am größten. Das bedeutet, daß der aus der Ausgleichsgerade berechnete y-Wert in den extremen Bereichen der Geraden am unsichersten ist.Die größte Sicherheit haben die im mittleren Bereich der Ausgleichsgeraden liegenden Punkte. Für jeden auf der Geraden ermittelten y-Wert kann man einen Vertrauensbereich angeben, d.h. einen Bereich, innerhalb dessen mit einer bestimmten Wahrscheinlichkeit der "wahre" y-Wert liegt. Wir erinnern uns: Die Konstanten der Geraden, die über die Methode der kleinsten Fehlerquadrate berechnet wurden, sind nur Schätzwerte. Daher sind naturgemäß auch die auf der Ausgleichgeraden liegenden Punkte - verglichen mit den "richtigen" Werten - geschätzte Größen!

Der Vertrauensbereich eines einzelnen auf der Ausgleichsgeraden liegenden y-Wertes kann über die folgende Gleichung berechnet werden (4) :

$$\Delta y_k = t_{S\%,f=n-2} \sqrt{s_{y-x}^2 \left[\frac{1}{n} + \frac{(x_k - \frac{1}{n}\sum x_i)^2}{\sum x_i^2 - \frac{1}{n}(\sum x_i)^2} \right]} \qquad (339)$$

Dabei bedeuten die einzelnen Größen:

$S\%$ = statistische Sicherheit in Prozent

t = Signifikanzschranke der t-Verteilung (zweiseitig) für S% Sicherheit und f=n-2 Freiheitsgrade

n = Anzahl der Datenpaare, aus denen die Ausgleichsgerade berechnet wurde

x_k = x-Wert, aus dem der zugehörige Funktionswert $y_k = ax_k + b$ berechnet werden soll

s_{y-x} = Standardabweichung der Geraden (Gl.338)

Damit liegt für einen y_k-Wert, der nach $y_k = ax_k + b$ aus einem gegebenen x-Wert ermittelt wurde, der zugehörige "wahre" y-Wert zwischen $y_k + \Delta y_k$ und $y_k - \Delta y_k$.

Wie aus Gl.339 hervorgeht, ist Δy_k für eine gegebene Anzahl von n Datenpaaren x/y, aus denen die Ausgleichsgrade berechnet wurde, abhängig von der Differenz $x_k - \frac{1}{n}\sum x_i = x_k - \bar{x}$. Je größer diese Differenz wird, desto größer wird auch Δy_k, und umso unschärfer wird damit auch der nach $y_k = ax_k + b$ berechnete Funktionswert. Da die Differenz mit dem Quadrat in die o.g. Gleichung eingeht, folgt: $(x_k - \bar{x})^2$ wird dann am größten, wenn x_k sehr groß bzw. sehr klein ist.

Man muß somit davon ausgehen, daß eine Extrapolation - z.B. für $x \to 0$ - mit einem besonders großen Fehler behaftet ist, bzw. der durch Extrapolieren erhaltene Wert auf der Ausgleichsgeraden eine große Unsicherheit aufweist. Darüberhinaus ist zu beachten, daß natürlich die Geradengleichung zunächst nur innerhalb des untersuchten Meßbereichs gültig ist (siehe S.504 Punkt 5 sowie Abb.45). Es ist durchaus möglich, daß im Meßbereich der Zusammenhang zwischen x und y linear ist, während außerhalb dieses Bereichs der Zusammenhang durch eine andere Funktion beschrieben wird. Die folgende Abbildung macht dies noch einmal deutlich:

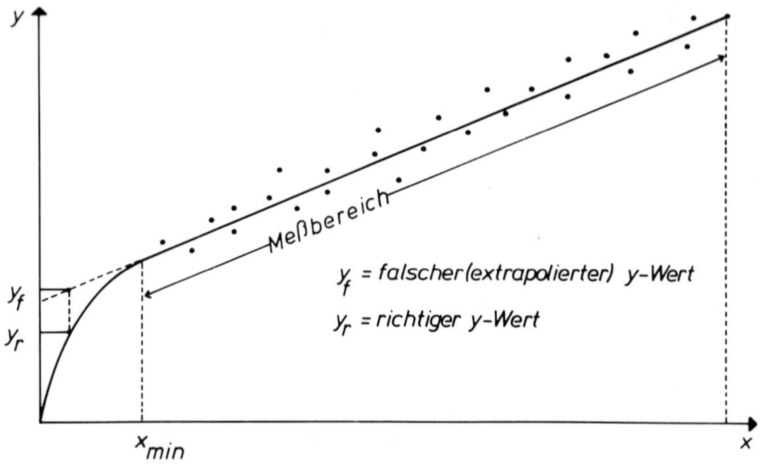

Abb.50 Fehler bei unzulässiger Extrapolation

Man erkennt, daß für $x < x_{min}$ der Zusammenhang nicht linear ist. Für die aus den gegebenen Punkten errechnete Ausgleichsgerade darf daher nicht nach $x \to 0$ extrapoliert werden!

Die Abhängigkeit des Vertrauensintervalls der y-Werte auf der Ausgleichsgeraden von der Variablen x demonstriert Abb.51.

Weitere Betrachtungen zu dieser Problematik findet man bei Doerffel "Statistik in der Analytischen Chemie" (4).

Handelt es sich bei dem Zusammenhang zwischen der Variablen x und der "Meßgröße" y um einen linearen Zusammenhang, dann liegen trotzdem die Meßpunkte meist nicht exakt auf einer Geraden, was im Zufallsfehler des Meßverfahrens begründet ist. Existiert theoretisch ein streng linearer Zusammenhang in der Form $y = \alpha x + \beta$, dann sind auf Grund der streuenden Meßpunkte diese Konstanten nicht exakt bestimmbar, sondern man kann - mit Hilfe der Fehlerquadratmethode - nur ihre Schätzwerte, nämlich die Konstanten a und b, angeben. Die berechneten Konstanten a und b sind also fehlerbehaftete Größen. Es lassen sich für sie folgende Vertrauensbereiche angeben:

$$\Delta a = t_{S\%, f=n-2} \frac{s_{y-x}}{\sqrt{\sum x^2 - \frac{1}{n}(\sum x)^2}} \qquad (340)$$

$$\Delta b = \Delta a \sqrt{\frac{\sum x^2}{n}} \qquad (341)$$

Die aus den gegebenen Daten errechnete Ausgleichsgerade ist umso "besser", d.h. die Konstanten a und b geben umso genauer die "wahren" Werte α und β wieder, je kleiner Δa und Δb sind. Welches sind nun die Voraussetzungen dafür?

Aus Gl.340 folgt einmal, daß Δa mit zunehmendem n kleiner wird, da auch der t-Wert mit größer werdendem n kleiner wird. Weiterhin muß auch die "Streuung der Geraden" klein sein, d.h. die Meßpunkte sollen möglichst wenig um die errechnete Ausgleichsgerade streuen.

Für den Ausdruck unter der Wurzel in Gl.340 kann man auch schreiben:

$\sum x^2 - \frac{1}{n}(\sum x)^2 = \sum (x_i - \bar{x})^2$. Je größer diese Quadratsumme ist, desto kleiner wird andererseits Δa. Die Quadratsumme wird nun entweder dann sehr groß, wenn sehr viele Meßpunkte vorliegen oder wenn die Einzelwerte möglichst stark vom Mittelwert abweichen. Somit ergeben sich drei Forderungen für einen kleinen Δa -Wert:

1. Große Anzahl von Meßpunkten
2. Geringe Streuung der Punkte um die Ausgleichsgerade
3. Großer Meßbereich

Die Größe von Δb hängt einmal von dem Vertrauensbereich der Steigung ab. Ist also der Fehler der Steigung bereits erheblich, dann ist auch mit einem großen Fehler des Achsenabschnitts zu rechnen. Weiterhin nimmt Δb mit steigenden Werten von n ab, d.h. auch hier ist eine große Anzahl von Meßpunkten günstig.

Erfahrungsgemäß machen sich geringfügige Abweichungen der Meßpunkte meist in einer merklichen Veränderung des Achsenabschnitts bemerkbar, während die Steigung meist relativ stabil bleibt.

18.5.2 Rechenprogramm und Beispiel zur linearen Korrelation

Mit dem folgenden Programm können für n gegebene Datenpaare x/y folgende Größen ermittelt werden:

1. Steigung a der Ausgleichsgeraden $y = ax + b$
2. y - Achsenabschnitt der Geraden $y = ax + b$
3. Vertrauensbereich der Konstanten a und b für 95% Sicherheit
4. Linearer Korrelationskoeffizient r
5. Testgröße TAU zur Prüfung von r
6. Standardabweichung der Geraden s_{y-x}

7. Berechnung des für einen gegebenen x-Wert (= x_k) auf der Ausgleichsgeraden liegenden y-Wertes (= y_k).

8. Berechnung des Vertrauensbereichs Δy_k und Ermittlung der oberen Grenze $y_k + \Delta y_k$ sowie der unteren Grenze $y_k - \Delta y_k$, zwischen denen mit 95% Sicherheit der "wahre" y-Wert liegt.

Programm Nr.34 Lineare Korrelation und Regression (Rechnermodell: Compucorp 327)

Speicherbelegung:

RCL	0	0	=	n	
RCL	0	1	=	$\sum x$	
RCL	0	2	=	$\sum x^2$	
RCL	0	3	=	$\sum y$	
RCL	0	4	=	$\sum y^2$	
RCL	0	5	=	$\sum yx$	
RCL	0	6	=	x_i	
RCL	0	7	=	y_i	
RCL	0	8	=	a(95%)	Zur Berechng. der t-Werte
RCL	0	9	=	b(95%)	
RCL	1	0	=	c(95%)	
RCL	1	1	=	d(95%)	
RCL	1	2	=	$z = 1/f = 1/n-2$	
RCL	1	3	=	t(95%,f)	
RCL	1	4	=	a	
RCL	1	5	=	b	
RCL	1	6	=	s_{y-x}	
RCL	1	7	=	Δa	
RCL	1	8	=	$\sum x^2 - \frac{1}{n}(\sum x)^2$	
RCL	1	9	=	$\sum yx - \frac{1}{n}\sum x \sum y$	
RCL	2	0	=	Δy_k	

Schritt-Nr.	Befehle	Erläuterungen
1	CLEAR REG.	Löschen der Konstantenspeicher
2	LABEL 0	
3	1	1.
4	KENNZAHL	
5	STOP	Eingabe x_i
6	STO 06	$x_i \longrightarrow$ STO 06
7	STO + 01	$\sum x_i$
8	x^2	x_i^2
9	STO + 02	$\sum x_i^2$
10	2	2.
11	KENNZAHL	
12	STOP	Eingabe y_i
13	STO 07	$y_i \longrightarrow$ STO 07
14	STO + 03	$\sum y_i$
15	x^2	y_i^2
16	STO + 04	$\sum y_i^2$
17	RCL 06	
18	RCL x 07	$y_i x_i$
19	STO + 05	$\sum y_i x_i$
20	1	n:= n + 1
21	STO + 00	
22	JUMP 0	
23	LABEL 1	Berechnung von a,b,r,TAU
24	RCL 05	$\sum y_i x_i$
25	-	
26	RCL 01	
27	RCL x 03	$\frac{1}{n} \sum x \sum y$
28	RCL : 00	

Fortsetzung von Programm Nr.34 Lineare Korrelation und Regression

Schritt-Nr.	Befehle	Erläuterungen
29	=	$\sum y_i x_i - \frac{1}{n}\sum x \sum y$
30	STO 19	$\longrightarrow$ STO 19
31	RCL 02	$\sum x_i^2$
32	-	
33	RCL 01	
34	x^2	$\frac{1}{n}(\sum x)^2$
35	RCL : 00	
36	=	$\sum x_i^2 - \frac{1}{n}(\sum x)^2$
37	STO 18	$\longrightarrow$ STO 18
38	RCL 19	a
39	RCL : 18	
40	STO 14	a $\longrightarrow$ STO 14
41	RCL 03	$\sum y_i / n$
42	RCL : 00	
43	-	
44	RCL 14	
45	RCL : 00	$\frac{a}{n}\sum x$
46	RCL x 01	
47	=	b
48	STO 15	b $\longrightarrow$ STO 15
49	RCL 04	$\sum y_i^2$
50	-	
51	RCL 03	
52	x^2	$\frac{1}{n}(\sum y_i)^2$
53	RCL : 00	
54	=	$\sum y_i^2 - \frac{1}{n}(\sum y_i)^2$
55	RCL x 18	$[\sum x_i^2 - \frac{1}{n}(\sum x_i)^2][\sum y_i^2 - \frac{1}{n}(\sum y_i)^2]$
56	$\sqrt{}$	
57	1/x	$1/\sqrt{[\ldots.]\quad[\ldots.]}$
58	RCL x 19	r

Fortsetzung von Programm Nr.34 Lineare Korrelation und Regression

Schritt-Nr.	Befehle	Erläuterungen
59	STO 06	r ⟶ STO 06
60	STOP	Ausgabe r
61	RCL 14	
62	STOP	Ausgabe a
63	RCL 15	
64	STOP	Ausgabe b
65	RCL 06	r^2
66	x^2	
67	:	
68	(	
69	1	$1 - r^2$
70	-	
71	RCL 06	
72	x^2	
73	)	
74	=	$r^2/(1 - r^2)$
75	x	
76	(	
77	RCL 00	
78	-	n - 2
79	2	
80	)	
81	=	TAU^2
82	$\sqrt{\ }$	TAU
83	STOP	Ausgabe TAU
84	LABEL 2	Berechnung von Δa, Δb, s_{y-x}
85	-0.151507	a(95%) ⟶ STO 08
86	STO 08	
87	0.822983	b(95%) ⟶ STO 09
88	STO 09	

Fortsetzung von Programm Nr. 34 Lineare Korrelation und Regression

Schritt-Nr.	Befehle	Erläuterungen
89	1.197423	c(95%) ⟶ STO 10
90	STO 10	
91	0.673214	d(95%) ⟶ STO 11
92	STO 11	
93	RCL 00	$f = n - 2$
94	-	
95	2	
96	=	
97	1/x	$z = 1/f$
98	STO 12	z ⟶ STO 12
99	RCL x 08	$a \cdot z$
100	RCL + 09	$a \cdot z + b$
101	RCL x 12	$z\,(a \cdot z + b)$
102	RCL + 10	$c + z\,(a \cdot z + b)$
103	RCL x 12	$z\,(c + z(a \cdot z + b))$
104	RCL + 11	$d + z(c + z(a \cdot z + b))$
105	e^x	$\exp\left[d + z(c + z(a \cdot z + b))\right] = t$
106	STO 13	t ⟶ STO 13
107	RCL 04	$\sum y_i^2$
108	-	
109	RCL 15	$b \sum y_i$
110	RCL x 03	
111	-	
112	RCL 14	$a \sum y_i x_i$
113	RCL x 05	
114	:	
115	(	$n - 2$
116	RCL 00	
117	-	
118	2	
119	)	

Fortsetzung von Programm Nr.34 Lineare Korrelation und Regression

Schritt-Nr.	Befehle	Erläuterungen
120	=	
121	$\sqrt{\ }$	$s_{y-x} \longrightarrow$ STO 16
122	STO 16	
123	:	
124	RCL 18	$\sum x_i^2 - \frac{1}{n}(\sum x_i)^2$
125	$\sqrt{\ }$	
126	=	$s_{y-x} / [\sum x_i^2 - \frac{1}{n}(\sum x_i)^2]$
127	RCL x 13	Δa
128	STO 17	$\Delta a \longrightarrow$ STO 17
129	STOP	Ausgabe Δa
130	x	
131	RCL 02	$\sum x_i^2 / n$
132	RCL : 00	
133	$\sqrt{\ }$	
134	=	Δb
135	STOP	Ausgabe Δb
136	RCL 16	Ausgabe s_{y-x}
137	STOP	
138	LABEL 3	Berechnung von y_k, Δy_k, $y_k + \Delta y_k$ und $y_k - \Delta y_k$
139	0	
140	KENNZAHL	0.
141	STOP	Eingabe x_k
142	STO 06	$x_k \longrightarrow$ STO 06
143	RCL x 14	$y_k = a \cdot x_k + b$
144	RCL + 15	
145	STOP	Ausgabe y_k

Fortsetzung von Programm Nr.34 Lineare Korrelation und Regression

Schritt-Nr.	Befehle	Erläuterungen
146	STO 07	$y_k \longrightarrow$ STO 07
147	RCL 06	x_k
148	-	
149	RCL 01	$\bar{x} = \frac{1}{n}\sum x_i$
150	RCL : 00	
151	=	$x_k - \bar{x}$
152	x^2	$(x_k - \bar{x})^2$
153	RCL : 18	$(x_k-\bar{x})^2 / [\sum x_i^2 - \frac{1}{n}(\sum x_i)^2]$
154	+	
155	RCL 00	1/n
156	1/x	
157	x	
158	RCL 16	s^2_{y-x}
159	x^2	
160	=	
161	$\sqrt{}$	
162	RCL x 13	$\Delta y_k \longrightarrow$ STO 20
163	STO 20	
164	STOP	Ausgabe Δy_k
165	RCL + 07	Ausgabe $y_k + \Delta y_k$
166	STOP	
167	RCL 07	Ausgabe $y_k - \Delta y_k$
168	RCL - 20	
169	STOP	
170	JUMP 3	Rücksprung nach LABEL 3

Das Programm ist bewußt sehr ausführlich gestaltet worden, um bei Vorhandensein eines Rechners, der über mindestens 20 Konstantenspeicherplätze verfügt, eine umfassende Information über die errechnete Ausgleichsgerade zu geben.

Besitzt der Rechner nicht - wie in dem Programm vorausgesetzt - mindestens 20 Konstantenspeicher, sind aber wenigstens 6 Speicherplätze vorhanden, dann kann man zumindest die für die Berechnung von a, b, r, TAU, Δa, Δb, s_{y-x} und Δy_k notwendigen Summen

$$\sum x_i \ , \ \sum x_i^2 \ , \ \sum y_i \ , \ \sum y_i^2 \ , \ \sum y_i x_i \quad \text{und} \quad n$$

ermitteln.

Die Programmausführung für das Programm Nr.34 wird in dem folgenden Beispiel erläutert.

Beispiel 46

Die Wirkung eines Vitamin-Präparates auf das Wachstum eines bestimmten Bazillus-Typs soll näher untersucht werden. Es besteht die Annahme, daß das Wachstum direkt proportional der Menge des Vitamins ist. Die Wachstumsrate wird durch "Titration" des verwendeten Nährbodens mit KOH ermittelt. Die verbrauchte Menge Kalilauge ist dann ein Maß für die Zahl der Bazillen in der untersuchten Kultur.

Insgesamt wurden 11 Präparate mit Mengen zwischen 0 und 50 Picogramm Vitamin/ml angesetzt (1 Picogramm = 10^{-12}g!). Die Menge an verbrauchter KOH wurde nach erfolgtem Wachstum bestimmt und ergab folgende Werte:

Vitamin (pg/ml)	Verbrauch KOH (ml)	Vitamin (pg/ml)	Verbrauch KOH (ml)
x_1 = 0	y_1 = 0,75	x_7 = 30	y_7 = 4,46
x_2 = 5	y_2 = 2,31	x_8 = 35	y_8 = 4,32
x_3 = 10	y_3 = 2,07	x_9 = 40	y_9 = 5,12
x_4 = 15	y_4 = 2,39	x_{10} = 45	y_{10} = 5,56
x_5 = 20	y_5 = 3,48	x_{11} = 50	y_{11} = 6,60
x_6 = 25	y_6 = 3,33		

Trägt man die verbrauchte Menge KOH gegen die eingesetzte Menge an Vitamin auf, so ergibt sich das in Abb. 50a dargestellte Bild:

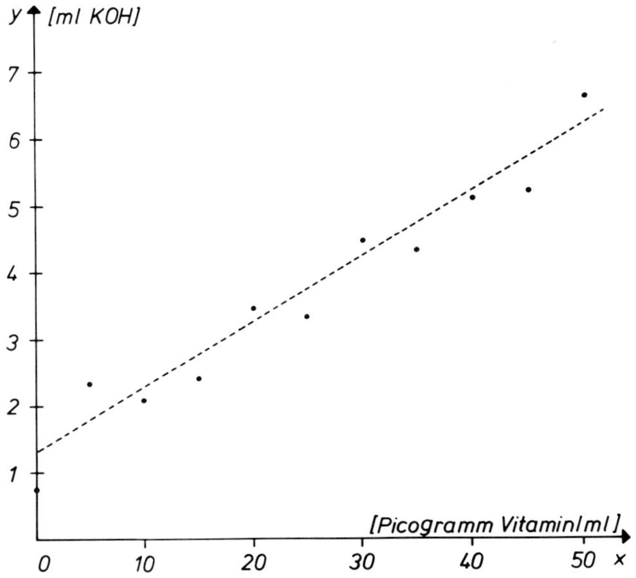

Abb.50a Abhängigkeit der Menge an verbrauchter KOH von der eingesetzten Menge Vitamin

Folgende Fragen sollen beantwortet werden:

1. Ist die Annahme eines linearen Zusammenhangs zwischen der Menge x an eingesetztem Vitamin und und der verbrauchten Menge y an KOH gerechtfertigt?

2. Wenn ja, wie lauten die Konstanten a und b der Ausgleichsfunktion $y = ax + b$ und wie groß ist der Vertrauensbereich von a bzw. b?

3. Wie groß ist die "Streuung der Ausgleichsgeraden"?

4. Wie groß ist der zu erwartende Verbrauch an KOH bei einem Präparat, das 2pg/ml bzw. 27pg/ml Vitamin enthält?

5. Wie groß sind die Vertrauensbereiche der in 4. ermittelten Werte?

Programmausführung:

a) JUMP START START

b)

	1.
Eingabe $x_1 = 0$	0.0000
START	
	2.
Eingabe $y_1 = 0,75$	0.7500
START	
	1.
Eingabe $x_2 = 5$	5.0000
START	
	2.
Eingabe $y_2 = 2,31$	2.3100
START	
⋮	⋮
	1.
Eingabe $x_{11} = 50$	50.0000
START	
	2.
Eingabe $y_{11} = 6,60$	6.6000
START	

c) Berechnung von a, b, r und TAU

[JUMP] [1] [START]

Ausgabe r — 0.9784

[START]

Ausgabe a — 0.1022

[START]

Ausgabe b — 1.1154

[START]

Ausgabe TAU — 14.2289

Mit t = TAU = 14,2289 und f = n - 2 = 11 - 2 = 9 Freiheitsgraden ergibt das Programm Nr.18 (Inegral der t-Verteilung): S = 99,99998%. Somit folgt als Ergebnis zu den Punkten 1. u.2.: Die lineare Korrelation zwischen der Vitamin-Menge x und dem Verbrauch y an KOH ist statistisch stark (hochsignifikant) gesichert. Die Konstanten a und b der Funktion y = ax + b lauten

$$a = 0{,}1022 \qquad \text{und} \qquad b = 1{,}1154 .$$

Damit lautet die Gleichung für den Zusammenhang zwischen x u.y:

$$y = 0{,}1022\, x + 1{,}1154 .$$

d) Berechnung von Δa, Δb, s_{y-x}

[JUMP] [2] [START]

Ausgabe Δa — 0.0162

[START]

Ausgabe Δb — 0.4808

START

Ausgabe s_{y-x} 0.3768

Die Vertrauensbereiche für die Steigung der Ausgleichsgeraden bzw. den y-Achsenabschnitt haben demnach die Werte $\Delta a = 0,0162$ (= 15,9% von a) und $\Delta b = 0,4808$(= 43,0% von b).

Somit ergibt sich für den Bereich, in dem die "wahren" Konstanten α und β liegen:

$$a - \Delta a = 0,1022 - 0,0162 = 0,0860$$
$$a + \Delta a = 0,1022 + 0,0162 = 0,1184$$

$$b - \Delta b = 1,1154 - 0,4808 = 0,6346$$
$$b + \Delta b = 1,1154 + 0,4808 = 1,5962$$

$$\left.\begin{array}{l} 0,0860 \leqslant \alpha \leqslant 0,1184 \\ 0,6346 \leqslant \beta \leqslant 1,5962 \; . \end{array}\right\} \text{Statistische Sicherheit} = 95\%$$

Für die Streuung s_{y-x} der Geraden wurde gefunden: 0,3768. Damit liegen ca. 68% aller "möglichen" Meßpunkte zwischen

$$y = 0,1022\ x + 1,1154 + 0,3768$$

und

$$y = 0,1022\ x + 1,1154 - 0,3768\ .$$

Strenggenommen gilt dieses Ergebnis aber nur für unendlich viele Meßpunkte, aus denen die Ausgleichsgerade ermittelt wurde. Da in dem Beispiel nur 11 Meßpunkte vorliegen, ist der Anteil der Punkte in dem o.g. Bereich etwas geringer.

Es ist selbstverständlich möglich, die Vertrauensbereiche für die Steigung und den y-Achsenabschnitt der Geraden auch für eine beliebige andere statistische Sicherheit zu berechnen. In diesem Fall sind gemäß Tab.58 die entsprechenden Konstanten a,b,c und d in das Programm einzubauen (Schritte 85-92).

e) <u>Berechnung von y_k und Δy_k</u>

	Anzeige
[JUMP] [3] [START]	
	0.
Eingabe $x_k = 2$	2.0000
[START]	
Ausgabe y_k	1.3199
[START]	
Ausgabe Δy_k	0.4536
[START]	
Ausgabe $y_k + \Delta y_k$	1.7736
[START]	
Ausgabe $y_k - \Delta y_k$	0.8662
[START]	
	0.
Eingabe $x_k = 27$	27.0000
[START]	
Ausgabe y_k	3.8763
[START]	
Ausgabe Δy_k	0.2590
[START]	
Ausgabe $y_k + \Delta y_k$	4.1353
[START]	
Ausgabe $y_k - \Delta y_k$	3.6172

Man erkennt, daß der absolute Vertrauensbereich für den zu x_k = 27 gehörigen y_k-Wert kleiner ist als der Vertrauensbereich für den y_k-Wert, der sich aus x_k = 2 ergibt. Der Grund dafür ist, daß x_k = 27 ein Wert aus der "Mitte" der gegebenen Daten ist, während x_k = 2 in der Nähe der unteren Grenze der gegebenen Meßpunkte liegt.

Prinzipiell ist - wie bereits erwähnt - die "Zuverlässigkeit von y-Werten auf der Ausgleichsgerade, die aus den "extrem" liegenden x-Werten berechnet wurden, geringer als für y-Werte, die aus "zentral" liegenden x-Werten ermittelt wurden.

Beispiel 47

Zur Eichung eines gaschromatographischen Detektors wird die Fläche der Peaks in Abhängigkeit von der injizierten Substanzmenge bestimmt. Ein "guter" Detektor soll über einen möglichst großen Bereich linear arbeiten, d.h. über mehrere Größenordnungen (Zehnerpotenzen) soll der Zusammenhang zwischen Peakfläche und Substanzmenge linear sein. Für einen Flammenionisationsdetektor wurden 9 Messungen durchgeführt, wobei 10, 15, 20, 25, 30, 40, 50, 70 und 100 ng eines Kohlenwasserstoffs injiziert wurden. In Abb.51 sind die erhaltenen Peakflächen gegen die injizierten Mengen aufgetragen. Gleichzeitig ist die nach Programm 34 ermittelte Ausgleichgerade eingezeichnet. Für jeden zu dem entsprechenden x-Wert gehörenden y-Wert auf der Geraden ist weiterhin der Vertrauensbereich ermittelt und eingezeichnet worden. Es zeigt sich, daß bei sehr kleinen bzw. sehr großen x-Werten die zugehörigen y-Werte auf der Geraden unsicherer sind, als das bei den Werten "in der Mitte der Geraden" der Fall ist.

Wählt man eine größere statistische Sicherheit für die Berechnung, dann werden die Vertrauensbereiche größer, d.h. bei erhöhter Sicherheit wird die "Schärfe" in der Angabe eines auf der Ausgleichsgeraden liegenden y-Wertes kleiner.

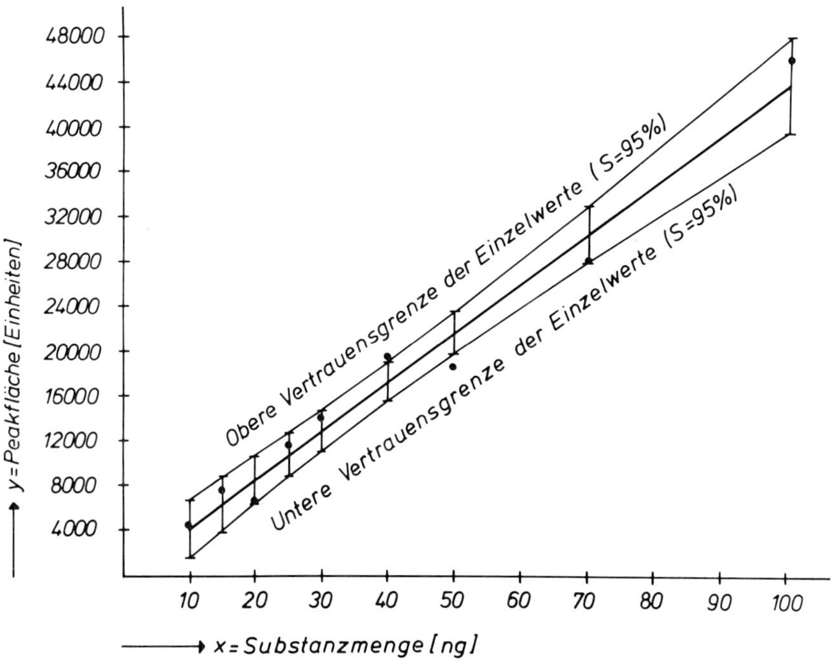

Abb.51 Zum Vertrauensbereich einzelner Punkte auf der Ausgleichsgeraden

18.5.3 Prüfung der Konstanten der Ausgleichgeraden

a) Prüfung des Achsenabschnitts b

Es soll geprüft werden, ob der durch Regressionsrechnung ermittelte Wert b für den Achsenabschnitt einer Ausgleichsgeraden $y = ax + b$ nur zufällig oder systematisch bedingt von einem vorgegebenen Sollwert b_o abweicht.

Der wichtigste Fall ist: $b_o = 0$. Dies bedeutet, daß man den berechneten Achsenabschnitt b mit Null vergleicht. Dies ist praktisch ein Test, ob die Gerade zufallsbedingt oder auf Grund eines systematischen Fehlers (z.B. Blindwerte bei Eichmessungen) nicht durch den Koordinatenursprung verläuft.

In dem Fall einer nur zufälligen Abweichung des b-Wertes von Null ist auch ein Ausgleich nach y = a'x zulässig.

Zur Prüfung des Achsenabschnitts b bildet man:

$$TAU = \frac{|b - b_o|}{s_b} \qquad (342)$$

Dabei ist s_b die Standardabweichung des Achsenabschnitts:

$$s_b = s_a \sqrt{\frac{\sum x_i^2}{n}} \qquad (343)$$

$$s_a = \frac{s_{y-x}}{\sqrt{\sum x_i^2 - \frac{1}{n}(\sum x_i)^2}} \qquad (344)$$

s_a = Streuung der Steigung der Geraden

Man vergleicht jetzt die Prüfgröße mit den Integralgrenzen der t-Verteilung für f = n - 2 Freiheitsgrade oder man integriert die t-Verteilung mit t=TAU und f = n - 2. Die Test-Entscheidung ist analog zu der Auswertung bei dem Vergleich Mittelwert-Sollwert (Abschnitt 17.6). Bei Integration der t-Verteilung erhält man direkt die Wahrscheinlichkeit für eine systematische Abweichung des Achsenabschnitts vom Sollwert b_o.

Beispiel 48

Im Beispiel 46 ergab sich ein linearer Zusammenhang zwischen dem Wachstum eines Bazillus-Typs und der Menge eines Vitamins in dem verwendeten Nährboden. Die Regressionsrechnung lieferte, daß die Gerade y = ax + b nicht durch den Koordinatenursprung geht. Wenn dies kein Zufall ist, dann folgt daraus, daß sich der Bazillus-Typ bereits in Abwesenheit des Vitamins entwickelt.

Für den Vertrauensbereich des Achsenabschnitts wurde gefunden: $\Delta b = 0{,}4808$. Dividiert man diesen Wert durch die Größe t, dann erhält man die Streuung s_b. Für die Sicherheit S = 95% und f = n-2 = 11 - 2 = 9 Freiheitsgrade folgt: t = 2,262. Damit ergibt sich für die Standardabweichung des Achsenabschnitts: $s_b = 0{,}4808/2{,}262 = 0{,}2126$.

Mit b = 1,1154 und $b_o = 0$ erhält man für die Prüfgröße TAU bei einem Test auf Abweichung des Achsenabschnitts von Null:

$$\mathrm{TAU} = \frac{1{,}1154 - 0}{0{,}2126} = 5{,}246 \; .$$

Die Integration der t-Verteilung liefert S(TAU,f = 9) = 99,95%. Damit ist statistisch stark gesichert (hochsignifikant) nachgewiesen, daß die Ausgleichgerade nicht durch den Koordinatenursprung verläuft.

Ergibt der Test, daß sich der Achsneabschnitt b nur zufällig von Null unterscheidet, dann kann ein Ausgleich nach y =a'x vorgenommen werden, wobei folgende Formeln gelten:

$y = a'x \qquad a' = \text{Steigung der Geraden}$

$$a' = \frac{\sum y_i x_i}{\sum x_i^2} \tag{345}$$

$$\Delta a' = t(S\%, f=n-1) \frac{s'_{y-x}}{\sqrt{\sum x_i^2}} \tag{346}$$

$$s'_{y-x} = \sqrt{\frac{\sum y_i^2 - a' \sum y_i x_i}{n-1}} \tag{347}$$

$$r = \sqrt{\frac{a' \sum yx - \frac{1}{n} (\sum y)^2}{\sum y^2 - \frac{1}{n} (\sum y)^2}} \tag{348}$$

b) Prüfung der Steigung a

Die Prüfung und Beurteilung wird analog zu dem Test des Achsenabschnitts b vorgenommen, nur daß in die Prüfformel die Steigung a und der entsprechende Sollwert a_o sowie die Standardabweichung der Steigung ($= s_a$) eingesetzt werden muß. Die Testgröße lautet dann:

$$TAU = \frac{|a - a_o|}{s_a} \qquad \text{mit } f = n - 2 \qquad (349)$$

Die Test-Entscheidung kann auch hier entweder durch Vergleich des TAU-Wertes mit den t-Werten für f=n - 2 Freiheitsgrade bei den Sicherheiten S=95, 99 oder 99,9% erfolgen bzw. durch Integration der t-Verteilung.

Beispiel 49

Die Einstellung des Titers einer 0,1 N Salzsäure erfolgt einmal gegen Natriumcarbonat (Verfahren a) und zum anderen mit Quecksilberoxid (Verfahren b). Die vorgelegte Menge **x** an Urtitersubstanz ist dabei proportional dem Verbrauch **y** an HCl.
Es ist zu ermitteln, ob die nach beiden Verfahren ermittelten Faktoren für die Salzsäure sich vom Sollwert 0,1 N unterscheiden. Der Faktor der Salzsäure müßte theoretisch F=1,000 lauten. In der folgenden Tabelle der Werte ist x die eingesetzte Menge an Urtitersubstanz in mg und y der Verbrauch an HCL, der ebenfalls auf mg Urtitersubstanz umgerechnet wurde.

Meßreihe a		Meßreihe b	
x_1 = 183,9	y_1 = 189,7	x_1 = 189,0	y_1 = 200,2
x_2 = 208,9	y_2 = 221,2	x_2 = 251,2	y_2 = 246,1
x_3 = 248,0	y_3 = 257,4	x_3 = 289,7	y_3 = 300,8
x_4 = 283,2	y_4 = 294,3	x_4 = 330,8	y_4 = 339,4
x_5 = 318,8	y_5 = 335,1	x_5 = 375,3	y_5 = 362,3

Zwischen x und y müßte theoretisch der Zusammenhang $y = a'x$ mit $a' = 1$ bestehen.

Führt man zunächst einen Geradenausgleich nach $y = ax + b$ durch und testet anschließend die Größe b auf Abweichung von Null, dann stellt man fest, daß eine systematische Abweichung des Achsenabschnitts von Null aus den vorliegenden Daten nicht nachweisbar ist. Somit darf ein Geradenausgleich nach $y = a'x$ vorgenommen werden. Mit $s_{a'} = \Delta a'/t_{S\%,n-1}$ erhält man dann gemäß Gl.345:

	Verfahren a	Verfahren b
a'	1,04460	1,00466
$s_{a'}$	0,00433	0,01232
TAU $(a_o=1)$	10,3002	0,37824
S%(TAU,n-1)	99,95%	27,55%
$f = n-1$	4	4

Ergebnis: Da bei Verfahren a S% > 99,9% ist, kann eine Abweichung der Steigung a' der Geraden vom Sollwert $a_o = 1$ statistisch gesichert (hochsignifikant) nachgewiesen werden. Das bedeutet, daß beim Verfahren a Überbefunde festgestellt werden, weil die Steigung $a' > 1$ ist. Aus der Zusammenstellung der Meßwerte auf S.533 erkannt man auch, daß für die Meßreihe a sämtliche y-Werte größer sind als die entsprechenden x-Werte.

Nach dem Verfahren b kann eine Abweichung der Steigung a' vom Sollwert 1,000 nicht festgestellt werden, da hier die der Prüfgröße TAU entsprechende Sicherheit nur 27,6% beträgt. Damit arbeitet das Verfahren b einwandfrei.

Es sei hier noch einmal betont, daß die Test-Aussage sich immer nur auf die vorliegenden Daten stützt. Liegen mehr Meßwerte vor, so kann das Ergebnis des Tests durchaus ein anderes sein. Das Test-Ergebnis muß also immer in der Form "Aus dem vorliegenden Datenmaterial ergibt sich..." angegeben werden. Ein Beweis im mathematischen Sinne ist nicht möglich.

18.6 Prüfung von Meßwerten auf Normalverteilung

Für die Durchführung des t-Tests nach Student sowie für den F-Test war eine Voraussetzung, daß die Meßwerte normalverteilt sind. Liegt eine größere Zahl von Einzelwerten vor, die man in Klassen einteilen kann, dann wendet man für die Prüfung der Daten auf Normalverteilung den sog. Chi-Quadrat-Test an. Diese Prüfmethode ist ausführlich in dem Buch "Angewandte Statistik" von L.Sachs beschrieben.

Da bei den meisten Versuchen aber nur relativ wenige Einzelwerte zur Verfügung stehen, soll hier nur der Test über das Wahrscheinlichkeitsnetz bzw. die "Hazen'sche Gerade" besprochen werden (5).

Bekanntlich kann die Wahrscheinlichkeit, einen Meßwert x innerhalb der Grenzen x_1 und x_2 anzutreffen durch die Fläche unter der Normalverteilung zwischen x_1 und x_2 ausgedrückt werden. Voraussetzung ist natürlich, daß die Werte überhaupt einer Gauß-Verteilung gehorchen. Es gilt dann:

$$P(x_1 \leqslant x \leqslant x_2) = \frac{1}{\sigma\sqrt{2\pi}} \int_{x_1}^{x_2} e^{-\left(\frac{\mu - x}{\sigma}\right)^2} dx \qquad (350)$$

Da diese Funktion von zwei Parametern abhängt, nämlich von μ und von σ , führt man eine Normierung ein, indem man setzt:

$$z = \frac{\mu - x}{\sigma} \quad . \qquad (351)$$

Man drückt also die Abweichung der x-Werte von dem Mittelwert μ durch Vielfache der Streuung σ aus.

Entsprechend ist z.B. die Wahrscheinlichkeit, einen Meßwert unterhalb des Bereiches $\mu + z_1\sigma$ anzutreffen gleich der Fläche unter der über die Gl.351 normierten Normalverteilung zwischen $-\infty$ und z_1, wie aus Abb.52 hervorgeht. Die entsprechende Funktion lautet dann:

$$P(x \leq \mu + z_1\sigma) = \frac{1}{\sqrt{2\pi}} \int_{-\infty}^{z_1} e^{-z^2/2}\, dz \quad . \qquad (352)$$

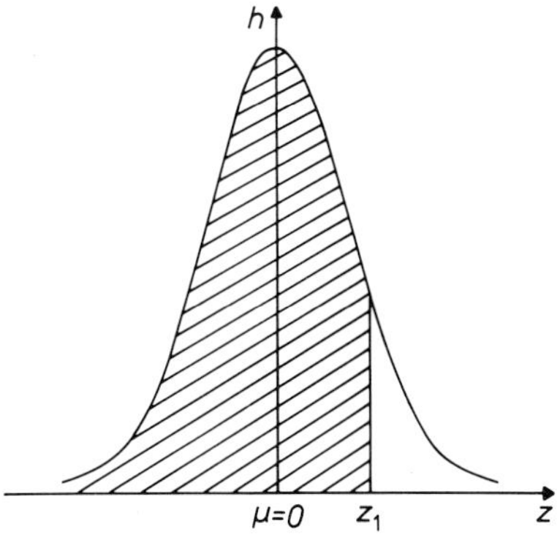

Abb.52 $P(x \leq \mu + z_1\sigma)$ als Fläche unter der normierten Gauß-Verteilung

Diese Zusammenhänge sind im Abschnitt 13.3.1 bereits ausführlich diskutiert worden.

Die in Abb.52 dargestellte Fläche entspricht der sog. Summenhäufigkeit, die also die Häufigkeit aller Meßwerte (daher Summenhäufigkeit) unterhalb $\mu + z_1\sigma$ umfaßt. Ebenso gilt dies natürlich auch für die nicht normierte Verteilung zwischen $-\infty$ und einem oberen Meßwert x_o. In diesem Fall ist dann die Fläche unter der Normalverteilung zwischen $-\infty$ und x_o gleich der Wahrscheinlichkeit, einen Meßwert x in diesem Bereich anzutreffen.

Trägt man nun in einem rechtwinkligen Koordinatensystem die Fläche unter der Normalverteilung zwischen $-\infty$ und x gegen den Meßwert x auf, dann erhält man die in Abb.53 dargestellte S-förmige Kurve:

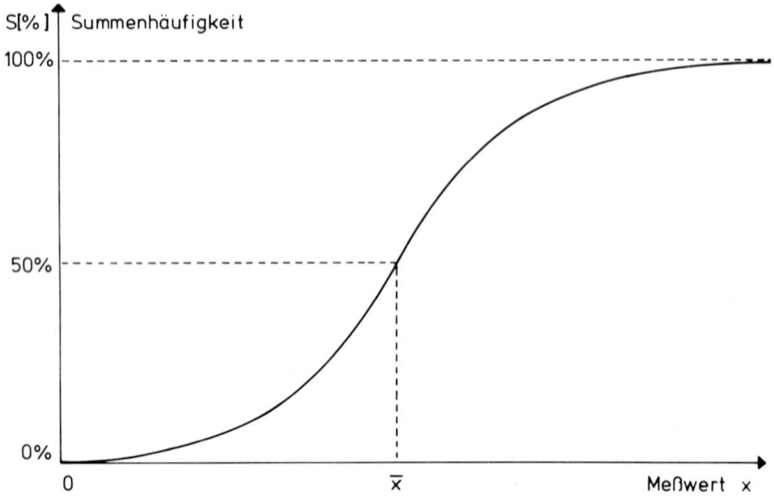

Abb.53 Summenhäufigkeitskurve von Meßwerten

Ob dieser S-förmigen Kurve nun eine Normalverteilung der Meßwerte zugrunde liegt, ist so ohne weiteres schwer zu erkennen. Man kann die Summenhäufigkeitskurve aber linearisieren, indem man zu jeder Fläche S% nach den Gleichungen 104 -107 (Abschn. 13.3.3) den entsprechenden z-Wert ermittelt. Dabei ist der Wert $S^* = 2(F-50)$, wenn F die Fläche zwischen $-\infty$ und z ist.

Eine Berechnung der Häufigkeit von Meßwerten unter der Normalverteilung ist natürlich nur dann sinnvoll, wenn eine ausreichend große Zahl von Einzelwerten vorliegt, die man dann in Klassen einteilen kann.

Ist dies nicht der Fall, dann tut man so, als ob die vorliegenden Einzelwerte Klassenmitten darstellen und berechnet dann für die der Größe nach geordneten Meßwerte x_1 bis x_n eine Wahrscheinlichkeit P_i, wenn i die lfd. Nr. der Meßwerte nach dem Sortieren ist:

$$P_i = 50 + \frac{i - \frac{n+1}{2}}{0{,}01 \cdot n} . \qquad (353)$$

Ermittelt man schließlich für die jeweiligen P_i-Werte den entsprechenden z-Wert, dann muß sich ein linearer Zusammenhang zwischen den Meßwerten x_i und der aus P_i errechneten Größe z_i ergeben, falls die Meßwerte normalverteilt sind.

Im einzelnen umfaßt der Rechengang zum Test auf Normalverteilung also folgende Schritte:

a) Ordnen der n Meßwerte nach aufsteigender Größe

Reihenfolge der Werte nach dem Sortieren:

$x_1 \; \ldots\ldots \; x_i \; \ldots\ldots \; x_n$

x_1 = kleinster Wert x_n = größter Wert

b) Berechnen des zu jedem x_i-Wert gehörigen P-Wertes nach Gl.353:

$$P_i = 50 + \frac{i - \frac{n+1}{2}}{0{,}01 \cdot n}$$

c) $$q_i = \frac{1 - \left| \frac{2\,P_i}{100} - 1 \right|}{2} \qquad (354)$$

d) $$\eta_i = \sqrt{\ln \frac{1}{q_i^2}} \qquad (355)$$

e) $$c_i = \eta_i - \frac{a_o + \eta_i(a_1 + a_2\eta_i)}{1 + \eta_i(b_1 + \eta_i(b_2 + b_3\eta_i))} \qquad (356)$$

$a_o = 2{,}515517 \qquad b_1 = 1{,}432788$

$a_1 = 0{,}802853 \qquad b_2 = 0{,}189269$

$a_2 = 0{,}010328 \qquad b_3 = 0{,}001308$

f) $z_i = -c_i$ für $P_i > 50\%$

$z_i = +c_i$ für $P_i \leqslant 50\%$.

Trägt man nun die berechneten z_i-Werte gegen die jeweiligen Meßwerte x_i (geordnet!) auf, dann muß sich bei normalverteilten Werten eine Gerade ergeben.

Programm Nr.35 Prüfung von Meßwerten auf Normalverteilung

Das folgende Programm berechnet aus einer gegebenen Reihe von geordneten Einzelwerten x_i die jeweilige Größe z_i. Für das Sortieren der Werte kann das Programm Nr.10 verwendet werden.

Speicherbelegung:

RCL 0	= a_o	RCL 5	= b_3
RCL 1	= a_1	RCL 6	= n
RCL 2	= a_2	RCL 7	= (n+1)/2
RCL 3	= b_1	RCL 8	= P_i
RCL 4	= b_2	RCL 9	= c_i

Das Programm wird zunächst "linear" abgearbeitet, d.h. ohne logische Entscheidungen, und zwar bis zur Berechnung von c_i. Ist $P_i \leqslant 50\%$, dann erfolgt ein Sprung nach LABEL 1 und dort die Ausgabe $z_i = c_i$. Ist andererseits $P_i > 50\%$, dann wird das Programm mit der Ausgabe von $z_i = -c_i$ fortgesetzt.

Schritt-Nr.	Befehle	Erläuterungen
1	2.515517	Eingabe $a_o \rightarrow$ STO 0
2	STO 0	
3	.802853	Eingabe $a_1 \rightarrow$ STO 1
4	STO 1	
5	.010328	Eingabe $a_2 \rightarrow$ STO 2
6	STO 2	
7	1.432788	Eingabe $b_1 \rightarrow$ STO 3
8	STO 3	
9	.189269	Eingabe $b_2 \rightarrow$ STO 4
10	STO 4	
11	.001308	Eingabe $b_3 \rightarrow$ STO 5
12	STO 5	
13	0	0.
14	KENNZAHL	
15	STOP	Eingabe n
16	STO 6	$n \longrightarrow$ STO 6
17	+	$(n+1)/2 \longrightarrow$ STO 7
18	1	
19	:	
20	2	
21	=	
22	STO 7	
23	LABEL 0	
24	0	
25	KENNZAHL	0.
26	STOP	Eingabe i
27	RCL - 7	$i - (n+1)/2$
28	:	
29	.01	0,01 n
30	RCL x 6	
31	=	$i - (n+1)/2 \;/\; 0{,}01n$
32	+	
33	50	
34	=	$P_i = 50 + \dfrac{i - \frac{n+1}{2}}{0{,}01\,n}$

Fortsetzung von Programm Nr.35 Prüfung von Meßwerten auf Normalverteilung

Schritt-Nr.	Befehle	Erläuterungen
35	STO 8	$P_i \longrightarrow$ STO 8
36	x	
37	2	$2\ P_i/100$
38	:	
39	100	
40	=	
41	-	
42	1	
43	=	$2\ P_i/100 - 1$
44	x-ABSOLUT	$2\ P_i/100 - 1$
45	CHS	
46	+	
47	1	
48	:	$\frac{1 - (2P_i/100 - 1)}{2}$
49	2	
50	=	q_i
51	x^2	q_i^2
52	1/x	$1/q_i^2$
53	ln	$\ln(1/q_i^2)$
54	$\sqrt{\ }$	η_i
55	STO 9	$\eta_i \rightarrow$ STO 9
56	RCL x 2	$a_2\eta_i$
57	RCL + 1	$a_1 + a_2\eta_i$
58	RCL x 9	$\eta_i(a_1 + a_2\eta_i)$
59	RCL + 0	$a_o + \eta_i(a_1 + a_2\eta_i)$
60	:	
61	(	
62	RCL 9	η_i
63	RCL x 5	$b_3\eta_i$

Fortsetzung von Programm Nr.35 Prüfung von Meßwerten auf Normalverteilung

Schritt-Nr.	Befehle	Erläuterungen
64	RCL + 4	$b_2 + b_3\eta_i$
65	RCL x 9	$\eta_i(b_2 + b_3\eta_i)$
66	RCL + 3	$b_1 + \eta_i(b_2 + b_3\eta_i)$
67	RCL x 9	$\eta_i(b_1 + \eta_i(b_2 + b_3\eta_i))$
68	+	
69	1	
70	)	$1 + \eta_i(b_1 + \eta_i(b_2 + b_3\eta_i))$
71	=	$\dfrac{a_o + \eta_i(a_1 + a_2\eta_i)}{1 + \eta_i(b_1 + \eta_i(b_2 + b_3\eta_i))}$
72	STO - 9	c_i
73	RCL 8	Prüfung, ob $P_i \leqslant 50$ ist.
74	-	Dies ist der Fall, wenn
75	50	$P_i - 50 \leqslant 0$ ist. Dann er-
76	=	folgt Sprung nach LABEL 1.
77	JUMP -= 1	Sonst weiter mit Schritt 78
78	RCL 9	$z_i = - c_i$
79	CHS	
80	STOP	Ausgabe z_i
81	JUMP 0	Rücksprung Nach LABEL 0
82	LABEL 1	
83	RCL 9	$z_i = c_i$
84	STOP	Ausgabe z_i
85	JUMP 0	Rücksprung Nach LABEL 0

Das Programm ist beendet, wenn für i = 1 bis i = n alle z_i-Werte berechnet sind. Man trägt diese dann gegen die entsprechenden x_i-Werte in einem Koordinatensystem gegeneinander auf.

Beispiel 50

Von 17 Männern wurde der Blutdruck (maximaler Arteriendruck) gemessen. Es soll geprüft werden, ob die Werte einer Normalverteilung folgen. Die Einzelwerte lauten:

x_1 = 128 Torr	x_7 = 132 Torr	x_{13} = 156 Torr
x_2 = 122 "	x_8 = 127 "	x_{14} = 137 "
x_3 = 110 "	x_9 = 118 "	x_{15} = 148 "
x_4 = 144 "	x_{10} = 139 "	x_{16} = 142 "
x_5 = 134 "	x_{11} = 129 "	x_{17} = 136 "
x_6 = 151 "	x_{12} = 125 "	

Ordnet man die Werte nach aufsteigender Größe (z.B. über das Programm Nr.10), dann erhält man folgende Reihe:

x_1 = 110 Torr	x_7 = 129 Torr	x_{13} = 142 Torr
x_2 = 118 "	x_8 = 132 "	x_{14} = 144 "
x_3 = 122 "	x_9 = 134 "	x_{15} = 148 "
x_4 = 125 "	x_{10} = 136 "	x_{16} = 151 "
x_5 = 127 "	x_{11} = 137 "	x_{17} = 156 "
x_6 = 128 "	x_{12} = 139 "	

Programmablauf:

a) [JUMP] [START] [START]

Anzeige: 0.

b) Eingabe n = 17 — Anzeige: 17.0000

[START]

Anzeige: 0.

c) Eingabe i = 1 — Anzeige: 1.0000

[START]

Ausgabe z_1 — Anzeige: 1.8899

Tastenfolge	Anzeige
START	
	0.
Eingabe i = 2	2.0000
START	
Ausgabe z_2	1.3519
START	
⋮	⋮
	0.
Eingabe i = 16	16.0000
START	
Ausgabe z_{16}	- 1.3519
START	
	0.
Eingabe i = 17	17.0000
START	
Ausgabe z_{17}	- 1.8899

Für i = 1 bis i = 17 ergeben sich somit folgende z_i-Werte:

i	x_i	z_i	i	x_i	z_i
1	110	1,8899	10	136	-0,1476
2	118	1,3519	11	137	-0,2988
3	122	1,0491	12	139	-0,4574
4	125	0,8206	13	142	-0,6285
5	127	0,6285	14	144	-0,8206
6	128	0,4574	15	148	-1,0491
7	129	0,2988	16	151	-1,3519
8	132	0,1476	17	156	-1,8899
9	134	0,0000			

Wie man aus der folgenden Abb. 54 erkennt, kann man die Punkte x_i/z_i recht gut durch eine Gerade verbinden. Damit ist die Annahme einer Normalverteilung der Meßwerte durchaus gerechtfertigt.

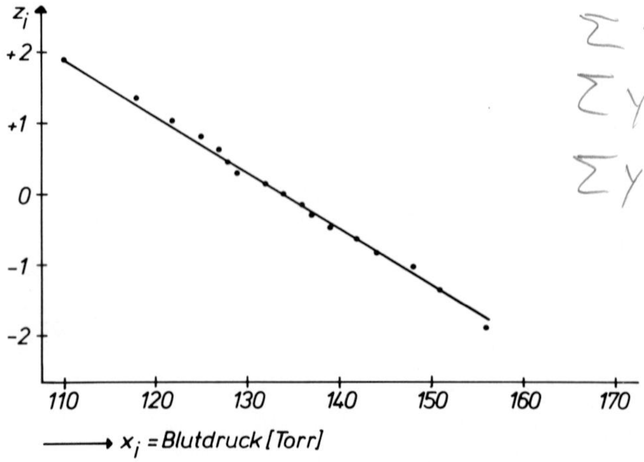

Abb.54 z_i-Werte als Funktion der Meßwerte x_i

Man kann den linearen Zusammenhang zwischen x_i und z_i auch durch eine Korrelationsrechnung überprüfen. Unter Anwendung des Programms Nr.34 erhält man für die 17 Wertepaare x_i/z_i:

$$r = -0,998$$

$$TAU = 62,41$$

$$f = 17 - 2 = 15$$

Die Integration der t-Verteilung mit $t = TAU$ und $f = 15$ Freiheitsgraden liefert dann S = 99,99999..%. Damit kann die Annahme einer Normalverteilung der Meßwerte nicht widerlegt werden.

Da die Berechnung der z-Werte nicht ganz exakte Ergebnisse liefert, ist das Verfahren mit einer kleinen "Unsicherheit" behaftet und im mathematischen Sinne nicht ganz "exakt".

18.7. Nicht lineare Korrelation und Regression

Bei vielen Problemstellungen, bei denen man zwischen einer Variablen x und einer Meßgröße y einen Zusammenhang ermitteln will, ist das Modell einer Geraden nicht anwendbar, wie die folgenden Beispiele zeigen:

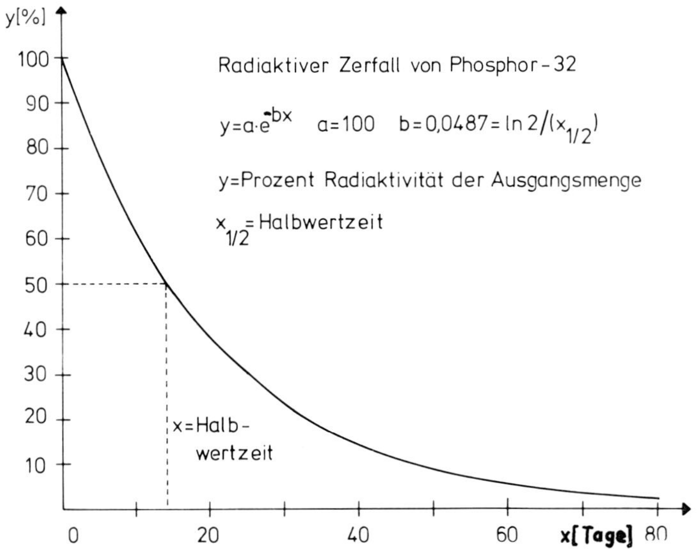

Abb.55 Zerfall eines radioaktiven Präparates

Der Zusammenhang zwischen dem prozentualen Anteil y einer zur Zeit x_o vorhandenen Menge an radioaktiver Substanz und der Zeit x ist gegeben durch die Funktion:

$$y = a \cdot e^{-bx} \quad . \tag{357}$$

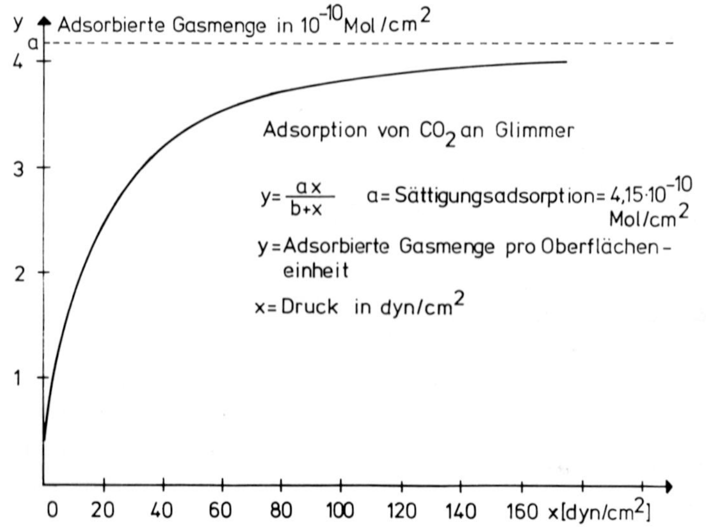

Abb.56 Adsorption von CO_2 an Glimmer

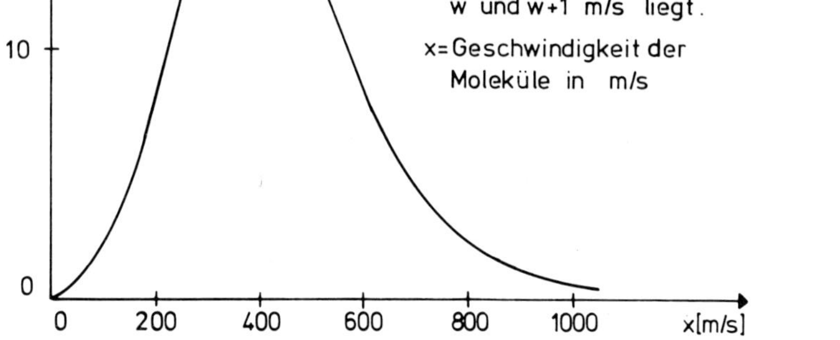

Abb.57 Geschwindigkeitsverteilung von O_2-Molekülen

Bei der Behandlung nicht linearer Ausgleichsmodelle muß man unterscheiden zwischen linearisierbaren und nicht linearisierbaren Funktionen.

18.7.1 Linearisierbare Funktionsmodelle

Unter linearisierbaren Funktionsmodellen versteht man solche, die sich nach Anwendung einer geeigneten Transformation in eine Gerade umwandeln lassen. Mit den transformierten Werten kann dann eine lineare Korrelations- bzw. Regressionsrechnung durchgeführt werden. Dies ist wesentlich einfacher als die direkte Anwendung der "Methode der kleinsten Fehlerquadratmethode" auf die eigentlichen Ausgleichsfunktionen.

Für die folgenden Betrachtungen sei angenommen, daß eine Funktion $y = f(x)$ als Modell gegeben ist und n Wertepaare x/y vorliegen. Nach einer geeigneten Transformation resultiert als neue Ausgleichsfunktion die Geradengleichung $y' = a'x' + b'$. In die eigentliche Korrelations- bzw. Regressionsrechnung sind also die durch Transformation entstandenen Wertepaare x'/y' einzusetzen.

Wir wollen weiter annehmen, daß die Funktion $y = f(x)$ die Konstanten a und b enthält, also z.B. die Form hat $y = a\,e^{bx}$. Die durch Anwendung einer linearen Korrelations- bzw. Regressionsrechnung auf die x'/y'-Wertepaare erhaltenen Konstanten a' und b' können dann in die eigentlich gesuchten Konstanten a und b umgerechnet werden.

Es ist allerdings zu beachten, daß die Methode der Berechnung der Konstanten a und b über die Transformation nicht ganz exakt ist. Bei der direkten Anwendung der Funktion $y = f(x)$ haben die nach der Methode der kleinsten Fehlerquadrate ermittelten Konstanten a und b gegenüber den "wahren" Parametern α und β einen geringfügig anderen Fehler als bei der Ermittlung von a und b über die durch Transformation erhaltene Gerade $y' = a'x' + b$. In den meisten Fällen kann aber dieser geringe Unterschied vernachlässigt werden. Eine ausführliche Darstellung dieses Problems findet sich bei H.Späth (3).

In der folgenden Übersicht sind die wichtigsten Modelle $y = f(x,a,b)$, d.h. also Funktionen mit zwei Konstanten, sowie die entsprechenden Transformationen und Funktionsbilder zusammengestellt.

Gegeben : $y = f(x, a, b)$

Transformierte Funktion : $y' = a'x' + b'$

Funktion	Transformation	y'	x'	a	b	Funktionsbild
$y = \frac{a}{x} + b$	$y = a\,(\frac{1}{x}) + b$ $a' = a$ $b' = b$	y	$1/x$	a'	b'	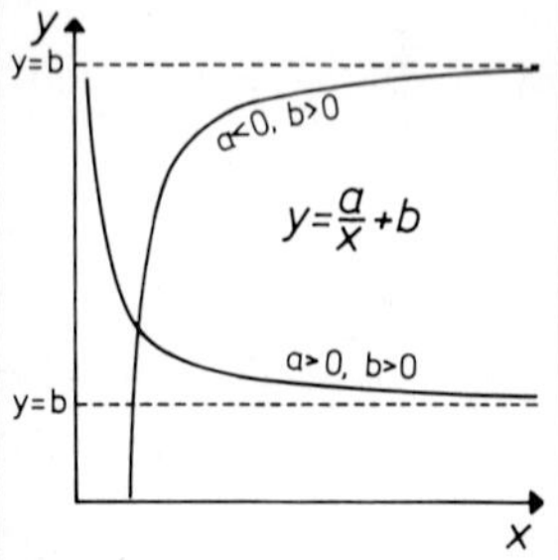
$y = \frac{ax}{b+x}$	$\frac{1}{y} = \frac{b}{a}\,x + \frac{1}{a}$ $a' = b/a$ $b' = 1/a$	$1/y$	x	$\frac{b'}{a'}$	$\frac{1}{a'}$	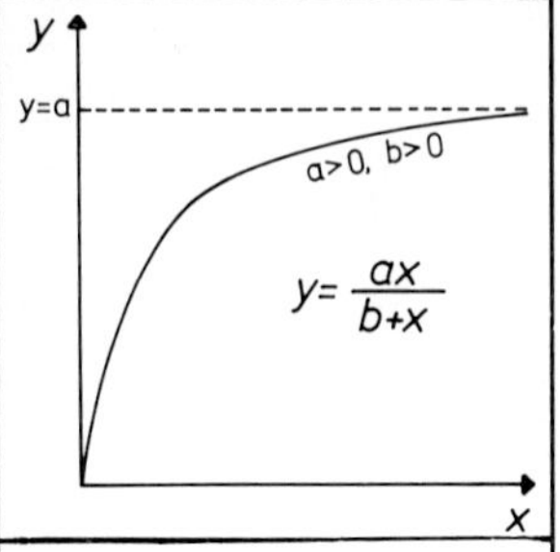
$y = \frac{a}{x+b}$	$\frac{1}{y} = \frac{1}{a}\,x + \frac{b}{a}$ $a' = 1/a$ $b' = b/a$	$1/y$	x	$\frac{1}{a'}$	$\frac{b'}{a'}$	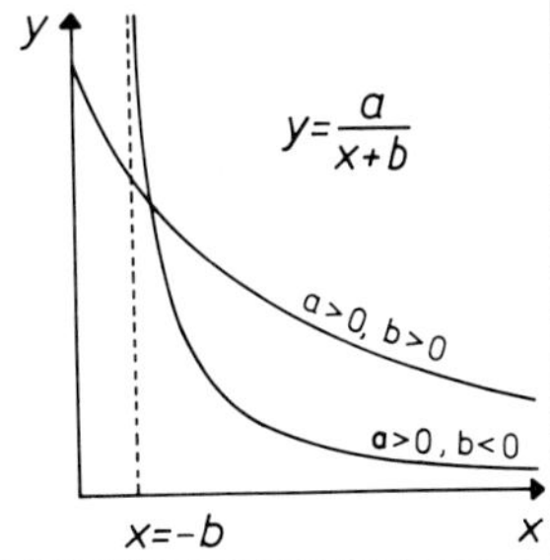

$y' = a'x' + b'$

Funktion	Transformation	y'	x'	a	b	Funktionsbild
$y=ae^{bx}$	$\ln y = \ln a + bx$ $a' = b$ $b' = \ln a$	$\ln y$	x	$e^{b'}$	a'	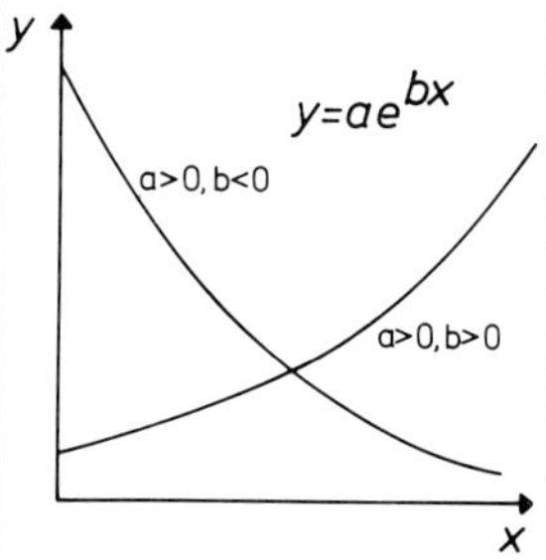
$y=ae^{b/x}$	$\ln y = \ln a + \frac{b}{x}$ $a' = b$ $b' = \ln a$	$\ln y$	$\frac{1}{x}$	$e^{b'}$	a'	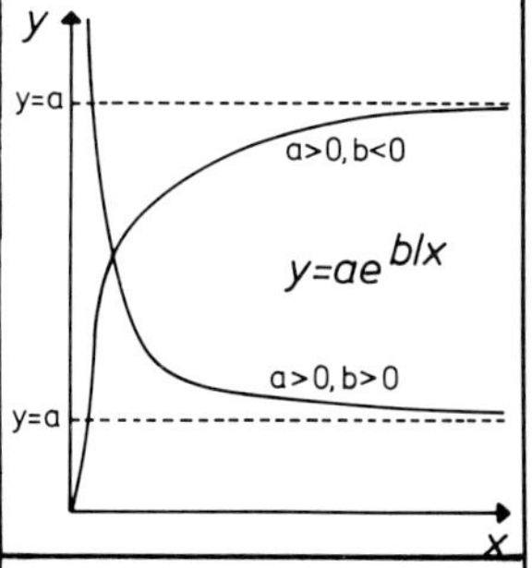
$y=e^{ax^2+bx}$	$\frac{\ln y}{x} = ax + b$ $a' = a$ $b' = b$	$\frac{\ln y}{x}$	x	a'	b'	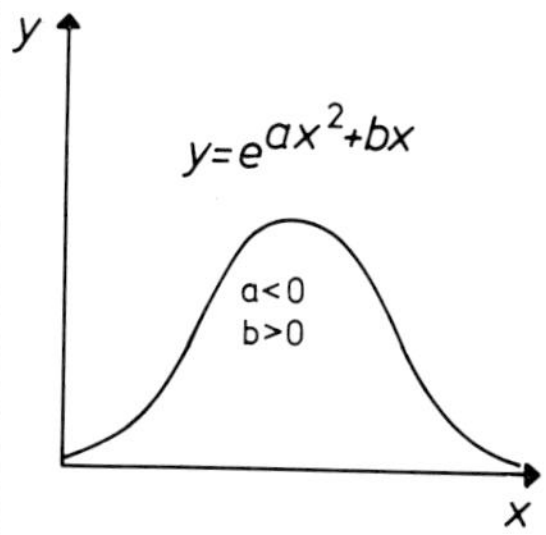
$y=a \ln x + b$	$y = a(\ln x) + b$ $a' = a$ $b' = b$	y	$\ln x$	a'	b'	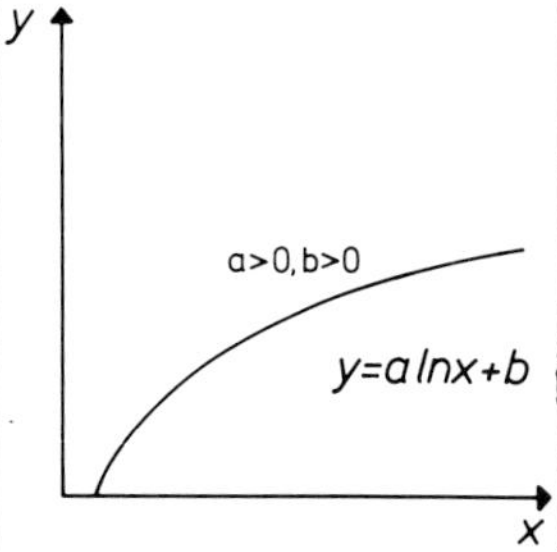

$x(t) = K \cdot y \cdot (1 - e^{-\frac{1}{T}})$

$U_c = U_0 (1 - e^{-\frac{1}{RC}})$

Funktion	Transformation	y'	x'	a	b	Funktionsbild
$y=a\cdot x\cdot e^{bx}$	$\ln(\frac{y}{x})=\ln a + b\,x$ $a' = b$ $b' = \ln a$	$\ln\frac{y}{x}$	x	$e^{b'}$	a'	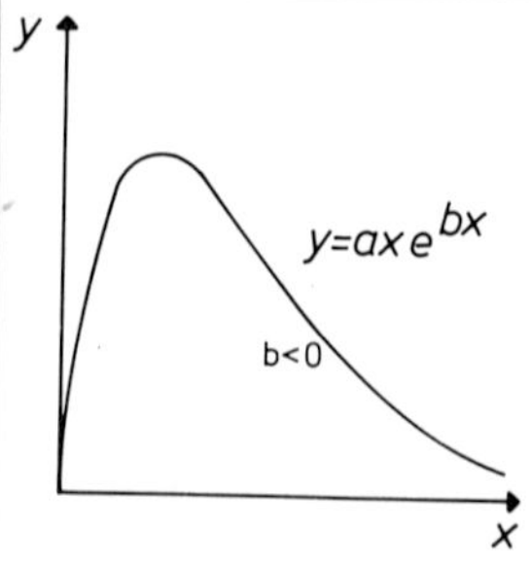
$y= a\cdot x^{b}$	$\ln y=\ln a + b \ln x$ $a' = b$ $b' = \ln a$	ln y	ln x	$e^{b'}$	a'	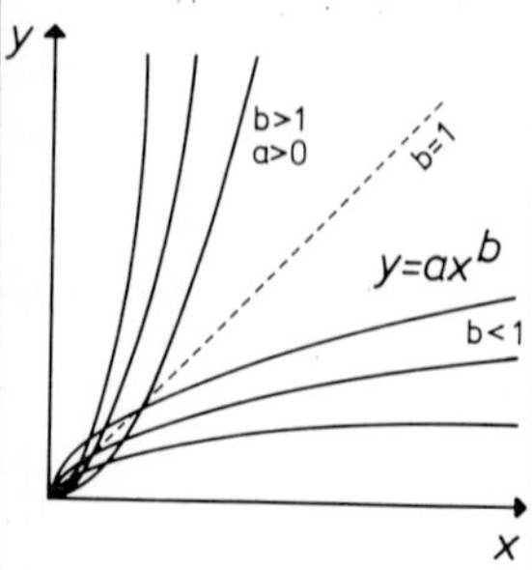
$y=ax^{2}\cdot e^{bx}$	$\ln \frac{y}{x^2} = \ln a + bx$ $a' = b$ $b' = \ln a$	$\ln \frac{y}{x^2}$	x	$e^{b'}$	a'	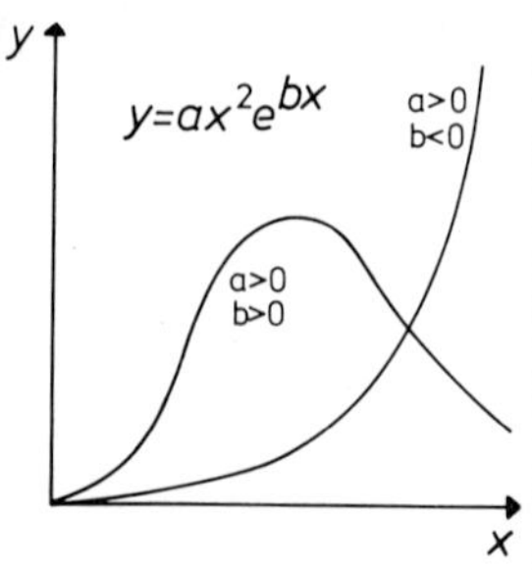
$y=ax^{3}+bx^{2}$	$\frac{y}{x^2} = a\,x + b$ $a' = a$ $b' = b$	$\frac{y}{x^2}$	x	a'	b'	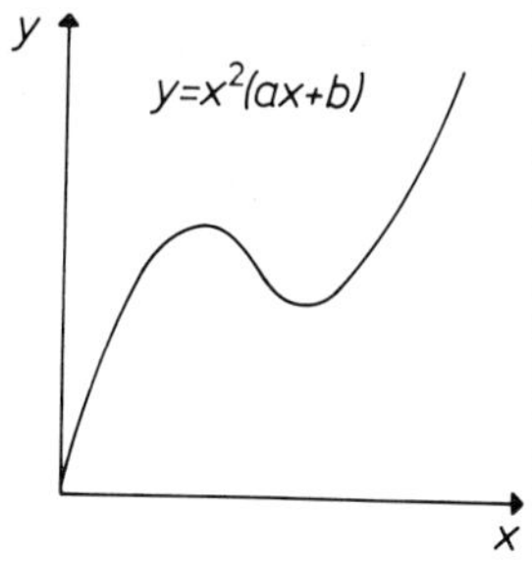

Beispiel 51

Von einem Pflanzenschutzmittel wird eine Abbaureihe bestimmt, d.h. es wird untersucht, wie groß die Rückstände auf einer bestimmten Kultur in bestimmten Zeitabständen nach Anwendung des Mittels sind.

Es wird angenommen, daß die Abbaureaktion nach der Beziehung

$$y = a \cdot e^{b \cdot x}$$

verläuft, wobei x die Zeit und y die Konzentration des Mittels darstellt.

Die Rückstände wurden nach 0, 1, 2, 3, 4, 5, 6, 7, 14 und 21 Tagen nach Ausbringung des Mittels bestimmt und haben folgende Werte

x(Tage)	y(ppm)	x(Tage)	y(ppm)
0	12,0	5	6,4
1	10,3	6	5,6
2	9,0	7	4,7
3	7,8	14	2,0
4	7,1	21	0,9

Wie man aus der Zusammenstellung der Modellfunktionen entnehmen kann, lautet die Transformation:

$$y' = \ln y = \ln a + b \cdot x \quad .$$

Dies bedeutet, daß die y-Werte, bevor sie in eine lineare Korrelations- bzw. Regressionsrechnung eingesetzt werden können, logarithmiert werden müssen. Dies kann auf dem Rechner in einfacher Weise durch Drücken der ln-Taste erfolgen. Dann kann das Programm Nr.34 angewandt werden.

Ist die Transformation etwas komplizierter, dann empfiehlt es sich, die entsprechenden Schritte in das Programm einzubauen und zwar zwischen den Eingabe-STOP-Befehl und den Folgeschritt (also zwischen den Schritten 5 und 6 bzw. 12 und 13).

Bei Anwendung des Programms Nr.34 ergibt sich folgender Ablauf:

a) [JUMP] [START] [START]	
	1.
Eingabe x_1 = 0	0.0000
[START]	
	2.
Eingabe y_1 = 12,0	12.0000
[ln]	2.4849
[START]	
	1.
Eingabe x_2 = 1	1.0000
[START]	
	2.
Eingabe y_2 = 10,3	10.3000
[ln]	2.3321
[START]	
⋮	⋮
	1.
Eingabe x_{10} = 21	21.0000
[START]	
	2.
Eingabe y_{10} = 0,9	0.9000
[ln]	- 0.1053
[START]	
	1.

Berechnung von a', b', r, TAU, S%, a und b

[JUMP] [1] [START]

Ausgabe r [- 0.9994]

[START]

Ausgabe a' [- 0.1231]

[START]

Ausgabe b' [2.4501]

[START]

Ausgabe TAU [85.7742]

Wie man erkennt, liegt der Korrelationskoeffizient r sehr nahe bei -1. Dies bedeutet, daß die x-Werte und die Logarithmen ln der y-Werte sehr gut negativ korreliert sind. Mit steigendem x-Wert nehmen also die ln y -Werte linear ab.

Um diesen Sachverhalt statistisch zu untermauern, berechnet man über das Programm Nr.18 die Fläche unter der t-Verteilung zwischen t = + TAU und t = - TAU mit $f = n - 2 = 10 - 2 = 8$ Freiheitsgraden. Das Programm liefert S = 99,9999%. Damit ist der lineare Zusammenhang zwischen ln y und x statistisch stark gesichert (hochsignifikant).

Nach der auf S.550 angegebenen Übersicht folgt für die Konstanten a und b der Funktion $y = a \cdot e^{bx}$:

$$a = e^{b'} = e^{2,4501} = 11,5895$$

$$b = a' = -0,1231$$

Damit lautet die Funktion für den Zusammenhang zwischen x und y:

$$y = 11,5895\ e^{-0,1231}$$

In Abb.58 ist die Funktion ihrem Verlauf nach graphisch dargestellt:

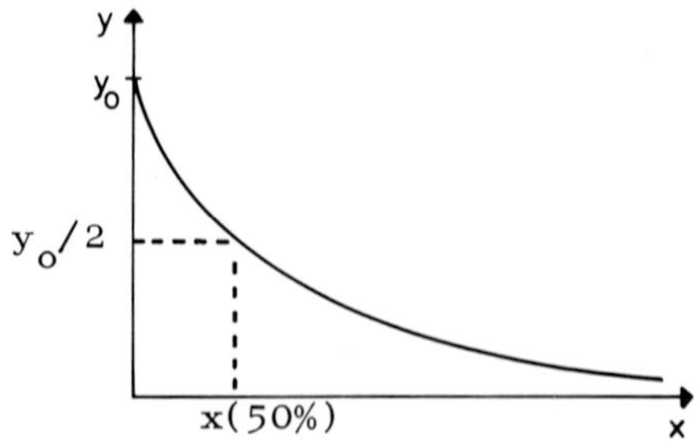

x(50%) = Zeit, nach der noch 50% der Menge y_o vorhanden sind.

Abb.58 Verlauf der Funktion $y = a \cdot e^{bx}$

Der Wert y_o ergibt sich, wenn man in die berechnete Funktion den Wert x = 0 einsetzt. Man erhält: y_o = 11,6 ppm. Dieser Wert stimmt recht gut mit dem Meßwert y = 12,0 ppm überein.

Interessant ist in diesem Zusammenhang die Frage, wann nur noch 50% der Anfangskonzentration y_o vorhanden sind. Man bezeichnet die entsprechende Zeit als Halbwertzeit. Man erhält sie, wenn man in die Gleichung $y = 11{,}5895\ e^{-0{,}1231\,x}$ für y den Wert 11,5895/2 = 5,7948 einsetzt und die Gleichung dann nach x auflöst:

$$5{,}7948 = 11{,}5895\ e^{-0{,}1231\,x}$$

$$x = \frac{\ln 5{,}7948 - \ln 11{,}5895}{-0{,}1231} = \frac{-0{,}6931}{-0{,}1231} = 5{,}63$$

Nach 5,63 Tagen sind also noch 50% der Ausgangskonzentration von 11,6 ppm vorhanden. Hierbei ist zu beachten, daß als Ausgangskonzentration y_o die über die Ausgleichsrechnung ermittelte Konzentration zugrunde gelegt wird und nicht der gegebene Meßwert!

18.7.2 Nicht linearisierbare Funktionsmodelle

Ebenso wie man linearisierbare Modelle auf eine Geradengleichung zurückführen kann, lassen sich oftmals auch Funktionen mit mehr als 2 Konstanten durch geeignete Transformation in ein Polynom der Form $y' = a_o + a_1x' + a_2x'^2 + \ldots + a_nx'^n$ umwandeln. Die entsprechenden Konstanten a_o, a_1, a_2 usw. können dann nach der Methode der kleinsten Fehlerquadrate ermittelt werden.

Ein Beispiel ist die Funktion zur Berechnung der t-Werte:

$$t = \exp\left(\frac{a}{f^3} + \frac{b}{f^2} + \frac{c}{f} + d\right) \quad .$$

Durch Setzen von $y' = \ln t$ und $x' = 1/f$ erhält man daraus die Polynomfunktion

$$y' = ax'^3 + bx'^2 + cx' + d \quad .$$

Die entsprechenden Konstanten können dann nach den auf S.487 f. angegebenen Gleichungen aus den entsprechenden Summen ermittelt werden.

Auf diese Weise sind die auf S.248 in Tab.58 angegebenen Konstanten für die Berechnung der t-Werte für verschiedene statistische Sicherheiten gefunden worden. Dabei sind die für verschiedene Freiheitsgrade und statistische Sicherheiten tabellierten t-Werte (6) zugrunde gelegt worden.

19. Liste der Programme

20. Register der Beispiele

Nr.	Beispiel	Theorie	Seite
1	Klassieren von Schrauben aus einem Produktionsprozeß	Klassieren von Meßwerten/Häufigkeitsdiagramm	153
2	Arithmetisches Mittel aus 10 Einzelwerten	Arithmetischer Mittelwert	160
3	Mittlerer Durchmesser von roten Blutkörperchen	Arithmetisches Mittel aus klassifizierten Daten	164
4	Eichung einer Analysenwaage	Spezielle Methoden zur Berechnung des arithm. Mittels	166
5	Keimzahl in Milchproben	Geometrisches Mittel	172
6	Durchschnittsgeschwindigkeit eines Fahrzeugs	Harmonisches Mittel	174
7	Sortieren von 5 Werten	Sortieren von Daten	179
8	Größter und kleinster Wert einer Datenreihe	Spannweite	191
9	Streuung bei der Blutdruckmessung	Integration der Normalverteilung	207
10	Ausschuß bei einem Produktionsprozeß	" "	215
11	Analyse von Lebensmitteln auf Pestizid-Rückstände	" "	215
12	Eiweißgehalt im Blutserum	Signifikanzschranken der Normalverteilung	219

Nr.	Beispiel	Theorie	Seite
13	Wassergehalt von Cyclohexan	Berechnung der Standardabweichung	227
14	Konzentration einer physiologischen Kochsalzlösung	Vertrauensbereich des Mittelwertes (zweiseitig)	244
15	Qualitätskontrolle von Salzsäure	Vertrauensbereich des Mittelwertes (einseitig)	245
16	Qualitätskontrolle eines pharmazeutischen Präparates	Berechnung des Vertrauensbereiches für beliebige stat. Sicherheiten	264
17	Mangangehalt einer Stahlprobe	Integration der t-Verteilung (zweiseitig)	280
18	Mangangehalt einer Stahlprobe	Integration der t-Verteilung (einseitig)	282
19	Streuung der Dicke von Aluminiumfolien	Vertrauensbereich der Standardabweichung	296
20	Rückstand eines Pflanzenschutzmittels	Prognoseintervall	301
21	Harnstoffgehalt des Blutes	Toleranzintervall (einseitig)	304
22	Durchmesser von Stahlkugeln	Toleranzintervall (zweiseitig)	308
23	Polarographische Bestimmung von Blei in Pflanzen	Stichprobenumfang für definierten Vertrauensbereich des Mittelwertes (σ bekannt)	310
24	Polarographische Bestimmung von Blei in Pflanzen	Stichprobenumfang für definierten Vertrauensbereich des Mittelwertes (σ unbekannt)	318

Nr.	Beispiel	Theorie	Seite
25	Aufteilung verschiedener Getreidesorten auf 16 Teilfelder eines Versuchsfeldes	Randomisierung	334
26	Prüfung der Formel $\sigma = R/6$ (R = Spannweite)	Normalverteilte Zufallszahlen	341
27	Aktivität eines P-32-Präparates	Poissonverteilung	345
28	Impulsraten eines radioaktiven Präparates	Poissonverteilung (Einzelwahrscheinlichkeit)	351
29	" "	Poissonverteilung (Zusammengesetzte Wahrscheinlichkeit)	
30	Bestimmung der Erdbeschleunigung g	Ausreißertest nach Graf und Henning	370
31	" "	Ausreißertest nach Nalimov	378
32	Oberflächenspannung von Wasser	" "	380
33	Chromatographische Bestimmung eines Amins	Trendtest nach Neumann	388
34	Vergleich zweier chromatographischer Trennverfahren	Vergleich zweier Streuungen (F-Test)	425
35	Vergleich der Dicke zweier Folien	Vergleich zweier Mittelwerte (t-Test)	446
36	Wassergehalt zweier Hexan-Proben	" "	452
37	Abhängigkeit der Schwingungsdauer eines Pendels vom geographischen Ort	Stichprobenumfang beim Vergleich zweier Mittelwerte	457
38	Qualitätskontrolle einer Al-Folie	Vergleich Mittelwert - Sollwert	459

Nr.	Beispiel	Theorie	Seite
39	Abhängigkeit eines Pflanzenschutzmittel-Rückstandes von der Lagertemperatur der Probe	Differenzen-t-Test	467
40	Wirkung zweier Insektizide auf Khapra-Käfer	λ- Test	472
41	Abhängigkeit des Siedepunktes von Schwefel vom Druck	Gaußsche Fehlerquadratmethode	477
42	" "	Bestimmung der Konstanten einer Ausgleichsfunktion	490
43	" "	Korrelationskoeffizient	498
44	Linearitätsprüfung eines GC-Detektors	Abhängigkeit des Korrelationskoeffizienten von der Zahl der Meßpunkte	502
45	Peakfläche als Funktion der Substanzmenge bei einem Gaschromatographen	Streuung einer Ausgleichsgeraden	508
46	Wirkung eines Vitaminpräparates auf das Wachstum von Bazillen	Lineare Korrelation und Regression	526
47	Peakfläche als Funktion der Substanzmenge bei einem GC-Detektor	Vertrauensbereich einzelner Punkte auf der Ausgleichsgeraden	529
48	Wirkung eines Vitaminpräparats auf Bazillenwachstum	Prüfung des Achsenabschnitts einer Ausgleichgeraden	531
49	Vergleich zweier Urtitersubstanzen	Prüfung der Steigung einer Geraden	533
50	Blutdruck von Männern	Prüfung auf Normalverteilung	543
51	Abbauverhalten eines Pflanzenschutzmittels	Ausgleichsfunktionen nicht linearer Art (linearisierbar)	552

21. Rechnerschlüssel

In der folgenden Übersicht sind für die wichtigsten Problemstellungen beim Rechnen bzw. Programmieren die entsprechenden Tastenbefehle der Modelle "Compucorp 327 Scientist", "Texas Instruments TI 59" und "Hewlett Packard HP 97" gegenübergestellt. Dabei gelten folgende Abkürzungen:

X = x- bzw. Eingaberegister (Anzeige)

Y = y-Register

x = Inhalt des Eingabe-Registers

y = Inhalt des y-Registers

M_n = Konstantenspeicher (Memory) mit der Adresse n

m_n = Inhalt des Konstantenspeichers M_n

Zur Erinnerung hier noch einmal die den o.g. Geräten zugrunde liegenden Logiksysteme:

System Compucorp:	Algebraische Logik ohne Hierarchie Alle 4 Grundrechenarten sind gleichberechtigt.
System Texas Instruments :	Algebraische Logik mit Hierarchie Punkt- vor Strichrechnung
System Hewlett Packard:	Umgekehrte Polnische Notation (UPN) ENTER-Taste, keine Klammern

Problem	Compucorp 327	Texas Instr. TI 59	Hewlett Pack. HP 97
Addition zweier Zahlen $3 + 4 = ?$	[3] [+] [4] [=]	[3] [+] [4] [=]	[3] [ENTER] [4] [+]
Subtraktion zweier Zahlen $8 - 3 = ?$	[8] [-] [3] [=]	[8] [-] [3] [=]	[8] [ENTER] [3] [-]
Multiplikation zweier Zahlen $4 \times 5 = ?$	[4] [x] [5] [=]	[4] [x] [5] [=]	[4] [ENTER] [5] [x]
Division zweier Zahlen $9 : 3 = ?$	[9] [:] [3] [=]	[9] [:] [3] [=]	[9] [ENTER] [3] [:]
Kettenrechnung $4 + \frac{3}{2} = ?$	[4] [+] [(] [3] [:] [2] [)] [=]	[4] [+] [3] [:] [2] [=]	[3] [ENTER] [2] [:] [4] [+]
Kettenrechnung $\frac{4 + 3}{2} = ?$	[4] [+] [3] [:] [2] [=]	[(] [4] [+] [3] [)] [:] [2] [=]	[4] [ENTER] [3] [+] [2] [:]
Kettenrechnung $\frac{4 + 3}{7 - 1} = ?$	[4] [+] [3] [:] [(] [7] [-] [1] [)] [=]	[(] [4] [+] [3] [)] [:] [(] [7] [-] [1] [)] [=]	[4] [ENTER] [3] [+] [7] [ENTER] [1] [-] [:]

Problem	Compucorp 327	Texas Instr. TI 59	Hewlett Pack. HP 97
Mathematische Funktionen			
$\sqrt{3}$	[3] [√]	[3] [√x]	[3] [√x]
$4,5^2$	[4] [·] [5] [x^2]	[4] [·] [5] [x^2]	[4] [·] [5] [x^2]
1/3	[3] [1/x]	[3] [1/x]	[3] [1/x]
2^4	[2] [a^x] [4] [=]	[2] [y^x] [4] [=]	[2] [ENTER] [4] [y^x]
Speichern und Abrufen von Konstanten			
$3 \rightarrow$ Speicher 1 (M_1)	[3] [STO] [0] [1]	[3] [STO] [0] [1]	[3] [STO] [1]
$m_1 \rightarrow$ Anzeige (X)	[RCL] [0] [1]	[RCL] [0] [1]	[RCL] [1]
Rechnen mit Konstanten-speichern			
$(5 + m_1) \rightarrow$ Anzeige(X)	[5] [+] [RCL] [0] [1] [=]	[5] [+] [RCL] [0] [1] [=]	[5] [ENTER] [RCL] [1] [+]
$(m_1 \times 2) \rightarrow$ Anzeige	[RCL] [0] [1] [x] [2] [=]	[RCL] [0] [1] [x] [2] [=]	[RCL] [1] [2] [x]

Problem	Compucorp 327	Texas Instr. TI 59	Hewlett Pack. HP 97
Speicherarithmetik			
Addition im Speicher $4 + m_1 \longrightarrow M_1$	[4] [STO] [+] [0] [1]	[4] [SUM] [0] [1]	[4] [STO] [+] [1]
Subtraktion im Speicher $m_1 - 3 \longrightarrow M_1$	[3] [STO] [-] [0] [1]	[3] [INV] [SUM] [0] [1]	[3] [STO] [-] [1]
Multiplikation im Speicher $3 \times m_1 \longrightarrow M_1$	[3] [STO] [x] [0] [1]	[3] [2nd] [Prd] [0] [1]	[3] [STO] [x] [1]
Division im Speicher $m_1 : 5 \longrightarrow M_1$	[5] [STO] [:] [0] [1]	[5] [INV] [2nd] [Prd] [0] [1]	[5] [STO] [:] [1]
Addition im X-Register $4 + m_1 \longrightarrow$ X-Register	[4] [RCL] [+] [0] [1]	[4] [+] [RCL] [0] [1] [=]	[4] [ENTER] [RCL] [1] [+]
Subtraktion im X-Register $8 - m_1 \longrightarrow$ X-Register	[8] [RCL] [-] [0] [1]	[8] [-] [RCL] [0] [1] [=]	[8] [ENTER] [RCL] [1] [-]

Problem	Compucorp 327	Texas Instr. TI 59	Hewlett Pack. HP 97
Speicherarithmetik			
Multiplikation im **X**-Register 3 x m_1 ⟶ X-Register	[3] [RCL] [x] [0] [1]	[3] [x] [RCL] [0] [1] [=]	[3] [ENTER] [RCL] [1] [x]
Division im X-Register 3 : m_1 ⟶ X - Register	[3] [RCL] [:] [0] [1]	[3] [:] [RCL] [0] [1] [=]	[3] [ENTER] [RCL] [1] [:]
Logische Entscheidungen Sprung nach LABEL 1, wenn der Inhalt des X-Registers gleich Null ist x = 0 ⟶ LABEL 1 (A)	[JUMP] [=] [1]	[0] [x ⇄ t] ... ... x [2nd] [x = t] [A]	[x = 0] [GTO] [1]
Sprung nach LABEL 1, wenn der Inhalt des X-Registers größer oder gleich Null ist x ⩾ 0 ⟶ LABEL 1 (A)	[JUMP] [+] [=] [1]	[0] [x ⇄ t] ... ... x [2nd] [x ⩾ t] [A]	[x = 0] [GTO] [1] [x > 0] [GTO] [1]
Sprungbefehle Sprung nach LABEL 1 bzw. nach LABEL A	[JUMP] [1]	[GTO] [A]	[GTO] [1]

Problem	Compucorp 327	Texas-Instr. TI 59	Hewlett-Pack. HP 97
Unterprogramme			
Sprung in das Unterprogramm LABEL 1 (A)	[BRANCH] [1]	[SBR] [A]	[GSB] [1]
Rücksprung in das Hauptprogramm (RETURN)	[RETURN]	[INV] [SBR]	[RTN]
Horner-Schema			
y = d + x(c + x(b + ax))	[RCL] [0] [0]	[(] [RCL] [0] [0]	[RCL] [0] [RCL] [1]
a ⟶ STO 1	[RCL] [x] [0] [1]	[x] [RCL] [0] [1]	[x] [RCL] [2] [+]
b ⟶ STO 2	[RCL] [+] [0] [2]	[+] [RCL] [0] [2]	[RCL] [0] [x] [RCL]
c ⟶ STO 3	[RCL] [x] [0] [0]	[)] [x] [RCL] [0]	[3] [+] [RCL] [0]
d ⟶ STO 4	[RCL] [+] [0] [3]	[0] [+] [RCL] [0]	[x] [RCL] [4] [+]
x ⟶ STO 0	[RCL] [x] [0] [0]	[3] [=] [x] [RCL]	
	[RCL] [+] [0] [4]	[0] [0] [=] [+]	
		[RCL] [0] [4] [=]	

Literaturverzeichnis

Kapitel 1 Rechnermodelle und ihre Anwendungsgebiete

Allgemeine Literatur

(1) Bernhard, J.-H.: Kleincomputer 1, Grundlagen (Kamprath-Reihe "Kurz und Bündig"), Vogel Verlag Würzburg 1972

(2) Bernhard, J.-H.: Kleincomputer 2, Beispiele, Vogel Verlag Würzburg 1972

(3) Geller, K.: Rechnen mit elektronischen Taschenrechnern, Formeln und Beispiele zur Lösung täglicher Rechen-Probleme, Fischer Taschenbuch Verlag, Frankfurt/M. 1978

(4) Kreul, H.: Was kann mein elektronischer Taschenrechner? VEB Fachbuchverlag Leipzig 1978, Lizenzausgabe für den Verlag Harry Deutsch

(5) Marsal, D.: Kleincomputer, Handbuch für ihre Programmierung in Wirtschaft, Wissenschaft und Technik, Carl Hanser Verlag München 1972

(6) Mösl, D.: Elektronische Tischrechenautomaten, Walter de Gruyter & Co. Berlin 1970

(7) Müller, H.-J.: Taschenrechner, Kauf-Bedienung-Anwendungsmöglichkeiten für Anfänger und Fortgeschrittene, Humboldt-Taschenbuch-Verlag Jacobi KG München 1976

(8) Osterloh, H.: Die Wahl des richtigen Taschenrechners, Bauverlag GmbH Wiesbaden Berlin 1977

(9) Seibold, R.: Rechnen mit dem Taschencomputer für Schule und Beruf, Buch und Zeit Verlagsgesellschaft mbH Köln 1976

(10) Schummy, H.: Taschenrechner-Handbuch, Vieweg Braunschweig 1976

(11) Smith, J.M.: Financial Analysis and Business Decision on the Pocket Calculator, John Wiley & Sons Inc., New York-London-Sydney-Toronto 1976

(12) Wynands, A.u.U.: Elektronische Taschenrechner in der Schule, Vieweg Braunschweig 1978

(13) Sacher,W.: Einführung in die Statistik für die Benutzer programmierbarer Taschenrechner, R.Oldenbourg-Verlag München Wien 1977

(14) Smith,J.M.: Scientific Analysis on the Pocket Calculator, John Wiley & Sons Inc., New York-London-Sydney-Toronto 1975

(15) Schauer,H./Barta,G.: Methoden der Programmerstellung für Tisch- und Taschenrechner, Springer Verlag Wien - New York 1979

(16) Bromm,K.U.: Programmierbare Taschenrechner in Schule und Ausbildung, Grundlagen und Anwendungen des Programmierens, Vieweg Braunschweig 1979

(17) Bruning,J.L./Kintz,B.L.: Computational Handbook of Statistics, Scott,Foresman and Company, Glenview Illinois 1977

(18) Kötting,H.: Iteration und Approximation mit Taschenrechnern (Kamprath-Reihe "Kurz und Bündig"), Vogel Verlag Würzburg 1978

(19) Bedienungsanleitung für den Rechner TI-51 III, Texas Instruments 1978

(20) Bedienungsanleitungen für die Rechner Compucorp Beta 326 Scientist und Compucorp Alpha 327 Scientist

Literatur zu Geräten mit algebraischer Rechenlogik

(1) Gloistehn,H.H.: Programmieren von Taschenrechnern 1, Lehr- und Übungsbuch für den SR-56 (Texas-Instruments), Vieweg Braunschweig 1977

(2) Gloistehn,H.H.: Programmieren von Taschenrechnern 3, Lehr- und Übungsbuch für den TI-58 und TI-59 (Texas Instruments), Vieweg Braunschweig 1978

(3) Eisberg,R.M.: Mathematische Physik für Benutzer programmierbarer Taschenrechner (SR-56, Texas Instr.), R.Oldenbourg Verlag München Wien 1978

(4) Schärf,J./Schierer,H./Strecha,R.: Die Taschenrechner TI-30, TI-45 und SR-40 (Texas Instr.) in Schule und Praxis, R.Oldenbourg Verlag München Wien 1977

(5) Schärf,J./Schierer,H./Strecha,R.: Die Taschenrechner SR-50A und SR-51A (Texas Instr.), R.Oldenbourg Verlag München Wien 1977

(6) Baier,E.: Programmieren von Taschenrechnern SR-56, SR-52, Verlag Wilhelm Ennstaler Steyr 1977 (Zu beziehen bei Texas Instruments)

Literatur zu Geräten mit UPN-Rechenlogik

(1) Eisberg,R.M.: Mathematische Physik für Benutzer programmierbarer Taschenrechner (HP-25, Hewlett Packard), R.Oldenbourg Verlag München Wien 1978

(2) Henrici,P.: Analytische Rechenverfahren für den Taschenrechner HP-25 (Hewlett-Packard), R.Oldenbourg Verlag,

(3) Schärf,J./Strecha,R.: UPN-Taschenrechner in Schule und Praxis (HP-45, HP-25, HP-21, Sanyo CZ-2901, Privileg SR-54 NC), R.Oldenbourg Verlag München Wien 1977

(4) Venz,G.: Lösung von Differentialgleichungen mit programmierbaren Taschenrechnern (HP-67 Hewlett Packard), R.Oldenbourg Verlag München Wien 1978

(5) Alt,H.: Angewandte Mathematik, Finanzmathematik, Statistik, Informatik (Anwendung programmierbarer Taschenrechner 1), Vieweg Braunschweig 1979

(6) Bedienungshandbuch für den Rechner HP-97 (Hewlett-Pack.)

Kapitel 2 Rechenschieber und Elektronenrechner im Vergleich

(1) Smith,J.M.: Scientific Analysis on the Pocket Calculator S.39f., John Wiley & Sons Inc., New York-London-Sydney-Toronto 1975

Kapitel 3 Mathematische Grundlagen

(1) Zachmann,H.G.: Mathematik für Chemiker S.21f., Verlag Chemie Weinheim 1972

(2) Autorenkollektiv: Kleine Enzyklopädie Mathematik, Verlag Harri Deutsch, Frankfurt/Main-Zürich 1972

Kapitel 4 Zahlendarstellung auf dem Rechner

(1) Schummy,H.: Taschenrechner-Handbuch S.30f., Vieweg Braunschweig 1976

(2) Mösl,D.: Elektronische Tischrechenautomaten, Walter de Gruyter & Co. Berlin 1970

Kapitel 5 Logiksysteme

(1) Schummy,H.: Taschenrechner-Handbuch S.6f., Vieweg Braunschweig 1976

Kapitel 6 Rechnen mit Speichern

(1) Hastings,C.: Approximations for Digital Computers, Princeton University Press, Princeton New Jersey 1955

(2) Schummy,H.: Taschenrechner-Handbuch S.85f., Vieweg Braunschweig 1976

(3) Schärf,J./Schierer,H./Strecha,R.: Die Taschenrechner SR-50A und SR-51A (Texas-Instr.) S.60f., R.Oldenbourg Verlag München Wien 1977

Kapitel 7 Programmierbare Rechner

(1) Baier,E.: Programmieren von Taschenrechnern (Texas Instruments SR-52 und SR-56), Verlag Wilhelm Ennstaler Steyr 1977

(2) Schauer,H./Barta,G.: Methoden der Programmerstellung für Tisch- und Taschenrechner, Springer Verlag Wien-New York 1979

Kapitel 8 Mathematische Funktionen

(1) Marsal,D.: Kleincomputer, Handbuch für ihre Programmierung in Wirtschaft, Wissenschaft und Technik S.48f., Carl Hanser Verlag München 1972

(2) Schummy,H.: Taschenrechner-Handbuch S.51 f., Vieweg Braunschweig 1976

(3) Abramowitz,M./Stegun,J.A.: Handbook of Mathematical Functions, Dover Publications,Inc., New York 1972

Kapitel 9 und 10 Durchschnittswert und Fehlerarten bei Meßwerten

(1) Doerffel,K.: Beurteilung von Analysenverfahren und Er-

gebnissen, Springer Verlag Berlin-Heidelberg-New York 1965

(2) Doerffel,K.: Fehlerrrechnung und Statistik in der Analytischen Chemie

I. Die Meßfehler, Z.Anal.Chem. 157, 195(1957)

II. Die systematischen Fehler, Z.Anal.Chem.157,241(1957)

III. Auswertung und Anlage von Gemeinschaftsversuchen, Z.Anal.Chem.184, 81(1961)

(3) Kaiser,R.: Systematische Fehler in der Analyse, Z.Anal.Chem. 256, 1(1971)

(4) Zitter,H./God,Ch.: Ermittlung,Auswertung und Ursachen von Fehlern bei Betriebsanalysen, Z.Anal.Chem. 255, 1(1971)

(5) Rossow,E.: Grundlagen der Beurteilung von Meßwerten, Materialprüfung 6(11), 370(1964)

(6) Pohl,F.A.: Erfassen und Verwerten von chemischen Daten, Z.Anal.Chem. 209, 19 (1965)

(7) Topping,J.: Fehlerrechnung, Eine Einführung für Naturwissenschaftler, Taschentext 29, Verlag Chemie Weinheim 1975

(8) Booster,P./van Kampen,E.J.: Auswertung von Meßergebnissen im Labor, Berufskundliche Reihe zur Fachzeitschrift Chemie für Labor und Betrieb Band 22, Umschau Verlag, Frankfurt/Main 1975

Kapitel 11 Säulendiagramm und Normalverteilung

(1) Storm,R.: Wahrscheinlichkeitsrechnung,Mathematische Statistik, Statistische Qualitätskontrolle; VEB Fachbuchverlag Leipzig 1976

Kapitel 12 Mittelwerte

(1) Cavalli-Sforza,L.: Biometrie, Grundzüge biologisch-medizinischer Statistik, Gustav Fischer Verlag Stuttgart 1974

(2) Sachs,L.: Angewandte Statistik, Springer Verlag Berlin-Heidelberg-New York 1974

Kapitel 13,14,15 Streuungsmaße, Stichprobengröße und Zufallsauswahl von Stichproben

(1) Storm,R.: Wahrscheinlichkeitsrechnung,Mathematische Statistik, Statistische Qualitätskontrolle, VEB Fachbuchverlag Leipzig 1976

(2) Klotz,G.R.: Statistik, Vieweg Braunschweig 1976

(3) Schmidt,W.: Lehrprogramm Statistik mit zusätzlichen Beispielen aus den Naturwissenschaften, Taschentext Nr.46, Verlag Chemie Weinheim 1976

(4) Hardtwig,E.: Fehler- und Ausgleichsrechnung, BI Hochschultaschenbuch Nr.262, Bibliographisches Institut Mannheim 1968

(5) Reinfeldt,M./Tränkle,U.: Signifikanztabellen statistischer Testverteilungen, R.Oldenbourg Verlag München-Wien 1976

(6) Graf/Henning/Stange: Formeln und Tabellen der mathematischen Statistik, Springer Verlag Berlin-Heidelberg-New York 1966

(7) Abramowitz,M./Stegun,J.A.: Handbook of Mathematical Functions S.932 f., Dover Publications Inc., New York 1972

(8) Hastings,C.: Approximations for Digital Computers S.169 f., Princeton University Press, Princeton New Jersey 1975

(9) Johnson,N.L./Kotz,S.: Distributions in Statistics II, Continuous Univariate Distributions-1, Houghton Mifflin Company Boston 1970

(10) Burr,I.W.: A useful Approximation to the Normal Distribution Function with Application to Simulation, Technometrics 9, 647(1967)

(11) Hart,R.G.: A close Approximation Related to the Error Function, Mathematics of Computation 20, 600(1966)

(12) Raab,D.H./Green,E.H.: A cosine Approximation to the Normal Distribution, Psychometrika 26(4), 447(1961)

(13) Gray,H.L./Schucany,W.R.: A new Approximation Related to the Error Function, Mathematics of Computation 22, 201(1968)

(14) Hoyt,J.P.: A simple approximation to the standard normal probability density function, American statistician 22(2), 25(1968)

(15) Hastings,C.: Approximations for Digital Computers S.192 f., Princeton University Press, Princeton University New Jersey 1975

(16) Retzlaff,G./Rust,G./Waibel,J.: Statistische Versuchsplanung, Verlag Chemie Weinheim 1975

(17) Stange,K.: Angewandte Statistik, Teil 1 Eindimensionale Probleme, Springer Verlag Berlin-Heidelberg-New York 1970

(18) Dawson,F.H.: Alternatives to the use of tabulated values of distributions in statistical programmes, Nature 256, 148(1975)

(19) Gardiner,D.A./Bombay,B.F.: An approximation to Student's t, Technometrics 7, 71(1965)

(20) Goldberg,H.: Approximate formulas for the percentage points and normalization of t and Chi-Square, Ann.Math.Stat. 17, 216(1946)

(21) Moss, V.A.: Emprical formulae for Student's function, Nature 257, 255(1975)

(22) Veselà, A.: Kritische Werte der Student'schen t-Verteilung für die Freiheitsgrade zwischen 30 und 120, Biometrische Zeitschrift 6(2), 123(1964)

(23) Noack,S./Reichmuth,C.: Ein rechnerisches Verfahren zur Bestimmung von beliebigen Dosis-Werten eines Wirkstoffes aus empirisch ermittelten Dosis-Wirkungs-Daten, Mitteilungen aus der Biologischen Bundesanstalt für Land-und Forstwirtschaft Heft 185, Verlag Paul Parey Berlin 1978

(24) Sachs,L.: Angewandte Statistik, Springer Verlag Berlin-Heidelberg-New York 1974

(25) Dudewicz,E.J./Dalal,S.R.: On Approximations to the t-Distribution, Journal of Quality Technology 4(4), 196 (1972)

(26) Bernhard,J.H.: Kleincomputer 1, Grundlagen (Kamprath-Reihe "Kurz und Bündig"), Vogel Verlag Würzburg 1972

(27) Autorenkollektiv: Kleine Enzyklopädie Mathematik, Verlag Harri Deutsch, Frankfurt/Main-Zürich 1972

(28) Demmig,G.: Matrizen und Determinanten, Demmig Verlag Darmstadt 1975

(29) Gentleman,W.M./Jenkins,M.A.: An approximation for Student's t-distribution, Biometrika 55(3), 571(1968)

(30) Kramer,C.Y.: Approximation to the Cumulative t-Distribution, Technometrics 8(2), 358(1966)

(31) Fisher,R.A.: Expansion of Student's integral in powers of n^{-1}, Metron 5, 109(1926)

(32) Hendricks,W.A.: An approximation to Student's Distribution, Annals of mathematical statistics 7, 210(1936)

22. Literatur

Graf,U./Henning,H.J.: Zum Ausreißerproblem, Mitteilungsblatt Math. Stat. 4, 1(1952)

Renner,E.: Mathematisch-statistische Methoden in der praktischen Anwendung, Verlag Paul Parey Berlin-Hamburg 1970

Stange,K.: Angewandte Statistik Teil 1, Eindimensionale Probleme; Springer Verlag Berlin-Heidelberg-New York 1970

Reinfeldt,M./Tränkle,U.: Signifikanztabellen statistischer Testverteilungen, R.Oldenbourg Verlag, München Wien 1976

Paulson,E.: An Approximate Normalization Of The Analysis Of Variance Distribution, Ann.Math.Statist.13, 233(1942)

Johnson,E.: Empirical Equations for Approximating Tabular F-Values, Technometrics 15(2), 379(1973)

Mc Intyre,G.A./Ward,M.M.: Estimators of Percentile Points of the F-Distribution, Australian Computer Journal 1(2), 113(1968)

Aroian,L.A.: On the Levels of Significance of The Incomplete Beta Function And The F-Distribution, Biometrika 37, 219(1956)

Cochran,W.G.: Note On An Approximate Formula For The Significance Levels Of z, Ann.Math.Statist. 11, 93(1940)

Jaspen,N.: The Calculation Of Probabilities Corresponding To Values Of z,t,F and Chi-Square, Educational and Psychological Measurement 25, 877(1965)

Smillie,K.W.: A Note On The Calculation Of Probabilities In An F-Distribution, Communications of the Association for Computing machinery 7, 725(1964)

Abramowitz,M./Stegun,J.A.: Handbook of mathematical functions S.946 f., Dover Publications Inc., New York 1972

Gottschalk,G./Kaiser,R.E.: Elementare Tests zur Beurteilung von Meßdaten, BI Hochschultaschenbuch Nr.774, Bibliographisches Institut Mannheim 1972

Jander,G./Jahr,K.F./Knoll,H.: Maßanalyse, Göschen Band Nr.6221, Verlag Walter de Gruyter Berlin New York 1973

Bandemer,H./Bellmann,A.: Statistische Versuchsplanung (Mathematik für Ingenieure, Naturwissenschaftler,Ökonomen und Landwirte) Band 19/2, Teubner Verlagsgesellschaft Leipzig 1976

(33) Zur Berechnung von Chi-Quadrat-Wer

(34) Severo,N.C./Zelen,M.: Normal appro square and non-central F probabili Biometrika 47, 411(1960)

(35) Pfanzagl,J.: Allgemeine Methodenle Band 2 (Göschen Nr.7047), Walter d Berlin-New York 1972/74

(36) Bandemer,H./Bellmann,A.: Statistis Mathematik für Ingenieure, Naturwi nomen, Landwirte Band 19/2,B.G. Te sellschaft Leipzig 1976

(37) Zielinski,R.: Erzeugung von Zufalls rung und Test auf Digitalrechnern, Leipzig 1978

Kapitel 16 Poissonverteilung

(1) Sachs.L.: Angewandte Statistik, Spr -Heidelberg-New York 1974

Kapitel 17 Statistische Testverfahr

(1) Noack,S.: Radiochemische Untersuchun lichkeit von Molybdatophosphat bei d stimmung , Dissertation Technische U D 83, Berlin 1975

(2) Koch,O.G./Koch-Dedic,G.A.: Handbuch Teil 2, Springer Verlag Berlin-Heide 1974

(3) Gottschalk,G.: Einführung in die Gru mischen Materialprüfung, Hirzel Verl

(4) Sachs,L.: Angewandte Statistik, Sprin -Heidelberg-New York 1974

(5) Großmann,W.: Grundzüge der Ausgleichs ger Verlag Berlin-Heidelberg-New York

(6) Pfanzagl,J.: Allgemeine Methodenlehre Band 2 (Göschen Nr.7047), Verlag Walt Berlin New York 1972/74

(7) Retzlaff,G./Rust,G./Waibel,J.: Statis planung, Verlag Chemie Weinheim 1975

Kapitel 18 Korrelations- und Regressionsrechnung

(1) Demmig,G.: Matrizen und Determinanten, Demmig Verlag, Darmstadt 1975

(2) Ludwig,R.: Methoden der Fehler- und Ausgleichsrechnung, Vieweg Braunschweig 1969

(3) Späth,H.: Algorithmen für elementare Ausgleichsmodelle, R.Oldenbourg Verlag München Wien 1973

(4) Doerffel,K.: Statistik in der analytischen Chemie, VEB Deutscher Verlag für Grundstoffindustrie Leipzig 1966

(5) Renner,E.: Mathematisch-statistische Methoden in der praktischen Anwendung S.15 f., Verlag Paul Parey Berlin - Hamburg 1970

(6) Gottschalk,G.: Einführung in die Grundlagen der chemischen Materialprüfung, Hirzel Verlag Stuttgart 1966

(7) Blume,J.: Statistische Methoden für Ingenieure und Naturwissenschaftler Band I, Grundlagen, Beurteilung von Stichproben, einfache lineare Regression, Korrelation, VDI-Verlag Düsseldorf 1970

(8) Blume,J.: Statistische Methoden für Ingenieure und Naturwissenschaftler Band II, Verteilungstests, einfache nichtlineare und mehrfache Regression, partielle Korrelation, Folgetests und Qualitätskontrolle, VDI-Verlag Düsseldorf 1974

(9) Spiegel,M.R.: Statistik, Mc Graw-Hill Book Company GmbH, 1976

(10) Sachs,L.: Angewandte Statistik, Springer Verlag Berlin-Heidelberg-New York 1974

Sachregister

$$y' = a'x' + b'$$

$$\frac{y' - b'}{a'} = x'$$